U0389563

从零学西门子PLC编程

赵景波
房　桐　编著
马昊辰

化学工业出版社
·北京·

内 容 简 介

《从零学西门子 PLC 编程》以西门子 S7-200 SMART PLC 编程为核心，系统地介绍了 PLC 初学者需要掌握的基本知识和应用技能，主要内容包括西门子 PLC 硬件系统、STEP 7-Micro/WIN SMART 编程软件使用、S7-200 SMART PLC 编程基础、S7-200 SMART PLC 的功能指令、PLC 梯形图程序设计、PLC 的通信与自动化通信网络、S7-200 SMART PLC 的 PID 指令及其应用、PLC 应用中的一些问题以及综合实例。

本书讲解全面详细，内容由浅入深，语言通俗易懂，书中各部分内容都结合实例进行讲解，并辅以大量的图标，通过学习本书内容，读者不仅能快速入门、夯实基础，也能扩展思路、提升技能。

本书可供学习 PLC 的工程技术人员使用，也可以供高等院校相关专业的师生学习使用。

图书在版编目（CIP）数据

从零学西门子PLC编程 / 赵景波，房桐，马昊辰编著. —北京：化学工业出版社，2023.2
ISBN 978-7-122-42358-0

Ⅰ. ①从… Ⅱ. ①赵…②房…③马… Ⅲ. ① PLC 技术 - 程序设计 Ⅳ. ① TM571.6

中国版本图书馆 CIP 数据核字（2022）第 189097 号

责任编辑：万忻欣　　文字编辑：袁玉玉　陈小滔
责任校对：张茜越　　装帧设计：王晓宇

出版发行：化学工业出版社（北京市东城区青年湖南街13号　邮政编码100011）
印　　装：高教社（天津）印务有限公司
787mm×1092mm　1/16　印张17½　字数457千字　2023年4月北京第1版第1次印刷

购书咨询：010-64518888　　售后服务：010-64518899
网　　址：http：//www.cip.com.cn
凡购买本书，如有缺损质量问题，本社销售中心负责调换。

定　　价：78.00元

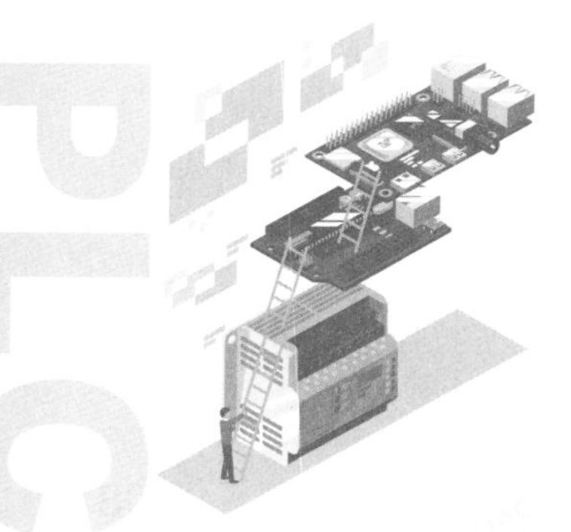

前言
PREFACE

可编程控制器（PLC）是以微处理器为基础，综合计算机技术、自动控制技术和通信技术发展而来的一种新型工业控制装置。由于PLC功能强、可靠性高、抗干扰能力强，编程方法简单、使用灵活，便于实现通信联网、分散控制、集中管理及组态监控，所以在各种自动控制领域中有着越来越广泛的应用，是自动控制系统中的关键设备，成为现代工业控制领域的四大支柱之一。

S7-200 SMART PLC是西门子公司开发的一款小型PLC，具有精确定制、性能卓越、经济便捷、编程高效、无缝集成等亮点。高性能、高集成、更简约的SIMATIC S7-200 SMART PLC是西门子一款高性价比小型PLC产品，结合西门子SINAMICS驱动产品及SIMATIC人机界面产品，以S7-200 SMART PLC为核心的小型自动化解决方案将创造更多的价值。本书以目前广泛应用的S7-200 SMART PLC为例，介绍了PLC硬件、指令系统、编程环境、网络通信等内容，并结合具体实例，对工程上常用PLC控制系统的设计思想、设计步骤及设计方法进行了详细的介绍。

本书共有9章，主要内容如下。

- 第1章：介绍西门子PLC硬件系统。
- 第2章：介绍STEP 7-Micro/WIN SMART编程软件使用方法。
- 第3章：介绍S7-200 SMART PLC的基本指令系统及编程方法。
- 第4章：介绍S7-200 SMART PLC丰富的功能指令。
- 第5章：介绍梯形图的设计方法、步骤及原则。
- 第6章：介绍PLC的通信与自动化通信网络。
- 第7章：介绍S7-200 SMART PLC的PID指令及其应用。
- 第8章：介绍PLC应用中的一些问题。
- 第9章：介绍恒温控制、自动售货机的设计、钻床精度控制系统和自动配料控制系统4个综合实例。

全书在编排上，由浅入深、循序渐进，突出两点：一是实用性，二是可操作性。实用性体现在学以致用，确保读者在学习本书之后，可以解决实际问题。可操作性体现在本书的实例均可直接使用。

本书由赵景波、房桐、马昊辰编著。由于水平有限，书中难免存在不妥之处，敬请读者批评指正。

编著者

第 1 章
西门子 PLC 硬件系统 001

1.1 PLC 概述 002
1.1.1 PLC 的产生 002
1.1.2 PLC 定义 003
1.1.3 PLC 硬件及工作原理 005
1.2 S7-200 SMART 系列 PLC 概述 008
1.2.1 西门子 S7 系列简介 008
1.2.2 S7-200 SMART 系列 PLC 的产品特点 010
1.3 S7-200 SMART CPU 模块 011
1.4 CPU 模块接线及扩展模块 015
1.5 实例 1——I/O 地址分配与电源需求计算 023
1.6 实例 2——认识 S7-200 SMART PLC 026

第 2 章
STEP 7-Micro/WIN SMART 编程软件使用 028

2.1 STEP 7-Micro/WIN SMART 编程软件概述 029
2.2 程序的编写与下载 036
2.2.1 创建项目（工程） 037
2.2.2 生成用户程序 038
2.2.3 以太网基础知识 042
2.2.4 组态以太网地址 043
2.2.5 下载与调试用户程序 045
2.3 符号表与符号地址的使用 046
2.4 用编程软件监控与调试程序 047
2.4.1 用程序状态监控与调试程序 047
2.4.2 用状态图表监控程序 049
2.4.3 用状态图表调试程序 051
2.4.4 调试用户程序的其他方法 052
2.5 使用系统块设置 PLC 的参数 052
2.5.1 组态 PLC 的参数 052
2.5.2 组态输入输出参数 053
2.6 实例 3 ——仿真软件使用 054

第 3 章
S7-200 SMART PLC 编程基础 057

3.1 编程语言及程序结构 058

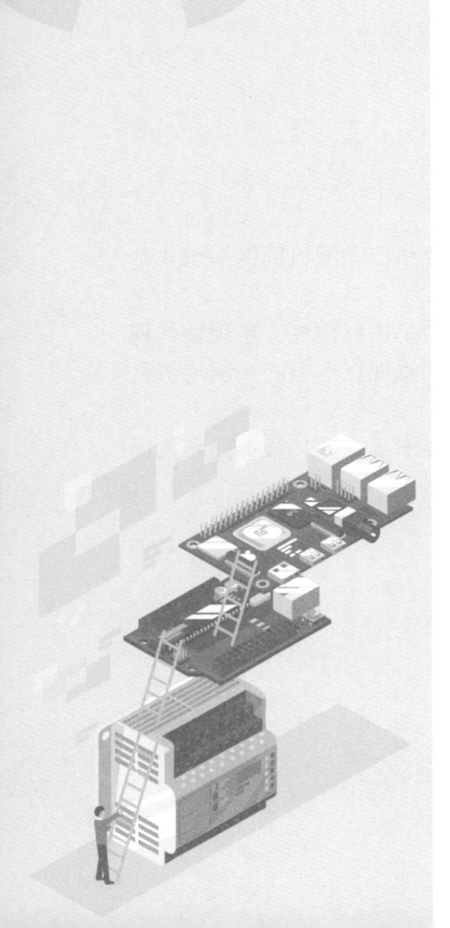

3.2 数据类型与寻址方式 ········ 059
3.2.1 数据类型 ········ 060
3.2.2 数据存储器编址 ········ 062
3.2.3 CPU 的存储区 ········ 064
3.2.4 寻址方式 ········ 069
3.3 位逻辑指令 ········ 070
3.3.1 基本位操作指令 ········ 070
3.3.2 置位与复位指令 ········ 078
3.3.3 置位和复位优先双稳态触发器指令 ········ 079
3.3.4 边沿触发指令 ········ 081
3.3.5 空操作和取非指令 ········ 082
3.4 定时器指令与计数器指令 ········ 083
3.4.1 定时器指令 ········ 083
3.4.2 计数器指令 ········ 089
3.5 梯形图的基本知识 ········ 093
3.5.1 梯形图的特点 ········ 093
3.5.2 梯形图的编程规则 ········ 093
3.6 基本指令的应用举例 ········ 095
3.6.1 两条运输带的控制程序 ········ 095
3.6.2 电动机顺序控制 ········ 096
3.6.3 仓库货物统计 ········ 097
3.6.4 Y- △降压启动控制系统 ········ 098

第 4 章
S7-200 SMART PLC 的功能指令 101

4.1 功能指令概述 ········ 102
4.2 数据处理指令 ········ 102
4.2.1 比较指令与数据传送指令 ········ 103
4.2.2 移位与循环移位指令 ········ 105
4.2.3 数据转换指令 ········ 108
4.2.4 字符串转换指令 ········ 111
4.3 表功能指令 ········ 114
4.4 实时时钟指令 ········ 122
4.5 数学运算指令 ········ 123
4.5.1 四则运算指令与增减指令 ········ 123
4.5.2 浮点数函数运算指令 ········ 127
4.5.3 逻辑运算指令 ········ 129
4.6 程序控制指令 ········ 132
4.6.1 结束指令、暂停指令和看门狗指令 ········ 133
4.6.2 跳转指令 ········ 135

目录 CONTENTS

4.6.3 循环指令……137
4.6.4 子程序指令……139
4.6.5 ENO 指令……141

4.7 中断指令……141

4.8 高速计数器与高速脉冲输出……145

4.8.1 高速计数器……146
4.8.2 高速脉冲输出与开环位置控制……150

4.9 实例 4——彩灯控制……154

第 5 章 PLC 梯形图程序设计 158

5.1 PLC 的程序设计方法……159

5.1.1 经验设计法……159
5.1.2 继电器控制电路移植法……161
5.1.3 顺序控制设计法……163

5.2 梯形图设计规则……163

5.3 顺序功能图……164

5.3.1 顺序功能图的构成……164
5.3.2 顺序功能图绘制的注意事项……166
5.3.3 顺序控制指令……166
5.3.4 顺序功能图的编程……167

5.4 PLC 程序及调试说明……172

5.4.1 复杂程序的设计方法……172
5.4.2 程序的内容和质量……173
5.4.3 程序的调试……173

5.5 典型的简单电路编程……174

5.6 典型的简单环节编程……177

5.7 实例 5——顺序控制功能图在小车行程控制中的应用……182

第 6 章 PLC 的通信与自动化通信网络 185

6.1 PLC 数据通信的基础知识……186

6.1.1 数据通信的传输方式……186
6.1.2 通信介质……188
6.1.3 串行通信接口标准……190
6.1.4 PLC 的通信网络结构……192
6.1.5 S7-200 SMART 通信端口……194

6.2　基于以太网的 S7 协议通信……195
6.3　自由口通信……201
6.4　Modbus 协议在通信中的应用……211
6.5　实例 6 ——串口通信程序设计……213
6.6　实例 7 —— PLC 与远程 PC 的通信……215

第 7 章
S7-200 SMART PLC 的 PID 指令及其应用 217

7.1　闭环控制与 PID 控制器……218
7.1.1　模拟量闭环控制系统……218
7.1.2　PID 控制器的数字化……219
7.1.3　PID 指令向导的应用……221
7.2　PID 控制器的参数整定……222
7.2.1　PID 参数的物理意义……222
7.2.2　PID 参数整定的规则……223
7.2.3　PID 参数自整定……224
7.3　PID 指令……225
7.4　PID 指令应用实例……228

第 8 章
PLC 应用中的一些问题 230

8.1　PLC 控制系统的可靠性措施……231
8.1.1　供电系统设计……231
8.1.2　接地设计……233
8.1.3　PLC 输入 / 输出电路的设计……234
8.1.4　电气柜结构设计……236
8.1.5　现场布线图设计……236
8.1.6　冗余设计……236
8.1.7　软件抗干扰方法……237
8.1.8　工作环境处理……237
8.2　故障的检测与诊断……238

第 9 章
综合实例 240

9.1　PLC 控制系统的总体设计……241
9.1.1　PLC 控制系统的类型……241
9.1.2　PLC 控制系统设计的基本原则……242

目录 CONTENTS

9.1.3 PLC 控制系统的设计步骤……243
9.1.4 减少 PLC 输入和输出点数的方法……244
9.2 综合实例 1——恒温控制……246
9.2.1 恒温控制的系统组成……247
9.2.2 恒温控制的面板图……247
9.2.3 恒温控制的软件系统设计……247
9.2.4 恒温控制软件程序的设计……248
9.2.5 恒温控制程序组成……248
9.2.6 恒温控制程序梯形图……249
9.3 综合实例 2——自动售货机的设计……252
9.3.1 自动售货机的基本功能……252
9.3.2 自动售货机 I/O 点的分配……252
9.3.3 自动售货机的接线图……254
9.3.4 自动售货机的顺序功能图（SFC）……254
9.3.5 自动售货机的梯形图（LAD）……255
9.4 综合实例 3 ——钻床精度控制系统……261
9.4.1 确定设计任务书……261
9.4.2 确定外围 I/O 设备……263
9.4.3 选定 PLC 的型号……263
9.4.4 编制输入 / 输出分配表……263
9.4.5 PLC 外部接线图……264
9.4.6 程序设计……265
9.5 综合实例 4——自动配料控制系统……266
9.5.1 确定设计任务书……266
9.5.2 确定外围 I/O 设备……267
9.5.3 选定 PLC 的型号……267
9.5.4 编制编程元件地址分配表……267
9.5.5 程序设计……268

参考文献 272

第1章 西门子 PLC 硬件系统

现代社会要求制造业对市场需求做出迅速的反应，及时生产出小批量、多品种、多规格、低成本和高质量的产品，为了满足这一要求，生产设备和自动生产线的控制系统必须具有极高的可靠性和灵活性。可编程控制器（Programmable Logical Controller，PLC）正是顺应这一要求而出现的，它是以微处理器为基础的通用工业控制装置。

本书以西门子公司的 S7-200 SMART 系列小型 PLC 为主要对象。S7-200 SMART PLC 是 S7-200 PLC 的升级换代产品，它继承了 S7-200 PLC 的诸多优点，指令、程序结构和通信功能与 S7-200 PLC 基本相同。CPU 分为标准型和紧凑型，CPU 内置的 I/O 点数最多可达 60 点。标准型增加了以太网端口和信号板，保留了 RS-485 端口。编程软件 STEP 7-Micro/WIN SMART 的界面友好，更为人性化。

本章要点

- PLC 概述
- S7-200 SMART 系列 PLC 概述
- S7-200 SMART CPU 模块
- CPU 模块接线及扩展模块

1.1 PLC 概述

PLC 是控制机器动作顺序的一种“程控型”设备，是由美国人 1969 年发明的，其应用大到自动生产线，小到仓库自动开关门，十分广泛。

1.1.1 PLC 的产生

继电器接触器控制电路硬件多、接线复杂、改变设计困难、可靠性不高、维修量大，如图 1-1 所示。

1968 年，美国通用汽车公司（GM）为了适应汽车型号不断更新、生产工艺不断变化的需求，实现小批量、多品种生产，希望能有一种新型工业控制器，它能尽可能减少重新设计和更换继电器控制系统及接线的次数，以降低成本、缩短周期，如图 1-2 所示。

图 1-1　继电接触器控制电路

图 1-2　汽车流水线

1968 年，GM 公司提出以下 10 项设计标准。

- 编程简单，可现场修改。
- 硬件维护方便，采用插件式结构。
- 可靠性高于继电器接触器控制装置。
- 体积小于继电器接触器控制装置。
- 可将数据直接送入计算机。
- 用户程序存储器容量至少可扩展到 4KB。
- 输入可以是交流 115V。
- 输出为交流 115V，能直接驱动电磁阀、交流接触器。
- 通用性强，扩展方便。
- 成本上可与继电器接触器控制系统竞争。

1969 年，美国数字设备公司（DEC）研制出第一台 PLC，并在美国通用汽车自动装配线上试用，获得成功。这种新型的电控装置由于优点多、缺点少，很快就在美国得到了推广应用。经过多年的发展，我国 PLC 生产厂约有 30 家，但尚未形成规模。国内 PLC 应用市场仍然以国外品牌 PLC 为主，如西门子的 S7-200 SMART 系列、S7-1200 系列、S7-1500 系列，三菱的 FX 系列、Q 系列，欧姆龙的 C200H 系列等，如图 1-3 所示。

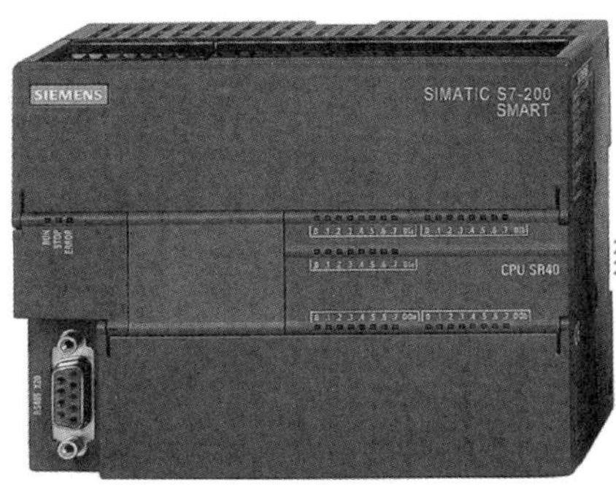

图 1-3　PLC 产品

1.1.2　PLC 定义

PLC 是一种工业控制装置，是在电气控制技术和计算机技术的基础上开发出来的，并逐渐发展成以微处理器为核心，将自动化技术、计算机技术、通信技术融为一体的新型工业控制装置。

1987 年，国际电工委员会（IEC）定义：可编程控制器是一种数字运算操作的电子系统，专为在工业环境下应用而设计。它采用可编程序的存储器，用来在其内部存储执行逻辑运算、顺序控制、定时、计数和算术运算等操作的指令，并通过数字式和模拟式的输入和输出，控制各种类型的机械或生产过程。可编程控制器及其有关外围设备，都应按易于与工业系统组成一个整体，易于扩充其功能的原则设计。

（1）PLC 的发展方向

目前 PLC 的市场竞争十分激烈，西门子公司不断推出新的 PLC 产品，巩固和发展其领先的技术优势和市场份额。随着技术的发展和市场需求的增加，PLC 的结构和功能也在不断改进，生产厂家不断推出功能更强的 PLC 新产品，PLC 的发展趋势主要体现在以下 6 个方面。

① 网络化　主要是朝 DCS 方向发展，使其具有 DCS 系统的一些功能。网络化和通信能力强是 PLC 发展的一个重要方面，向下将多个 PLC、多个 I/O 框架相连，向上与工业计算机、现场总线、以太网等相连，构成整个工厂的自动化控制系统。

② 多功能　为了适应各种特殊功能的需要，各公司陆续推出了多种智能模块。智能模块是以微处理器为基础的功能部件，它们的 CPU 与 PLC 的 CPU 并行工作，占用主机 CPU 的时间很少，有利于提高 PLC 扫描速度和完成特殊的控制要求。

智能模块主要有模拟量 I/O、PID 回路控制、通信控制、机械运动控制（如轴定位、步进电动机控制）、高速计数等。由于智能 I/O 的应用，过程控制的功能和实时性大为增强。

③ 高可靠性　由于控制系统的可靠性日益受到人们的重视，一些公司已将自诊断技术、冗余技术、容错技术广泛应用到现有产品中，推出了高可靠性的冗余系统，并采用热备用或并行工作。

④ 兼容性　现代PLC已不再是单个的、独立的控制装置，而是整个控制系统中的一部分或一个环节，良好的兼容性是PLC深层次应用的重要保障。

⑤ 小型化、简单易用　随着应用范围的扩大和用户投资规模的不同，小型化、低成本、简单易用的PLC将广泛应用于各行各业。小型PLC由整体结构向小型模块化发展，能增加配置的灵活性。

⑥ 编程语言向高层次发展　PLC的编程语言在原有梯形图语言及语句表语言的基础上，正在不断丰富和向高层次发展。

(2) PLC应用及分类

PLC的应用如图1-4所示，其具体应用场合如图1-5所示。

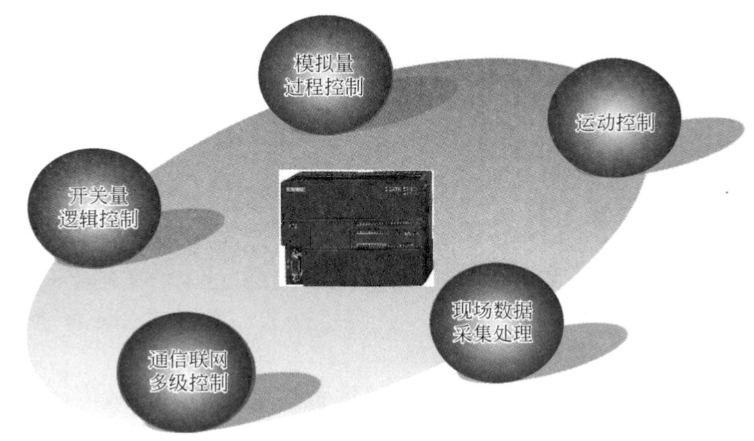

图1-4　PLC应用

图1-5　PLC应用场合

PLC 按结构形式分为整体式和模块式。整体式 PLC 是将电源、CPU、I/O 接口等部件都集中装在一个机箱内，具有结构紧凑、体积小、价格低等特点，如图 1-6 所示。

模块式 PLC 是将 PLC 各组成部分分别做成若干个单独的模块，如 CPU 模块、I/O 模块、电源模块（有的含在 CPU 模块中）及各种功能模块，如图 1-7 所示。

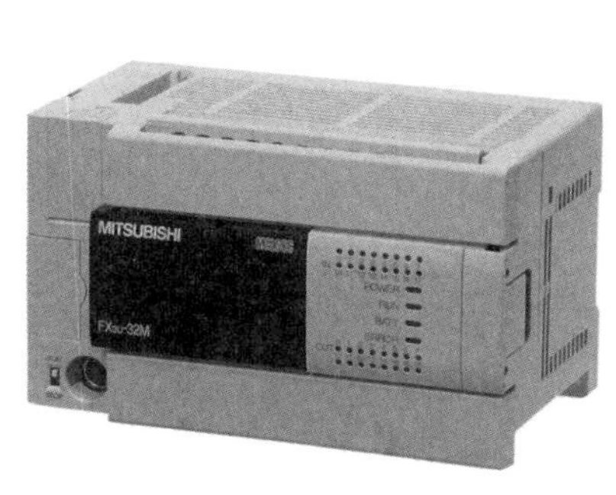

图 1-6　整体式 PLC

图 1-7　模块式 PLC

按 I/O 点数分为小型 PLC、中型 PLC 和大型 PLC。I/O 点数在 256 点以下的为小型 PLC（其中 I/O 点数小于 64 点的为超小型或微型 PLC）；I/O 点数在 256 点以上、2048 点以下的为中型 PLC；I/O 点数在 2048 点以上的为大型 PLC（其中 I/O 点数超过 8192 点的为超大型 PLC）。

1.1.3　PLC 硬件及工作原理

（1）PLC 硬件

PLC 硬件组成如图 1-8 所示。

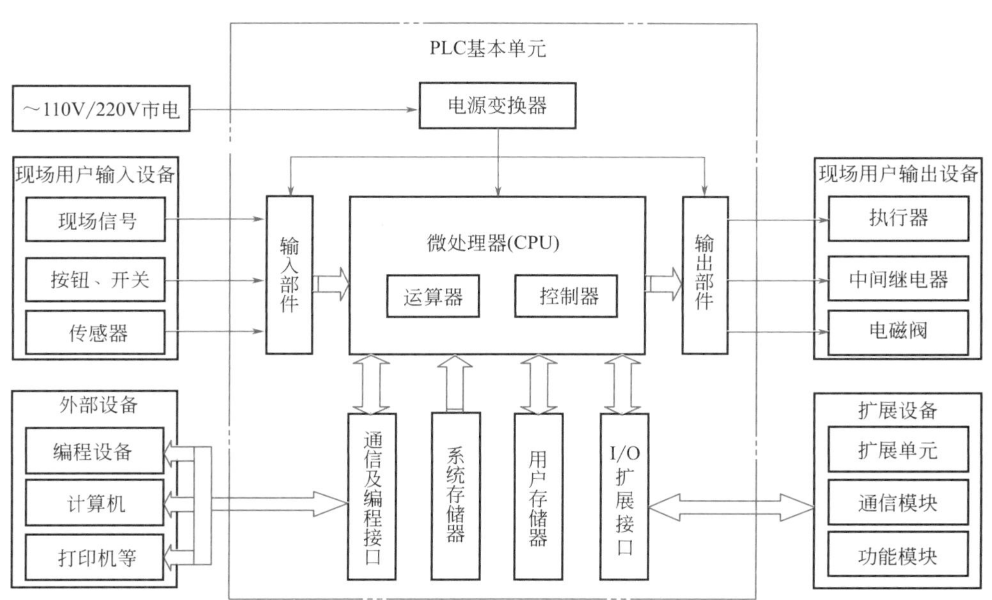

图 1-8　PLC 硬件组成

① 微处理器（CPU） PLC 的控制中心不断采集输入信号、执行用户程序、刷新系统的输出。

② 存储器 存储器分为 ROM（只读存储器）和 RAM（随机存取存储器，简称随机存储器）两种，ROM 存储器中固化着系统程序，用户不能直接存取、修改，RAM 存储器中存放用户程序和工作数据，使用者可对用户程序进行修改。

③ 输入 / 输出接口电路 输入接口电路采用双光电耦合和 RC 滤波器，接收按钮或开关命令（数字量输入单元），接收传感器输出信号，如图 1-9 所示。

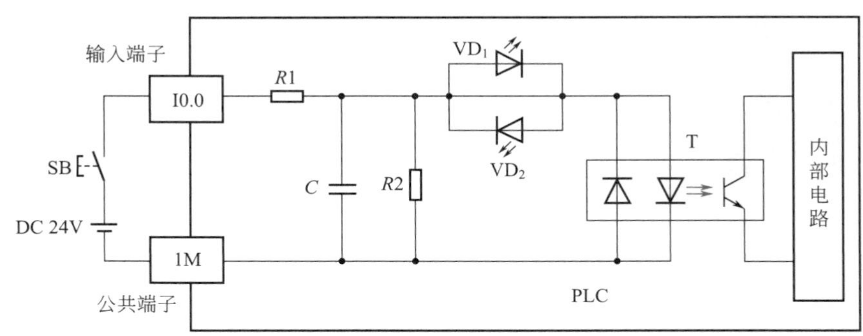

图 1-9 输入接口电路

输出接口电路采用光电隔离器和滤波器，有继电器、晶体管和晶闸管 3 种输出方式。

继电器输出单元驱动非频繁动作的交 / 直流负载，晶体管输出单元驱动直流负载，晶闸管输出单元驱动频繁动作的交 / 直流负载，如图 1-10 所示。

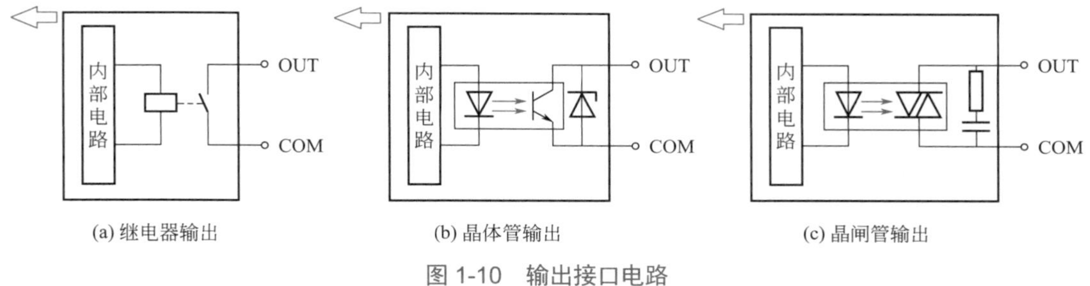

(a) 继电器输出 (b) 晶体管输出 (c) 晶闸管输出

图 1-10 输出接口电路

④ 电源 PLC 一般采用 AC 220V 电源，有的 PLC 也采用 DC 24V 电源供电，有的 PLC 还向外部提供 24V 直流电源。

⑤ 外设接口 外设接口是在主机外壳上与外部设备配接的插座，通过电缆线可配接编程器、计算机、打印机、EPROM 写入器及触摸屏等。

⑥ I/O 扩展接口 I/O 扩展接口是用来扩展输入、输出点数的。当用户输入、输出点数超过主机的范围时，PLC 可通过 I/O 扩展接口与 I/O 扩展单元相接，以扩充 I/O 点数。A/D 和 D/A 单元及通信单元一般也通过该接口与主机连接。

(2) PLC 工作原理

PLC 采用周期扫描工作方式。一次扫描的过程包括输入采样（读输入）、程序执行、处理通信请求、执行 CPU 自诊断、输出刷新（写输出）共 5 个阶段，其所需时间称为一个工作周期（或扫描周期），如图 1-11 所示。

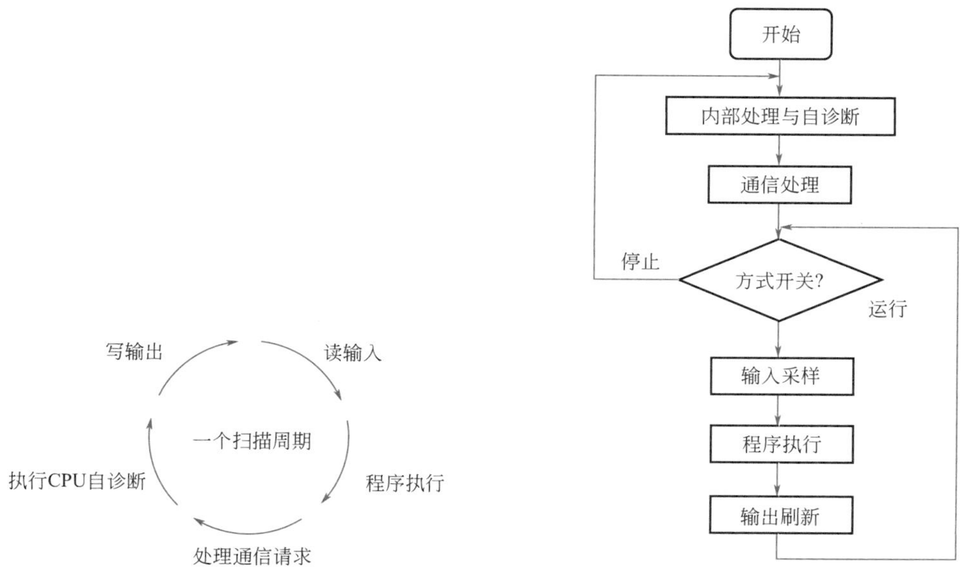

图 1-11　一个扫描周期

PLC 的扫描周期与用户程序的长短和该 PLC 的扫描速度紧密相关。PLC 的工作方式是循环扫描工作方式，扫描周期从开始到输出结果完成所需的时间，一般为几毫秒至几十毫秒。工作原理如图 1-12 所示。

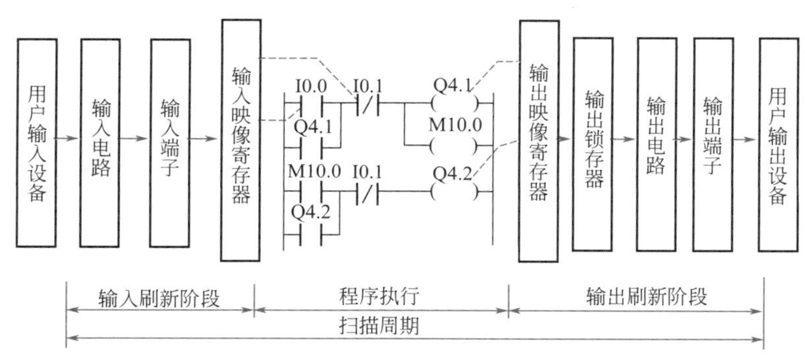

图 1-12　工作原理

（3）PLC 的工作过程

以图 1-13 为例，介绍 PLC 的工作过程。在读取输入阶段，SB1 和 SB2 的常开触点的接通 / 断开状态被读入相应的输入过程映像寄存器。

执行第 1 条指令时，从输入过程映像寄存器 I0.1 中取出二进制数，存入堆栈的栈顶。

执行第 2 条指令时，从输出过程映像寄存器 Q0.0 中取出二进制数，与栈顶中的二进制数相“或”，运算结果存入栈顶。

执行第 3 条指令时，因为是常闭触点，取出输入过程映像寄存器 I0.2 中的二进制数后，将它取反，与前面的运算结果相“与”后，存入栈顶。

执行第 4 条指令时，将栈顶中的二进制数传送到 Q0.0 的输出过程映像寄存器。

在修改输出阶段，CPU 将各输出过程映像寄存器中的二进制数传送给输出模块并锁存起来，如果 Q0.0 中存放的是二进制数 1，则外接的 KM 线圈将通电，反之将断电。

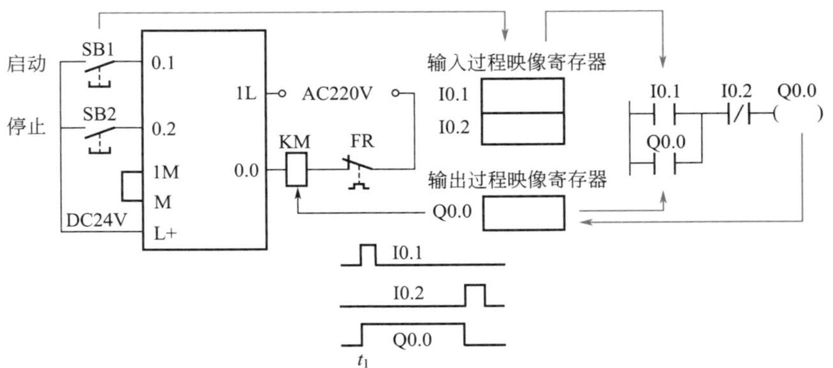

图 1-13　PLC 外部接线图与梯形图

1.2　S7-200 SMART 系列 PLC 概述

S7-200 SMART 系列 PLC 的 CPU 模块有 9 个型号，其中标准型有 6 个型号，经济型有 3 个型号。标准型 PLC 中有 20 点、40 点和 60 点 3 类，每类中又分为继电器输出和晶体管输出两种。经济型 PLC 中有 20 点、40 点和 60 点 3 类，只有继电器输出。

1.2.1　西门子 S7 系列简介

德国的西门子（SIEMENS）公司是欧洲较大的电子和电气设备制造商之一，生产的 SIMATIC 可编程控制器在欧洲处于领先地位。其第一代可编程控制器是 1975 年投放市场的 SIMATIC S3 系列的控制系统。在 1979 年，西门子公司将微处理器技术应用到可编程控制器中，研制出了 SIMATIC S5 系列，取代了 S3 系列，目前 S5 系列产品仍然有小部分在工业现场使用。在 20 世纪末，西门子公司又在 S5 系列的基础上推出了 S7 系列产品。最新的 SIMATIC 产品为 SIMATIC S7 和 C7 等几大系列。C7 在一个单元中集成了 S7-300 系列 PLC 和 HMI（人机界面）。

SIMATIC S7 系列产品分为通用逻辑模块（LOGO!）、S7-200 系列、S7-200 SMART 系列、S7-1200 系列、S7-300 系列、S7-400 系列及 S7-1500 系列 7 个产品系列。

- S7-200 系列是在德州仪器公司的小型 PLC 的基础上发展而来的，因此其指令系统、程序结构、编程软件和 S7-300/400 系列有较大的区别，在西门子 PLC 产品系列中是一个特殊的产品。
- S7-200 SMART 系列是 S7-200 系列的升级版本，于 2012 年 7 月发布，其绝大多数的指令和使用方法与 S7-200 系列类似，其编程软件也和 S7-200 系列的类似，而且在 S7-200 系列中运行的程序，大部分都可以在 S7-200 SMART 系列中运行。
- S7-1200 系列是在 2009 年才推出的小型 PLC，定位于 S7-200 系列和 S7-300 系列产品之间。
- S7-300/400 系列由西门子的 S5 系列发展而来，是西门子公司最具竞争力的 PLC 产品。
- 2013 年西门子公司又推出了 S7-1500 系列产品。

西门子 PLC 产品的特点和性能见表 1-1。

表 1-1　西门子 PLC 产品的特点和性能

序号	控制器	特点	性能
1	LOGO !	低端的独立自动化系统中简单的开关量解决方案和智能逻辑控制器	简单自动化 作为时间继电器、计数器和辅助接触器的替代开关设备 模块化设计，柔性应用 有数字量、模拟量和通信模块 用户界面友好，配置简单 使用拖放功能和智能电路开发
2	S7-200	低端的离散自动化系统和独立自动化系统中使用的紧凑型逻辑控制器模块	串行模块结构、模块化扩展 紧凑设计，CPU 集成 I/O 具有实时处理能力，高速计数器，报警输入和中断 易学易用的软件 多种通信选项
3	S7-200 SMART	低端的离散自动化系统和独立自动化系统中使用的紧凑型逻辑控制器模块，是 S7-200 的升级版本	串行模块结构、模块化扩展 紧凑设计，CPU 集成 I/O 集成了 PROFINET 接口 具有实时处理能力，高速计数器，报警输入和中断 易学易用的软件 多种通信选项
4	S7-1200	低端的离散自动化系统和独立自动化系统中使用的小型控制器模块	方便升级及设计灵活 集成了 PROFINET 接口 集成了强大的计数、测量、闭环控制及运动控制功能 直观高效的 STEP7 BASIC 工程系统，可以直接组态
5	S7-300	中端的离散自动化系统中使用的控制器模块	通用型应用和丰富的 CPU 模块种类 高性能 模块化设计，紧凑设计 由于使用 MMC 存储程序和数据，系统免维护
6	S7-400	高端的离散和过程自动化系统中使用的控制器模块	特别强的通信和处理能力 定点加法或乘法的指令执行速度最快为 0.03μs 大型 I/O 框架和最高 20MB 的主内存 快速响应，实时性强，垂直集成 支持热插拔和在线 I/O 配置，避免重启 具备等时模式，可以通过 PROFIBUS 控制高速机器
7	S7-1500	中高端系统	S7-1500 控制器除了包含多种创新技术之外，还设定了新标准，最大程度提高生产效率。无论是小型设备还是对速度和准确性要求较高的复杂设备装置，都一一适用 S7-1500 能无缝集成到 TIA 博途中，极大提高工程组态的效率

1.2.2 S7-200 SMART 系列 PLC 的产品特点

S7-200 SMART 系列 PLC 完善了现有产品线，扩展了 I/O 能力，提升了芯片的存储能力，实现了 PLC 之间的以太网通信功能，改进了运动控制功能，优化了编程软件，与 SMART LINE 触摸屏、V20 变频器、V90 伺服系统组成新型的 SMART 小型自动化解决方案，全面覆盖客户对于自动控制、人机交互、变频调速及伺服定位的各种需求，如图 1-14 所示。

图 1-14　S7-200 SMART 系列 PLC

S7-200 SMART 系列 PLC 是在 S7-200 系列 PLC 的基础上发展而来的，它具有以下一些新的优良特性。

① 机型丰富，更多选择　S7-200 SMART 系列 PLC 提供了不同类型、I/O 点数丰富的 CPU 模块，单体 I/O 点数最高可达 60 点，可满足大部分小型自动化设备的控制需求。另外，CPU 模块配备标准型和经济型供用户选择，对于不同的应用需求，产品配置更加灵活，最大限度地控制成本。

② 选件扩展，精确定制　新颖的信号板设计可扩展通信端口、数字量通道、模拟量通道。在不额外占用电控柜空间的前提下，信号板扩展能更加贴合用户的实际配置，提升产品的利用率，同时降低用户的扩展成本。

③ 高速芯片，性能卓越　配备西门子专用高速处理器芯片，基本指令执行时间可达 0.15μs，在同级别小型 PLC 中遥遥领先。一颗强有力的“芯”，能在应对烦琐的程序逻辑及复杂的工艺要求时表现得从容不迫。

④ 以太互联，经济便捷　CPU 模块本体标配以太网接口，集成了强大的以太网通信功能。通过一根普通的网线即可将程序下载到 PLC 中，方便快捷，省去了专用编程电缆，而且以太网接口还可与其他 CPU 模块、触摸屏、计算机进行通信，轻松组网，如图 1-15 所示。

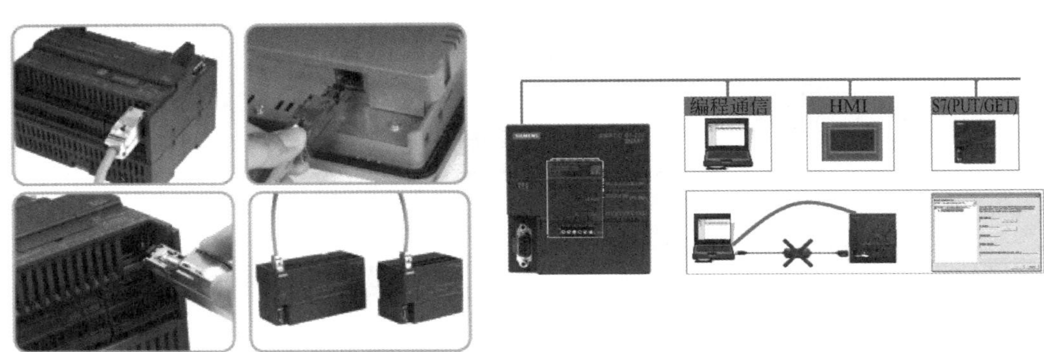

图 1-15　以太组网

⑤ 三轴脉冲，运动自如　CPU 模块本体最多集成 3 路高速脉冲输出，频率高达 100kHz，支持 PWM/PTO 输出方式及多种运动模式，可自由设置运动包络。配以方便易用的向导设置功能，快速实现设备调速、定位等功能。

⑥ 通用 SD 卡，方便下载　CPU 本体集成 Micro SD 卡插槽，使用市面上通用的 Micro SD 卡即可实现程序的更新和 PLC 固件升级，操作步骤简单，极大地方便了客户工程师对最终用户的远程服务支持，也省去了因 PLC 固件升级返厂服务的不便，如图 1-16 所示。

⑦ 软件友好，编程高效　在继承西门子编程软件强大功能的基础上，STEP 7-Micro/WIN SMART 编程软件融入了更多的人性化设计，如新颖的带状式菜单、全移动式界面窗口、方便的程序注释功能、强大的密码保护等。在体验强大功能的同时，还能大幅度提高开发效率，缩短产品上市时间。

⑧ 完美整合，无缝集成　S7-200 SMART 可编程控制器、SMART LINE 触摸屏和 SINAMICS V20 变频器完美整合，为 OEM 客户带来高性价比的小型自动化解决方案，满足客户对于人机交互、控制、驱动等功能的全方位需求。

⑨ 程序传输，快速更新　S7-200 SMART 程序传输不需要通过 Micro/WIN SMART 软件就可以快速更新多个 CPU 的用户程序。

⑩ 固件升级，无需返厂　S7-200 SMART 固件升级，无需返厂，即可对 S7-200 SMART CPU 模块硬件的固件版本进行升级。

⑪ 恢复出厂设置，更加便捷　S7-200 SMART 恢复出厂设置，只需要给 Micro SD 卡写入出厂文件，就可以对加密 / 非加密的 CPU 进行出厂设置的恢复，如图 1-17 所示。

图 1-16　Micro SD 卡支持 4G 到 32G

图 1-17　恢复出厂设置

1.3　S7-200 SMART CPU 模块

S7-200 SMART 有两种不同类型的 CPU 模块——经济型和标准型，全方位满足不同行业、不同客户、不同设备的各种需求。标准型作为可扩展 CPU 模块，可满足对 I/O 规模有需求、逻辑控制较为复杂的应用；而经济型 CPU 模块直接通过单机本体满足相对简单的控制需求。

(1) S7-200 SMART CPU 的类型

S7-200 SMART PLC 按照点数分为 20 点、30 点、40 点、60 点四种。CPU 模块配备标准型和经济型供用户选择。CPU 型号：C 表示经济型，S 表示标准型，如图 1-18 所示。

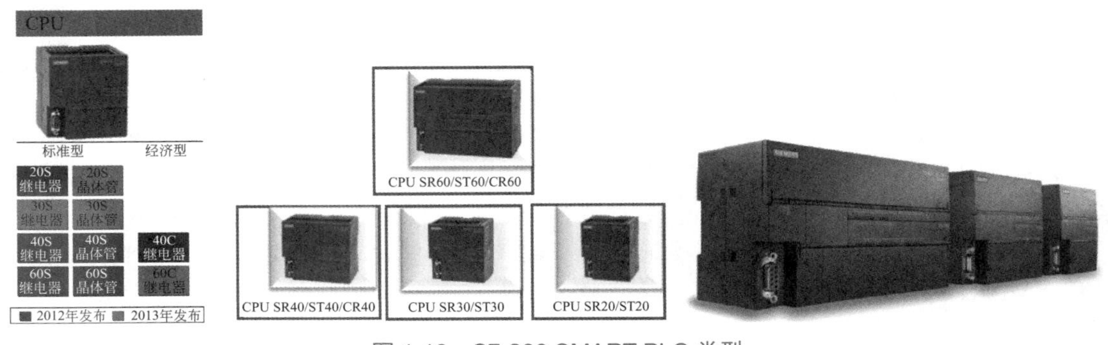

图 1-18　S7-200 SMART PLC 类型

这两种 CPU 模块全新设计，性能卓越；为各种应用提供了经济、可靠、易用的解决方案。CPU 型号名称的含义如图 1-19 所示。

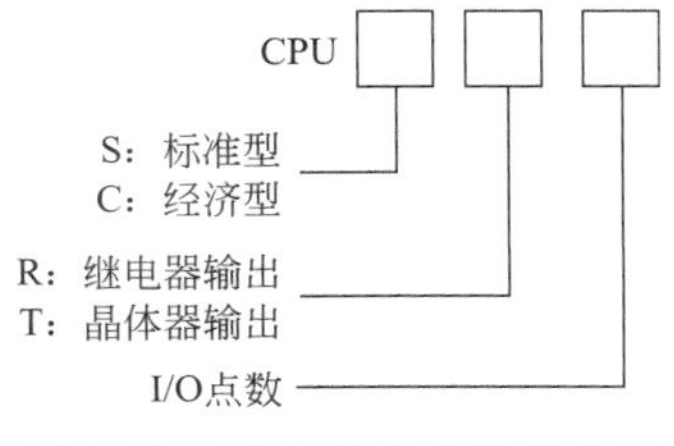

图 1-19　CPU 型号名称的含义

标准型 CPU SR20/SR30/SR40/SR60、CPU ST20/ST30/ST40/ST60，可扩展 6 个扩展模块，SR 和 ST 分别是继电器输出和晶体管输出。CPU SR60/ST60 的用户存储器 30KB，用户数据区 20KB，最大数字量 I/O 252 点。标准型 CPU 最大模拟量 I/O 36 点，4 点 200kHz 的高速计数器，晶体管输出的 CPU 有两点或 3 点 100kHz 高速输出。经济型的 CPU CR40/CR60 价格便宜，不能扩展，定时器 / 计数器各 256 点，4 点输入中断，两个定时中断。

PLC 的程序分为操作系统和用户程序。RAM（随机存取存储器）的工作速度高、价格便宜、改写方便，断电后储存的信息丢失。ROM（只读存储器）只能读出，不能写入，断电后储存的信息不会丢失。EEPROM（电擦除可编程只读存储器）的数据可以读出和改写，断电后信息不会丢失。写入数据的时间比 RAM 长，改写的次数有限制。用 EEPROM 来存储用户程序和需要长期保存的重要数据。

(2) S7-200 SMART CPU 的外部介绍

S7-200 SMART CPU 将微处理器、集成电源和多个数字量 I/O 点集成在一个紧凑的盒子中，形成功能强大的 S7-200 SMART 系列 PLC，如图 1-20 所示。具体组成介绍如下。

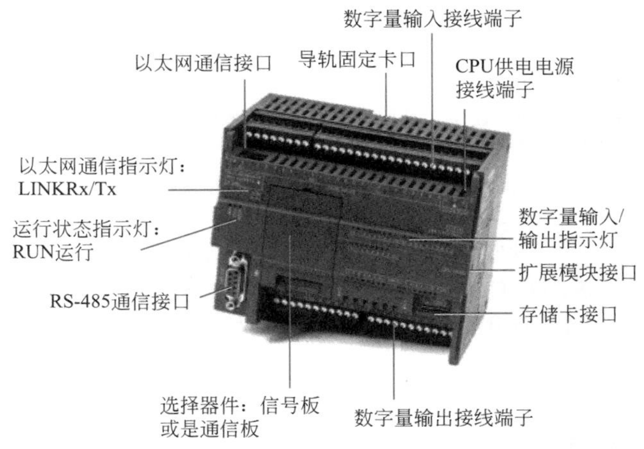

图 1-20　S7-200 SMART 系列 PLC 的 CPU 组成

① 集成以太网口。用于程序下载，设备组网。这时程序下载更加方便快捷，能节省购买专用通信电缆的费用。

② 通信及运行状态指示灯。显示 PLC 的工作状态，如运行状态、停止状态和强制状态等。

③ 导轨安装卡口。用于安装时将 PLC 锁紧在 35mm 的标准导轨上，安装便捷。同时，此 PLC 也支持螺钉式安装。

④ 接线端子。S7-200 SMART PLC 所有模块的输入、输出端子均可拆卸，而 S7-200PLC 没有这个优点。

⑤ 扩展模块接口。用于连接扩展模块，插针式连接，模块连接更加紧密。

⑥ 通用 Micro SD 卡。支持程序下载和 PLC 固件更新。

⑦ 指示灯。I/O 点接通时，指示灯会亮。

⑧ RS-485 串口。用于串口通信，如自由口通信、USS 通信和 Modbus 通信等。

（3）S7-200 SMART CPU 的技术性能

S7-200 SMART CPU 模块的常规数据见表 1-2。

表 1-2　S7-200 SMART CPU 模块常规数据

S7-200 SMART CPU		CPU 配置（供电 / 输入 / 输出）	外形尺寸 W（mm）×H（mm）×D（mm）
20 I/O	CPU SR20	AC/DC/RLY	90×100×81
	CPU ST20	DC/DC/DC	
30I/O	CPU SR30	AC/DC/RLY	110×100×81
	CPU ST30	DC/DC/DC	
40I/O	CPU SR40	AC/DC/RLY	110×100×81
	CPU ST40	DC/DC/DC	
	CPU CR40	AC/DC/RLY	
60I/O	CPU SR60	AC/DC/RLY	175×100×81
	CPU ST60	DC/DC/DC	
	CPU CR60	AC/DC/RLY	

对于每个型号的 PLC，西门子公司提供 DC 24V 和 AC 120 ～ 240V 两种电源供电的 CPU，如 CPU 224 DC/DC/DC 和 CPU 224 AC/DC/Relay。

① DC/DC/DC：说明 CPU 是直流供电，直流数字量输入，数字量输出点是晶体管直流电路的类型。

② AC/DC/Relay：说明 CPU 是交流供电，直流数字量输入，数字量输出点是继电器触点的类型。

S7-200 SMART CPU 模块有多种类型，以适用各种应用要求，不同的 CPU 有不同的技术参数，ST40 参数见表 1-3。

表 1-3　ST40 DC/DC/DC 的参数

序号	技术参数		说明
常规参数			
1	可用电流（EM 总线）		最大 1400mA（DC 5V）
2	功耗		18W
3	可用电流（DC24V）		最大 300mA（传感器电源）
4	数字量输入电流消耗（DC24V）		所用的每点输入 4mA
CPU 特性			
1	用户存储器	程序	24KB
		用户数据	16KB
		保持性	最大 10KB
2	板载数字量 I/O		24/16
3	过程映像大小		256 位输入（I）/256 位输出（O）
4	位存储器（M）		256 位
5	信号模块扩展		最多 4 个
6	信号板扩展		最多 1 个
7	高速计数器		4 个，每个 60kHz，单相；2 个，每个 40kHz，A/B 相
8	脉冲输出		3 个，每个 100kHz
9	存储卡		Micro SD 卡（可选）
10	实时时钟精度		120s/ 月
性能			
1	布尔运算		0.15μs/ 指令
2	移动字		1.2μs/ 指令
3	实数数学运算		3.6μs/ 指令
支持的用户程序元素			
1	累加器数量		4
2	定时器的类型 / 数量		非保持型（TON、TOF）：192 个 保持型（TONR）：64
3	计数器数量		256 个

续表

序号	技术参数	说明
通信		
1	端口数	以太网：1 个 PN 口 串行端口：1 个 RS-485 口 附加串行端口：仅在 SR40/ST40 上 1 个（带有可选 RS-232/RS-485 信号板）
2	HMI 设备	每个端口 4 个
3	连接	以太网：1 个用于编程设备，4 个用于 HMI RS-485：4 个用于 HMI
4	数据传输速率	以太网：10/100Mbit/s RS-485 系统协议：9600bit/s、19200bit/s 和 187500bit/s RS-485 自由端口：1200 ～ 115200bit/s
5	隔离（外部信号与 PLC 逻辑）	以太网：变压器隔离，DC1500V RS-485：无
6	电缆类型	以太网：CAT5e 屏蔽电缆 RS-485：PROFIBUS 网络电缆
数字量输入 / 输出		
1	电压范围（输出）	DC20.4 ～ 28.8V
2	每点的额定最大电流（输出）	0.5A
3	额定电压（输入）	4mA 时 DC 24V，额定值
4	允许的连续电压（输入）	最大 DC 30V

(4) S7-200SMART CPU 的工作方式

CPU 前面板即存储卡插槽的上部，有 3 盏指示灯显示当前工作方式。指示灯为绿色时，表示运行状态；指示灯为红色时，表示停止状态；标有“SF”的灯亮时，表示系统故障，PLC 停止工作。

CPU 处于停止工作方式时，不执行程序。进行程序的上传和下载时，都应将 CPU 置于停止工作方式。停止方式可以通过 PLC 上的旋钮设定，也可以在编译软件中设定。

CPU 处于运行工作方式时，PLC 按照编写的程序运行用户程序。运行方式可以通过 PLC 上的旋钮设定，也可以在编译软件中设定。

1.4 CPU 模块接线及扩展模块

(1) S7-200 SMART PLC 的 I/O 分配及外部接线

S7-200 SMART PLC 的 I/O 分配见表 1-4。

表 1-4　S7-200 SMART PLC 的 I/O 分配

项目	CPU SR20/ST20	CPU SR30/ST30	CPU SR40/ST40	CPU SR60/ST60	CPU CR40	CPU CR60
集成的数字 I/O	12 输入 / 8 输出	18 输入 / 12 输出	24 输入 / 16 输出	36 输入 / 24 输出	24 输入 / 16 输出	36 输入 / 24 输出
最大本地 I/O- 数字量	108DI / 104DO	114DI / 108DO	120DI / 112DO	132DI / 120DO	24DI / 16DO	36DI / 24DO
最大本地 I/O- 模拟量	24AI / 12AO	24AI / 12AO	24AI / 12AO	24AI / 12AO	—	
可扩展的模块数	最大 6 个				—	

S7-200 SMART PLC 的参数如下。

- 数字量输入类型：漏型 / 源型，额定电压为 24V DC，额定电流为 4mA。
- 数字量输出类型：继电器，电压范围为 5 ～ 30V DC 或 5 ～ 250V AC，电流（最大值）为 2.0A；晶体管（源型），电压范围为 20.4 ～ 28.8V DC，电流（最大值）为 0.5A。

CPU SR20 接线图如图 1-21 所示。CPU SR40 接线图如图 1-22 所示。CPU ST40 接线图如图 1-23 所示。

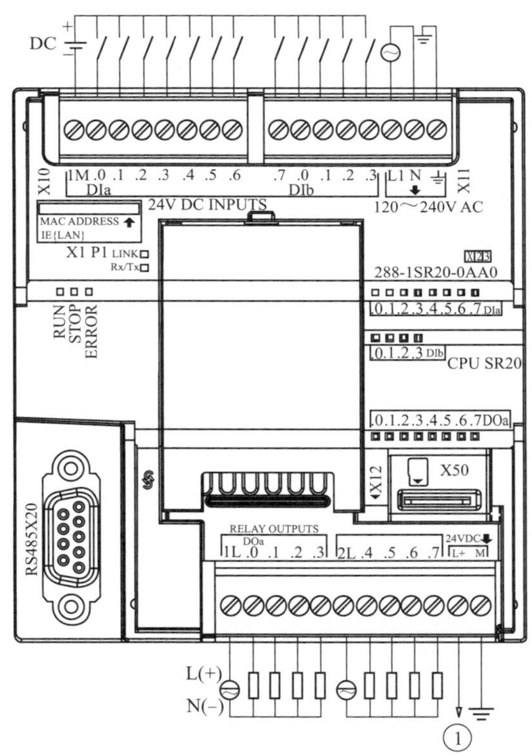

图 1-21　CPU SR20 接线图

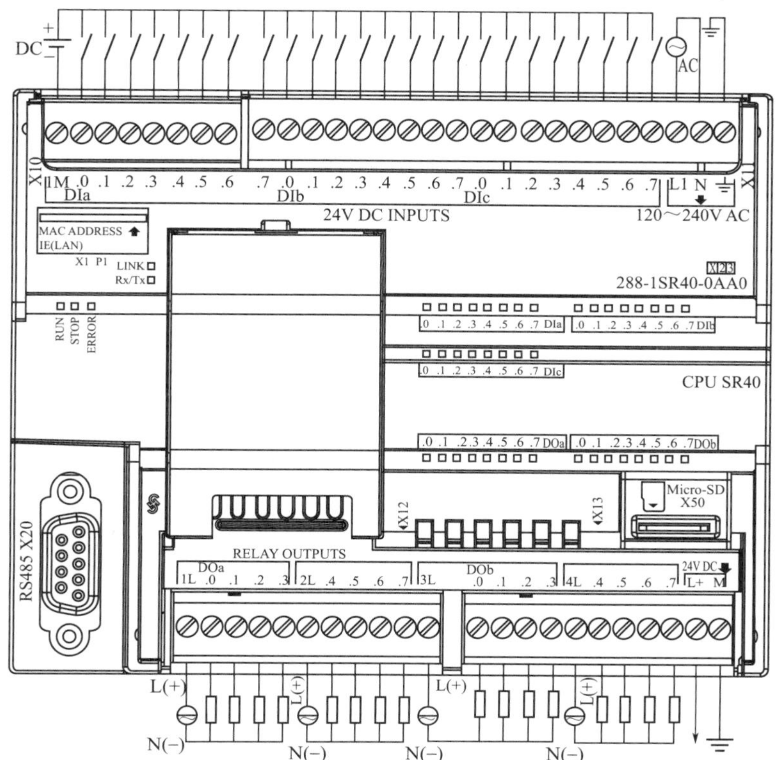

图 1-22　CPU SR40 接线图

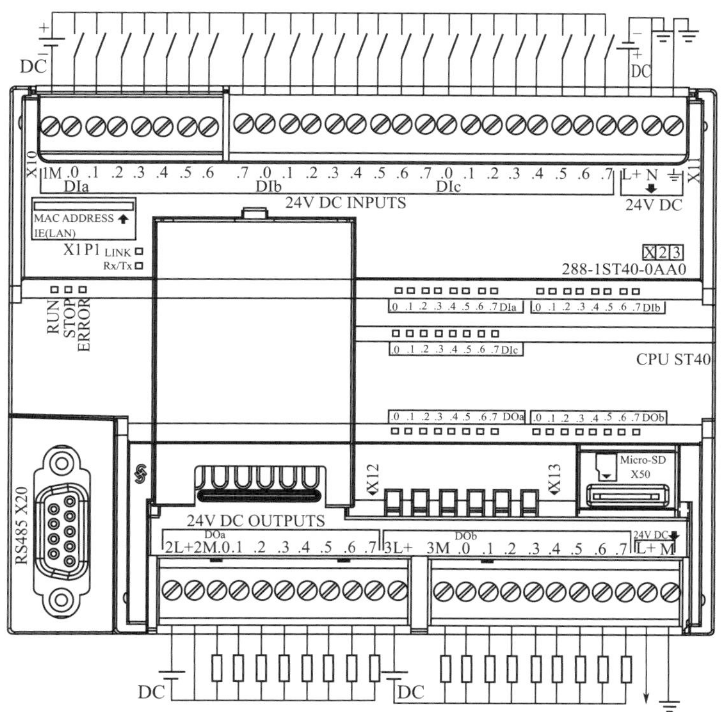

图 1-23　CPU ST40 接线图

① 输入端子的接线。S7-200 SMART 的数字量输入点内部为双向二极管，数字量输入端支持漏型或源型的接线方式，如图 1-24 所示。干接点输入接线方式内部电路如图 1-25 所示。NPN 输出型传感器的接线方式（源型）如图 1-26 所示。PNP 输出型传感器的接线方式（漏型）如图 1-27 所示。

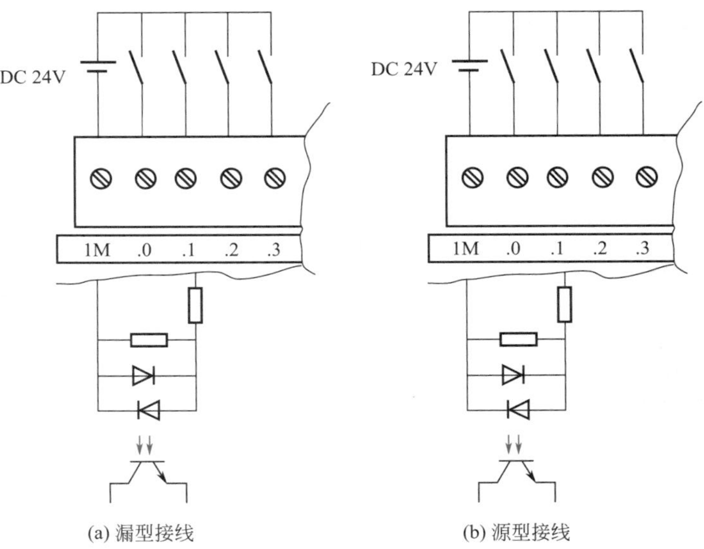

图 1-24　数字量输入端支持漏型或源型的接线方式

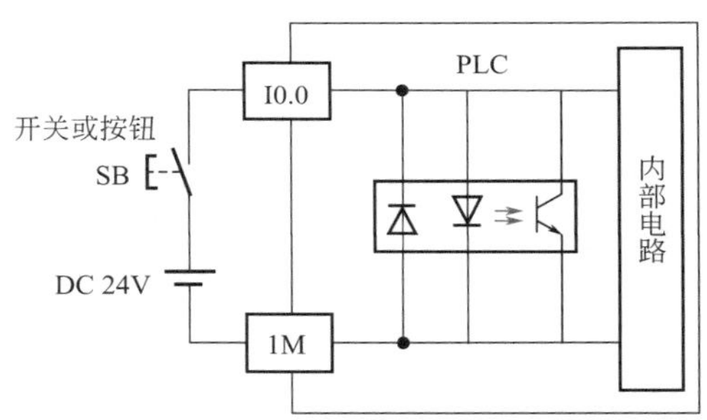

图 1-25　干接点输入接线方式内部电路

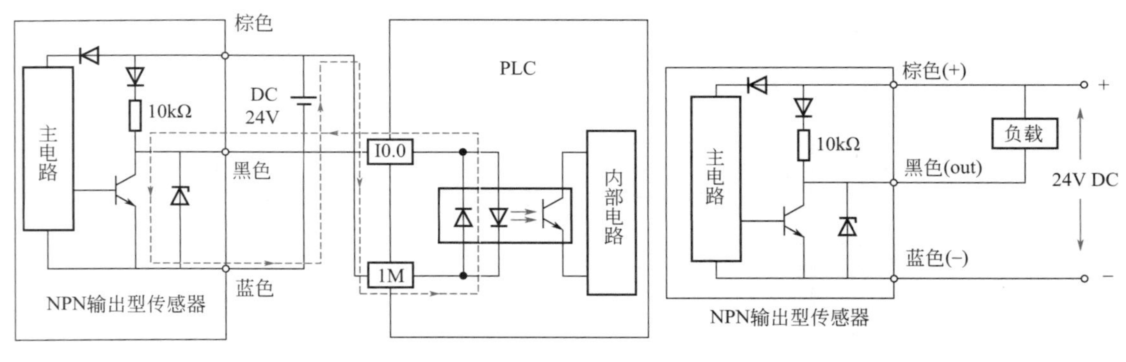

图 1-26　NPN 输出型传感器的接线方式（源型）

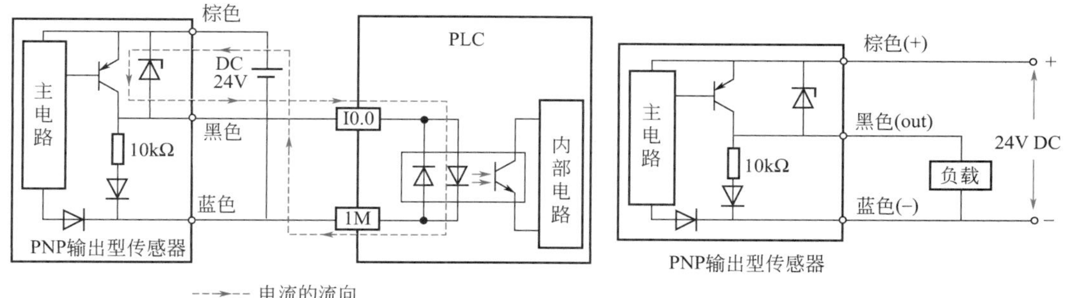

图 1-27　PNP 输出型传感器的接线方式（漏型）

② 输出端子的接线。继电器输出型 PLC 的接线方式如图 1-28 所示。晶体管输出型 PLC 的接线方式如图 1-29 所示。CPU ST×× 模块输出是 PNP（即高电平）输出，只能接成源型输出（PNP），即高电平输出，不能接成漏型输出。

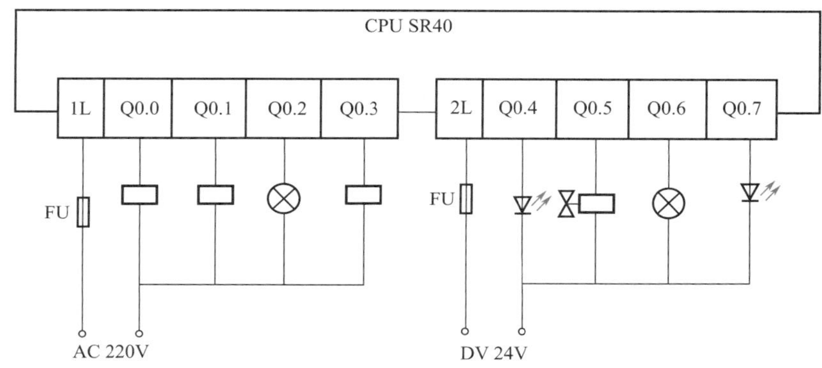

图 1-28　继电器输出型 PLC 的接线方式

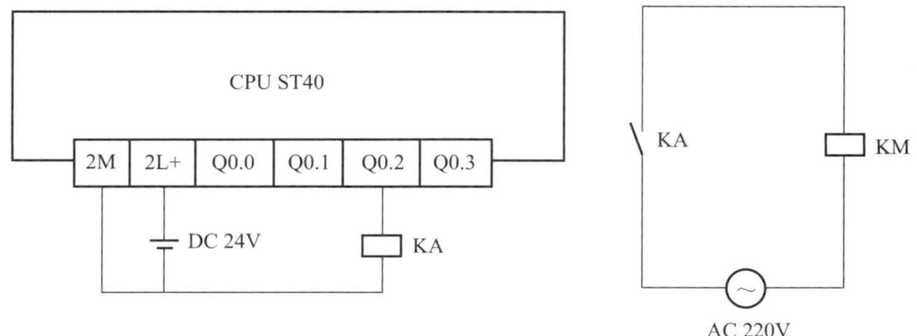

图 1-29　晶体管输出型 PLC 的接线方式

（2）扩展模块

S7-200 SMART 系列提供各种各样的扩展模块。通过额外的 I/O 和通信接口，使得 S7-200 SMART 可以很好地按照应用需求来配置。全新设计的扩展模块和信号板能够提供更加经济、灵活的解决方案。S7-200 SMART 共提供了 12 种不同的扩展模块。通过扩展模块，可以很容易地扩展控制器的本地 I/O，以满足不同的应用需求。它分别提供了数字量 / 模拟量模块以提供额外的数字 / 模拟 I/O 通道。

① 数字量输入电路。S7-200 SMART 有 8 点输入、8 点输出模块，16 点、32 点输入 / 输

出模块。输出模块有 DC 24V 和继电器两种。1M 是同一组输入点各内部输入电路的公共点。输入电流为数毫安。外接触点接通时，发光二极管亮，光敏三极管饱和导通；反之发光二极管熄灭，光敏三极管截止，信号经内部电路传送给 CPU 模块。电流从输入端流入为漏型输入，反之为源型输入。输入电路如图 1-30 所示。数字量输入模块实物如图 1-31 所示。

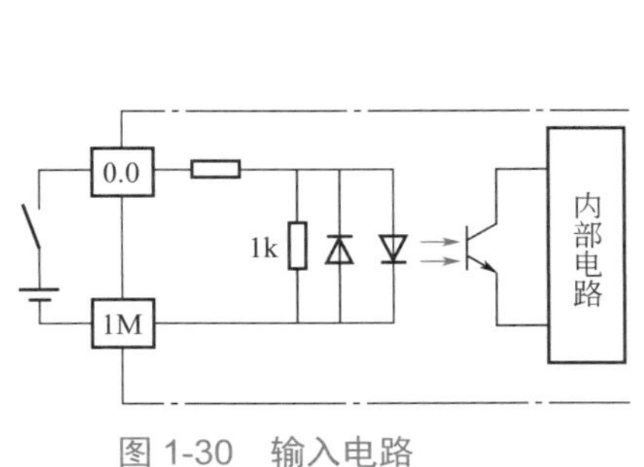

图 1-30　输入电路

图 1-31　数字量输入模块实物

② 数字量输出电路。继电器输出电路可以驱动直流负载和交流负载，承受瞬时过电压和过电流的能力较强，动作速度慢，动作次数有限。场效应管输出电路只能驱动直流负载，反应速度快、寿命长，过载能力稍差。继电器输出电路如图 1-32 所示。场效应晶体管输出电路如图 1-33 所示。数字量模块类型及参数见表 1-5。

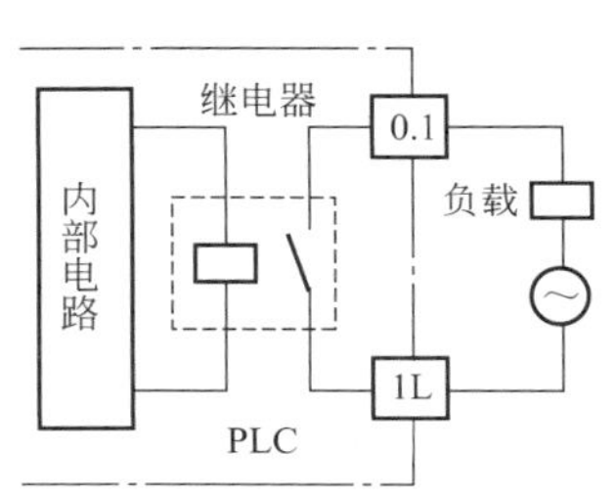

图 1-32　继电器输出电路

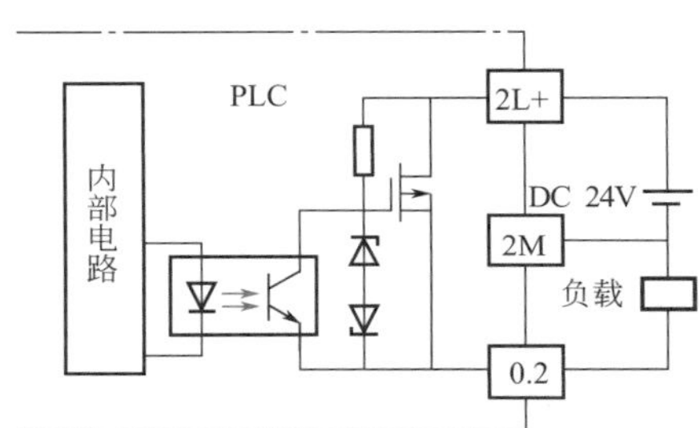

图 1-33　场效应晶体管输出电路

表 1-5　数字量模块类型及参数

类型	名称	参数
数字量输入	EM DI08	DI 8×24V DC
数字量输出	EM DR08	DO 8×RLY 30V DC/250V AC 2A
	EM DT08	DO 8× 28.8V DC 0.75A
数字量输入 / 输出	EM DR16	DI 8×24V DC DO 8×RLY 30V DC/250V AC 2A
	EM DR32	DI 16×24V DC DO 16× RLY 30V DC/250V AC 2A
	EM DT16	DI 8×24V DC DO 8×24V DC 0.75A
	EM DT32	DI 16×24V DC DO 16×24V DC 0.75A

③ 模拟量扩展模块。

a. PLC 对模拟量的处理。模拟量输入模块将模拟量转换为多位数字量。模拟量输出模块将 PLC 中的多位数字量转换为模拟量电压或电流，有 4AI、2AO、4AI/2AO、2 路热电阻、4 路热电偶模块。

b. 模拟量输入模块。EM AI04 有 4 种量程（0 ～ 20mA、10V、5V 和 2.5V）。电压模式的分辨率为 11 位 + 符号位，电流模式的分辨率为 11 位。

单极性满量程输入范围对应的数字量输出为 0 ～ 27648。双极性满量程输入范围对应的数字量输出为 -27648 ～ +27648。

c. 模拟量输出模块。EM AQ02 有 10V 和 0 ～ 20mA 两种量程，对应的数字量分别为 -27648 ～ +27648 和 0 ～ 27648。满量程时电压输出和电流输出的分辨率分别为 10 位 + 符号位和 10 位。

d. 热电阻扩展模块与热电偶扩展模块。温度测量的分辨率为 0.1℃ /0.1 ℉，电阻测量的分辨率为 15 位 + 符号位。

模拟量模块类型及参数见表 1-6。

表 1-6　模拟量模块类型及参数

类型	名称	参数
模拟量输入	EM AI04	AI 4×12bit ± 10 V DC， ± 5 V DC ± 2.5 V DC 或 0 ～ 20mA
模拟量输出	EM AQ02	AO 2×11bit ±10V DC 或 0 ～ 20mA
模拟量输入 / 输出	EM AM06	AI 4×12bit ± 10 V DC，± 5 V DC，± 2.5 V DC 或 0 ～ 20mA AO 2×11 bit ±10 V DC 或 0 ～ 20mA
温度测量模块	EM AR02	AI 2×RTD×16bit
	EM AT04	AI 4×TC×16bit

扩展模块（EM）不能单独使用，需要通过自带的连接器插接在 CPU 模块的右侧，如图 1-34 所示。

图 1-34　扩展模块的连接

扩展插针的 3 个凸起点与 CPU 及其他模块连接，扩展模块安装方式如图 1-35 所示。

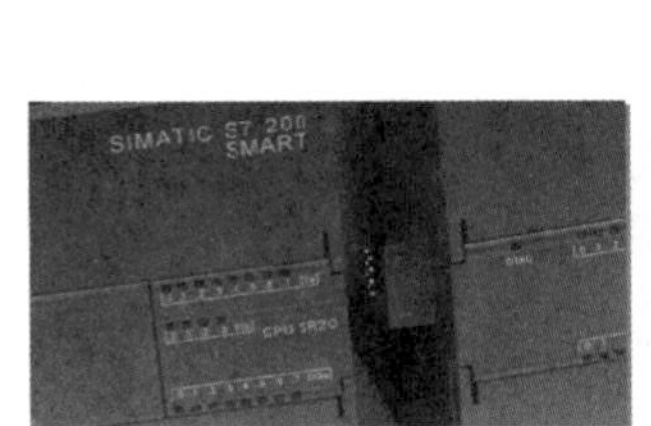

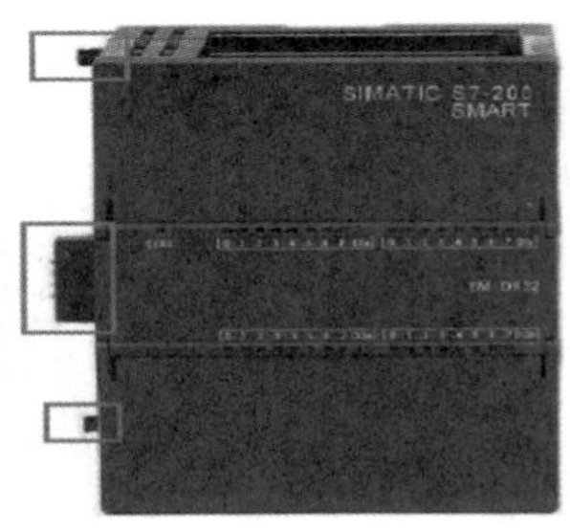

图 1-35　扩展模块安装方式

④ 信号板。S7-200 SMART 共提供了 4 种不同的信号板。使用信号板，可以在不额外占用电控柜空间的前提下，提供额外的数字量 I/O、模拟量 I/O 和通信接口，达到精确化配置。信号板实物如图 1-36 所示。信号板类型及参数见表 1-7。信号板连接如图 1-37 所示。

图 1-36　信号板实物

表 1-7　信号板类型及参数

类型	名称	参数
数字量扩展	SB DT04	2×24V DC 输入 /2×24V DC 输出
模拟量扩展	SB AQ01	1×12 位模拟量输出
串行通信	SB CM01	通信信号板，RS-485/RS-232
电池扩展	SB BA01	支持 CR1025 纽扣电池，保持时钟大约 1 年

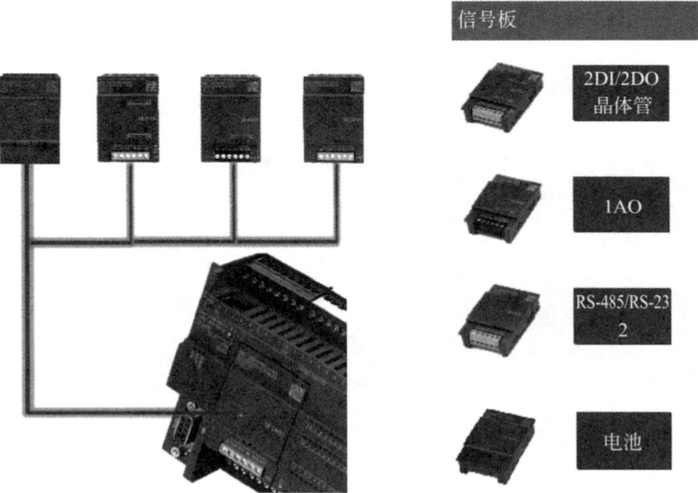

图 1-37　信号板连接

信号板的安装步骤如图 1-38 所示。

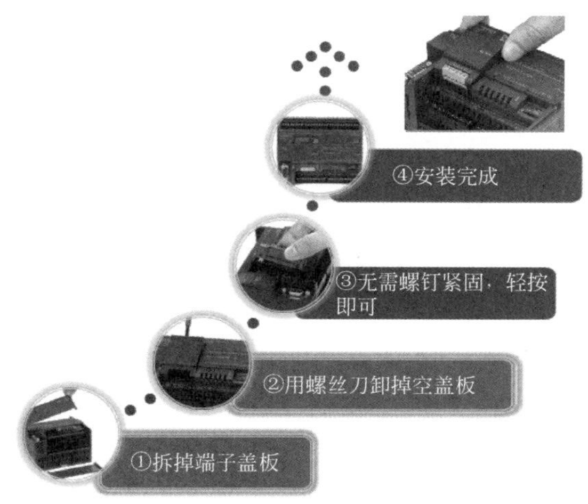

图 1-38 信号板的安装步骤

1.5 实例 1——I/O 地址分配与电源需求计算

（1）I/O 地址分配

S7-200 SMART CPU 有一定数量的本机 I/O，本机 I/O 有固定的地址。可以用扩展 I/O 模块和信号板来增加 I/O 点数，最多可以扩展 6 块扩展模块。扩展模块安装在 CPU 模块的右边，紧靠 CPU 的扩展模块为 0 号模块。信号板安装在 CPU 模块上。

CPU 分配给数字量 I/O 模块的地址以字节为单位，一个字节由 8 点数字量 I/O 组成。如果某些 CPU 和信号板的数字量 I/O 点数不是 8 的整倍数，最后一个字节中未用的位不会分配给 I/O 链中的后续模块。在每次更新输入时，输入模块的输入字节中未用的位被清零。

表 1-8 给出了 CPU、信号板和各 I/O 模块的输入、输出的起始地址。在用系统块组态硬件时，STEP7-Micro/WIN SMART 自动分配各模块和信号板的地址。

表 1-8 模块和信号板的起始 I/O 地址

项目	CPU	信号板	扩展模块 0	扩展模块 1	扩展模块 2	扩展模块 3	扩展模块 4	扩展模块 5
起始地址	I0.0 Q0.0 — —	I7.0 Q7.0 AIW12 AQW12	I8.0 Q8.0 AIW16 AQW16	I12.0 Q12.0 AIW32 AQW32	I16.0 Q16.0 AIW48 AQW48	I20.0 Q20.0 AIW64 AQW64	I24.0 Q24.0 AIW80 AQW80	I28.0 Q28.0 AIW96 AQW96

（2）最大 I/O 配置

CPU 的 I/O 映像区的大小限制，最大为 256 个输入和 256 个输出，但实际的 S7-200 SMART CPU 没有这么多，还要受到下面因素的限制。

- CPU 本体的 I/O 点数的不同。

● CPU 所能扩展的模块数目，标准型有 6 个，经济型不能扩展模块。

● CPU 内部 +5V 电源是否满足所有扩展模块的需要，扩展模块的 +5V 电源不能外接电源，只能由 CPU 供给。

而在以上因素中，CPU 的供电能力对扩展模块的个数有决定性影响。

不同型号的 CPU 的扩展能力不同，表 1-9 列举了 CPU 模块的最大扩展能力。

表 1-9　CPU 模块的最大扩展能力

CPU 模块	可以扩展的最大 DI/DO 和 AI/AO		5V 电源 /mA	DI/个	DO/个	AI/个	AO/个
CPU CR40		无	不能扩展				
CPU SR20	最大 DI/DO	CPU	740	12	8		
		4×EM DT32 16DI/16DO，DC/DC	−74	64	64		
		4×EM DR32 16DI/16DO，DC/Relay	−720				
		总计	≥ 0	76	72		
	最大 AI/AO	CPU	740	12	8		
		1×SB 1AO	−15				1
		4×EM AM06 4AI/2AO	−320			16	8
		总计	>0	12	8	16	9
CPU SR40/ST40	最大 DI/DO	CPU	740	24	16		
		4×EM DT32 16DI/16DO，DC/DC	−740	64	64		
		4×EM DR32 16DI/16DO，DC/Relay	−720				
		总计	≥ 0	88	80		
	最大 AI/AO	CPU	740	24	16		
		1×SB 1AO	−15				1
		4×EM AM06 4AI/2AO	−320			16	8
		总计	>0	24	16	16	9
CPU SR60/ST60	最大 DI/DO	CPU	740	36	24		
		4×EM DT32 16DI/16DO，DC/DC	−740	100	88		
		4×EM DR32 16DI/16DO，DC/Relay	−720				
		总计	≥ 0	136	112		
	最大 AI/AO	CPU	740	36	24		
		1×SB 1AO	−15				1
		4×EM AM06 4AI/2AO	−320			16	8
		总计	>0	36	24	16	9

以 CPU SR20 为例，对以上表格做说明：CPU SR20 自身有 12 个 DI（输入点）、8 个 DO（输出点），由于受到总线电流（SM 电流，即 DC +5V）限制，可以扩展 64 个 DI 和 64 个 DO，经过扩展后，DI/DO 达到 76/72。最大可以扩展 16 个 AI（模拟量输入）和 9 个 AO（模拟量输出）。

（3）电源需求计算

所谓电源需求计算，就是用 CPU 所能提供的电源容量减去各模块所需要的电源消耗量。S7-200 SMART CPU 模块提供 DC +5V 和 DC +24V 电源。当有扩展模块时，CPU 通过 I/O 总线为其提供 5V 电源，所有扩展模块的 5V 电源消耗之和不能超过该 CPU 提供的电源额定值。若不够用，则外接 5V 电源。

每个 CPU 都有一个 DC 24V 传感器电源，它为本机输入点和扩展模块输入点及扩展模块继电器线圈提供 DC 24V。如果电源要求超出了 CPU 模块的电源定额，可以增加外部 DC 24V 电源来供给扩展模块。各模块的电源需求见表 1-10。

表 1-10　各模块的电源需求

型号		电源需求	
		DC +5V/mA	DC +24V/mA
CPU 模块	CPU SR20	740	300
	CPU ST40/SR40	740	300
	CPU ST60/SR60	740	300
扩展模块	EM DE08	105	输入：4
	EM DT08	120	—
	EM DR08	120	输出：11
	EM DT16	145	输入：4
	EM DR16	145	输入：4；输出：11
	EM DT32	185	输入：4
	EM DR32	180	输入：4；输出：11
	EM AO02	80	40
	EM AI04	80	50
	EM AM06	80	60
信号板	SB 1AO	15	40
	SB 2DI/DO	50	输入：4
	SB RS-485/RS-232	50	—

【例 1-1】 某系统由一台 CPU SR40 AC/DC/ 继电器、3 个 EM 8 点继电器型数字量输出（EM DR08）和 1 个 EM 8 点数字量输入（EM DE08）组成，问电源是否足够？

解：DC 5V

(120+120+120 +105）mA=465mA<740mA，满足 5V 电源要求。

DC 24V

(24×4+8×11+8×11+8×11+8×4) mA=392mA>300mA，不满足 24V 电源要求。

1.6 实例 2 ——认识 S7-200 SMART PLC

利用接触器可以实现三相异步电动机的启停控制，如图 1-39 所示。

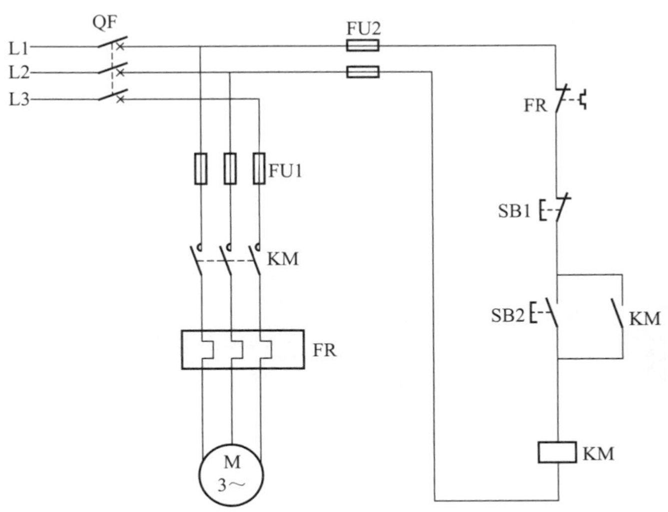

图 1-39　用接触器实现电动机的启停控制电路

S7-200 SMART PLC 采用硬件接线安装而成，可靠性、通用性较差。用 PLC 控制电动机启停的硬件接线图如图 1-40 所示。主电路仍然不变，控制电路由 PLC 取代。

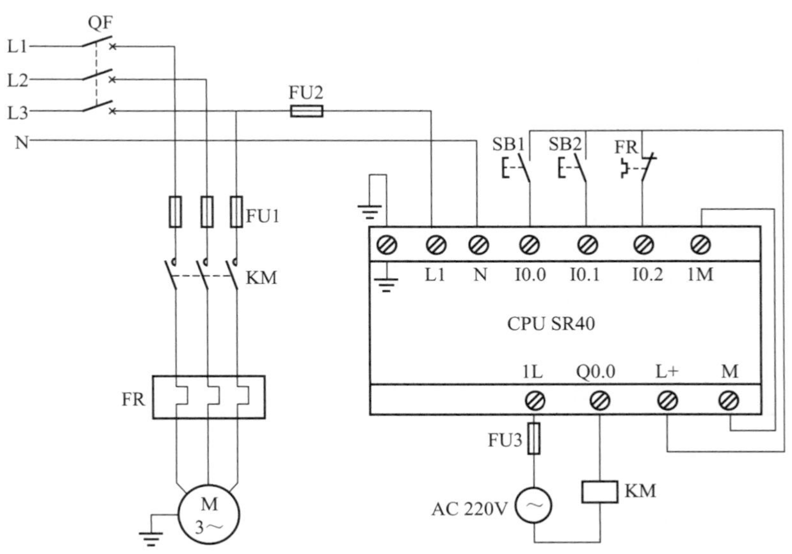

图 1-40　用 PLC 控制电动机启停的硬件接线图

电动机直接启动和延时启动的 PLC 程序如图 1-41 所示。

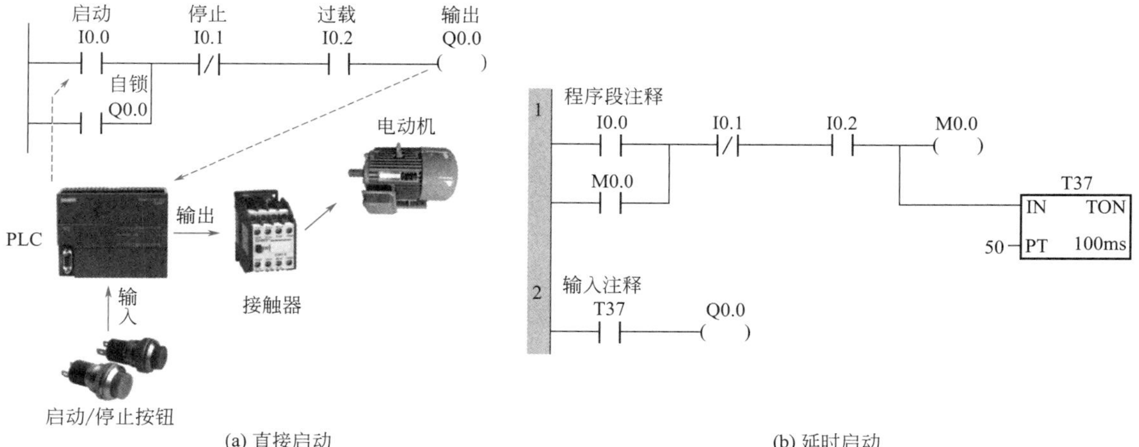

图 1-41　电动机直接启动和延时启动的 PLC 程序

思考与练习

1. 填空题

(1) PLC 主要由 ________、________、________ 和 ________ 组成。

(2) 继电器的线圈断电时，其常开触点 ________，常闭触点 ________。

(3) 外部输入电路断开时，对应的输入过程映像寄存器为 ________ 状态，梯形图中对应的常开触点 ________，常闭触点 ________。

(4) 若梯形图中输出 Q 的线圈通电，对应的输出过程映像寄存器为 ________ 状态，在修改输出阶段后，继电器型输出模块中对应的硬件继电器的线圈 ________，其常开触点 ________，外部负载 ________。

2. 选择题

(1) 在 PLC 控制系统中，温度控制采用（　　）扩展模块。

A. EM AO02　　B. EM AE04　　C. EM AM6　　D. EM AR02

(2) 西门子 S7-200 SMART PLC 的基本指令运算时间是（　　）

A. 0.15μs　　B. 10ms　　C. 1.5ms　　D. 3μs

(3) 西门子 S7-200 SMART PLC 最多可以有（　　）个点（含扩展）。

A. 168　　B. 128　　C. 256　　D. 188

(4) 以下哪个 S7-200 SMART PLC CPU 不具备扩展能力？（　　）

A.CPU ST40　　B. CPU SR40　　C. CPU CR40　　D. CPU SR60

3. S7-200 SMART PLC 有什么特点?

4. S7-200 SMART PLC 的电源需求如何计算?

第 2 章

STEP 7-Micro/WIN SMART 编程软件使用

STEP 7-Micro/WIN SMART 是专门为 S7-200 SMART PLC 开发的编程软件，能在 Windows XP SP3/Windows 7 等系统上运行，支持 LAD、FBD、STL 语言。安装文件 100 多兆。在沿用 STEP 7-Micro/WIN 优秀编程理念的同时，更多的人性化设计使编程更容易上手，项目开发更加高效。

本章要点

- STEP 7-Micro/WIN SMART 编程软件概述
- 程序的编写与下载
- 符号表与符号地址的使用
- 用编程软件监控与调试程序
- 使用系统块设置 PLC 的参数

2.1 STEP 7-Micro/WIN SMART 编程软件概述

（1）STEP 7-Micro/WIN SMART 编程软件的安装要求

安装要求如下。

① 小巧精干。软件小巧精干，安装程序只有 100 多兆。

② 硬件要求。无特别要求，常用配置即可，仅需要 350M 空余硬盘空间。

③ 兼容性。

- Windows XP SP3（仅 32 位）。
- Windows 7（32 位和 64 位都支持）。

（2）STEP 7-Micro/WIN SMART 编程软件的安装步骤

安装步骤如下。

① 打开 STEP 7-Micro/WIN SMART 编程软件的安装包，双击软件安装包中名为“setup”的可执行文件，开始软件安装。

② 选择安装语言。

③ 接受安装许可协议。

④ 选择安装的目标路径。

（3）STEP 7-Micro/WIN SMART 编程软件的窗口区域和元素

STEP 7-Micro/WIN SMART 编程软件的界面如图 2-1 所示。

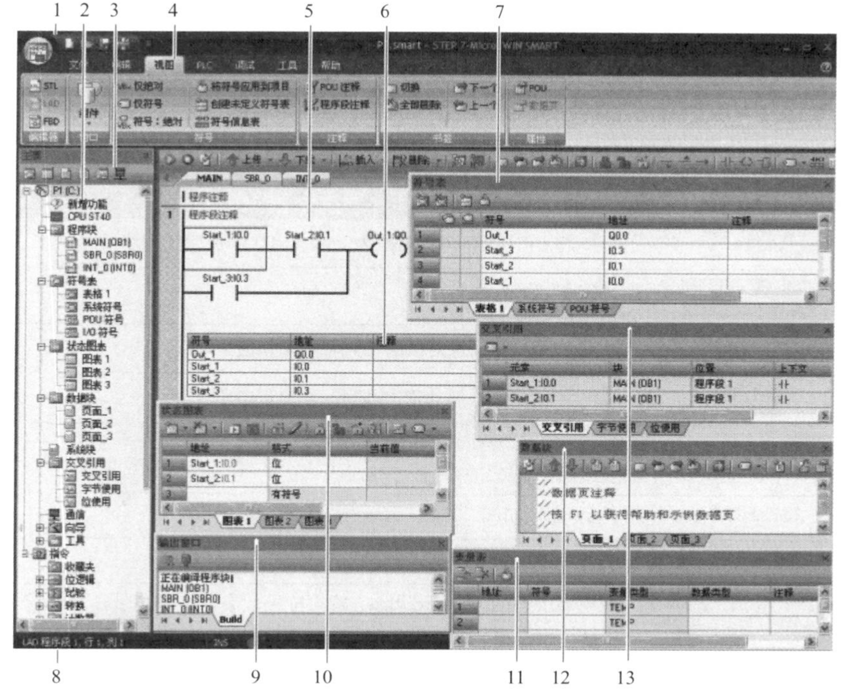

图 2-1　编程软件界面

1—快速访问工具栏；2—项目树；3—导航栏；4—菜单栏；5—程序编辑器；6—符号信息表；7—符号表；8—状态栏；9—输出窗口；10—状态图表；11—变量表；12—数据块；13—交叉引用

① 快速访问工具栏。通过快速访问文件按钮可简单快速地访问【文件】菜单的大部分功能及最近文档，如图 2-2 所示。

② 项目树。项目树有两大功能：组织编辑项目和提供指令，如图 2-3 所示。

图 2-2　快速地访问【文件】菜单

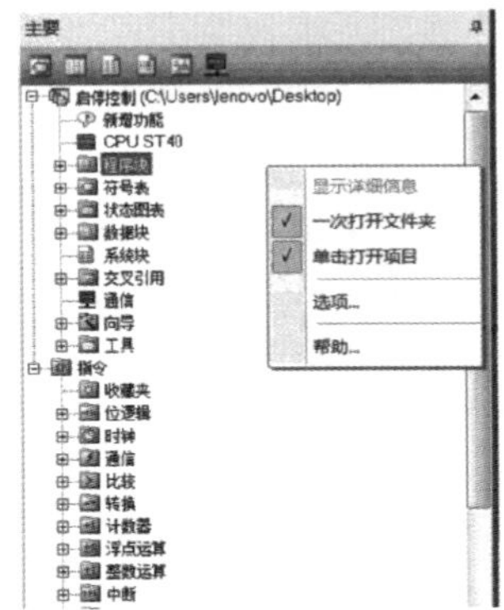

图 2-3　项目树

③ 导航栏。导航栏位于项目树上方，可快速访问项目树上的对象，它有符号表、状态图表、数据块、系统块、交叉引用及通信等按钮。

④ 菜单栏。菜单栏包括【文件】【编辑】【视图】【PLC】【调试】【工具】和【帮助】7 个菜单命令。

⑤ 程序编辑器。程序编辑器常用按钮的功能见表 2-1。

表 2-1　程序编辑器常用按钮的功能

序号	按钮图标	功能
1		将 CPU 工作模式更改为 RUN、STOP 或编译程序模式
2	上传 · 下载	上传和下载程序
3	插入 · 删除 ·	针对当前所选对象的插入和删除功能
4		调试操作以启动程序监视和暂停程序监视
5		书签和导航功能：切换书签、转到上一书签、转到下一书签、删除所有书签和转到特定程序段、行或线
6		强制功能：强制、取消强制和全部取消强制
7		可拖动到程序段的通用程序元素
8		地址和注释显示功能：显示符号、显示绝对地址、显示符号和绝对地址、切换符号信息表显示、显示 POU 注释以及显示程序段注释
9		设置 POU 保护和常规属性

⑥ 符号信息表。符号信息表位于每个程序段的下方，该表列出该程序段中所有符号的信息。查看符号信息表时，符号名、绝对地址、数值、数据类型和注释按字母顺序显示在程

序中每个程序段的下方。

⑦ 符号表。符号表允许用户为存储器地址或常量指定符号名称，以此增加程序的可读性，方便编辑和调试，如图2-4所示。

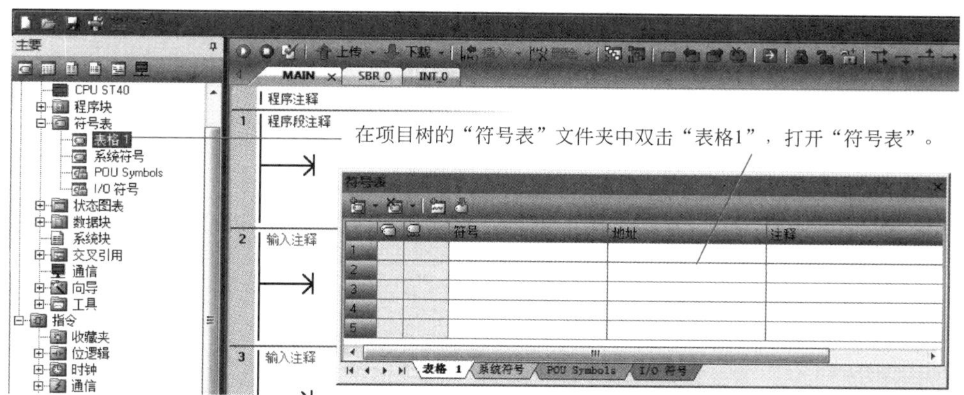

图2-4　符号表

⑧ 状态栏。状态栏位于主窗口的底部，提供用户在STEP 7-Micro/WIN SMART中执行操作的相关信息。

⑨ 输出窗口。STEP 7-Micro/WIN SMART显示的输出窗口列出最近编译的POU和在编译期间发生的所有错误，如图2-5所示。

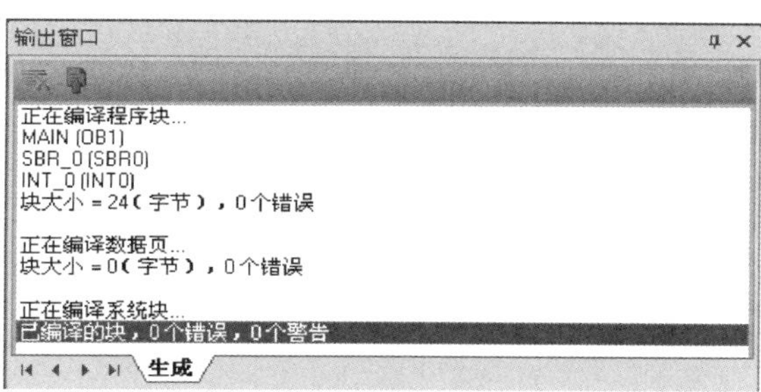

图2-5　输出窗口

⑩ 状态图表。状态图表用表格或趋势图来监视、修改和强制程序执行时指定变量的状态，它并不下载到PLC。

⑪ 变量表。通过变量表可定义对特定POU局部有效的变量。

⑫ 数据块。数据块包含可向V存储器地址分配数据值的数据页。

⑬ 交叉引用。交叉引用显示变量交叉引用表，在编程结束后，对程序进行编译，软件会自动生成交叉引用表，可以在该表中看到各变量在程序中的使用情况，凡是在交叉引用表中列出来的变量，都是已经使用过的。

【例2-1】 创建电动机启保停程序段对应的符号表。在符号表中分配符号。

解：① 单击项目树中的“符号表”文件夹，打开【符号表】，在“表格1”的【符号】列中键入符号名“启动”“停止”“电动机”等，如图2-6所示。

② 在【地址】列中键入地址“I0.0”“I0.1”“Q0.0”等，如图2-6所示，或者常数值（如VB0或123）。

③ 在【注释】列中键入注释“电动机启动按钮”“电动机停止按钮”“电动机驱动输出”

等，如图 2-6 所示。

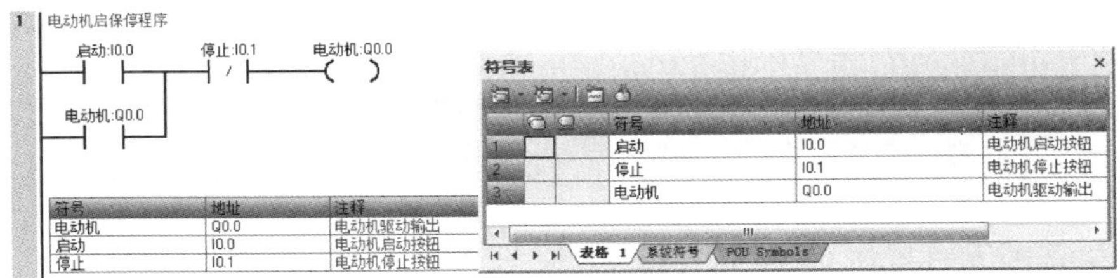

图 2-6　创建电动机启保停程序段对应的符号表

（4）个性化设计

① 全新的菜单设计。STEP 7-Micro/WIN SMART 摒弃传统的下拉式菜单，采用新颖的带状式菜单设计，所有菜单选项一览无余，其形象的图标显示，使操作更加方便快捷，如图 2-7 所示。

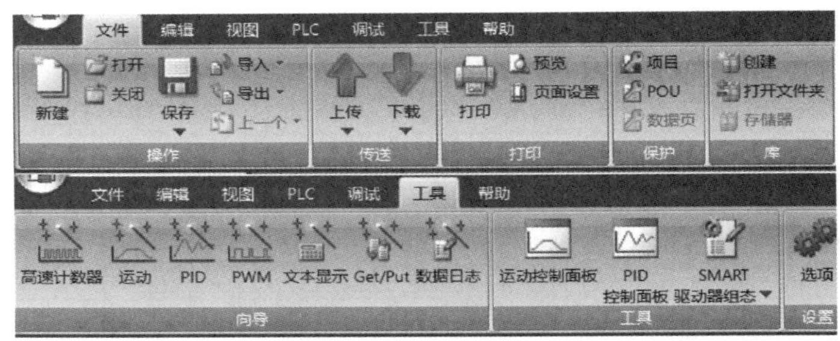

图 2-7　全新的菜单设计

② 全移动式窗口设计。软件界面中的所有窗口均可随意移动。主窗口、程序编辑窗口、输出窗口、变量表、状态图表等窗口均可按照用户的习惯进行组合，最大限度地提高编程效率，如图 2-8 所示。

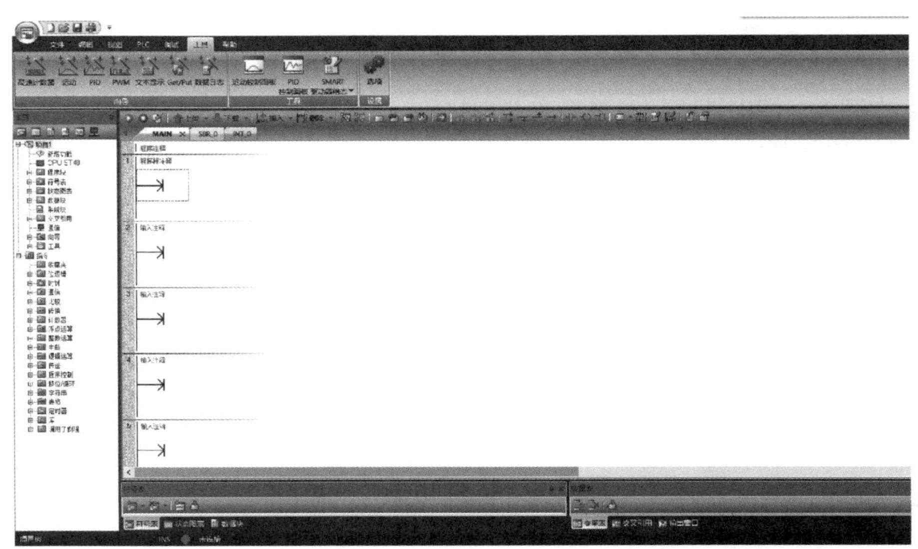

图 2-8　全移动式窗口设计

③ 变量定义与程序注释。用户可根据工艺需求自定义变量名，并且直接通过变量名进行调用，完全享受高级编程语言的便利。根据实现的功能，特殊功能寄存器调用后自动命名，更加便捷。另外，功能块引脚数据类型自动提示和指令的数据类型匹配检查功能，使用户在进行赋值操作时更加高效，如图 2-9 所示。

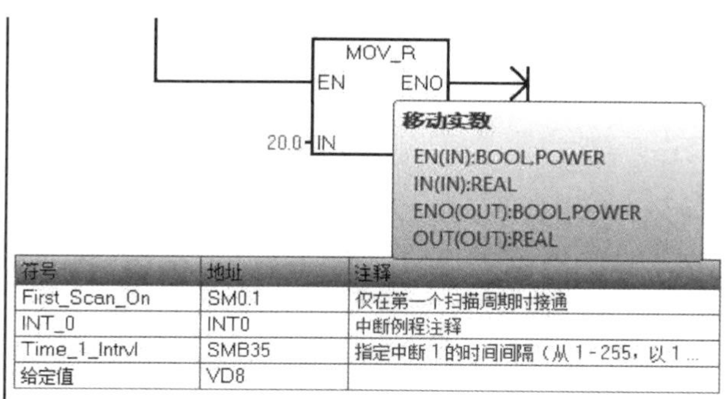

符号	地址	注释
First_Scan_On	SM0.1	仅在第一个扫描周期时接通
INT_0	INT0	中断例程注释
Time_1_Intrvl	SMB35	指定中断 1 的时间间隔（从 1 - 255，以 1 ...
给定值	VD8	

图 2-9　变量定义与程序注释

④ 状态监控。在 STEP 7-Micro/WIN SMART 状态图中，可监测 PLC 每一路输入 / 输出通道的当前值，同时可对每路通道进行赋值或强制操作来模拟外部的输入，以检验程序逻辑的正确性，如图 2-10 所示。

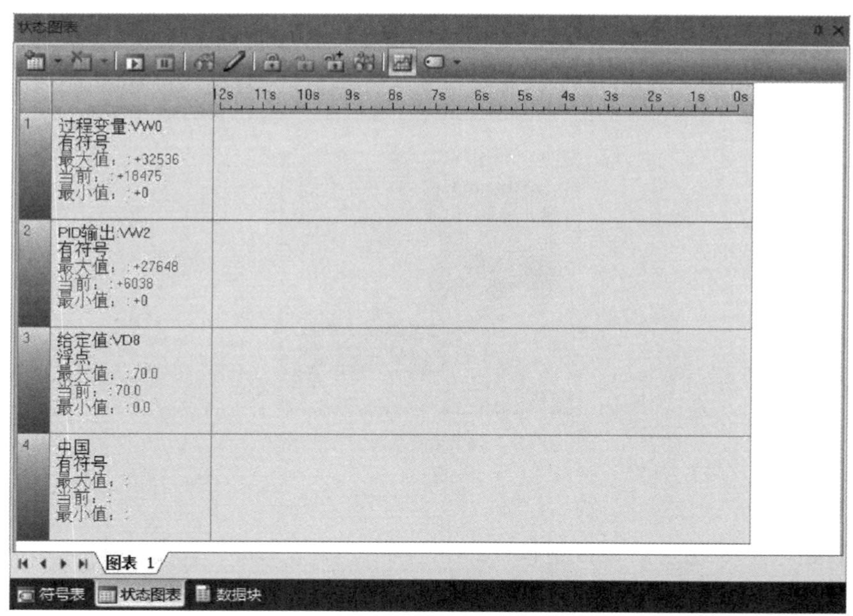

图 2-10　状态监控

⑤ 新颖的向导设置。STEP 7-Micro/WIN SMART 集成了简易快捷的向导设置功能，只需按照向导提示设置每一步的参数即可完成复杂功能的设定。新的向导功能允许用户直接对其中某一步的功能进行设置，修改已设置的向导便无需重新设置每一步，如图 2-11 所示。

⑥ 便利的指令集。在 PLC 编程中，一般将多次反复执行的相同任务编写成一个子程序，

将来可以直接调用。使用子程序可以更好地组织程序结构，便于调试和阅读，如图 2-12 所示。

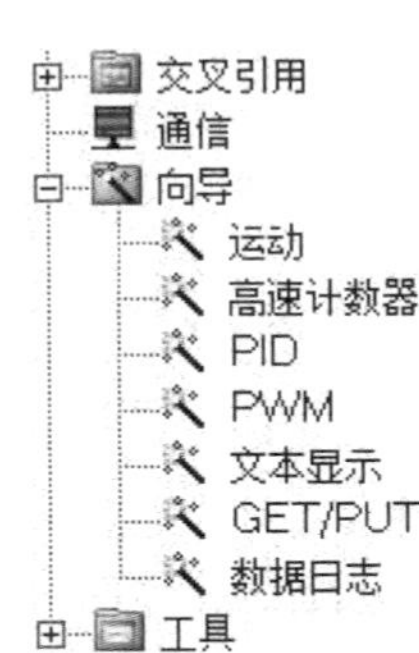

图 2-11 新颖的向导设置

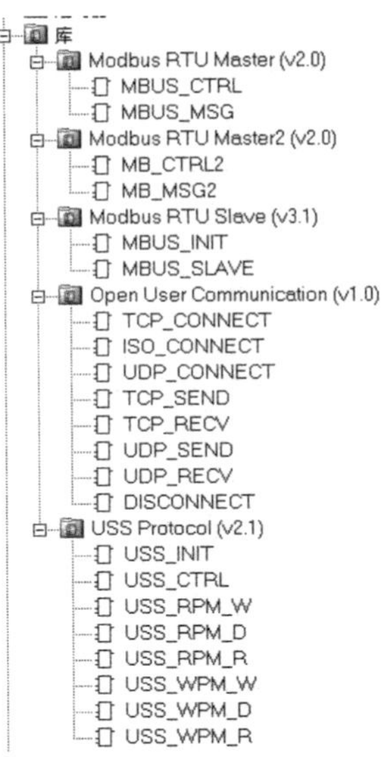

图 2-12 便利的指令集

⑦ 强大的密码保护功能。STEP 7-Micro/WIN SMART 不仅对计算机中的程序源提供密码保护，同时对 CPU 模块中的程序也提供密码保护，以满足用户对密码保护的不同需求，完美保护用户的知识产权，如图 2-13 所示。

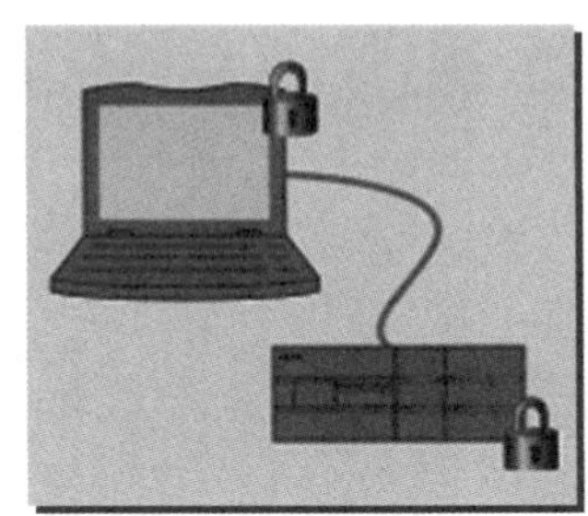

图 2-13 强大的密码保护功能

（5）菜单介绍

【文件】菜单主要包含对项目整体的编辑操作，以及上传 / 下载、打印、保存和对库文件的操作，如图 2-14 所示。

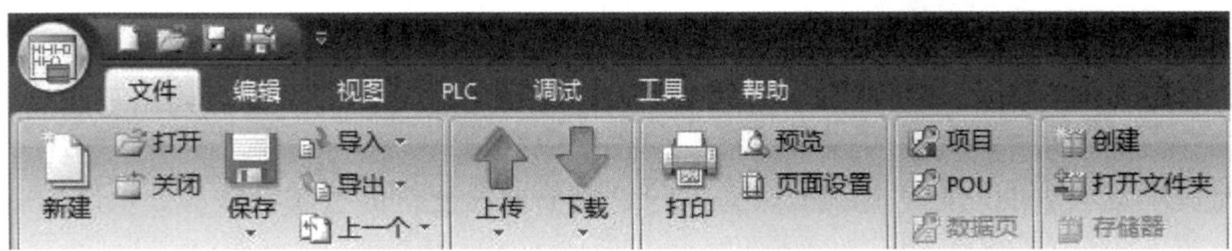

图 2-14 【文件】菜单

【编辑】菜单主要包含对项目程序的修改功能，包括剪贴板、插入、删除程序对象及搜索功能，如图 2-15 所示。

图 2-15 【编辑】菜单

【视图】菜单包含的功能有程序编辑语言的切换、不同组件之间的切换显示、符号表和符号寻址优先级的修改、书签的使用，以及打开 POU 和数据页属性的快捷方式，如图 2-16 所示。

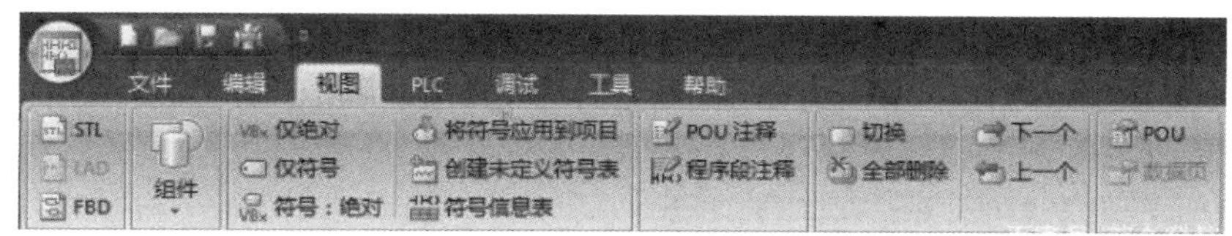

图 2-16 【视图】菜单

【PLC】菜单包含的主要功能是对在线连接的 S7-200 SMART CPU 的操作和控制，比如控制 CPU 的运行状态、编译和传送项目文件、清除 CPU 中项目文件、比较离线和在线的项目程序、读取 PLC 信息及修改 CPU 的实时时钟，如图 2-17 所示。

图 2-17 【PLC】菜单

【调试】菜单的主要功能是在线连接 CPU 后，对 CPU 中的数据进行读 / 写和强制对程序运行状态进行监控。这里的【执行单次】和【执行多次】的扫描功能是指 CPU 从停止状态开始执行一个扫描周期或多个扫描周期后自动进入停止状态，常用于对程序的单步或多步调试，如图 2-18 所示。

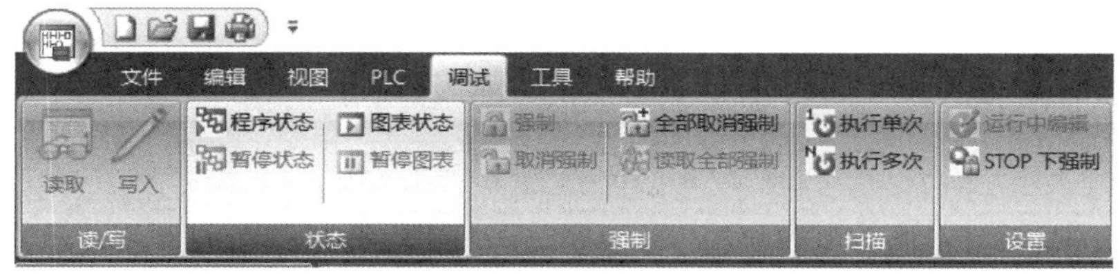

图 2-18 【调试】菜单

【工具】菜单的主要功能包含向导和相关工具的快捷打开方式及 STEP 7-Micro/WIN SMART 软件的选项，如图 2-19 所示。

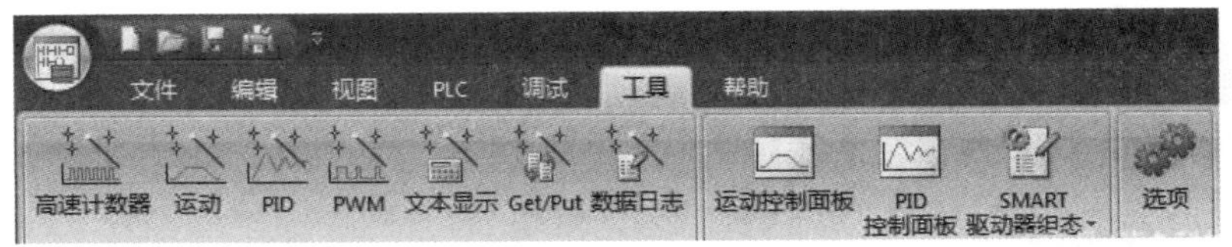

图 2-19 【工具】菜单

【帮助】菜单包含软件自带帮助文件的快捷打开方式和西门子支持网站的超级链接及当前的软件版本，如图 2-20 所示。

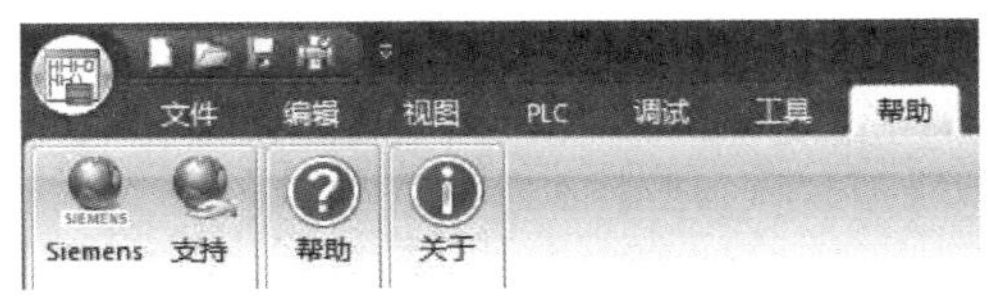

图 2-20 【帮助】菜单

2.2 程序的编写与下载

S7-200 SMART PLC 工程项目的建立、硬件组态、编程、下载和上传，以及程序状态诊断和监控，都由西门子的 STEP 7-Micro/WIN SMART 来管理和维护。

编程软件 STEP 7-Micro/WIN SMART 与 CPU 建立通信，如图 2-21 所示。

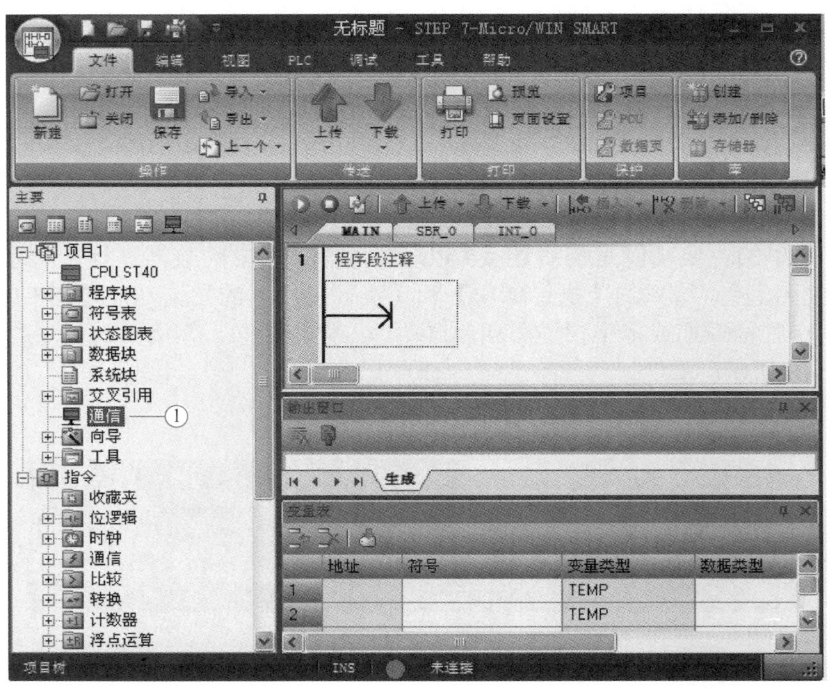

图 2-21 编程软件 STEP 7-Micro/WIN SMART 与 CPU 建立通信

2.2.1 创建项目（工程）

（1）创建项目（工程）或打开已有的项目（工程）

单击快速访问工具栏最左边的新建按钮，生成一个新项目（新工程）。单击快速访问工具栏上的打开按钮，可以打开已有的项目（工程）。

（2）硬件组态

硬件组态的任务就是用系统块生成一个与实际的硬件系统相同的系统，组态的模块和信号板与实际的硬件安装的位置和型号最好完全一致。硬件组态时，还需要设置各模块和信号板的参数，即给参数赋值。

下载项目时，如果项目中组态的CPU型号或固件版本号与实际的不匹配，则STEP 7-Micro/WIN SMART将发出警告消息。可以继续下载，但是如果连接的CPU不支持项目需要的资源和功能，将会出现下载错误。

单击导航栏上的系统块按钮，或者双击项目树中的“系统块”，打开【系统块】对话框，如图2-22所示。如果默认的CPU型号和版本号与实际的不一致，就单击CPU所在行的【模块】列单元最右边的按钮，在弹出的下拉式列表中选择实际使用的CPU。单击【SB】所在行的【模块】列单元最右边的按钮，设置信号板的型号。如果没有使用信号板，则该行为空白。用同样的方法在【EM0】～【EM5】所在的行设置实际使用的扩展模块的型号。扩展模块必须连续排列，中间不能有空行。

硬件组态给出了PLC输入/输出点的地址，为设计用户程序打下了基础。

选中【模块】列的某个单元，可以用Delete键删除该行的模块或信号板。

单击系统界面左上角的文件按钮，在弹出的菜单中选择【另存为】命令，打开【另存为】对话框，可以在该对话框中修改项目（工程）的名称和保存项目（工程）文件的文件夹。

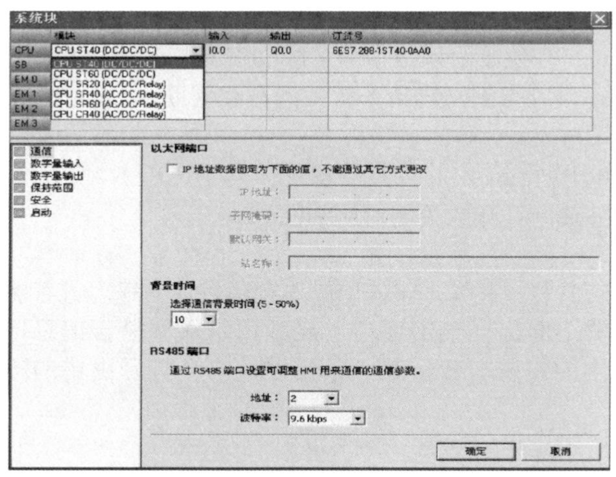

图2-22 【系统块】对话框

（3）保存文件

单击快速访问工具栏中的保存按钮，打开【另存为】对话框，输入项目（工程）的文件名，设置保存的文件夹，然后单击保存按钮，软件将所有项目（工程），包括程序、数据块、系统块、符号表、状态图和注释等，存储在后缀为“.smart”的单个文件中。

2.2.2 生成用户程序

(1) 编写用户程序

生成新项目（工程）后，系统自动打开主程序 MAIN（OB1），程序段 1 最左边的箭头处有一个矩形光标，单击程序编辑器工具栏上的按钮，放置元件。双击放置元件，可以修改元件号或地址号。

(2) 对程序段的操作

梯形图程序被划分为若干个程序段，编辑器在程序段的左边自动给出程序段的编号。一个程序段只能有一块不能分开的独立电路，某些程序段可能只有一条指令（例如 SCRE）。如果一个程序段中有两块独立电路，在编译时将会出现错误，显示：程序段无效，或者程序段过于复杂，无法编译。

只有将语句表正确地划分程序段，语句表才能转换成梯形图，否则将显示“无效程序段”。程序编辑器中输入的参数或数字用红色文本表示非法的语法，数值下面的红色波浪线表示数值超出范围或该指令的数值不正确。数值下面的绿色波浪线表示使用的变量或符号尚未定义。

要点提示

STEP 7-Micro/WIN SMART 允许先编写程序，后定义变量或符号。

用鼠标左键单击程序区左边的灰色序号区，对应的程序段被选中，整个程序段的背景色变为深蓝色。单击程序段左边灰色的部分后，按住鼠标左键，在序号区内往上或往下拖动，可以选中相邻的若干个程序段，用 Delete 键删除选中的程序段，或者通过剪切板剪切选中的程序段中的程序。用矩形光标选中梯形图中某个编程元件，用 Delete 键删除选中的元件，或者通过剪切板剪切。选中单个、多个程序段或单个元件，可复制、粘贴选中的对象。将鼠标指针悬停在某条指令上，将会显示该指令的名称和参数的数据类型。选中指令列表或程序中的某条指令后按 F1 键，可以得到与该指令有关的在线帮助。

(3) 打开和关闭注释

主程序、子程序和中断程序总称为程序组织单元（POU）。单击工具栏上的 POU 注释按钮或程序段注释按钮，打开或关闭对应的注释。

(4) 编译程序

单击程序编辑器工具栏上的编译按钮，对项目（工程）进行编译。如果程序有语法错误，编译后在编辑器下面出现输出窗口，显示出错误和警告信息，即错误的条数、错误的原因及错误在程序中的位置。双击某一条错误，将会打开出错的程序，光标指示出错的位置。

要点提示

程序出错后，必须改正错误，才能下载程序。

编译成功后，显示生成的程序和数据块的大小。如果没有编译程序，在下载程序之前，STEP 7-Micro/WIN SMART 编程软件会自动地对程序进行编译，并在输出窗口显示编译信息。

（5）S7-200 SMART PLC 切换程序编辑器、输入 LAD 及编辑程序

① 切换程序编辑器。启动编程软件后自动创建一个新项目，并默认打开 LAD（梯形图）程序编辑器，打开【视图】菜单，在菜单选项中可以方便地更改编程编辑器。打开【工具】菜单，单击【选项】设置，打开【Options】对话框，在【常规】选项中可以更改所有新项目的默认编辑器，如图 2-23 所示。

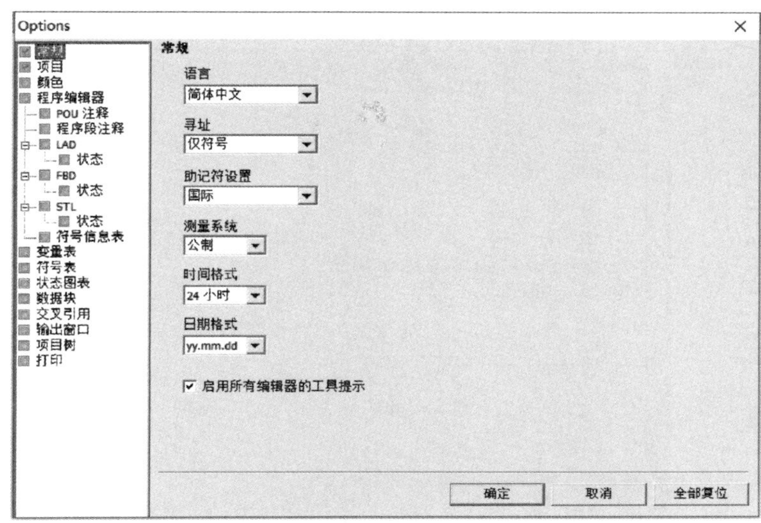

图 2-23　更改默认编辑器

② 输入 LAD 程序。单击【编辑】菜单，输入和编辑程序可以采用以下方法。

a. 从指令树中选择要插入的命令，按住鼠标左键，将其拖放到程序段汇总的合适位置时释放鼠标，相应的指令就添加到程序中。

b. 单击鼠标左键选中合适位置，出现一个选择框，在指令树中双击指令插入程序中。

c. 单击鼠标左键选中合适位置，单击工具栏通用指令按钮，在其下拉列表中选择指令输入，或者在合适位置双击也可以从下拉列表中选择指令输入，如图 2-24 所示。

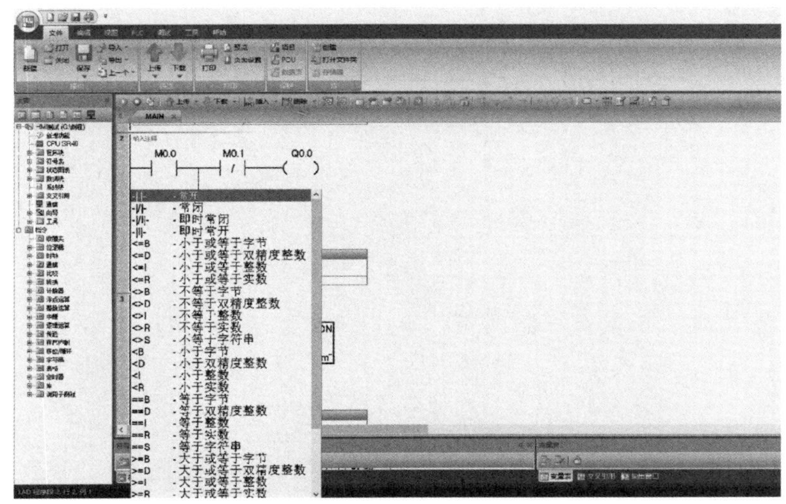

图 2-24　在合适位置双击鼠标左键选择指令输入

使用水平线和垂直线可以在程序段元素之间绘制线。利用菜单栏或工具栏按钮，可以在所需位置插入行或列。将鼠标指针悬停在指令上，自动显示指令功能和所需参数类型，如图 2-25 所示。

M0.0
M0.1
Q0.0
Q0.0
T37
T37
IN
TON
VW2
PT

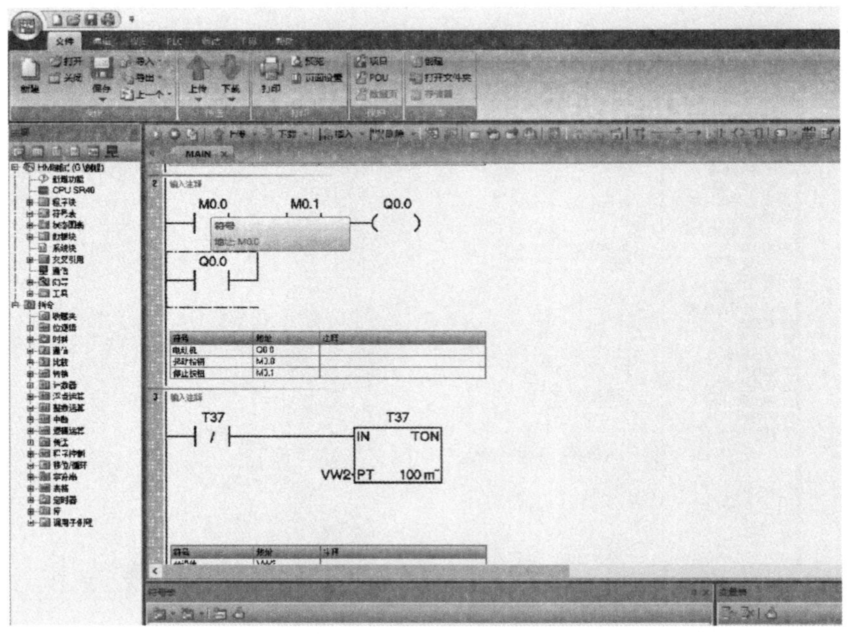

图 2-25　自动显示指令功能和所需参数类型

在参数区输入绝对地址和符号，符号可以后续再定义。必要时输入程序注释，加强程序的可读性。单击工具栏中的 POU 保护按钮 POU，打开【属性】对话框，在该对话中可以对 POU 设置密码保护，如图 2-26 所示。

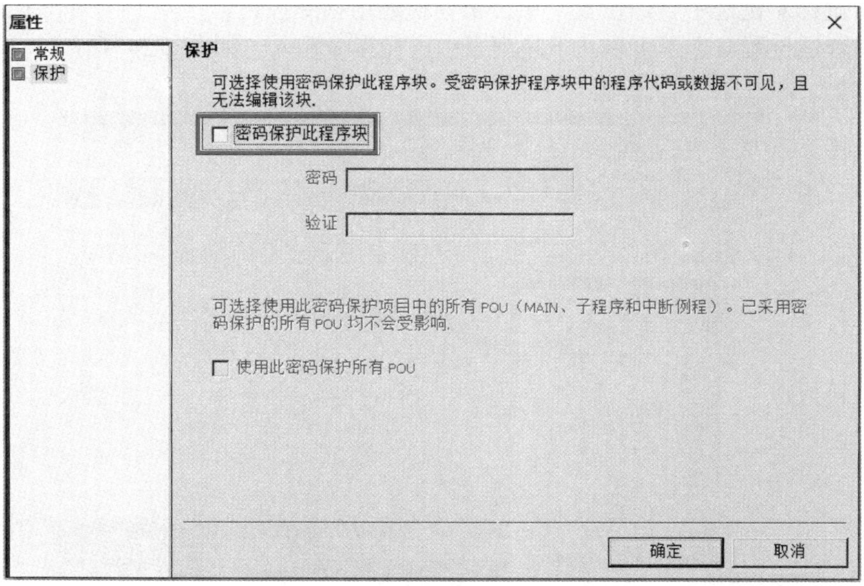

属性
常规
保护
保护
可选择使用密码保护此程序块。受密码保护程序块中的程序代码或数据不可见，且无法编辑该块。
密码保护此程序块
密码
验证
可选择使用此密码保护项目中的所有 POU（MAIN、子程序和中断例程）。已采用密码保护的所有 POU 均不会受影响。
使用此密码保护所有 POU
确定
取消

图 2-26　对 POU 设置密码保护

③ 编辑程序。STEP 7-Micro/WIN SMART 支持复制、粘贴、查找及替换等操作。用鼠标左键单击程序编辑器的母线左侧，可以选取整个程序段，此时按住鼠标左键拖动，可以选取多个程序段。对选中的程序可以进行整体的复制、粘贴等操作，如图 2-27 所示。

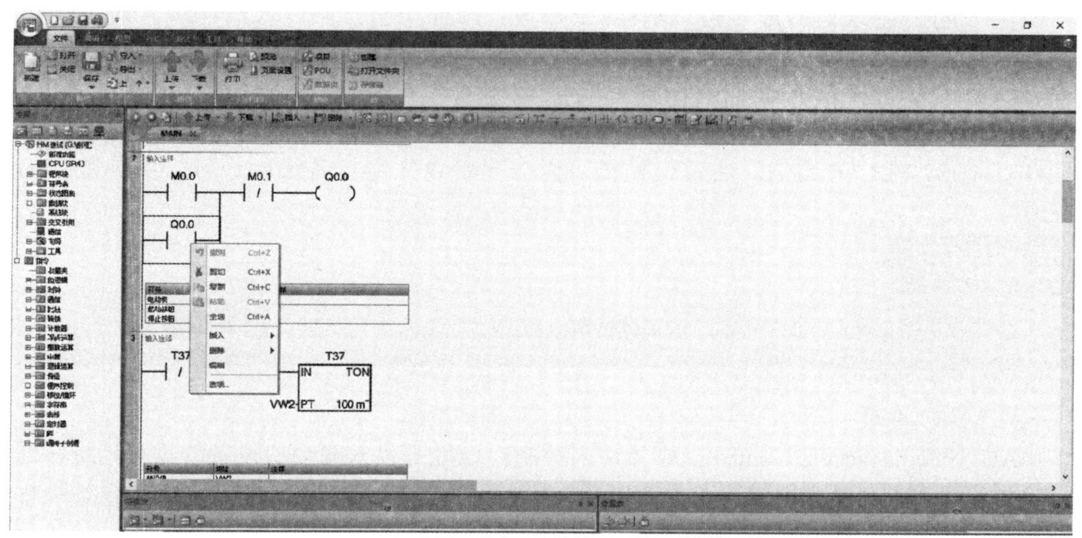

图 2-27　对程序段的操作

用鼠标右键单击程序编辑器的合适位置，在弹出的快捷菜单中可以选择插入需要或删除不需要的程序元素，包括子程序、中断程序等，如图 2-28 所示。程序编写完成后，保存项目。

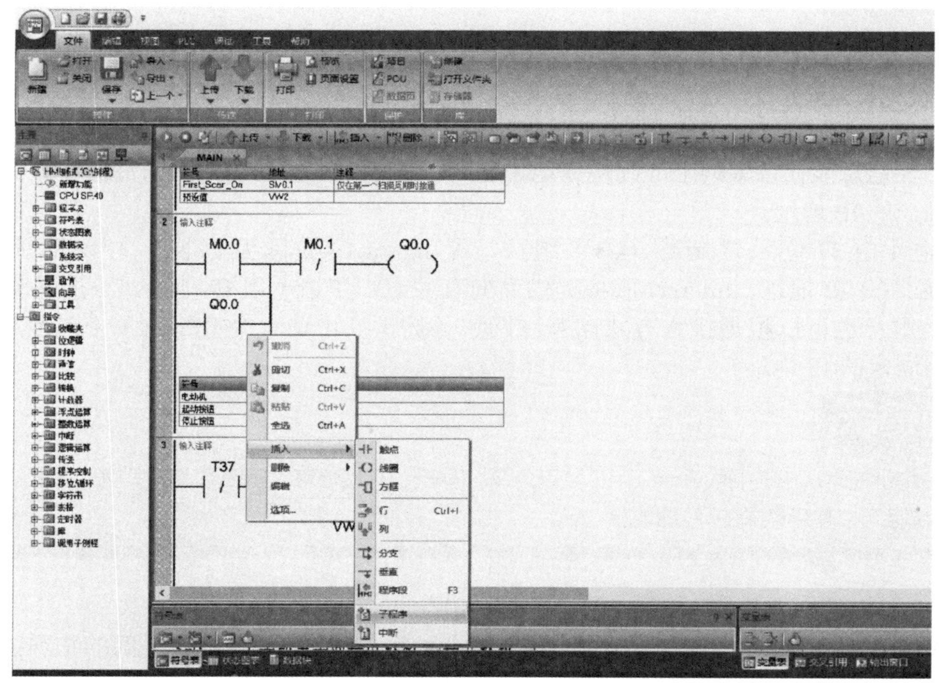

图 2-28　插入需要的程序元素

2.2.3 以太网基础知识

（1）以太网

西门子的工业以太网最多可以有 32 个网段、1024 个节点。以太网可以实现 100Mbit/s 的高速长距离数据传输，铜缆传输最远为 1.5km，光纤传输最远为 4.3km。可以将 S7-200 SMART CPU 连接于 TCP/IP 通信标准的工业以太网，自动检测全双工或半双工通信方式，自适应 10M/100M(bit/s) 通信速率。以太网用于 S7-200 SMART PLC 与编程计算机、人机界面和其他 S7 PLC 的通信。通过交换机可以与多台以太网设备进行通信，实现数据的快速交互。

要点提示

STEP 7-Micro/WIN SMART 编程软件可以通过以太网端口用普通网线下载程序。

（2）MAC 地址

MAC（Media Access Control，媒体访问控制）地址是以太网端口设备的物理地址。通常由设备生产厂家将 MAC 地址写入 EEPROM 或闪存芯片。在传输数据时，用 MAC 地址标识发送和接收数据的主机地址。在网络底层的物理传输过程中，通过 MAC 地址来识别主机，MAC 地址是 48 位二进制数，分为 6 个字节，一般用十六进制表示，前 3 个字节是网络硬件制造商的编号，由 IEEE（电气与电子工程师学会）分配，后 3 个字节是制造商生产的某个网络产品的序列号。因此，MAC 地址类似身份证号码，具有唯一性。MAC 地址印在 CPU 正面左上角，打开以太网端口上面的盖板就能看到。

要点提示

每个 CPU 在出厂时都已装载了一个永久的、唯一的 MAC 地址，不能更改。

（3）IP 地址

为了使信息能在以太网上准确快捷地传送到目的地，连接到以太网的每台计算机必须拥有一个唯一的 IP 地址。

IP 地址由 32 位二进制数（4B）组成，是 Internet（国际互联网）协议地址，每个 Internet 必须有 IP 地址，Internet 服务提供商向有关组织申请一组 IP 地址，一般是动态分配给用户，用户也可以根据接入方式向互联网服务提供商申请一个 IP 地址。在控制系统中，一般使用固定的 IP 地址。

要点提示

IP 地址通常用十进制数表示，用小数点分隔。同一个 IP 地址可以使用具有不同 MAC 地址的网卡，更换网卡后可以使用原来的 IP 地址。

（4）子网掩码

子网是连接在网络上的设备的逻辑组合。同一个子网中的节点彼此之间的物理位置通常相对较近。子网掩码（Subnet mask）是一个 32 位地址，用于将 IP 地址划分为子网地址和子网内节点的地址。二进制的子网掩码的高位应该是连续的 1，低位应该是连续的 0。

【例 2-2】 子网掩码为 255.255.255.0，其含义是什么？

解：高 24 位二进制数（前 3 个字节）为 1，表示 IP 地址中的子网地址（类似于长途电话的地区号）为 24 位；低 8 位二进制数（最后一个字节）为 0，表示子网内节点的地址（类似于长途电话的电话号）为 8 位。

要点提示

S7-200 SMART CPU 出厂时默认的 IP 地址为 192.168.2.1，子网掩码为 255.255.255.0。与编程计算机通信的单个 CPU 可以采用默认的 IP 地址和子网掩码。

（5）网关

网关（或 IP 路由器）是局域网之间的链路。局域网中的计算机可以使用网关向其他网络发送信息。如果数据的目的地不在局域网内，则网关将数据转发给另一个网络或网络组。

要点提示

网关用 IP 地址来传送和接收数据包。

2.2.4 组态以太网地址

（1）用系统块设置 CPU 的 IP 地址

双击项目树或导航栏中的【系统块】，打开【系统块】对话框，自动选中上面窗口中的 CPU（见图 2-22）和【通信】选项，如图 2-29 所示，在窗口右侧设置 CPU 的【以太网端口】和【RS485 端口】的参数。

如果选择【IP 地址数据固定为下面的值，不能通过其它方式更改】选项，则输入的是静态 IP 信息。只能在【系统块】对话框中更改 IP 信息，并将它下载到 CPU。如果未选择该多选项，则此时的 IP 地址信息为动态信息。可以在【通信】对话框中更改 IP 信息，或者使用用户程序中的 SIP_ADDR 指令更改 IP 信息。

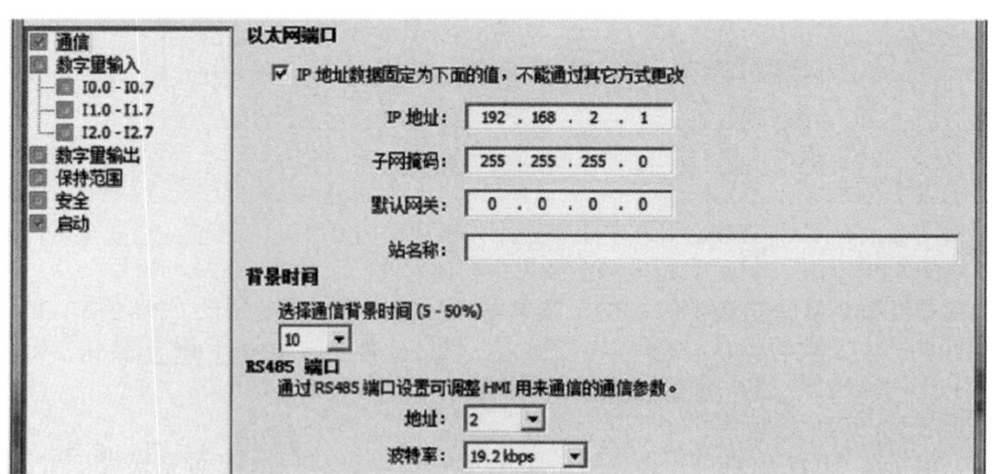

图 2-29 用系统块组态通信参数

要点提示

静态和动态 IP 信息均存储在永久性存储器中。

子网掩码的值通常为 255.255.255.0，CPU 与编程设备的 IP 地址中的子网地址和子网掩码应完全相同。同一个子网中各设备的子网内的地址不能重叠。

要点提示

如果在同一个网络中有多台 CPU，除了一台 CPU 可以保留出厂时默认的 IP 地址 192.168.2.1 外，必须将其他 CPU 默认的 IP 地址更改为网络中唯一的其他 IP 地址。

【背景时间】是用于处理通信请求的时间占扫描周期的百分比。增加背景时间将会增加扫描时间，从而减慢控制过程的运行速度，一般采用默认的 10%。

设置完成后，单击 确定 按钮，确认设置的参数，并自动关闭【系统块】对话框。需要通过系统块将新的设置下载到 PLC，参数被存储在 CPU 模块的存储器中。

(2) 用【通信】对话框设置 CPU 的 IP 地址

双击项目树中的"通信"，打开【通信】对话框，如图 2-30 所示。用【通信接口】下拉列表选中使用的以太网网卡，单击 查找 CPU 按钮，将会显示出网络上所有可访问的设备的 IP 地址。

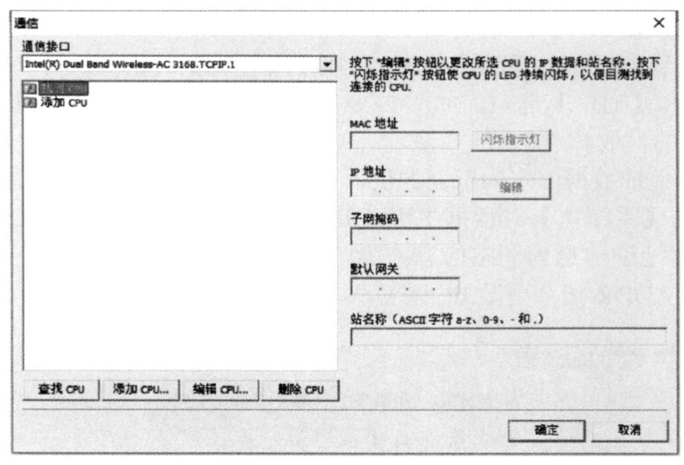

图 2-30 【通信】对话框

如果网络上有多个 CPU，则选中需要与计算机通信的 CPU。单击 确定 按钮，就建立起和对应的 CPU 的连接，可以监控和下载程序到该 CPU。

如果需要确认哪个是选中的 CPU，就单击 闪烁指示灯 按钮，被选中的 CPU 的 STOP、RUN 和 ERROR 灯将会同时闪烁，直到下一次单击该按钮才停止。单击 编辑 按钮，可以更改 IP 地址和子网掩码等。单击 确定 按钮，修改后的值被下载到 CPU。

(3) 在用户程序中可用指令 SIP_ADDR 设置 CPU 的 IP 信息

SIP_ADDR（设置 IP 地址）指令用参数 ADDR、MASK 和 GATE 分别设置 CPU 的 IP 地址、子网掩码和网关。设置的 IP 地址信息存储在 CPU 的永久存储器中。

(4) 设置计算机网卡的 IP 地址

对于 Windows 7 操作系统，单击“控制面板”中的“查看网络状态和任务”，再单击“本地连接”，打开【本地连接状态】对话框，单击 属性(R) 按钮，打开【本地连接属性】对话框，在【此连接使用以下项目】列表框中选择【Internet 协议版本 4（TCP/IPv4)】，单击 属性(R) 按钮，在打开的对话框中设置计算机的 IP 地址和子网掩码，如图 2-31 所示。

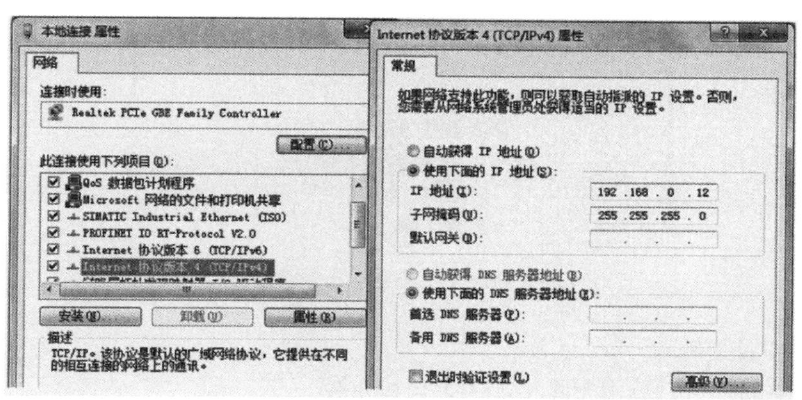

图 2-31　设置计算机网卡的 IP 地址

2.2.5　下载与调试用户程序

(1) 以太网电缆的安装与通信设置

两台设备可以直接连接，多台设备需要使用交换机或路由器连接。

(2) 下载程序

单击工具栏上的下载按钮，如果弹出【通信】对话框并且找到的 CPU 的 IP 地址正确无误，就单击 确定 按钮，打开【下载】对话框，如图 2-32 所示。用户可以选择要下载的块，然后单击下载按钮，开始下载。在该对话框的【选项】区选择【成功后关闭对话框】选项。

图 2-32　【下载】对话框

(3) 读取 PLC 信息

单击【PLC】菜单功能区的 PLC 按钮，打开【PLC 信息】对话框，显示 PLC 的状态和实际的模块配置，如图 2-33 所示。通过该对话框可查看时间日志和扫描速度。

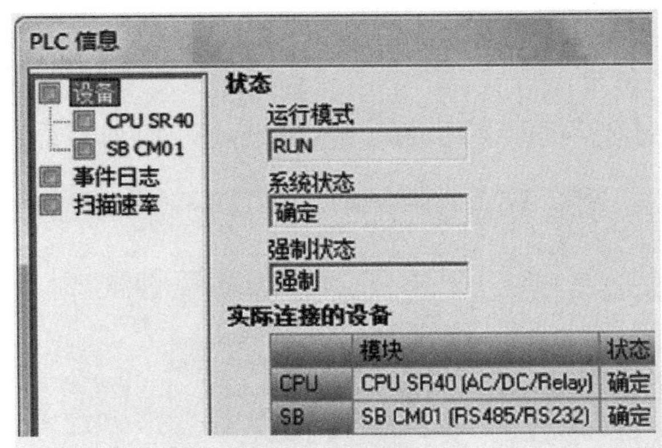

图 2-33 【PLC 信息】对话框

（4）上传项目组件

新建一个空的项目，单击工具栏上的上传按钮。

（5）更改 CPU 的工作模式

编程软件与 PLC 之间建立起通信连接后，单击工具栏上的运行按钮和停止按钮。

（6）运行和调试程序

在 RUN 模式用外接的小开关模拟按钮信号和过载信号。

2.3 符号表与符号地址的使用

（1）打开符号表

在符号表中定义的符号属于全局变量，可以在所有的 POU 中使用它们。单击导航栏或双击项目树的“符号表”图标，打开【符号表】面板，如图 2-34 所示。

（2）专用的符号表

可用右键菜单命令删除，或者打开 I/O 符号表或系统符号表。不能改写 POU 符号表的内容。

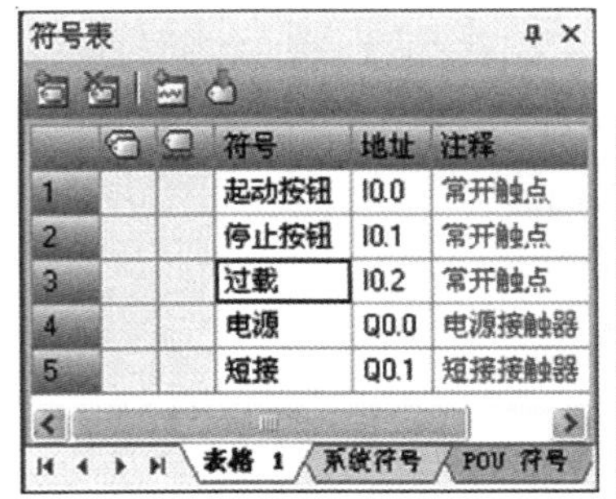

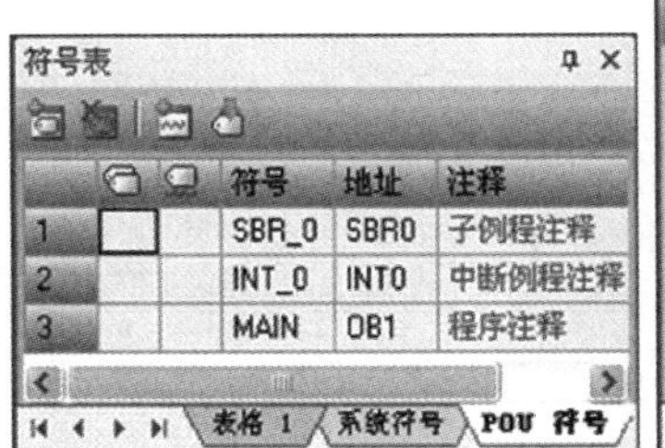

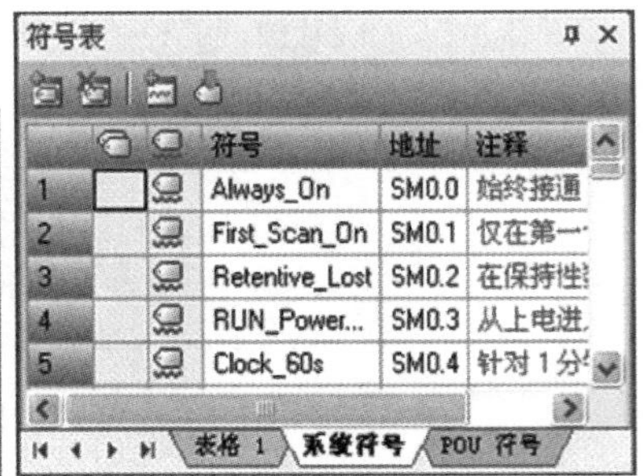

图 2-34 【符号表】面板

（3）生成符号

左边两列是地址重叠和未使用的符号列，绿色波浪下划线表示未定义的符号。红色的文本表示有语法错误，红色波浪下划线表示用法无效。

（4）用户符号表

用右键菜单命令生成用户符号表。

（5）表格的通用操作

调节列的宽度，用右键菜单命令插入新的行，用↓键在表格的底部增添一个新的行，按Tab键光标将移至右边下一个单元格。

单击最左边的行号，选中整个行。单击某个单元格，按住Shift键单击对角线的单元格，同时选中矩形范围内所有的单元格。可删除、复制和粘贴选中的对象。

（6）在程序编辑器和状态图表中定义、编辑和选择符号

用右键菜单命令在程序编辑器和状态图表中定义、编辑和选择符号。

（7）符号表排序

单击【符号】列和【地址】列的列标题，对符号表排序。

（8）切换地址的显示方式

单击【视图】菜单【符号】面板中的按钮、单击工具栏中的切换寻址按钮左边和右边的按钮、使用Ctrl + Y组合键，在3种符号显示方式之间切换。

（9）符号信息表

单击工具栏上的符号信息表按钮，打开或关闭符号信息表。

2.4 用编程软件监控与调试程序

在运行 STEP 7-Micro/WIN SMART 的计算机与 PLC 之间成功地建立起通信连接，并将程序下载到 PLC 后，便可以使用 STEP 7-Micro/WIN SMART 的监视和调试功能。

使用程序编辑器的程序状态、状态图表中的表格和状态图表的趋势视图中的曲线，读取和显示 PLC 中数据的当前值，将数据值写入或强制到 PLC 的变量中去。

2.4.1 用程序状态监控与调试程序

（1）梯形图程序状态监控

将程序下载到 PLC 后，单击工具栏上的程序状态字按钮，启用程序状态监控。梯形图中蓝色表示带电和触点、线圈接通，红色方框表示指令执行出错，灰色表示无能流、指令被跳过、未调用或处于 STOP 模式。用外接的小开关模拟按钮信号，观察程序状态的变化，如图 2-35 所示。

（2）语句表程序状态监控

单击工具栏上的程序状态字按钮，关闭程序状态监控。在【视图】菜单中的【编辑器】选项卡中单击 STL 按钮，切换到语句表编辑器，如图 2-36 所示。

图 2-36 中【操作数 1】列显示的是对应指令中位地址的状态或当前值。【操作数 2】列显示的是定时器的预置值。【操作数 3】列右边的列是逻辑堆栈中的值，最右边的列是方框指令的使能输出位（ENO）的状态。

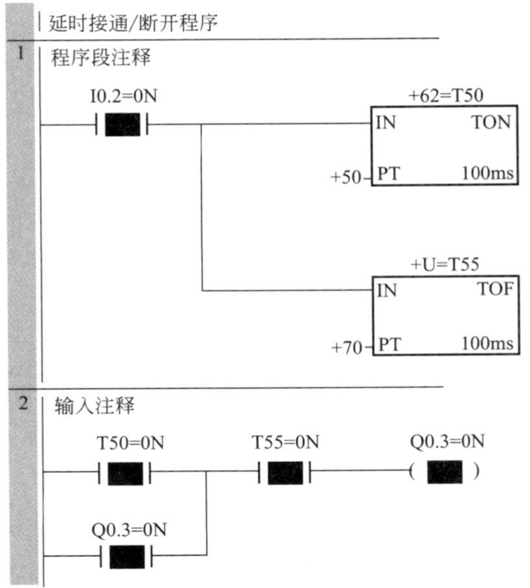

图 2-35　梯形图程序状态监控画面

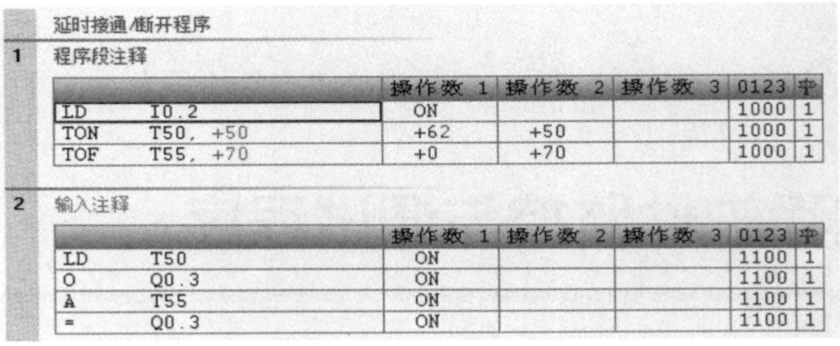

延时接通/断开程序

1　程序段注释

	操作数 1	操作数 2	操作数 3	0123	中
LD　I0.2	ON			1000	1
TON　T50, +50	+62	+50		1000	1
TOF　T55, +70	+0	+70		1000	1

2　输入注释

	操作数 1	操作数 2	操作数 3	0123	中
LD　T50	ON			1100	1
O　Q0.3	ON			1100	1
A　T55	ON			1100	1
=　Q0.3	ON			1100	1

图 2-36　语句表程序状态监控画面

(3) 梯形图调试

在没有实际的 I/O 连线时，可以利用强制功能调试程序，如图 2-37 所示。

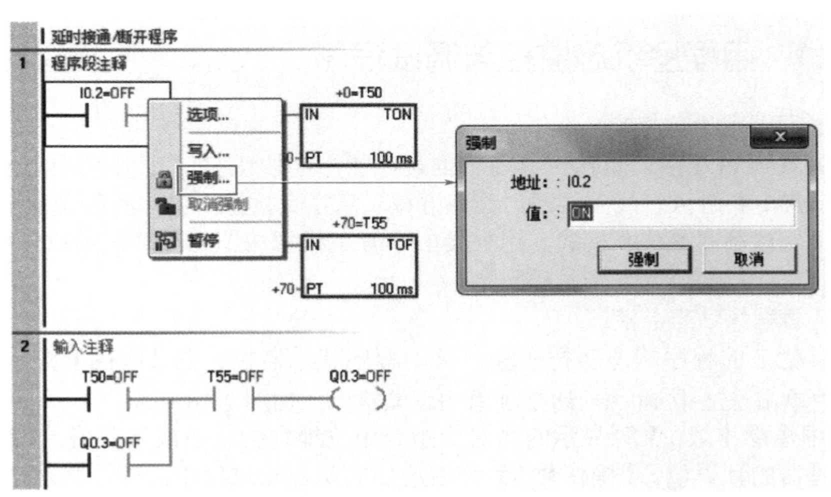

图 2-37　强制功能

2.4.2 用状态图表监控程序

（1）创建状态图表

状态图表是用于监控、写入或强制指定地址数值的表格。状态图表上方有一排快捷按钮，快捷按钮的功能如图 2-38 所示。

【地址】列是填写被监控数据的地址或符号名。【格式】列是选择被监控数据的数据类型。【当前值】列是被监控数据在 CPU 中的当前值。【新值】列是用户准备写入被监控数据地址的数值。

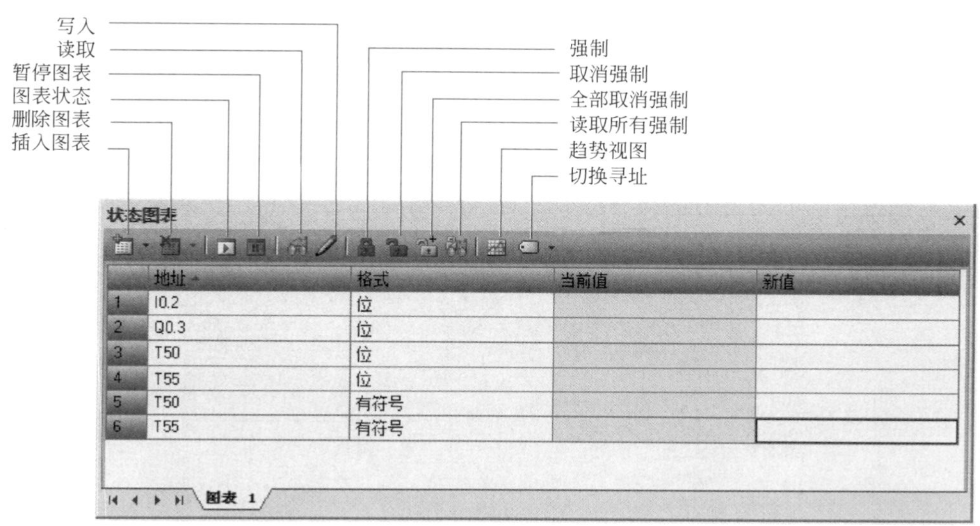

图 2-38　快捷按钮的功能

① 手写创建状态图表。双击项目树的“状态图表”文件夹中的“图表 1”图标，弹出【状态图表】面板。此时状态图表是空的，并无变量，需要手动输入要监控的变量。在【状态图表】面板的【地址】列中键入要监控的变量的绝对地址或符号地址，可以用【格式】列隐藏的下拉式列表▼来改变变量格式，或者采用默认的显示格式，如图 2-39 所示。

状态图表

	地址	格式	当前值	新值
1	I0.2	位		
2	Q0.3	位		
3	T50	位		
4	T55	位		
5	T50	有符号		
6	T55	有符号		

图表 1

图 2-39　手写创建状态图表

② 通过一段程序代码创建状态图表。单击程序编辑器中程序段左边的灰色序号区，高亮显示所选的程序段，单击鼠标右键，在弹出的快捷菜单中选择【创建状态图表】命令，系统自动创建一个新的状态图表，如图 2-40 所示。

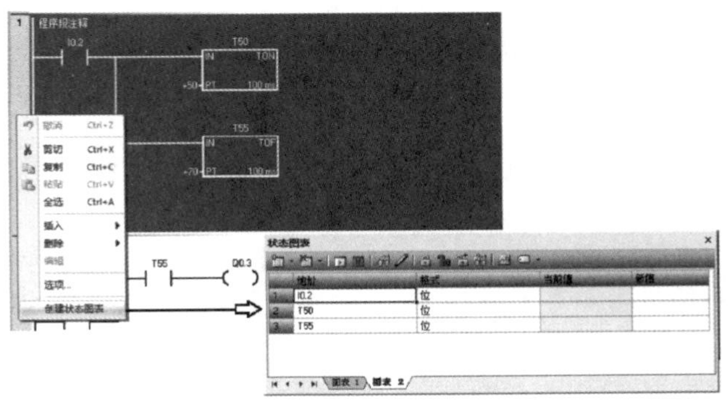

图 2-40　通过一段程序代码创建的状态图表

(2) 状态图表监控

单击【状态图表】工具栏上的读取按钮，获得监控值的单次快照，并在状态表中将当前数值显示出来。单击图表状态按钮，该按钮被“按下”(按钮背景变为黄色)，启动状态图表的监控功能，连续监控 PLC 中的数据，如图 2-41 所示。

状态图表

	地址	格式	当前值	新值
1	I0.2	位	2#1	
2	Q0.3	位	2#1	
3	T50	位	2#1	
4	T55	位	2#1	
5	T50	有符号	+109	
6	T55	有符号	+0	

图表 1

图 2-41　状态图表监控程序画面

“趋势视图”是通过随时间变化的 PLC 数据绘图来连续跟踪状态数据。在图表监控功能状态下，单击【状态图表】工具栏上的趋势视图按钮(按钮背景变为黄色)，打开趋势视图监控画面，可以在画面中更直观地观察数字量信号的逻辑时序或模拟量信号的变化趋势，如图 2-42 所示。

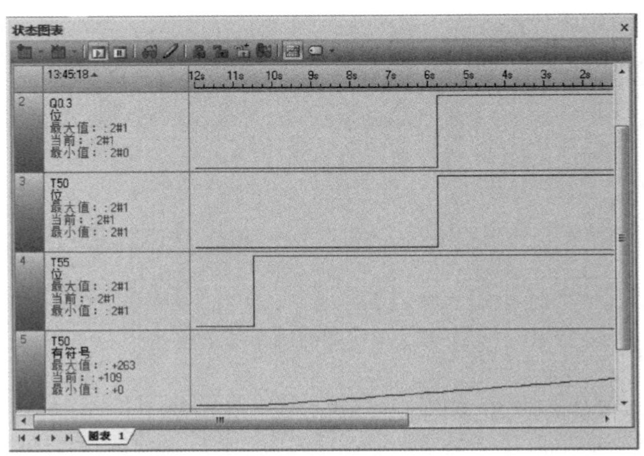

图 2-42　趋势视图画面

2.4.3 用状态图表调试程序

要强制新值，在【状态图表】面板的【新值】列中输入值，例如，在I0.2对应的【新值】列中输入2#1，然后单击【状态图表】工具栏中的强制按钮，【当前值】列前面出现强制锁定符号，说明I0.2被强制为1，此时其他位及定时器的当前值发生变化，并显示在【当前值】列中，如图2-43所示。强制功能只允许强制任意或全部I/O点，“强制”的优先级别要高于“写入”。

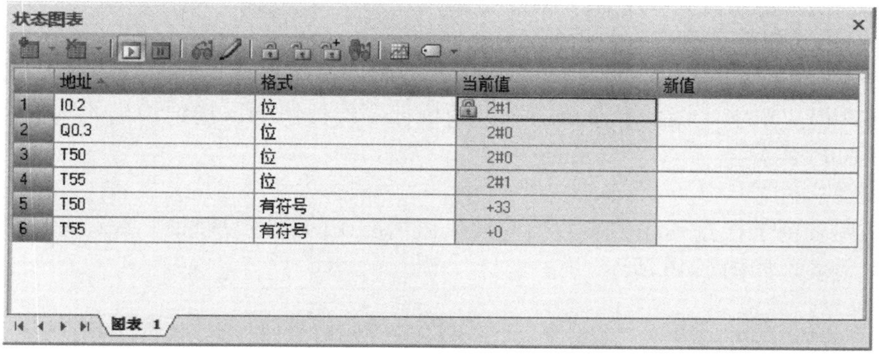

状态图表

	地址	格式	当前值	新值
1	I0.2	位	2#1	
2	Q0.3	位	2#0	
3	T50	位	2#0	
4	T55	位	2#1	
5	T50	有符号	+33	
6	T55	有符号	+0	

图表 1

图2-43 状态图表强制画面

“写入”功能允许将一个或多个数据写入PLC中的变量。输入程序对应的状态图表中【新值】列的数据，即“M0.0”键入新值1，定时器“T50”的预置值“VW0”键入新值“70”，如图2-44和图2-45所示。

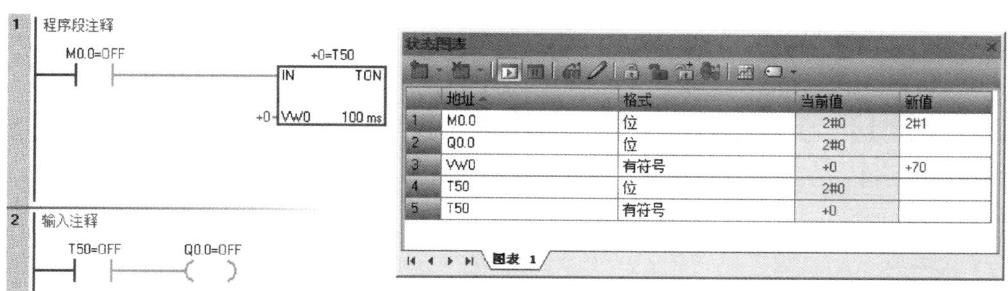

	地址	格式	当前值	新值
1	M0.0	位	2#0	2#1
2	Q0.0	位	2#0	
3	VW0	有符号	+0	+70
4	T50	位	2#0	
5	T50	有符号	+0	

图2-44 键入新值画面

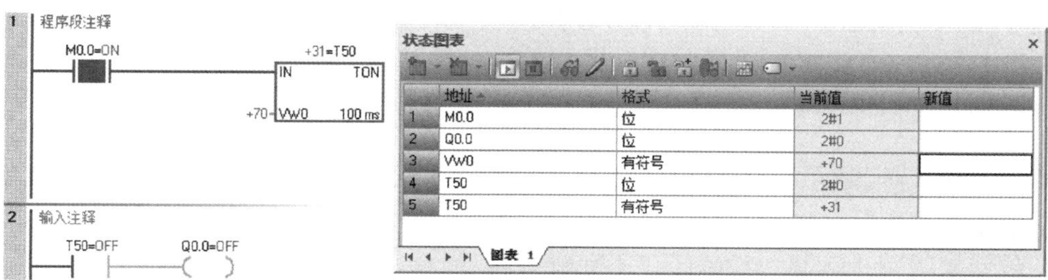

	地址	格式	当前值	新值
1	M0.0	位	2#1	
2	Q0.0	位	2#0	
3	VW0	有符号	+70	
4	T50	位	2#0	
5	T50	有符号	+31	

图2-45 写入新值后状态图表的画面

2.4.4　调试用户程序的其他方法

（1）使用书签

工具栏上的切换书签按钮用于在当前光标位置指定的程序段设置或删除书签，单击或按钮，光标将移动到程序中下一个或上一个标有书签的程序段。单击按钮，将删除程序中所有的书签。

（2）单次扫描

在 STOP 模式单击【调试】菜单命令中的执行单次按钮，执行一次扫描后，自动回到 STOP 模式，可以观察首次扫描后的状态。

（3）多次扫描

在 STOP 模式单击【调试】菜单命令中的执行多次按钮，指定扫描的次数，执行完后自动返回 STOP 模式。

（4）交叉引用表

交叉引用表用于检查程序中参数当前的赋值情况，防止重复赋值。编译程序成功后才能查看交叉引用表，如图 2-46 所示。

<table>
<tr><th></th><th>元素</th><th>块</th><th>位置</th><th>上下文</th></tr>
<tr><td>6</td><td>I0.5</td><td>主程序 (OB1)</td><td>程序段 7</td><td>-||-</td></tr>
<tr><td>7</td><td>I0.5</td><td>主程序 (OB1)</td><td>程序段 8</td><td>-||-</td></tr>
<tr><td>8</td><td>QB3</td><td>主程序 (OB1)</td><td>程序段 8</td><td>SEG</td></tr>
<tr><td>9</td><td>Q0.0</td><td>主程序 (OB1)</td><td>程序段 4</td><td>-( )</td></tr>
<tr><td>10</td><td>VD4</td><td>主程序 (OB1)</td><td>程序段 1</td><td>I_DI</td></tr>
<tr><td>11</td><td>VD12</td><td>主程序 (OB1)</td><td>程序段 2</td><td>-|<>R|-</td></tr>
</table>

交叉引用 / 字节使用 / 位使用

字节	9	8	7	6	5	4	3	2	1	0
VB0	B	B	D	D	D	D	W	W	W	W
VB10			W	W	D	D	D	D	W	W
VB20	W	W	B	B	B	B	B	B	W	W
VB30		B	B	B	B	B	W	W		b
VB40		B	B	B	B	B	B	B	B	B
VB50									W	W

交叉引用 / 字节使用 / 位使用

字节	7	6	5	4	3	2	1	0
I0.0			b	b	b	b	b	b
Q0.0								b
Q1.0								
Q2.0								
Q3.0	B	B	B	B	B	B	B	B
M0.0							b	b

交叉引用 / 字节使用 / 位使用

图 2-46　交叉引用表

2.5　使用系统块设置 PLC 的参数

系统块用于 CPU、信号板和扩展模块的组态，下载后生效。

2.5.1　组态 PLC 的参数

（1）设置 PLC 断电后的数据保存方式

选中【系统块】对话框中的【CPU】模块后，选中【保持范围】选项，设置 V、M、C 和 TONR（有记忆接通延时定时器）的地址偏移量（起始地址）和元素数目。上电时，定时器位和计数器位被清除；断电时，CPU 将设置的保持性存储器的值保存到永久存储器。

（2）组态系统安全

单击【系统块】对话框左下角列表框中的【安全】选项，默认的是【完全权限】，没有密码。最低权限禁止读写。设置了“不允许上传”，有密码也不能上传程序。密码由字母、数字和符号组成，区分大小写。系统块下载后，密码才起作用。选择【限制】选项，禁止通过通信改写 I、Q、AQ、M 存储区及用偏移量和字节数设置的 V 存储区。选择【允许】

复选项，通过串行端口，无需密码，可以更改 CPU 的工作模式和读写实时时钟，如图 2-47 所示。

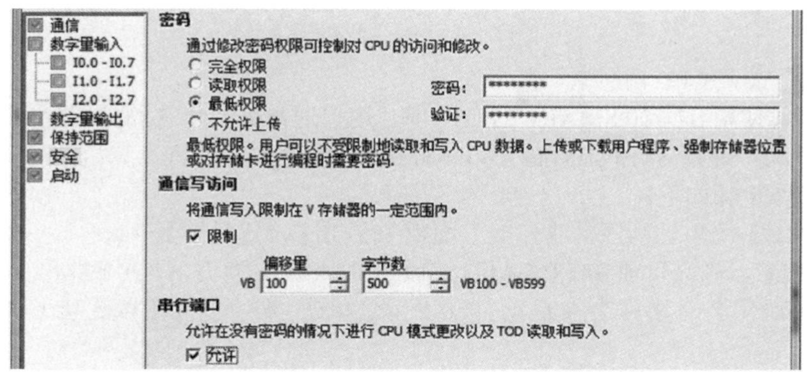

图 2-47　安全设置

（3）设置启动方式

只能用编程软件工具栏上的按钮来切换 RUN/STOP 模式。启动模式 LAST 用于程序开发或调试，正式投入运行后应选 RUN 模式，如图 2-48 所示。

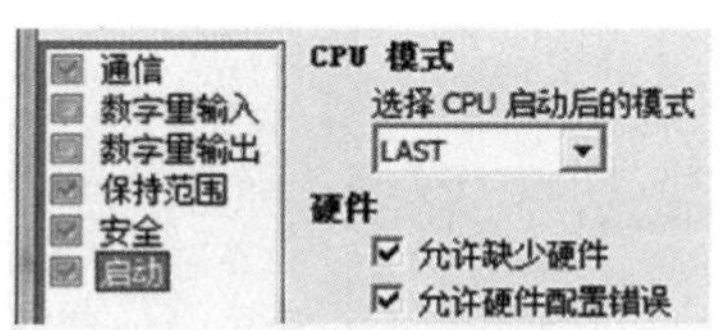

图 2-48　设置启动方式

（4）清除 PLC 的存储区

CPU 在 STOP 模式时，单击【PLC】菜单功能区的清除按钮，可删除选中的块。如果忘记了密码，需要在 STOP 模式插入专门为此创建的“复位为出厂默认存储卡”。

2.5.2　组态输入输出参数

（1）组态数字量输入的滤波器时间

为了消除触点抖动的影响，应选 12.8ms。

（2）组态脉冲捕捉功能

脉冲捕捉功能锁存输入状态的变化，保存到下一次输入刷新。在输入滤波器之后，使用脉冲捕捉功能时，必须同时调节输入滤波时间。

（3）组态数字量输出

在【系统块】对话框中选择【将输出冻结在最后一个状态】复选项，从 RUN 模式变为 STOP 模式时，所有数字量输出点将保持 RUN 模式最后的状态。如果未选冻结模式，则进入 STOP 模式，各输出点的状态用输出表来设置。

（4）组态模拟量输入

设置模拟量信号的类型和测量范围，干扰抑制频率一般设为 50Hz。采用平均值滤波，可选【无】【弱】【中】【强】。滤波后的值是预选的采样次数的各次模拟量输入的平均值。

(5) 组态模拟量输出

设置模拟量信号的类型和测量范围，【将输出冻结在最后一个状态】选项的意义与数字量输出的相同。

【例 2-3】 设置 CPU 时钟。

解：在正式使用 S7-200 SMART CPU 之前，用户通常需要将它的出厂默认时间修改为实时的日期和时间。通过 STEP 7-Micro/WIN SMART 软件，可以将计算机的时间设定到 CPU 中，具体的操作步骤如下。

① 在【PLC】菜单功能区的【修改】面板中单击【设置时钟】。

② 连接 PLC。如果目前 STEP 7-Micro/WIN SMART 软件与 S7-200 SMART CPU 尚未建立连接，则【通信】对话框会被自动打开，用户单击 查找 CPU 按钮以连接 CPU，如图 2-49 所示。

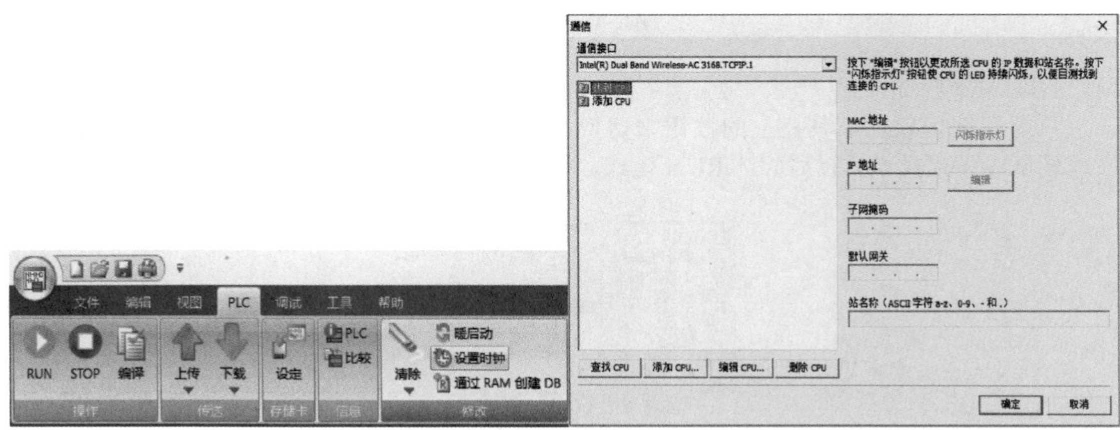

图 2-49 设置 CPU 时钟

2.6 实例 3——仿真软件使用

仿真软件可以在计算机或编程设备中模拟 PLC 运行和测试程序，就像运行在真实的 PLC 上一样。S7-200 SIM 2.0 仿真软件是为 S7-200 系列 PLC 开发的，部分 S7-200 SMART PLC 程序也可以用它进行仿真。

① 本软件无需安装，解压缩后双击 S7_200.exe 即可使用。

② 仿真前先用 STEP 7-Micro/WIN SMART 编程软件编译程序，编译完成后在【文件】菜单功能区中选择【导出】命令，弹出【导出程序块】对话框，选择存储路径，填写文件名“起保停仿真程序”，文件的扩展名为“.awl”。

③ 打开 S7-200 SIM 2.0 仿真软件，单击如图 2-50 所示图标的任意位置，输入密码“6596”，选择菜单命令【配置】中的【CPU 型号】，弹出如图 2-51 所示的 CPU 型号设置对话框，选定所需的 CPU，这里选择 CPU 226（该仿真软件没有 S7-200 SMART PLC 型号，用 CPU 226 替代），再单击 Accept 按钮即可。

图 2-50　仿真软件

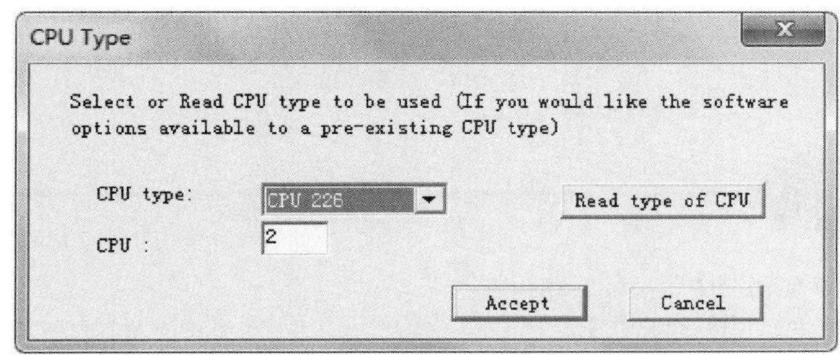

图 2-51　CPU 型号设置对话框

④ 装载程序。选择菜单命令【程序】\【装载程序】，弹出【装载程序】对话框，设置如图 2-52 所示，再单击 确定 按钮，弹出【打开】对话框，如图 2-53 所示，选中要装载的程序“起保停仿真程序 .awl”，最后单击 打开(O) 按钮即可，此时程序已经装载完毕。

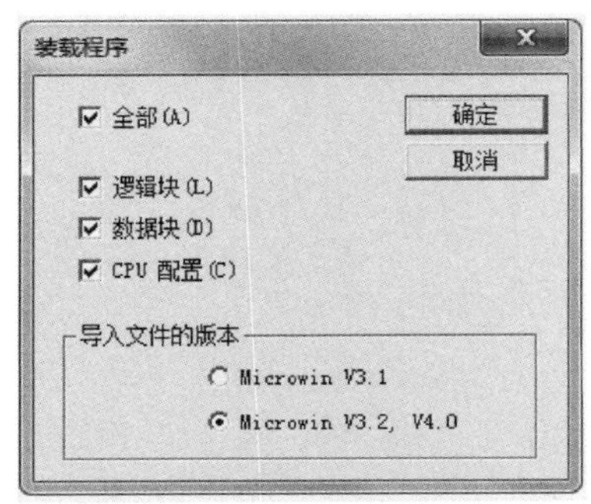

图 2-52　【装载程序】对话框

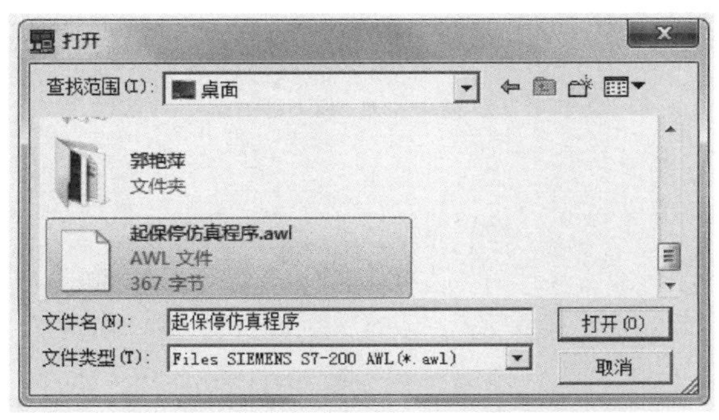

图 2-53　【打开】对话框

注：图中起保停为启保停

⑤ 开始仿真。加载成功后，在仿真软件中的 AWL、KOP 和 DB1 观察窗口中可以分别观察到加载的语句表程序、梯形图程序和数据块，如图 2-54 所示。

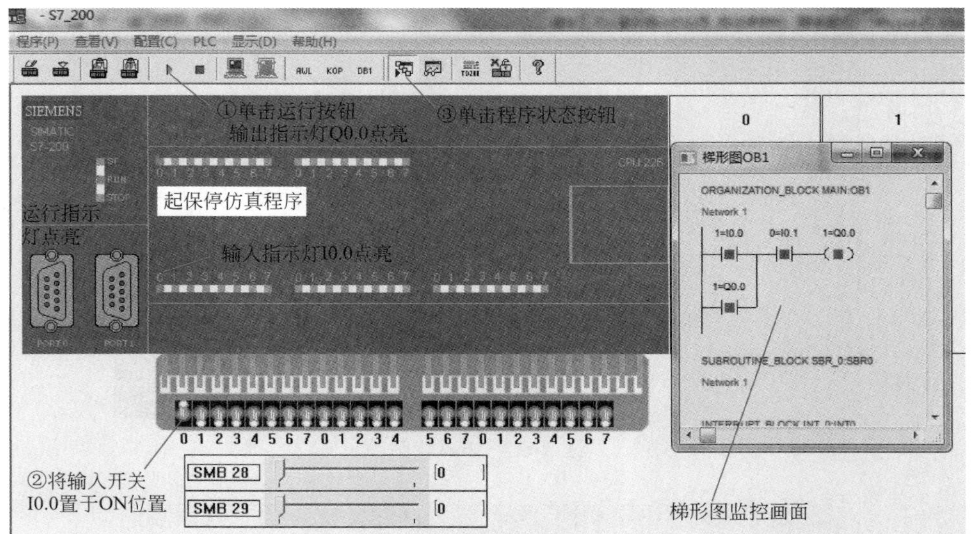

图 2-54 仿真环境

思考与练习

1. 怎样在程序编辑器中定义或编辑符号?
2. 怎样切换 CPU 的工作方式?
3. 程序状态监控如何实现?
4. S7-200 SMART PLC 默认的 IP 地址和子网掩码是什么?

第3章

S7-200 SMART PLC 编程基础

S7-200 SMART PLC 的基本指令系统非常丰富且功能强大，它是 PLC 编程的基础，是学习重点，且随着 PLC 功能的不断强大，其范围也在不断扩充。

本章要点

- 编程语言及程序结构
- 数据类型与寻址方式
- 位逻辑指令
- 定时器指令与计数器指令
- 梯形图的基本知识

3.1 编程语言及程序结构

（1）编程语言

PLC 是专为工业控制而开发的装置，其主要使用者是广大电气技术人员。通常 PLC 不采用计算机的编程语言，而常采用面向控制过程、面向问题的“自然语言”编程。国际电工委员会（IEC）1994 年 5 月公布的 IEC 1131-3（可编程控制器语言标准）详细地说明了句法、语法和 5 种编程语言：顺序功能图（Sequential Function Chart）、梯形图（Ladder Diagram）、功能块图（Function Black Diagram）、指令表（Instruction List）及结构文本（Structured Text）。其中顺序功能图（SFC）是一种结构块控制流程图，梯形图（LAD）和功能块图（FBD）为图形语言，指令表（IL）和结构文本（ST）为文字语言。另外，S7-200 SMART PLC 将指令表称为语句表（Statement List，简称 STL）。

① 顺序功能图（SFC）。顺序功能图是一种位于其他编程语言之上的图形语言，它主要用来编制顺序控制程序，主要由步、有向连线、转换条件和动作组成。

② 梯形图（LAD）。梯形图程序被划分为若干个程序段，一个程序段只能有一块独立电路。触点接通时有“能流”流过线圈，“能流”只能从左向右流动。

③ 功能块图（FBD）。功能块图是采用逻辑门电路的编程语言，有数字电路基础的人很容易掌握。其指令由输入段、输出段及逻辑关系函数组成。

④ 结构文本（ST）。结构文本是为 IEC 61131-3 标准创建的一种专用的高级编程语言。

⑤ 语句表（STL）。语句表是使用文本形式的 STL 指令助记符和参数来创建程序的编程语言。它由助记符和操作数构成。采用助记符来表示操作功能，操作数是指定的存储器地址。

⑥ 编程语言的相互转换和选用。在编程软件中，可以选用梯形图、功能块图和语句表。

梯形图中输入信号（触点）与输出信号（线圈）之间的逻辑关系一目了然，易于理解。设计复杂的数字量控制程序时建议使用梯形图语言。

语句表程序输入方便快捷，可以为每条语句加上注释，便于复杂程序的阅读。

（2）与梯形图相关的几个基本概念

梯形图是国内用得最多的图形编程语言，被称为 PLC 的第一编程语言。它沿用了电气工程师熟悉的传统继电器控制电路图的形式和概念，与继电器控制电路图很相似，如图 3-1 所示。

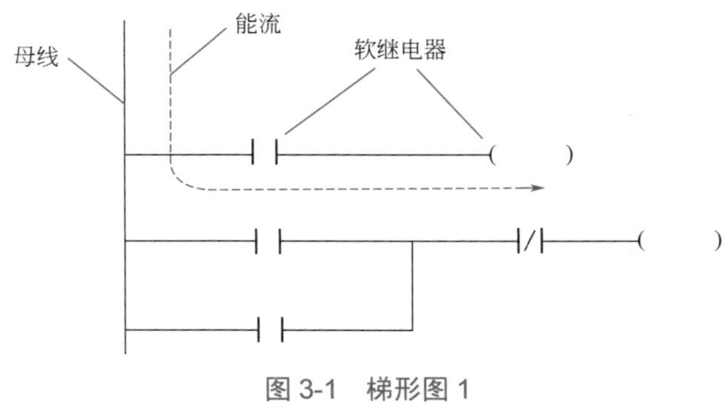

图 3-1 梯形图 1

① 软继电器（即映像寄存器）。PLC 梯形图中的某些编程元件沿用了继电器这一名称，如输入继电器、输出继电器、内部辅助继电器等，但是它们不是真实的物理继电器，而是一些存储单元（软继电器），每一个软继电器与 PLC 存储器中映像寄存器的一个存储单元相对应。该存储单元如果为“1”状态，则表示梯形图中对应软继电器的线圈“通电”，其常开触点接通，常闭触点断开，这种状态称为该软继电器的“1”或“ON ”状态。如果该存储单元为“0”状态，则对应软继电器的线圈和触点的状态与上述相反，称该软继电器为“0”或“OFF”状态。使用中也常将这些“软继电器”称为编程元件。

② 能流。当触点接通时，有一个假想的概念电流或能流（Power Flow）从左向右流动，这一方向与执行用户程序时的逻辑运算的顺序是一致的。能流只能从左向右流动。利用能流这一概念，可以帮助用户更好地理解和分析梯形图。

③ 母线。梯形图两侧的垂直公共线称为母线（Bus Bar）。在分析梯形图的逻辑关系时，为了借用继电器电路图的分析方法，可以想象左右两侧母线（左母线和右母线）之间有一个左正右负的直流电源电压，母线之间有“能流”从左向右流动。右母线可以不画出。

④ 梯形图的逻辑运算。根据梯形图中各触点的状态和逻辑关系，求出与图中各线圈对应的编程元件的状态，称为梯形图的逻辑运算。梯形图中逻辑运算是按从左至右、从上到下的顺序进行的。运算的结果可以马上被后面的逻辑运算所利用。逻辑运算是根据输入映像寄存器中的值，而不是根据运算瞬时外部输入触点的状态来进行的。

（3）程序结构

S7-200 SMART CPU 的控制程序由主程序、子程序和中断程序组成。

① 主程序。主程序 OB1 是程序的主体，每一个项目都必须并且只能有一个主程序，在主程序中可以调用子程序和中断程序。

主程序通过指令控制整个应用程序的执行，每次 CPU 扫描都要执行一次主程序。STEP 7-Micro/WIN START 的程序编辑器可以选择不同的程序。

② 子程序。子程序是一个可选的指令的集合，仅在被其他程序调用时执行。同一子程序可以在不同的地方被多次调用，使用子程序可以简化程序代码和减少扫描时间。

③ 中断程序。中断程序是指令的一个可选集合，它不是被主程序调用，而是在中断事件发生时由 PLC 的操作系统调用。中断程序用来处理预先规定的中断事件，因为不能预知何时会出现中断事件，所以不允许中断程序改写可能在其他程序中使用的存储器。

（4）S7-200 SMART 与 S7-200 的指令比较

两者的指令基本上相同。S7-200 SMART 用 GET/PUT 指令取代了 S7-200 的网络读、写指令 NETR/NETW。用获取非致命错误代码指令 GET_ERROR 取代了诊断 LED 指令 DIAG_LED。S7-200 SMART 还增加了获取 IP 地址指令 GIP、设置 IP 地址指令 SIP，以及 S7-200 SMART 的指令列表的“库”文件夹中的 8 条开放式用户通信指令。

3.2 数据类型与寻址方式

使用指令进行编程时，会涉及指令所使用的操作数的数据类型，以及指令以何种方式进行地址存储和读取数据。

3.2.1 数据类型

（1）数制

① 二进制数。二进制数的 1 位只能为 0 或 1。用 1 位二进制数来表示开关量的两种不同的状态，线圈通电、常开触点接通、常闭触点断开为 1 状态（ON），反之为 0 状态（OFF）。二进制位的数据类型为 BOOL（布尔）型。

多位二进制数用来表示大于 1 的数字。从右往左的第 n 位（最低位为第 0 位）的权值为 2^n。2#0000 0100 1000 0110 对应的十进制数为 $2^{10}+2^7+2^2+2^1=1158$。

② 十六进制数。十六进制数用于简化二进制数的表示方法，16 个数为 0 ～ 9 和 A ～ F（10 ～ 15），4 位二进制数对应于 1 位十六进制数，例如 2#1000 1111 可以转换为 16#8F。

十六进制数“逢 16 进 1”，第 n 位的权值为 16^n。16#8F 对应的十进制数为 $8\times16^1+15\times16^0=143$。

③ BCD 码（Binary Coded Decimal）。BCD 码用 4 位二进制数（或者 1 位十六进制数）表示 1 位十进制数。例如，1 位十进制数 9 的 BCD 码是 1001。4 位二进制数有 16 种组合，但 BCD 码只用到前 10 个（0000 ～ 1001），后 6 个（1010 ～ 1111）没有在 BCD 码中使用。BCD 码 1001 0110 0111 0101 对应的十进制数为 9675。

图 3-2　拨码开关

BCD 码用于 PLC 的输入和输出。

拨码开关用来设置多位十进制参数值，PLC 用输入点读取的多位拨码开关的输出值就是 BCD 码。用 16# 表示 BCD 码，如图 3-2 所示的拨码开关的输出为 2#1000 0010 1001，其 BCD 码为 16#829。

（2）数据格式及取值范围

S7-200 SMART 将信息存于不同的存储单元，每个单元都有唯一的地址。该地址可以明确指出要存取的存储器位置。这就允许用户程序直接存取这个信息。表 3-1 列出了不同长度的数据所表示的十进制数值范围。

表 3-1　不同长度的数据所表示的十进制数值范围

数据类型	数据长度	取值范围
字节（Byte）	8 位（1 字节）	0 ～ 255
字（word）	16 位（2 字节）	0 ～ 65535
位（bit）	1 位	0、1
整数（int）	16 位（2 字节）	0 ～ 65535（无符号），-32768 ～ 32767（有符号）
双精度整数（dint）	32 位（4 字节）	0 ～ 4294967295（无符号） -2147483648 ～ 2147483647（有符号）
双字（dword）	32 位（4 字节）	0 ～ 4294967295
实数（real）	32 位（4 字节）	1.175495×10^{-38} ～ $3.402823\times10^{+38}$（正数） -1.175495×10^{-38} ～ $-3.402823\times10^{+38}$（负数）
字符串（string）	8 位（1 字节）	

① 位。二进制位（bit）的数据类型为 BOOL（布尔）。I3.4 中的 I 表示输入，3 是字节地址，4 是字节中的位地址（0 ～ 7），如图 3-3 所示。

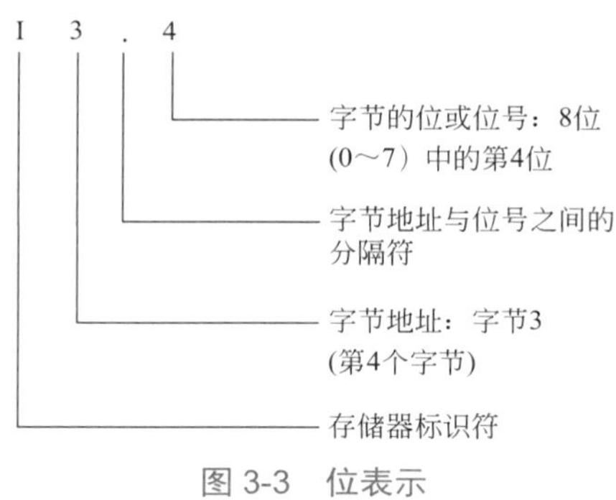

图 3-3　位表示

② 字节。一个字节（Byte）由 8 个位数据组成，VB100 由 VB100.0 ～ VB100.7 这 8 位组成，如图 3-4 表示。

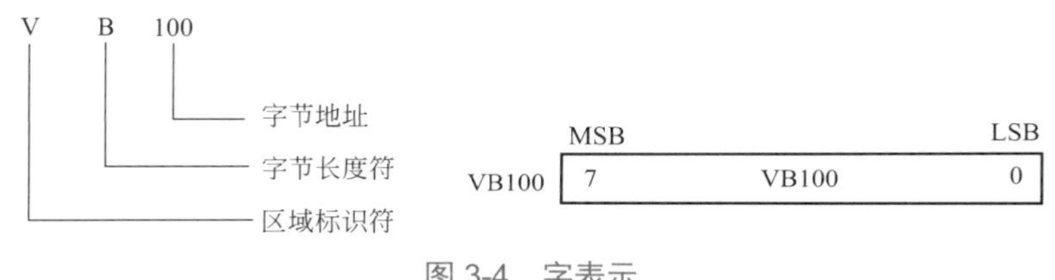

图 3-4　字表示

MSB—最高位；LSB—最低位

③ 字和双字。相邻的两个字节组成一个字（word），相邻的两个字或 4 个字节组成一个双字（double word），如图 3-5 所示。

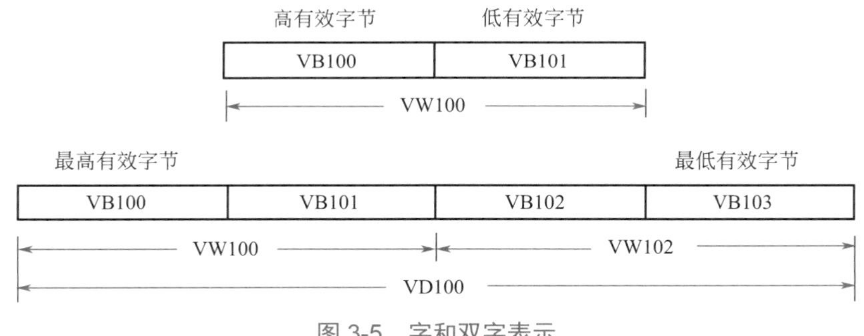

图 3-5　字和双字表示

字节、字和双字都是无符号数，它们的数值用 16# 表示。

④ 整数。16 位整数 int 和 32 位双整数 dint 都是有符号数。最高位为符号位。

⑤ 实数（real，32 位浮点数）。实数可以表示为 $1.m\times2^{E}$，IEEE 标准的浮点数格式为 $1.m\times2^{e}$，最高位为符号位。指数 $e=E+127$，为 8 位正整数。第 0 ～ 22 位是尾数的小数部分 m，第 23 ～ 30 位是指数部分 e，如图 3-6 所示。

在编程软件中，用小数表示浮点数。

图 3-6　浮点数表示

⑥ 字符串。字符串的数据类型为 string，由若干个 ASCII 码字符组成，第一个字节是字符串的长度（0 ～ 254），后面的每个字符占一个字节，如图 3-7 所示。字符串用双引号表示，例如“line2”。

长度	字符1	字符2	字符3	字符4		字符254
字节0	字节1	字节2	字节3	字节4		字节254

图 3-7　字符串表示

3.2.2　数据存储器编址

（1）位地址编址

数据区存储器位地址的编址方式为：[数据存储区][字节地址].[位地址]。如图 3-8 所示，其中第 0 位为最低位（LSB），第 7 位为最高位（MSB）。

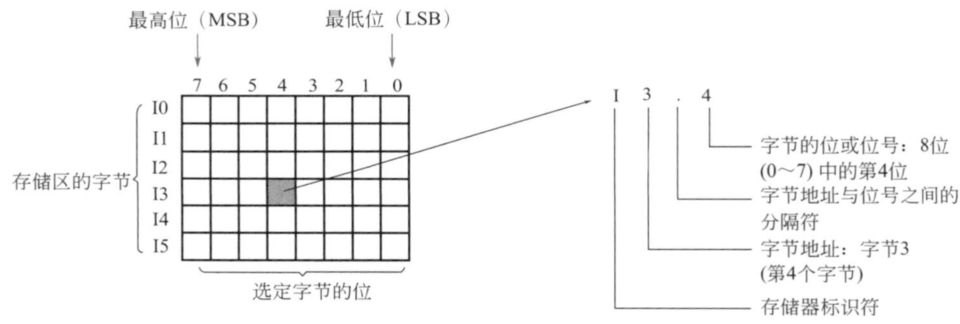

图 3-8　位地址编址

（2）字节地址编址

相邻的 8 位二进制数组成 1 字节。字节地址的编址方式为：[数据存储区][字节长度符 B][字节地址]。如图 3-9 所示，VB100 表示由 VB100.0 ～ VB100.7 这 8 位组成的字节。

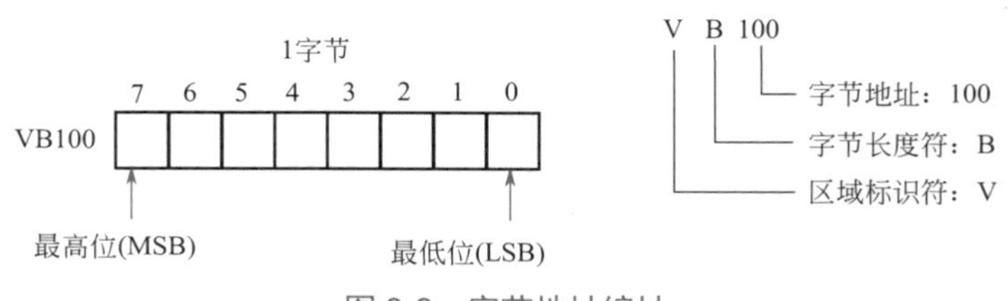

图 3-9　字节地址编址

（3）字地址编址

字地址的编址方式为：[数据存储区][字长度符 W][起始字节地址]。例如，VW100 表示由 VB100 和 VB101 这两字节组成的字，如图 3-10 所示。

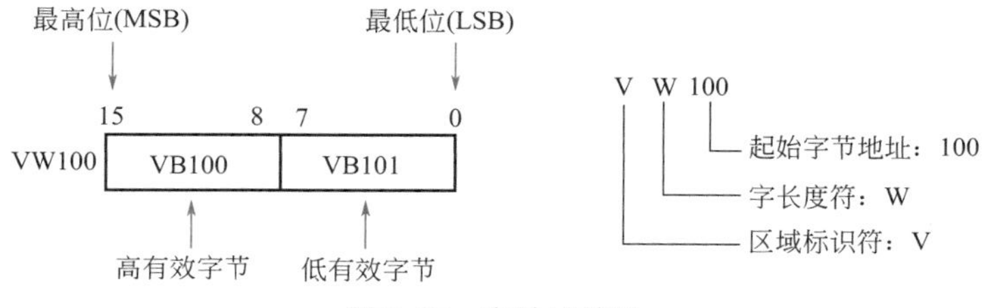

图 3-10　字地址编址

（4）双字地址编址

双字地址编址方式为：[数据存储区][双字长度符 D][起始字节地址]。例如，VB100 表示由 VB100 ～ VB103 这 4 字节组成的双字，如图 3-11 所示。

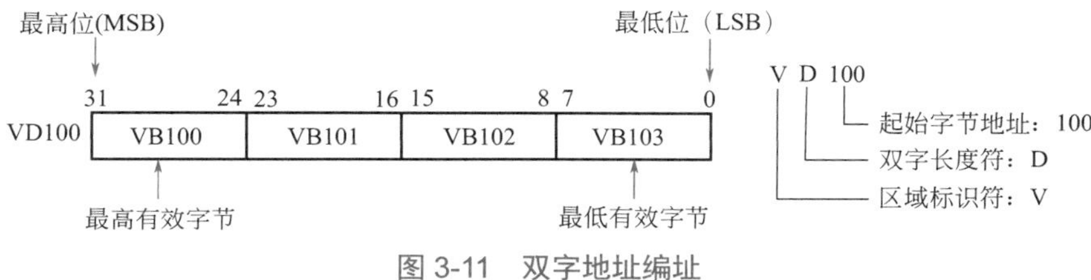

图 3-11　双字地址编址

要点提示

① 以组成字 VW100 和双字 VD100 的起始字节地址，即 VB100 的地址作为 VW100 和 VD100 的地址。

② 遵循“高地址，低字节”的规律，VB100 为 VW100 和 VD100 的最高有效字节，地址最大的字节为字和双字的最低有效字节。

【例 3-1】 如图 3-12 所示，如果 MD0=16#1F，那么 MB0、MB1、MB2、MB3 的数值是多少？ MB0.0 和 MB3.0 是多少？

解：MD0 是一个双字，它包含 4 个字节，一个字节包含两个十六进制位，因此 MD0=16#1F=16#0000001F=2#0000 0000 0000 0000 0000 0000 0001 1111，由图 3-12 可知，MB0=16#00，MB1=16#00，MB2=16#00，MB3=16#1F。由于 MB0=16#00，所以 MB0.0=0；由于 MB3=16#1F= 2#0001 1111，所以 MB3.0=1。

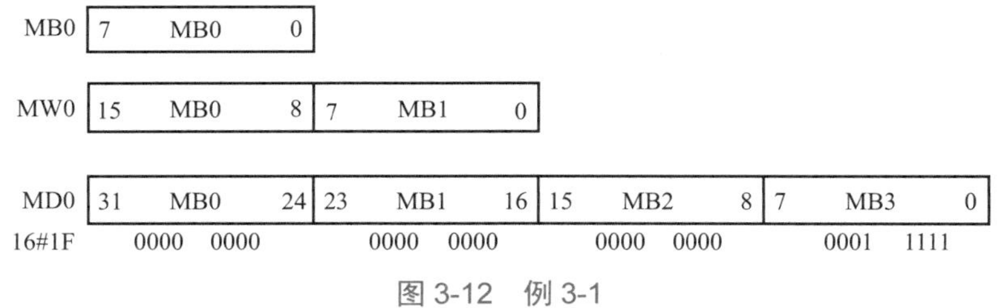

图 3-12　例 3-1

3.2.3 CPU 的存储区

（1）与实际输入 / 输出信号相关的输入 / 输出映像区

① 输入过程映像寄存器（I）。输入过程映像寄存器与输入端相连，它是专门用来接受PLC 外部开关信号的元件，外部输入电路接通时对应的过程映像输入寄存器为 ON（1 状态），反之为 OFF（0 状态）。在每次扫描周期的开始，CPU 对物理输入点进行采样，并将采样值写入输入过程映像寄存器中。CPU 可以按位、字节、字或双字来存取输入过程映像寄存器中的数据，输入过程映像寄存器等效电路如图 3-13 所示。

- 位格式：I[字节地址].[位地址]，如 I0.0。
- 字节、字或双字格式：I[长度][起始字节地址]，如 IB0、IW0、ID0。

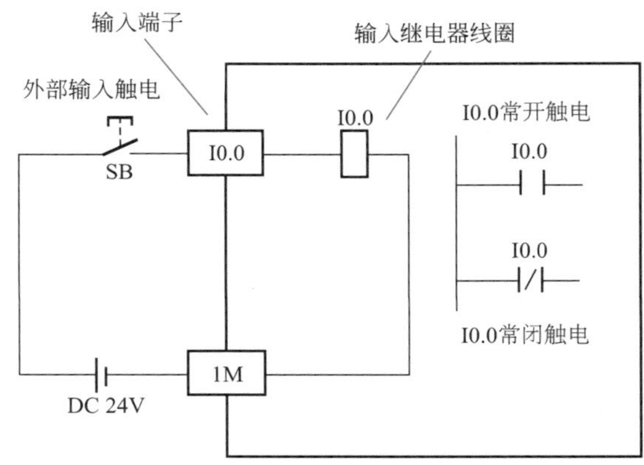

图 3-13　输入过程映像寄存器等效电路

② 输出过程映像寄存器（Q）。输出过程映像寄存器用来将 PLC 内部信号输出传送给外部负载（用户输出设备）。输出过程映像寄存器线圈是由 PLC 内部程序的指令驱动，其线圈状态传送给输出单元，再由输出单元对应的硬件继电器常开触点来驱动外部负载，输出过程映像寄存器等效电路如图 3-14 所示，梯形图中 Q0.0 的线圈“通电”时，输出模块中对应的硬件继电器的常开触点闭合。在每次扫描周期的结尾，CPU 将输出过程映像寄存器中的数值复制到物理输出点上。可以按位、字节、字或双字来存取输出过程映像寄存器数据。

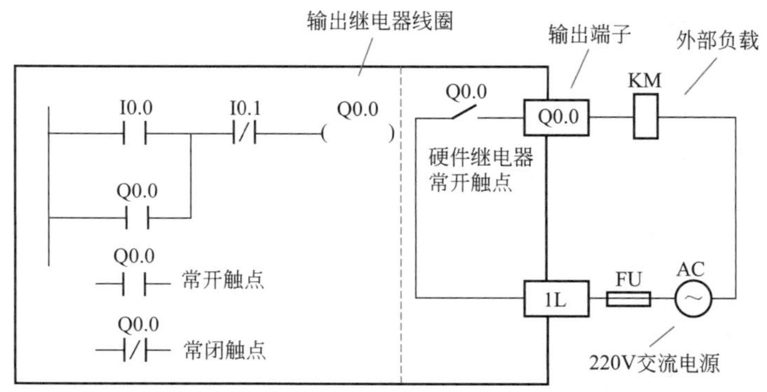

图 3-14　输出过程映像寄存器等效电路

- 位格式：Q[字节地址].[位地址]，如 Q0.0。
- 字节、字或双字格式：Q[长度][起始字节地址]，如 QB0、QW0、QD0。

③ 模拟量输入过程映像寄存器（AI）。AI 模块将模拟量按比例转换为一个字的数字量。AI 地址应从偶数字节开始（如 0、2、4），必须用偶数字节地址来存取数值，AI 为只读数据。

格式：AIW[起始字节地址]，如 AIW18。

④ 模拟量输出过程映像寄存器（AQ）。AQ 模块将一个字的数值按比例转换为电流或电压。AQ 地址应从偶数字节开始（如 0、2、4），必须用偶数字节地址来改变数值，用户不能读取 AQ。

格式：AQW[起始字节地址]，如 AQW18。

（2）内部数据存储区

① 标志存储器（M）。标志存储器，又称位存储器，用作内部控制继电器来存储操作的中间状态或其他控制信息。它是 PLC 中数量最多的一种继电器，与继电器控制系统的中间继电器相似。标志存储器不能直接驱动外部负载，负载只能由输出过程映像寄存器的外部触点驱动。它的常开与常闭触点在 PLC 内部编程时可无限次使用，可以按位、字节、字或双字来存取 M 区数据。

- 位格式：M[字节地址].[位地址]，如 M0.0。
- 字节、字或双字格式：M[长度][起始字节地址]，如 MB0、MW0、MD0。

S7-200 SMART 的标志存储器只有 32 个字节，其编程地址范围为 M0.0 ～ M31.7，共 256 个，它可以按字节、字、双字来存储数据。如果不够用，可以用变量存储器 V 来代替标志存储器 M。

标志存储器分普通型标志存储器和断电保持型标志存储器两种。一旦 PLC 掉电，普通型标志存储器存储的数据就会丢失，而断电保持型标志存储器通过“系统块”设置断电保持范围，断电后存储的数据会永久保存。

要点提示

默认情况下，CPU 中并未定义断电保持区域，但可通过编程软件中的“系统块”组态保持范围。

② 变量存储器（V）。变量存储器用来存储程序执行过程中控制逻辑操作的中间结果，也可以用它来存储与过程或任务相关的其他数据，不能直接驱动外部负载。它可以按位、字节、字或双字来存取 V 区数据。

- 位格式：V[字节地址].[位地址]，如 V0.0。
- 字节、字或双字格式：V[长度][起始字节地址]，如 VB0、VW0、VD0。

要点提示

用户习惯使用 M 区作为中间地址，但是 S7-200 SMART CPU 中 M 区地址空间小，只有 32 个字节，不够用。而 S7-200 SMART CPU 中提供了大量的 V 区存储空间，即用户数据空间，V 区存储空间相对很大，其用法与 M 区相似。

③ 特殊存储器（SM）。特殊存储器提供了在 CPU 和用户程序之间传递信息的一种方法，可以使用这些位来选择和控制 CPU 的某些特殊功能。它可以按位、字节、字或双字来存取

SM 位。

- 位格式：SM[字节地址].[位地址]，如 SM0.0。
- 字节、字或双字格式：SM[长度][起始字节地址]，如 SMB0、SMW0、SMD0。

特殊存储器的范围为 SMB0 ～ SMB1699，包含只读特殊存储器和读写特殊存储器，具体含义如表 3-2 所示。

表 3-2 特殊存储器

类型	SM 位	含义
只读特殊存储器	SMB0	系统状态位
	SMB1	指令执行状态位
	SMB2	自由端口接收字符
	SMB3	自由端口奇偶校验错误
	SMB4	中断队列溢出、运行时程序错误、中断已启用、自由端口发送器空闲和强制值
	SMB5	I/O 错误状态位
	SMB6 ～ SMB7	CPU ID、错误状态和数字量 I/O 点
	SMB8 ～ SMB21	I/O 模块 ID 和错误
	SMW22 ～ SMW26	扫描时间
	SMB28 ～ SMB29	信号板 ID 和错误
	SMB1000 ～ SMB1049	CPU 硬件 / 固件 ID
	SMB1050 ～ SMB1099SB	信号板硬件 / 固件 ID
	SMB1100 ～ SMB1299EM	扩展模块硬件 / 固件 ID
读写特殊存储器	SMB30（端口 0）和 SMB130（端口 1）	集成 RS-485 端口（端口 0）和 CM01 信号板（SB）RS-232/RS-485 端口（端口 1）的端口组态
	SMB34 ～ SMB35	定时中断的时间间隔
	SMB36 ～ 45（HSC0）、SMB46 ～ 55（HSC1）、SMB56 ～ 65（HSC2）、SMB136 ～ SMB145（HSC3）	高速计数器组态和操作
	SMB66 ～ SMB85	PWM0 和 PWM1 高速输出
	SMB86 ～ SMB94 和 SMB186 ～ SMB194	接收消息控制
	SMW98	I/O 扩展总线通信错误
	SMW100 ～ SMW110	系统报警
	SMB566 ～ SMB575	PWM2 高速输出
	SMB600 ～ SMB649	轴 0 开环运动控制
	SMB650 ～ SMB699	轴 1 开环运动控制
	SMB700 ～ SMB749	轴 2 开环运动控制

系统状态位和指令执行状态位是常用的特殊寄存器，含义如下。

- SM0.0：该位始终为 1。
- SM0.1：该位在首次扫描时为 1，用途之一是调用初始化子程序。
- SM0.2：该位会接通一个扫描周期。该位可用作错误存储器位或用作调用特殊启动顺序的机制，即重置为出厂通信命令、重置为出厂存储卡评估、评估程序传送卡（在此评估过程中，会从程序传送卡中加载新系统块）、NAND 闪存上保留的记录出现问题。
- SM0.3：从上电或暖启动条件进入 RUN 模式时，该位接通一个扫描周期。该位可用于在开始操作之前给机器提供预热时间。
- SM0.4：该位提供时钟脉冲，该脉冲的周期时间为 1min，OFF（断开）30s，ON（接通）30s。该位可简单轻松地实现延时或 1min 时钟脉冲。
- SM0.5：该位提供时钟脉冲，该脉冲的周期时间为 1s，OFF（断开）0.5s，ON（接通）0.5s。该位可简单轻松地实现延时或 1s 时钟脉冲。
- SM0.6：该位是扫描周期时钟，接通一个扫描周期，然后断开一个扫描周期，在后续扫描中交替接通和断开。该位可用作扫描计数器输入。
- SM0.7：如果实时时钟设备的时间被重置或在上电时丢失（导致系统时间丢失），则该位将接通一个扫描周期。该位可用作错误存储器或用来调用特殊启动顺序。
- SM1.0：操作结果为 0 时置 1。
- SM1.1：结果溢出或非法数值时置 1。
- SM1.2：结果为负数时置 1。
- SM1.3：被 0 除时置 1。
- SM1.4：超出表范围时置 1。
- SM1.5：空表时置 1。
- SM1.6：BCD 到二进制转换出错时置 1。
- SM1.7：ASCII 到十六进制转换出错时置 1。

④ 局部存储器（L）。S7-200 SMART 将主程序、子程序和中断程序统称为程序组织单元（POU），各 POU 都有自己的 64B 的局部存储器。使用梯形图和功能块图时，将保留局部存储器的最后 4B。局部存储器仅仅在它被创建的 POU 中有效，各 POU 不能访问别的 POU 的局部存储器。局部存储器作为暂时存储器，或者给子程序传递参数。变量存储器是全局存储器，可以被所有的 POU 访问。

S7-200 SMART 给主程序和它调用的 8 个子程序嵌套级别、中断程序和它调用的 4 个子程序嵌套级别各分配 64B 局部存储器。可以按位、字节、字或双字来存取 L 区数据。

- 位格式：L[字节地址].[位地址]，如 L0.0。
- 字节、字或双字格式：L[长度][起始字节地址]，如 LB0、LW0、LD0。

⑤ 定时器存储器（T）。在 S7-200 SMART CPU 中，定时器存储器用于时间累计，相当于继电器系统中的时间继电器，其分辨率（时基）分为 1ms、10ms、100ms 三种。定时器有以下两个变量。

- 当前值：16 位有符号整数，存储定时器所累计的时间。
- 定时器位：按照当前值和预置值的比较结果置位或复位（预置值是定时器指令的一部分）。

用定时器地址来存取这两种形式的定时器数据，采用位操作指令存取定时器位，而采用字操作指令存取定时器当前值。

存取格式：T[定时器号]，如 T39。

⑥ 计数器存储器（C）。在 S7-200 SMART CPU 中，计数器用来累计其计数脉冲上升沿的次数，系统提供了增计数、减计数和增减计数 3 种计数器类型。计数器有以下两个变量。

- 当前值：16 位有符号整数，存储累计值。
- 计数器位：按照当前值和预置值的比较结果置位或复位（预置值是计数器指令的一部分）。

用计数器地址来存取这两种形式的计数器数据，采用位操作指令存取计数器位，计数器位用来描述计数器触点的状态，而采用字操作指令存取计数器当前值。

存取格式：C[计数器号]，如 C39。

⑦ 高速计数器（HC）。高速计数器用来累计比 CPU 的扫描速率更快的事件，它独立于 CPU 的扫描周期，即计数过程与扫描周期无关。其当前值和预置值均为 32 位有符号整数，当前值为只读数据。

存取格式：HC[高速计数器号]，如 HC3。

⑧ 累加器（AC）。累加器是一种特殊的存储单元，S7-200 SMART 一共有 4 个 32 位累加器，即 AC0 ～ AC3，可以按字节、字和双字来访问累加器中的数据。按字节、字只能访问累加器的低 8 位或低 16 位。其常用于向子程序传递参数和从子程序返回参数，或者用来临时保存中间的运算结果。

存取格式：AC[累加器号]，如 AC2。

⑨ 顺序控制继电器（S）。顺序控制继电器用于顺序控制编程，实现控制程序的逻辑分段。可以按位、字节、字或双字访问 S 存储器。

- 位格式：S[字节地址].[位地址]，如 S0.0。
- 字节、字或双字格式：S[长度][起始字节地址]，如 LB0、LW0、LD0。

(3) CPU 存储器的范围与特性

标准型 CPU 存储器的范围如表 3-3 所示。紧凑型 CPU 没有模拟量输入 AIW 和模拟量输出 AQW。

表 3-3　S7-200 SMART 存储器的范围

<table>
<tr><th>访问方式</th><th>紧凑型 CPU</th><th>CPU SR20/ST20</th><th>CPU SR30 /ST30</th><th>CPU SR40 /ST40</th><th>CPU SR60 /ST60</th></tr>
<tr><td rowspan="2">位访问
(字节、位)</td><td colspan="5">I0.0 ～ I31.7　Q0.0 ～ Q31.7　M0.0 ～ M31.7　SM0.0 ～ SM1699.7　S0.0 ～ S31.7　T0 ～ T255　C0 ～ C255　L0.0 ～ L63.7</td></tr>
<tr><td colspan="2">V0.0 ～ V8191.7</td><td>V0.0 ～ V12287.7</td><td>V0.0 ～ V16383.7</td><td>V0.0 ～ V20479.7</td></tr>
<tr><td rowspan="2">字节访问</td><td colspan="5">IB0 ～ IB31　QB0 ～ QB31　MB0 ～ MB31　SMB0 ～ SMB1699　SB0 ～ S31　LB0 ～ LB63　AC0 ～ AC3</td></tr>
<tr><td colspan="2">VB0 ～ VB8191</td><td>VB0 ～ VB12287</td><td>VB0 ～ VB16383</td><td>VB0 ～ VB20479</td></tr>
<tr><td rowspan="3">字访问</td><td colspan="5">IW0 ～ IW30　QW0 ～ QW30　MW0 ～ MW30　SMW0 ～ SMW1698　SW0 ～ SW30　T0 ～ T255　C0 ～ C255</td></tr>
<tr><td colspan="2">VW0 ～ VB8190</td><td>VW0 ～ VW12286</td><td>VW0 ～ VW16382</td><td>VW0 ～ VW20478</td></tr>
<tr><td>—</td><td colspan="4">AIW0 ～ AIW110　AQW0 ～ AQW110</td></tr>
<tr><td rowspan="2">双字访问</td><td colspan="5">ID0 ～ ID28　QD0 ～ QD28　MD0 ～ MD280　SMD0 ～ SMD1696　SD0 ～ SD28　LD0 ～ LD60　AC0 ～ AC3</td></tr>
<tr><td colspan="2">VD0 ～ VD8188</td><td>VD0 ～ VD12284</td><td>VD0 ～ VD16380</td><td>VD0 ～ VD20476</td></tr>
</table>

3.2.4 寻址方式

在S7-200 SMART中通过地址访问数据，地址是访问数据的依据，访问数据的过程称为寻址。

① 立即寻址。可以立即进行运算操作的数据叫立即数，对立即数直接读写操作的寻址称为立即寻址。立即寻址可用于提供常数和设置初始值等，其数据在指令中常以常数的形式出现。

② 直接寻址。直接寻址是指在指令中直接使用存储器或寄存器地址，它指定了存储器的区域、长度和位置，直接到指定区域读取或写入数据。直接寻址有位、字节、字和双字等寻址格式，如I0.0。

③ 间接寻址。间接寻址是指用指针来访问存储区的数据。它可用于访问I、Q、V、M、S、AI、AQ、SM，以及T和C的当前值，不能访问单个位（bit）地址、HC、L存储区和累加器。

间接寻址给出一个被称为地址指针的存储单元的地址，32位地址指针里存放的是真正的操作数的地址。只能用V、L或累加器作指针。

指令“MOVD &VB200，AC1”将VB200的地址&VB200传送给AC1。指令“MOVW *AC1，AC0”将指针AC1所指的VW200中的数据（*AC1）传送给AC0，如图3-15所示。

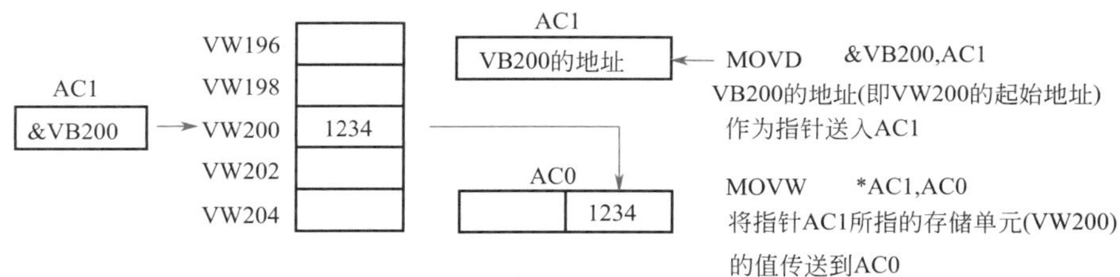

图3-15 指针与间接寻址

用指针访问相邻的下一个字节时，指针值加1；访问字时，指针值加2；访问双字时，指针值加4。

【例3-2】 从0时开始，某发电机计划发电时每个小时的有功功率给定值被依次存放在VW100～VW146中。VD20中是从实时时钟读取的小时值，用间接寻址读取当时的功率给定值，送给VW30。

解：
```
LD           SM0.0
MOVD&VB100, VD10                    // 表的起始地址送 VD10
+D           VD20, VD10             // 起始地址加偏移量
+D           VD20, VD10
MOVW*VD10, VW30                     // 读取表中的数据
```

一个字由两个字节组成，地址相邻的两个字的地址增量为2（两个字节），所以用了两条加法指令。在上午8时，VD20的值为8，执行两次加法指令后VD10中为VW116的地址。

3.3 位逻辑指令

位逻辑指令主要用来实现逻辑控制和顺序控制，传统继电器控制系统完全可以用 S7-200 SMART 的位逻辑指令来完成。

 3.3.1 基本位操作指令 

（1）触点装载指令与线圈输出指令

触点装载指令与线圈输出指令格式及功能说明见表 3-4。

表 3-4 触点装载指令与线圈输出指令格式及功能说明

指令名称	数据类型	LAD	STL	功能	操作数
装载	BOOL（位）	bit ─┤ ├─	LD bit	用于逻辑运算的开始，表示常开触点与左母线连接	I、Q、V、M、SM、S、T、C、L
取非装载	BOOL（位）	bit ─┤/├─	LDN bit	用于逻辑运算的开始，表示常闭触点与左母线连接	I、Q、V、M、SM、S、T、C、L
输出	BOOL（位）	bit ─( )	= bit	线圈驱动指令，用于将逻辑运算的结果驱动一个指定线圈	Q、V、M、SM、S、T、C

指令说明如下。

① 每个逻辑运算开始都需要装载指令 LD 或取非装载指令 LDN。

② “=”是对 Q、V、M、SM、S、定时器 T、计数器 C 的线圈进行驱动的指令，不能用于驱动输入过程映像寄存器 I。= 指令可以连续使用多次，相当于电路中多个线圈的并联形式。

③ 在梯形图中，同一地址的线圈不能出现多次。

【例 3-3】 LD、LDN、= 指令举例如图 3-16 所示，说明梯形图的功能。

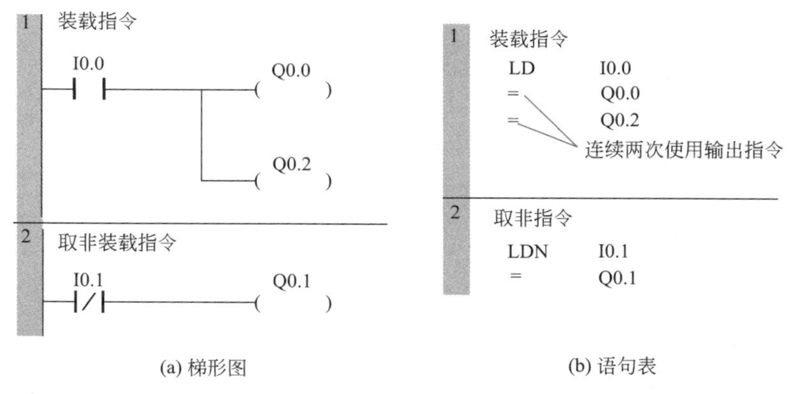

图 3-16 LD、LDN、= 指令举例

解：如图 3-16（a）所示梯形图的含义是，当程序段 1 中的常开触点 I0.0 接通，则线圈 Q0.0 和 Q0.2 得电；当程序 2 中的常闭触点 I0.1 接通，则线圈 Q0.1 得电。

（2）触点串联指令

触点串联指令格式与功能说明见表 3-5。

表 3-5　触点串联指令格式与功能说明

指令名称	数据类型	LAD	STL	功能	操作数
与	BOOL（位）	┤├ ┤├ bit	A bit	用于单个常开触点的串联	I、Q、V、M、SM、S、T、C、L
与非	BOOL（位）	┤├ ┤/├ bit	AN bit	用于单个常闭触点的串联	I、Q、V、M、SM、S、T、C、L

指令说明如下。

① A 指令完成逻辑与运算，AN 指令完成逻辑与非运算。

② 单个串联指令可以连续使用。

③ 在 = 之后，通过串联触点对其他线圈指令使用 = 指令，称为连续输出。

④ 若两个以上触点并联后与其他支路串联，则需要用到后面介绍的 ALD 指令。

【例 3-4】 A、AN 指令举例如图 3-17 所示，说明梯形图的功能。

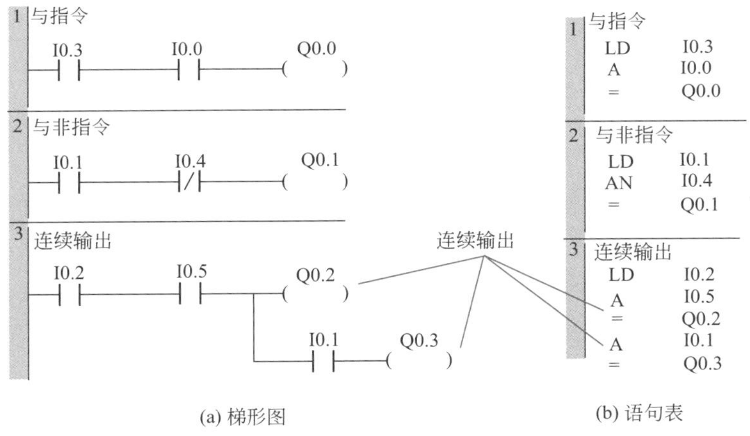

图 3-17　A、AN 指令举例

解：如图 3-17（a）所示梯形图的含义如下。当程序段 1 中的常开触点 I0.3 和 I0.0 同时接通，则线圈 Q0.0 得电。当程序段 2 中的常开触点 I0.1 和常闭触点 I0.4 同时接通，则线圈 Q0.1 得电。当程序段 3 中的常开触点 I0.2 和 I0.5 同时接通，则线圈 Q0.2 得电；当常开触点 I0.2、常开触点 I0.5 和常开触点 I0.1 同时接通，则线圈 Q0.3 得电。

（3）触点并联指令

触点并联指令格式与功能说明见表 3-6。

表 3-6　触点并联指令格式与功能说明

指令名称	数据类型	LAD	STL	功能	操作数
或	BOOL（位）	bit	O bit	用于单个常开触点的并联	I、Q、V、M、SM、S、T、C、L
或非	BOOL（位）	bit	ON bit	用于单个常闭触点的并联	I、Q、V、M、SM、S、T、C、L

指令说明如下。

① O 指令完成逻辑或运算，ON 指令完成逻辑或非运算。

② O、ON 指令可以连续使用。

③ 若两个以上触点串联后与其他支路并联，则需要用到后面介绍的 OLD 指令。

【例 3-5】 O、ON 指令举例如图 3-18 所示，说明梯形图的功能。

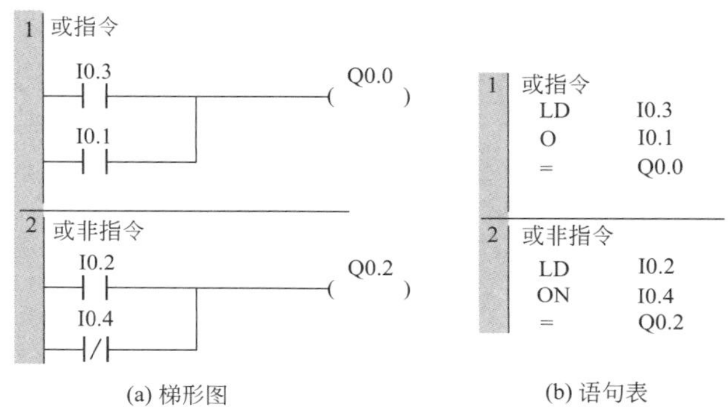

图 3-18　O、ON 指令举例

解：如图 3-18（a）所示梯形图的含义是，当程序段 1 中的常开触点 I0.3 和 I0.1 有一个或两个都接通，则线圈 Q0.0 得电；当程序段 2 中的常开触点 I0.2 和常闭触点 I0.4 有一个或两个都接通，则线圈 Q0.2 得电。

【例 3-6】 触点串联和并联综合的实例，梯形图如图 3-19 所示，写出 STL 语句。

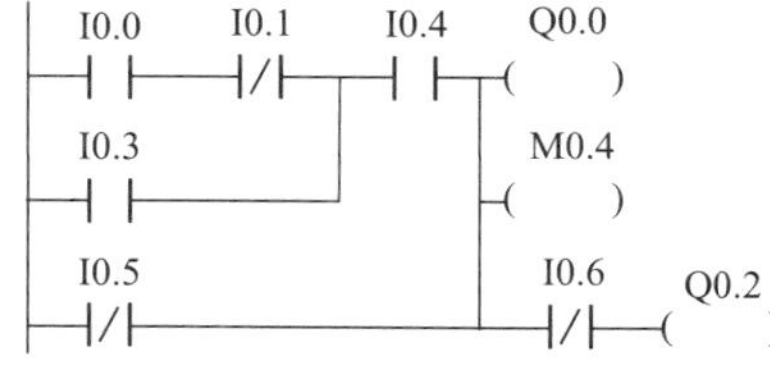

图 3-19　触点串联和并联综合的实例

解：STL 语句如下。

```
LD  I0.0
AN  I0.1
O   I0.3
```

```
A    I0.4
ON   I0.5
=    Q0.0
=    M0.4
AN   I0.6
=    Q0.2
```

【例 3-7】 已知图 3-20 中 I0.1 的波形，画出 M0.0 的波形。

解：在 I0.1 的下降沿之前，I0.1 为 ON，它的两个常闭触点均断开，M0.0 和 M0.1 均为 OFF，其波形用低电平表示。在 I0.1 的下降沿，I0.1 和 M0.1 的常闭触点同时闭合，M0.0 变为 ON。从 I0.1 下降沿之后的第二个扫描周期开始，M0.1 为 ON，其常闭触点断开，使 M0.0 为 OFF。M0.0 只是在 I0.1 的下降沿通电（ON）一个扫描周期。

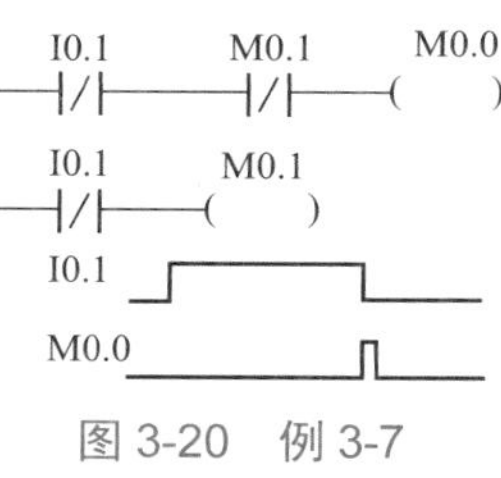

图 3-20 例 3-7

要点提示

交换上下两行电路，M0.0 的线圈不会通电。

（4）逻辑堆栈的基本概念

S7-200 SMART 有一个 32 位的堆栈，最上面的一层称为栈顶。堆栈中的数据一般按先进后出的原则访问。

执行 LD 指令时，将指令指定的位地址中的二进制数装载入栈顶。

执行 A（与）指令时，指令指定的位地址中的二进制数和栈顶中的二进制数作与运算，运算结果存入栈顶。栈顶之外其他各层的值不变。

执行 O（或）指令时，指令指定的位地址中的二进制数和栈顶中的二进制数作或运算，运算结果存入栈顶。

与堆栈有关的指令见表 3-7。

表 3-7 与堆栈有关的指令

语句	描述
ALD	与装载，电路块串联连接
OLD	或装载，电路块并联连接
LPS	逻辑进栈
LRD	逻辑读栈
LPP	逻辑出栈
LDS N	装载堆栈
AENO	与 ENO 对应

（5）或装载指令和与装载指令

或装载指令和与装载指令格式及功能说明见表 3-8。

表 3-8　或装载指令和与装载指令格式及功能说明

指令名称	LAD	STL	功能	操作数
或装载	bit bit bit bit	OLD	用来描述串联电路块的并联关系	无
与装载	bit bit bit bit	ALD	用来描述并联电路块的串联关系	无

指令说明如下。

① 两个或两个以上触点串联形成的电路叫串联电路块。当串联电路块与前面的电路并联时，使用 OLD 指令。

② 两个或两个以上触点并联形成的电路叫并联电路块。当并联电路块与前面的电路串联时，使用 ALD 指令。

③ OLD、ALD 指令均无操作。

④ 串联电路块和并联电路块的分支开始都用 LD、LDN 指令，分支结束用 OLD 或 ALD 指令。

⑤ 多个电路块并联时，可以分别使用 OLD 指令。多个电路块串联时，可以分别使用 ALD 指令。

图 3-21 中前两条指令执行完后，与运算的结果 S0 存放在堆栈的栈顶，第 3 条、第 4 条指令执行完后，与运算的结果 S1 压入栈顶（如图 3-22 所示），原来在栈顶的 S0 被推到堆栈的第 2 层，下面各层的数据依次下移一层。OLD 指令对堆栈第 1 层、第 2 层的二进制数作或运算，运算结果 S2=S0+S1 存入堆栈的栈顶，第 3 层～第 31 层中的数据依次向上移动一层。图 3-21 中 OLD 下面的两条指令并联运算的结果 S3 被压入栈顶，堆栈中原来的数据依次向下一层推移。ALD 指令对堆栈第 1 层、第 2 层的数据作与运算，运算结果 S4=S2 • S3 存入堆栈的栈顶，第 3 层～第 31 层中的数据依次向上移动一层。图 3-22 中“x”表示存储在栈区某个程序断点的地址。

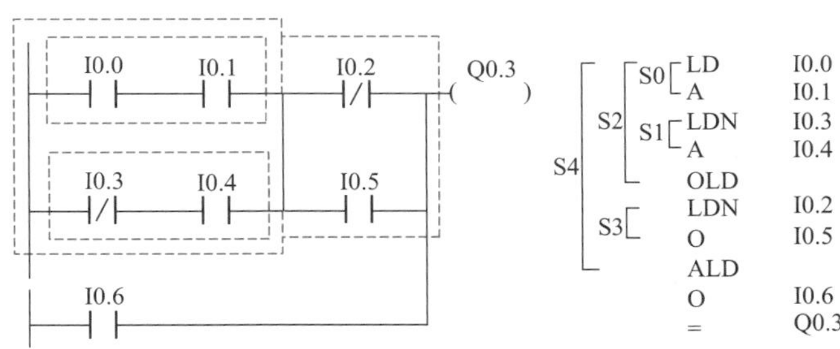

图 3-21　OLD 与 ALD 指令

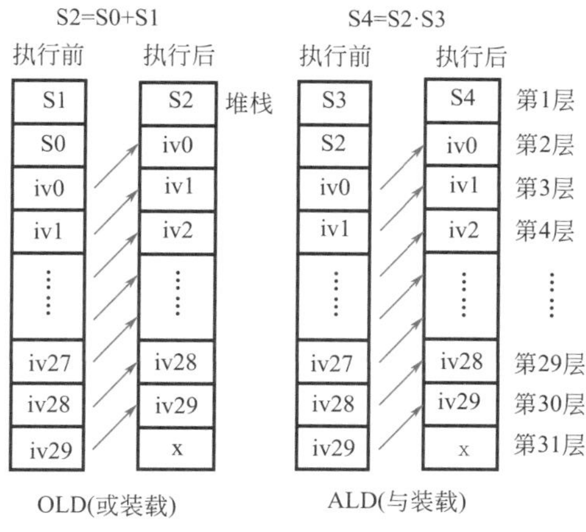

图 3-22　OLD 与 ALD 指令的堆栈操作

【例 3-8】 已知如图 3-23 所示的语句表程序，画出对应的梯形图。

解：首先将电路划分为若干块，各电路块从含有 LD 的指令（如 LD、LDI 和 LDP 等）开始，在下一条含有 LD 的指令（包括 ALD 和 OLD）之前结束；然后分析各块电路之间的串并联关系。

OLD 或 ALD 指令并联或串联的是上面靠近它的已经连接好的电路。

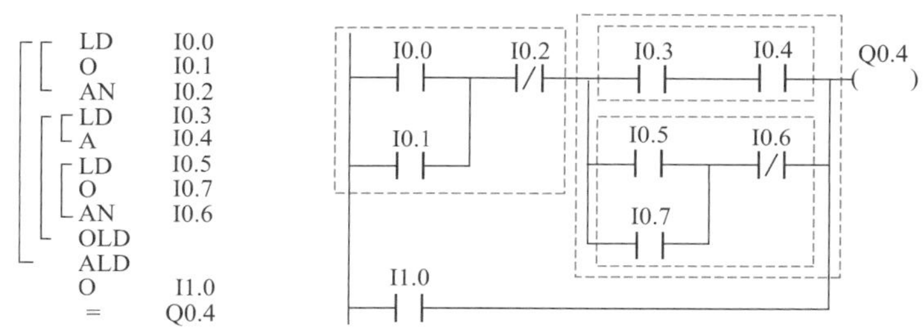

图 3-23　语句表与对应的梯形图

（6）其他堆栈操作指令

堆栈指令格式与功能说明见表 3-9。

表 3-9　逻辑堆栈指令格式与功能说明

指令名称	LAD	STL	功能	操作数
进栈	LPS bit	LPS	LPS 指令复制栈顶值并将该值推入堆栈。栈底值被推出并丢失	
读栈	LRD bit	LRD	LRD 指令将堆栈第 2 层中的值复制到栈顶。此时不执行进栈或出栈，但原来的栈顶值被复制值替代	无
出栈	LPP bit	LPP	LPP 指令将栈顶值弹出。堆栈第 2 层中的值成为新的栈顶值	

指令说明如下。

① LPS、LRD、LPP 指令无操作数。

② LPS 和 LPP 指令必须成对使用，中间的支路都用 LRD 指令，处理最后一条支路时必须用 LPP 指令。

③ 受堆栈空间的限制，LPS 指令和 LPP 指令连续使用不得超过 9 次。

④ LPS、LRD、LPP 指令之后若有单个常开触点或常闭触点串联，则应该使用 A 或 AN 指令。

⑤ LPS、LRD、LPP 指令之后若有由触点组成的电路块串联，则应该使用 ALD 指令。

堆栈指令执行过程如图 3-24 所示。逻辑进栈指令 LPS 把中间运算结果送入堆栈的第 1 层堆栈单元（栈顶），同时让堆栈中原有的数据顺序下移一个堆栈单元，栈底的数据溢出。逻辑读栈指令 LRD 将堆栈第 2 层单元中的值复制到栈顶。此时不执行进栈或出栈操作，各层数据位置不变。逻辑出栈指令 LPP 将第 2 层单元的数据送入栈顶单元，同时将栈中其他各层单元数据依次上移。装载堆栈指令 LDS 很少使用。图 3-24 中的“x”表示存储在栈区某个程序断点的地址。

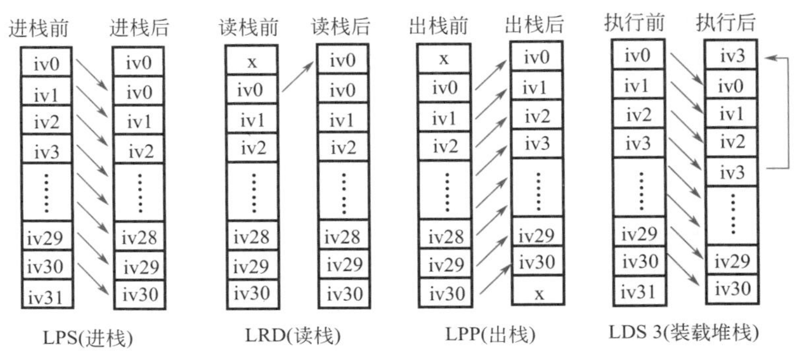

图 3-24 堆栈操作

【例 3-9】 分支电路与堆栈指令的关系。

解：分支电路与堆栈指令的关系如图 3-25 所示。

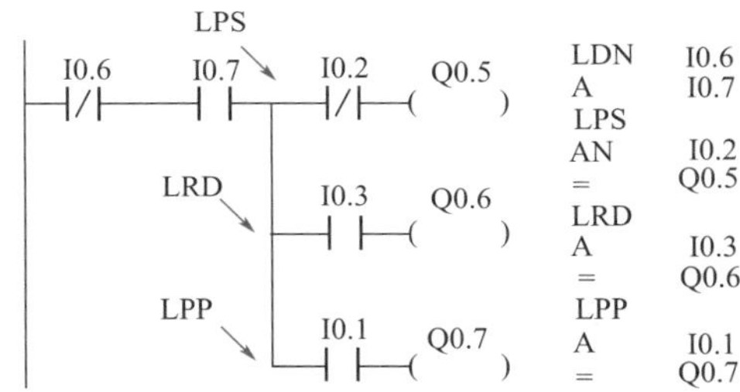

图 3-25 分支电路与堆栈指令的关系

【例 3-10】 分析双重分支电路与堆栈指令的关系。

解：图 3-26 中的第 1 条 LPS 指令将栈顶的 A 点逻辑运算结果保存到堆栈的第 2 层，第 2 条 LPS 指令将 B 点的逻辑运算结果保存到堆栈的第 2 层，A 点的逻辑运算结果被“压”到堆栈的第 3 层。第 1 条 LPP 指令将堆栈第 2 层 B 点的逻辑运算结果上移到栈顶，第 3 层中 A 点的逻辑运算结果上移到堆栈的第 2 层。最后一条 LPP 指令将堆栈第 2 层的 A 点的逻辑运算结果上移到栈顶。

```
I0.6    I0.3    I0.2    M0.2
 A       B              ( S )
                          1
I0.0            I0.4    M0.2
                        ( R )
                          1
                I0.1
        I0.1    I0.5    Q1.0
                        (   )
```

```
LDN   I0.6
O     I0.0
LPS
A     I0.3
LPS
AN    I0.2
S     M0.2，1
LPP
LD    I0.4
O     I0.1
ALD
R     M0.2，1
LPP
A     I0.1
AN    I0.5
=     Q1.0
```

图 3-26 双重分支电路与堆栈指令

（7）立即触点指令

立即触点指令只能用于输入位 I，其格式与功能说明见表 3-10。

表 3-10 立即触点指令格式与功能说明

指令名称	数据类型	LAD	STL	功能	操作数
立即装载	BOOL	bit ─┤I├─	LDI	执行该指令时，立即读入物理输入点的值，但是并不更新该物理输入点对应的输入过程映像寄存器。立即触点不是在 PLC 扫描周期开始时进行更新，而是在执行该指令时立即更新	I
立即或		bit ─┤I├─	OI		
立即与		bit ─┤I├─	AI		
立即取非装载		bit ─┤/I├─	LDNI		
立即或非		bit ─┤/I├─	ONI		
立即与非		bit ─┤/I├─	ANI		

物理输入点（位）状态为 1 时，常开立即触点闭合（接通）；物理输入点（位）状态为 0 时，常闭立即触点闭合（接通），触点符号中间的“I”和“/I”分别用来表示立即常开触点和立即常闭触点，如图 3-27 所示。

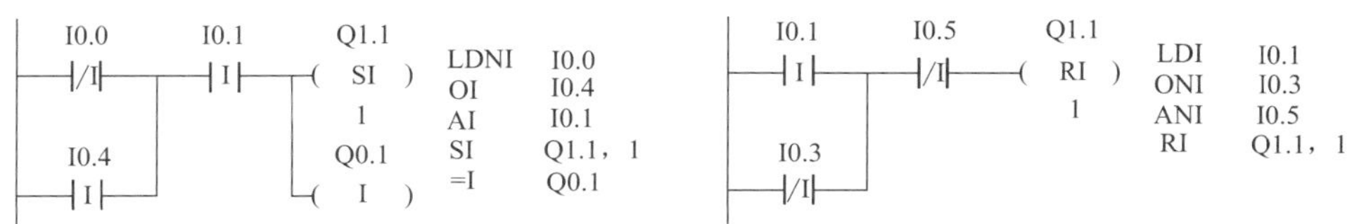

图 3-27 立即触点指令

(8) 立即输出指令

立即输出指令的格式与功能说明见表 3-11。

立即输出指令（=I）只能用于输出位 Q。线圈符号中的“I”用来表示立即输出，如图 3-27 所示。

表 3-11　立即输出指令格式与功能说明

指令名称	数据类型	LAD	STL	功能	操作数
立即输出	BOOL	bit —(I)	=I bit	执行该指令时，将新值立即写入指定的物理输出点和对应的输出过程映像寄存器单元	Q

3.3.2　置位与复位指令

(1) 置位与复位指令

置位与复位指令分别将指定的位地址开始的 N 个连续的位地址置位（变为 ON）和复位（变为 OFF），N 为 1 ～ 255。两条指令有记忆和保持功能。置位与复位指令格式与功能说明见表 3-12。

表 3-12　置位与复位指令格式与功能说明

指令名称	数据类型	LAD	STL	功能	操作数
置位	bit、BOOL N、字节	bit —(S) N	S bit，N	从起始位开始连续 N 位被置位（变为 ON）	Q、V、M、SM、S、T、C、L
复位	bit、BOOL N、字节	bit —(R) N	R bit，N	从起始位开始连续 N 位被复位（变为 OFF）	Q、V、M、SM、S、T、C、L

可用复位指令清除定时器 / 计数器的当前值，同时将它们的位复位为 OFF。

置位和复位指令的梯形图、语句表和时序图如图 3-28 所示。

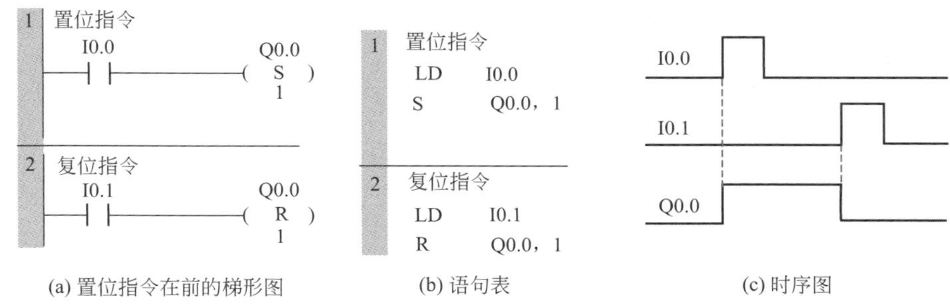

图 3-28　置位和复位指令的梯形图、语句表和时序图

【例 3-11】 利用置位和复位指令实现电动机的自锁控制。

解：梯形图如图 3-29 所示。

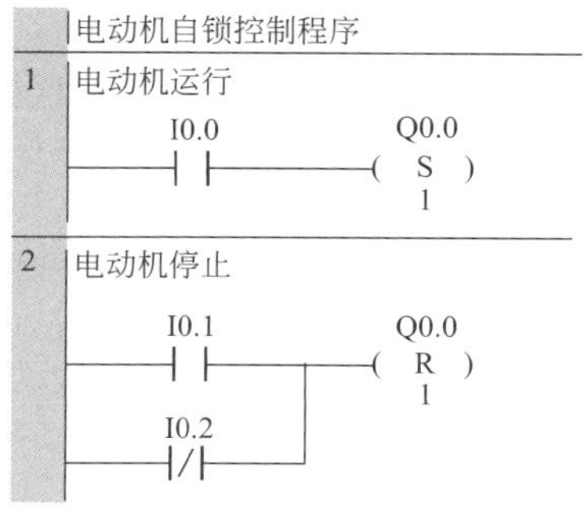

图 3-29　电动机的自锁控制

（2）立即置位与立即复位

立即置位与立即复位指令格式与功能说明见表 3-13。

表 3-13　立即置位与立即复位指令格式与功能说明

指令名称	数据类型	LAD	STL	功能	操作数
立即置位	BOOL	bit —(SI) N	SI bit，N	用立即置位指令访问输出点时，从指令指定地址（位）开始的 N 个（最多为 255 个点）物理输出点被立即置位，同时相应的输出映像寄存器的内容也被刷新	Q
立即复位	BOOL	bit —(RI) N	RI bit，N	用立即复位指令访问输出点时，从指令指定地址（位）开始的 N 个（最多为 255 个点）物理输出点被立即复位，同时相应的输出映像寄存器的内容也被刷新	Q

这两条指令分别将指定的位地址开始的 N 个连续的物理输出点立即置位或复位，N 为 1 ～ 255。它们只能用于输出位 Q，新值被同时写入对应的物理输出点和输出过程映像寄存器，如图 3-27 所示。

3.3.3　置位和复位优先双稳态触发器指令

置位和复位优先双稳态触发器指令格式与功能说明见表 3-14。

表 3-14　置位和复位优先双稳态触发器指令格式与功能说明

指令名称	数据类型	LAD	功能	操作数
置位优先触发器指令（SR）	BOOL	bit S1　OUT SR R	置位信号 S1 和复位信号 R 同时为 1 时，置位优先	S1、R 的操作数：I、Q、V、M、SM、S、T、C bit 的操作数：I、Q、V、M、S
复位优先触发器指令（RS）	BOOL	bit S　OUT RS R1	置位信号 S 和复位信号 R1 同时为 1 时，复位优先	S、R1 的操作数：I、Q、V、M、SM、S、T、C bit 的操作数：I、Q、V、M、S

指令说明如下。

① SR（置位优先双稳态触发器）是一种置位优先锁存器。如果置位（S1）和复位（R）信号均为真，则输出（OUT）为真；如果置位（S1）和复位（R）信号均为假，则输出（OUT）保持先前状态。

② RS（复位优先双稳态触发器）是一种复位优先锁存器。如果置位（S）和复位（R1）信号均为真，则输出（OUT）为假；如果置位（S1）和复位（R）信号均为假，则输出（OUT）保持先前状态。

③ SR 指令和 RS 指令不适用于 STL。

SR 和 RS 用置位输入和复位输入来控制方框上面的位地址，可选的 OUT 连接反映了方框上面位地址的信号状态。

【例 3-12】 根据如图 3-30 所示的梯形图画出时序图。

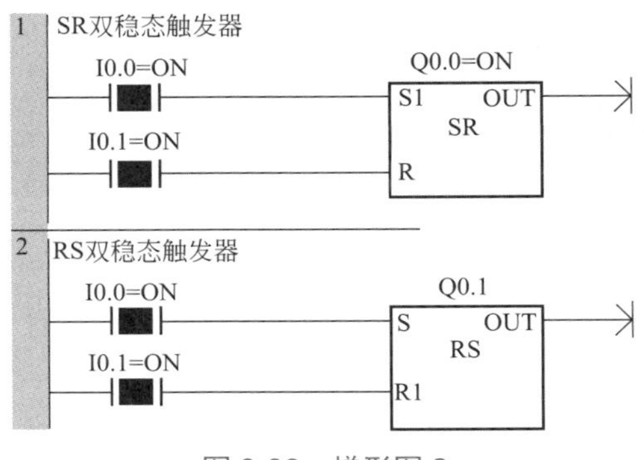

图 3-30　梯形图 2

解：如果 I0.0=ON，I0.1=ON，则 Q0.0=ON。如果 I0.0=ON，I0.1=ON，则 Q0.1=OFF。时序图如图 3-31 所示。

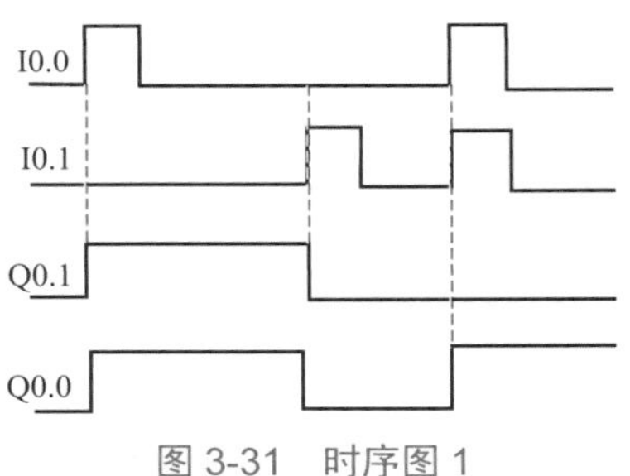

图 3-31　时序图 1

【例 3-13】 分析如图 3-32 所示梯形图的功能。

解：置位信号 S1 和复位信号 R 同时为 ON 时，M0.5 被置位为 ON。置位信号 S 和复位信号 R1 同时为 ON 时，M0.6 被复位为 OFF。

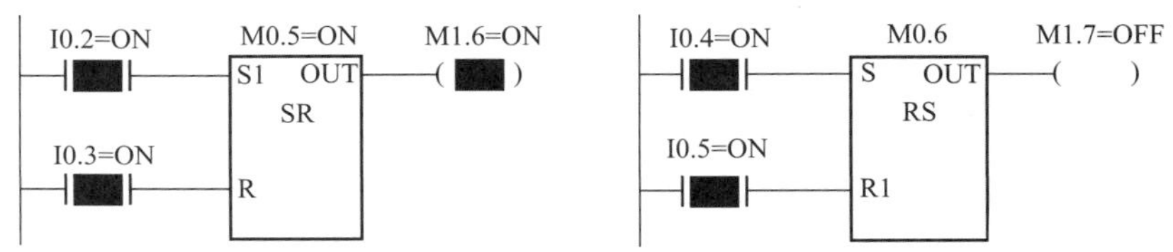

图 3-32　梯形图 3

3.3.4 边沿触发指令

边沿触发是指用边沿触发信号产生一个机器周期的扫描脉冲，通常用作脉冲整形。边沿触发指令分为上升沿（正跳变）和下降沿（负跳变）两大类。

边沿触发指令格式与功能说明见表 3-15。

表 3-15　边沿触发指令格式与功能说明

指令名称	LAD	STL	功能	操作数
正跳变	—|P|—	EU	在输入信号上升沿产生一个扫描周期的脉冲输出	无
负跳变	—|N|—	ED	在输入信号下降沿产生一个扫描周期的脉冲输出	无

指令说明如下。

① EU（上升沿）指令用于检测正跳变。该指令仅在输入信号由 0 变为 1 时，输出一个扫描周期的脉冲。

② ED（下降沿）指令用于检测负跳变。该指令仅在输入信号由 1 变为 0 时，输出一个扫描周期的脉冲。

③ 因为 EU 和 ED 指令需要断开到接通或接通到断开转换，所以对于开机时就为接通状态的输入条件，EU、ED 指令不执行。

④ EU、ED 指令常与 S/R 指令联用。

【例 3-14】 边沿触发指令的梯形图和语句表如图 3-33 所示，画出时序图。

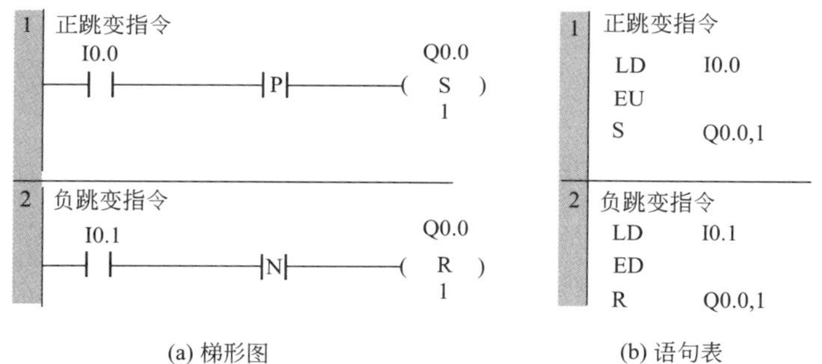

(a) 梯形图　　(b) 语句表

图 3-33　边沿触发指令的梯形图和语句表

解：时序图如图 3-34 所示。

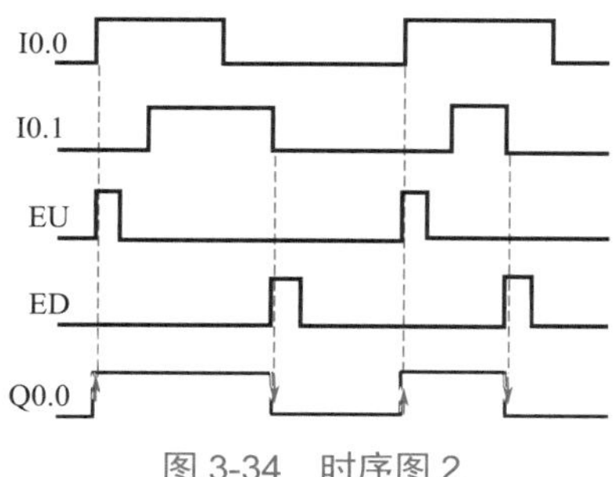

图 3-34　时序图 2

3.3.5 空操作和取非指令

(1) 取非指令(NOT)

取非指令用于对存储器的位进行取反操作，改变能流的状态。指令格式的梯形图用触点形式表示，如触点左侧为1时，右侧为0，能流不能到达右侧，输出无效；反之，触点左侧为0时，右侧为1，能流可以向右侧传递，其语句表格式为“NOT”。

要点提示

取非(NOT)触点将存放在堆栈顶部的左边电路的逻辑运算结果取反。取反触点左、右两边能流的状态相反。

(2) 空操作指令(NOP)

空操作指令起增加程序容量的作用。使用空操作指令，将稍微延长扫描周期时间，但不会影响用户程序的执行，不会使能流断开。

要点提示

空操作指令(NOP N)的N为0～255。

【例3-15】 根据如图3-35所示的梯形图和语句表，画出时序图。

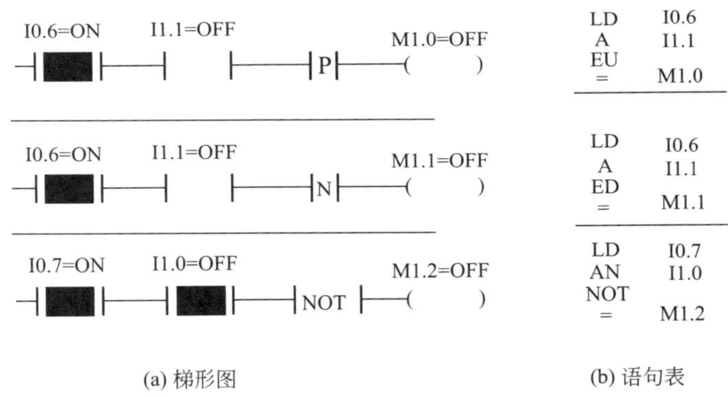

图3-35 梯形图和语句表

解：时序图如图3-36所示。

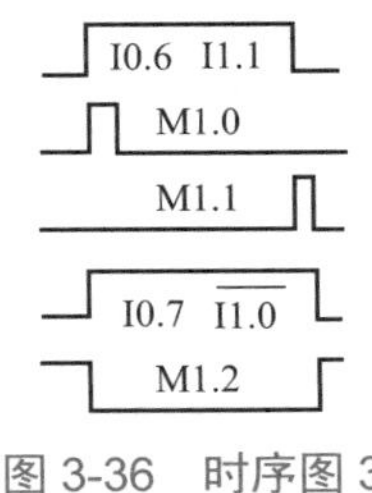

图3-36 时序图3

3.4 定时器指令与计数器指令

定时器指令是用于计时控制的指令，而计数器指令用于记录某个信号的脉冲数。

3.4.1 定时器指令

（1）定时器指令格式与功能说明

在 S7-200 SMART 系列 PLC 中，按工作方式的不同，可以将定时器分为通电延时型定时器、保持型通电延时定时器和断电延时型定时器三大类。

定时器指令格式与功能说明见表 3-16。

表 3-16 定时器指令格式与功能说明

指令名称	LAD	STL	功能	操作数
通电延时型定时器	T××× IN TON PT ???m~	TON T×××，PT	TON 通电延时型定时器用于测定单独的时间间隔	T×××： T0～T255。 IN：I、Q、V、M、SM、S、T、C、L。 PT：IW、QW、VW、MW、SMW、SW、T、C、LW、AC、AIW、常数
保持型通电延时定时器	T××× IN TONR PT ???m~	TONR T×××，PT	TONR 保持型通电延时定时器用于累计多个定时时间间隔的时间值	
断电延时型定时器	T××× IN TOF PT ???m~	TOF T×××，PT	TOF 断电延时型定时器用于在 OFF（或 FALSE）条件之后延长一定时间间隔	

定时器参数如图 3-37 所示，介绍如下。

- IN：运行条件输入端，它决定定时器能否开始工作，其数据类型为 BOOL。
- PT：定时器的计时预置值或存放预置值的地址，其数据类型为 int（16 位有符号整数），允许设定的最大值为 32767。
- T37：S7-200 SMART PLC 共有 256 个定时器，编号范围为 T0～T255，数据类型为 word。
- TOF：S7-200 SMART PLC 有 TON、TONR、TOF 这 3 种定时器。
- 100ms：定时器提供 1ms、10ms、100ms 这 3 种时基。

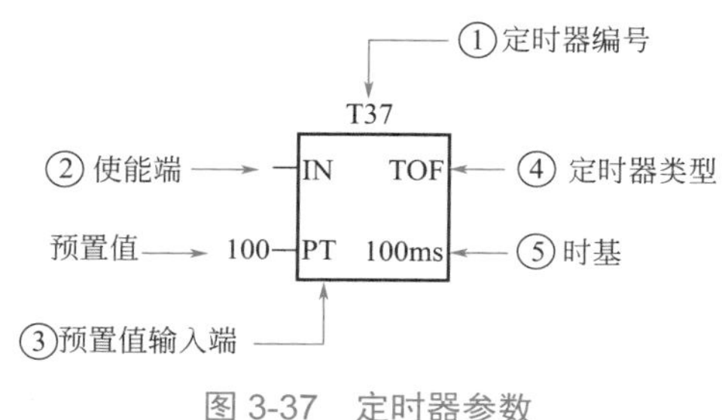

图 3-37 定时器参数

定时器指令使用说明如下。

① TON 和 TOF 定时器的编号范围相同，但同一个定时器编号不能同时用于 TON 和 TOF 定时器。

② 定时器的时基由定时器的编号决定，见表 3-17。

表 3-17　定时器时基和定时范围一览表

定时器分类	时基 /ms	最大定时范围 /s	定时器编号
TON/TOF	1	32.767	T32、T96
	10	327.67	T33 ～ T36、T97 ～ T100
	100	3276.7	T37 ～ T63、T101 ～ T255
TONR	1	32.767	T0、T64
	10	327.67	T1 ～ T4、T65 ～ T68
	100	3276.7	T5 ～ T31、T69 ～ T95

③ 定时时间的计算公式如下：

$$T=\mathrm{PT}\times S$$

式中，T 表示定时时间；PT 表示预置值；S 表示时基。

④ 定时器指令实际由一个 16 位预置值寄存器、一个 16 位当前值寄存器和 1 位状态位组成。预置值寄存器用来存储预置值，当前值寄存器用于存储定时器开始计时后任一时刻的刷新次数，状态位反映定时器触点的状态。

⑤ 定时器计时实际上是对时基为 1ms、10ms、100ms 的脉冲周期进行计数，其计数值存放于当前值寄存器（16 位，数值范围为 1 ～ 32767）中。

（2）通电延时型定时器 TON

通电延时型定时器工作过程的梯形图和时序图如图 3-38 所示。

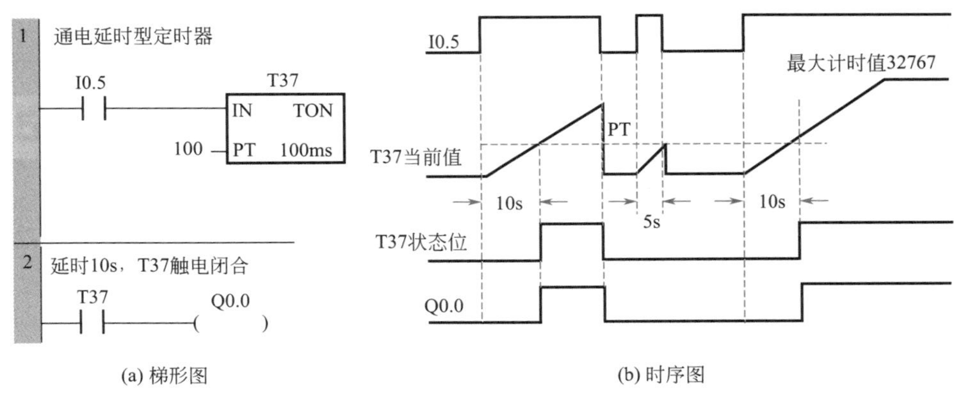

图 3-38　通电延时型定时器工作过程的梯形图和时序图

通电延时型定时器的使能输入电路断开时，定时器被复位，其当前值被清零，定时器位变为 OFF。还可以用复位（R）指令复位定时器和计数器。

【例 3-16】 通电延时型定时器的梯形图如图 3-39 所示，画出时序图。

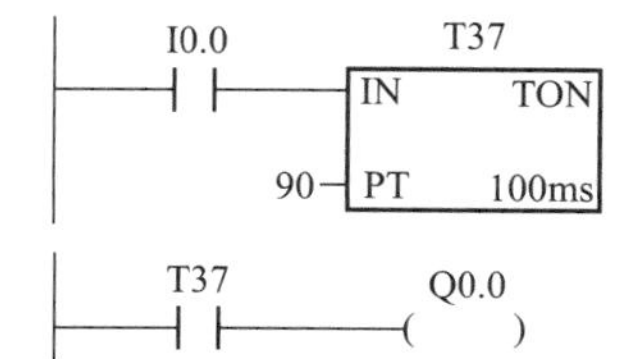

图 3-39 通电延时型定时器的梯形图

解：时序图如图 3-40 所示。

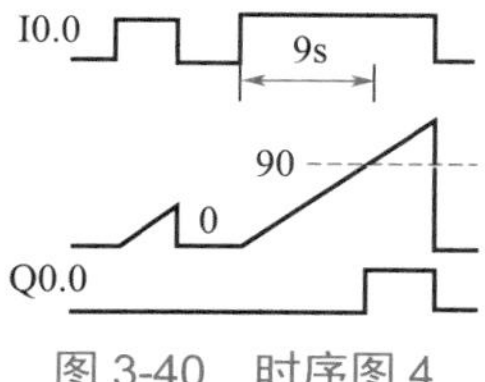

图 3-40 时序图 4

(3) 保持型通电延时定时器 TONR

保持型通电延时定时器工作过程的梯形图和时序图如图 3-41 所示。

保持型通电延时定时器 TONR 的使能（IN）输入电路断开时，当前值保持不变。使能输入电路再次接通时，继续定时。累计的时间间隔等于预设值时，定时器位变为 ON。只能用复位指令来复位 TONR。

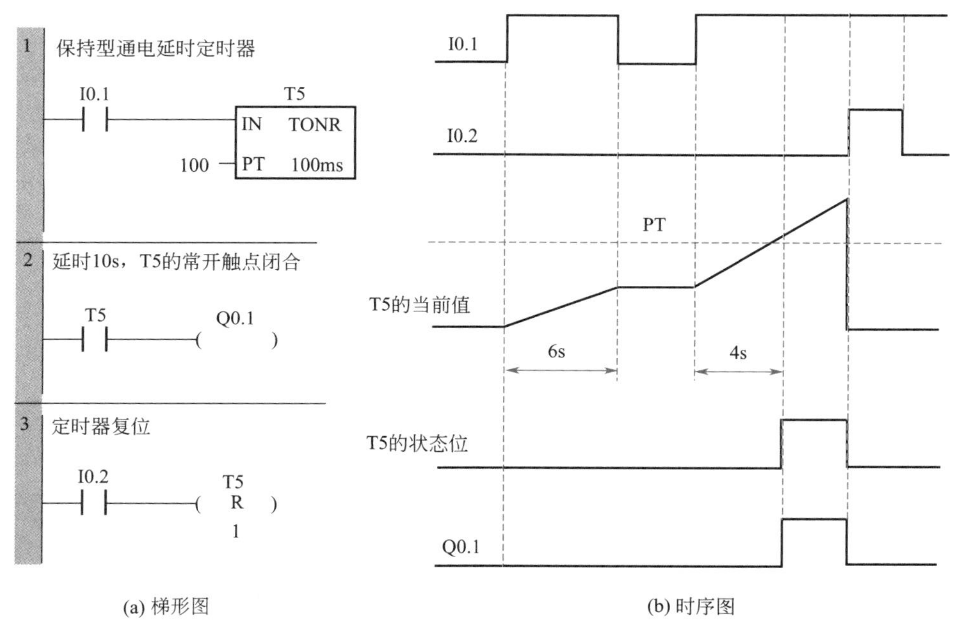

图 3-41 保持型通电延时定时器工作过程的梯形图和时序图

【例 3-17】 保持型通电延时定时器的梯形图如图 3-42 所示，画出时序图。

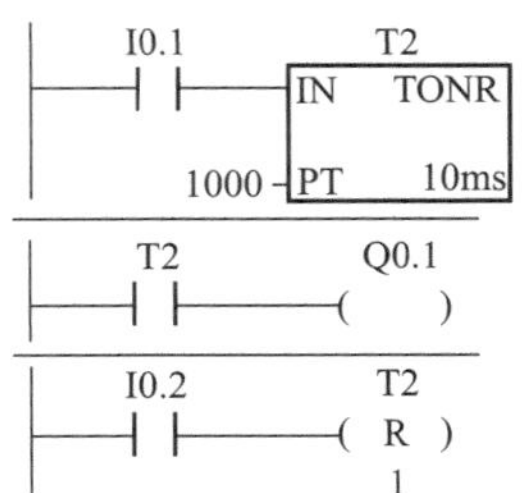

图 3-42 保持型通电延时定时器的梯形图

解：时序图如图 3-43 所示。

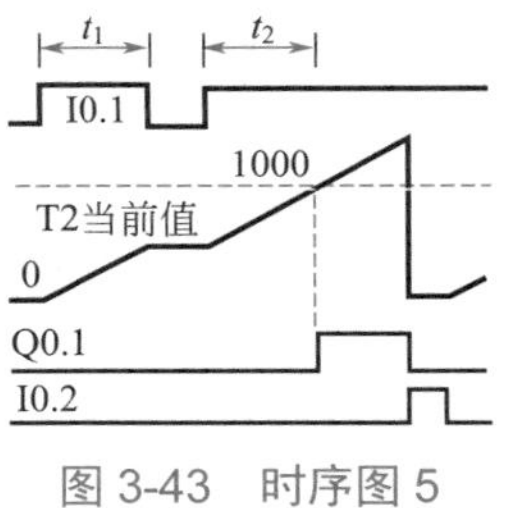

图 3-43 时序图 5

【例 3-18】 用通电延时型定时器编程实现的脉冲定时器程序。

解：如图 3-44 所示是用通电延时型定时器编程实现的脉冲定时器程序，在 I0.3 的上升沿，Q0.2 输出一个宽度为 3s 的脉冲，I0.3 的脉冲宽度可以大于 3s，也可以小于 3s。

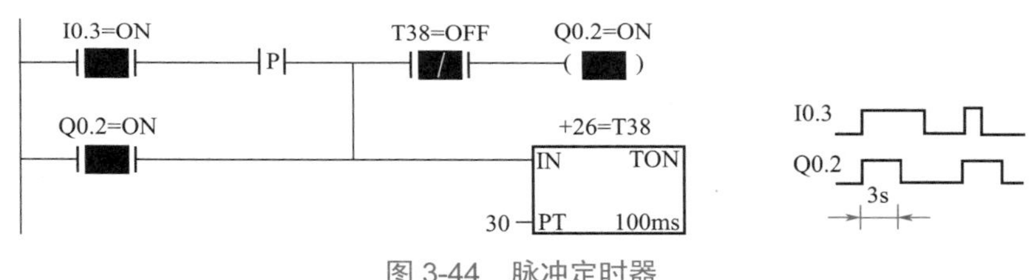

图 3-44 脉冲定时器

（4）断电延时型定时器 TOF

断电延时型定时器工作过程的梯形图和时序图如图 3-45 所示。

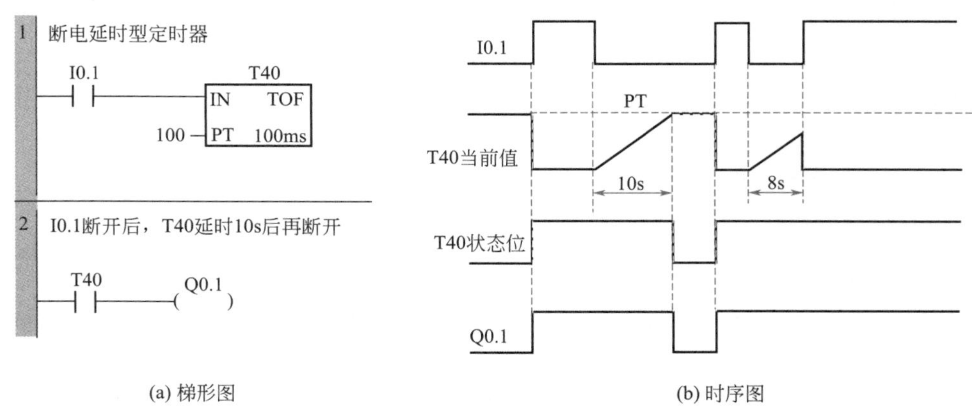

图 3-45 断电延时型定时器工作过程的梯形图和时序图

使能输入电路接通时，定时器位立即变为ON，当前值被清零。使能输入电路断开时，开始定时，当前值等于预设值时，输出位变为OFF，当前值保持不变，直到使能输入电路接通。

断电延时定时器用于设备停机后的延时，例如变频电机的冷却风扇的延时。

【例 3-19】 断电延时定时器梯形图和语句表如图 3-46 所示，画出时序图。

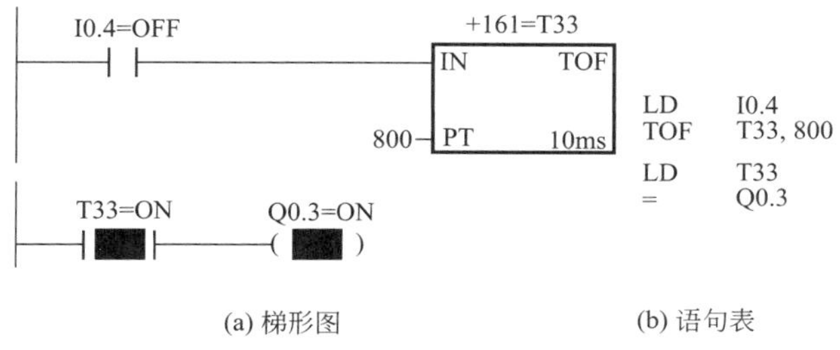

(a) 梯形图　　(b) 语句表

图 3-46　断电延时定时器梯形图和语句表

解：时序图如图 3-47 所示。

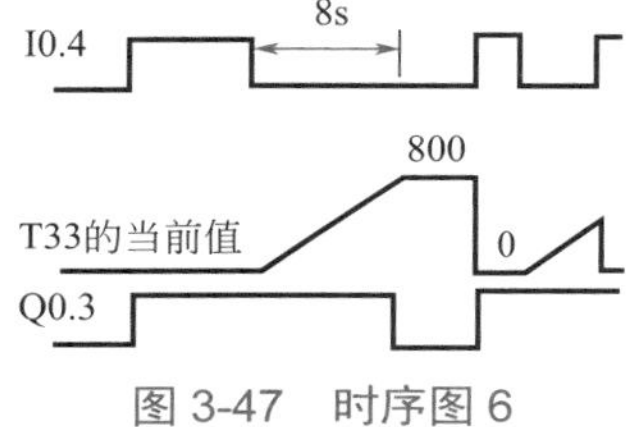

图 3-47　时序图 6

（5）定时器时基对定时器状态位和当前值更新时间的影响

① 1ms 定时器。定时器的当前值每隔 1ms 刷新一次。定时器的状态位和当前值的更新与扫描周期不同步。扫描周期大于 1ms 时，定时器的状态位和当前值在该扫描周期内更新多次。

② 10ms 定时器。定时器的状态位和当前值在每个扫描周期开始时更新，在整个扫描期间保持不变。扫描期间累积的时间间隔会在每次扫描开始时加到当前值上。

③ 100ms 定时器。对于分辨率为 100ms 的定时器，定时器状态位和当前值在指令执行时更新，因此确保在每个扫描周期内程序仅执行 100ms 定时器指令一次，这样才能保证定时器的定时正确。

【例 3-20】 分析如图 3-48 所示的梯形图的功能。

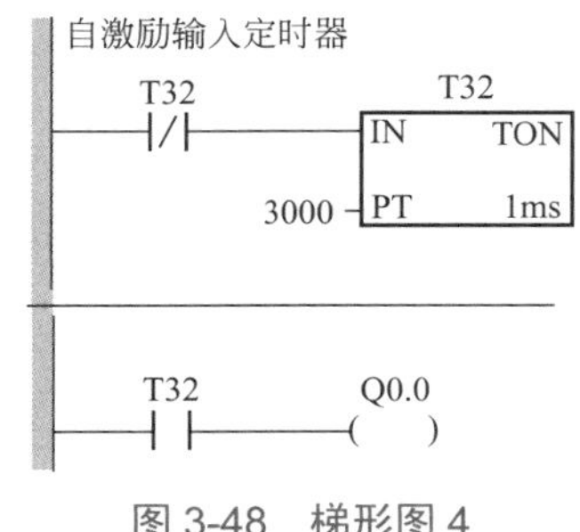

图 3-48　梯形图 4

解：定时时间到，1ms 的定时刷新，使定时器状态位置为 1，常闭触点断开，当前值复位，定时器状态位立即复位，因此输出线圈 Q0.0 一般不会得电。

【例 3-21】 分析如图 3-49 所示的梯形图的功能。

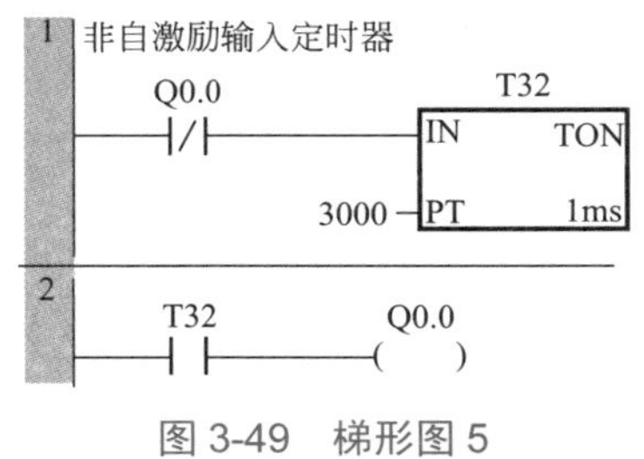

图 3-49 梯形图 5

解：使用常闭触点 Q0.0 作为定时器使能输入，这样可确保输出 Q0.0 在每次定时器达到预置值时得电，无论何种时基的定时器都能正常工作。

要点提示

用本身触点激励输入的定时器，时基为 1ms 和 10ms 时不能可靠工作，一般不宜使用本身触点作为激励输入。若将自激励改成非自激励，无论何种时基都能正常工作。

（6）分辨率对定时器的影响

执行 1ms 分辨率的定时器指令时开始计时，其定时器位和当前值每 1ms 更新一次。扫描周期大于 1ms 时，在一个扫描周期内被多次更新。

执行 10ms 分辨率的定时器指令时开始计时，记录自定时器启用以来经过的 10ms 时间间隔的个数。在每个扫描周期开始时，定时器位和当前值被刷新，一个扫描周期累计的 10ms 时间间隔数被加到定时器当前值中。定时器位和当前值在整个扫描周期中不变。

100ms 分辨率的定时器记录从定时器上次更新以来经过的 100ms 时间间隔的个数。在执行该定时器指令时，将从前一扫描周期起累积的 100ms 时间间隔个数累加到定时器的当前值。启用定时器后，如果在某个扫描周期内未执行某条定时器指令，或者在一个扫描周期多次执行同一条定时器指令，定时时间都会出错。

【例 3-22】 用定时器设计输出脉冲的周期和占空比可调的振荡电路（即闪烁电路）。

解：梯形图程序如图 3-50 所示。I0.3 的常开触点接通后，T41 开始定时。2s 后定时时间到，T41 的常开触点接通，Q0.7 变为 ON，T42 开始定时。3s 后 T42 的定时时间到，它的常闭触点断开，T41 被复位。T41 的常开触点断开，使 Q0.7 变为 OFF，T42 被复位。复位后 T42 的常闭触点接通，下一扫描周期 T41 又开始定时。Q0.7 的线圈通电和断电的时间分别等于 T42 和 T41 的预设值。

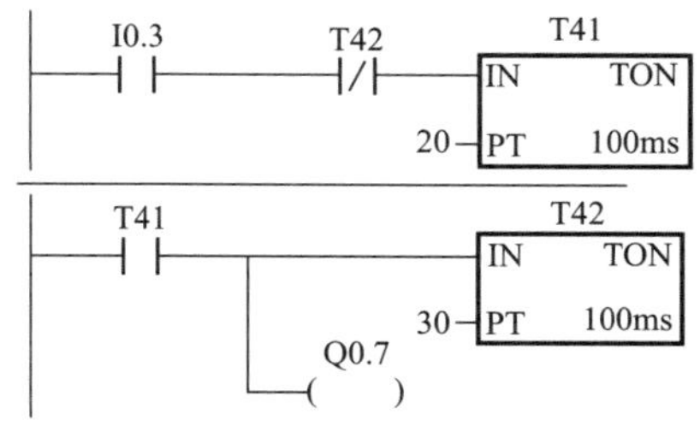

图 3-50 梯形图 6

3.4.2 计数器指令

(1) 计数器指令格式与功能说明

计数器按计数方式分为加计数器、减计数器、加 / 减计数器 3 种，它们与地址编号无关。计数器指令格式与功能说明见表 3-18。

表 3-18 计数器指令格式与功能说明

指令名称	LAD	STL	功能	操作数
加计数器	C××× CU CTU R PV	CTU C×××，PV	CU 增加当前值； 当前值持续增加，直至当前值达到 32767	C×××：C0 ～ C255。 CU、CD：I、Q、V、M、SM、S、T、C、L。 PV：IW、QW、VW、MW、SMW、SW、T、C、LW、AC、AIW、常数
减计数器	C××× CD CTD LD PV	CTD C×××，PV	CD 减少当前值，直至当前值达到 0	
加 / 减计数器	C××× CU CTUD CD R PV	CTUD C×××，PV	CU 增加当前值； CD 减少当前值； 当前值持续增加或减少，直至计数器复位	

计数器参数如图 3-51 所示，介绍如下。

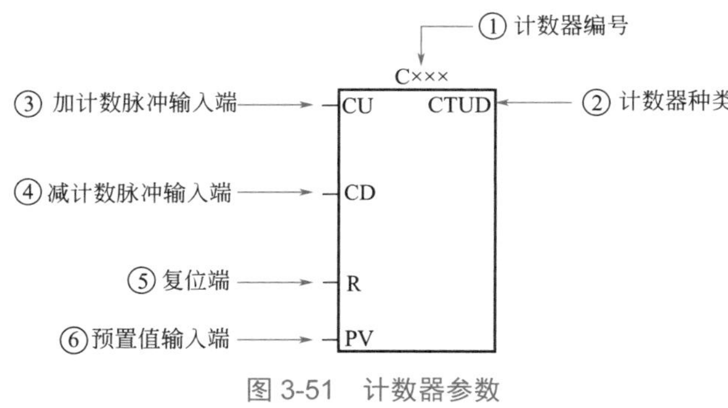

图 3-51 计数器参数

- C×××：S7-200 SMART PLC 共有 256 个计数器，编号范围为 C0 ～ C255，数据类型为 word。
- CU：计数条件输入端，该端接收一个脉冲，计数器当前值加 1。
- CD：计数条件输入端，该端接收一个脉冲，计数器当前值减 1。
- R：对计数器进行复位。
- PV：计数器的预置值或存放预置值的地址，其数据类型为 int（16 位有符号整数），允许设定的最大值为 32767。

● CTUD：S7-200 SMART PLC 有加计数器 CTU、减计数器 CTD、加 / 减计数器 CTUD 这 3 种。

计数器指令使用说明如下。

① 计数器指令由一个 16 位预置值寄存器、一个 16 位当前值寄存器和 1 位状态位组成。预置值寄存器用来存储预置值，当前值寄存器用于存储计数器开始计数后任一时刻的刷新次数，状态位反映计数器触点的状态。

② 加计数器、减计数器和加 / 减计数器的编号范围相同，由于每个计数器都有一个当前值，因此不能将同一个计数器编号分配给多个计数器。

③ 计数器计数范围为 0 ～ 32767。计数器有 word（字）和 bit（位）两种寻址类型。计数器编号可同时用于表示该计数器的当前值和计数器位。

④ 计数器可以通过系统块设置计数器的断电保持范围。

（2）加计数器

加计数器的工作过程的梯形图和时序图如图 3-52 所示。

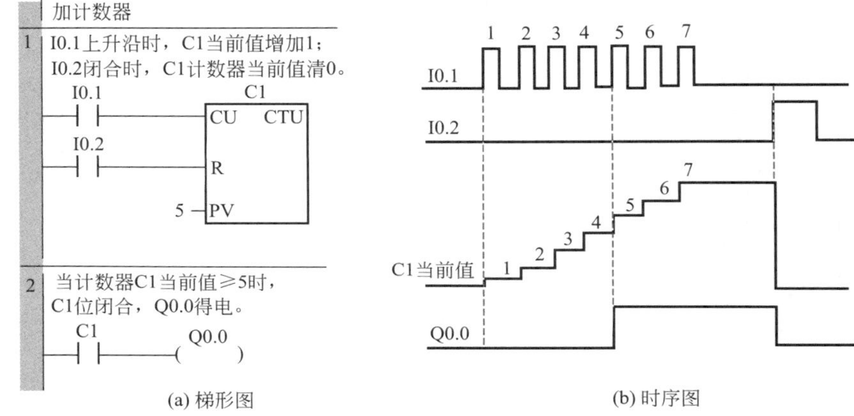

图 3-52　加计数器的工作过程的梯形图和时序图

同时满足下列条件时，加计数器的当前值加 1，直至计数最大值 32767。

① 复位输入电路断开。

② 加计数脉冲输入电路由断开变为接通（CU 信号的上升沿）。

③ 当前值小于最大值 32767。

当前值大于等于预设值 PV 时，计数器位为 ON，反之为 OFF。当复位输入 R 为 ON 或对计数器执行复位（R）指令时，计数器被复位，计数器位变为 OFF，当前值被清零。在首次扫描时，所有的计数器位被复位为 OFF。

【例 3-23】 加计数器的梯形图如图 3-53 所示，画出时序图。

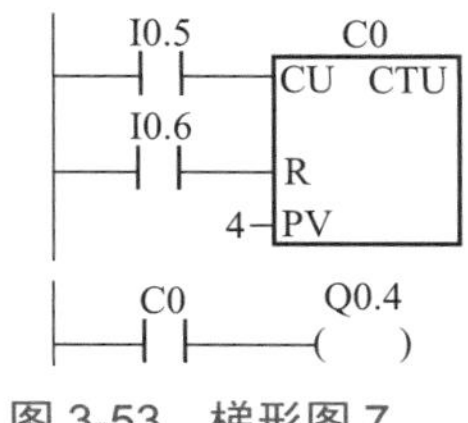

图 3-53　梯形图 7

解：时序图如图 3-54 所示。

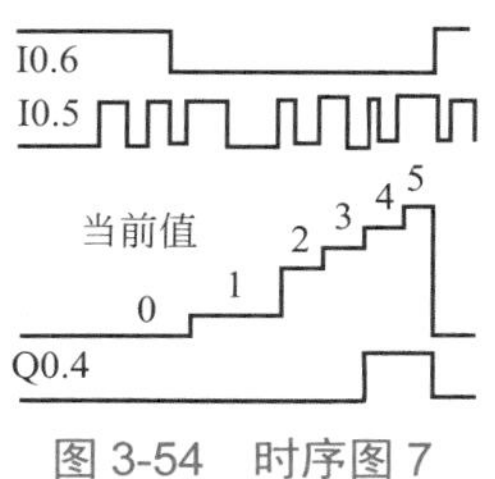

图 3-54 时序图 7

(3) 减计数器

减计数器工作过程的梯形图和时序图如图 3-55 所示。

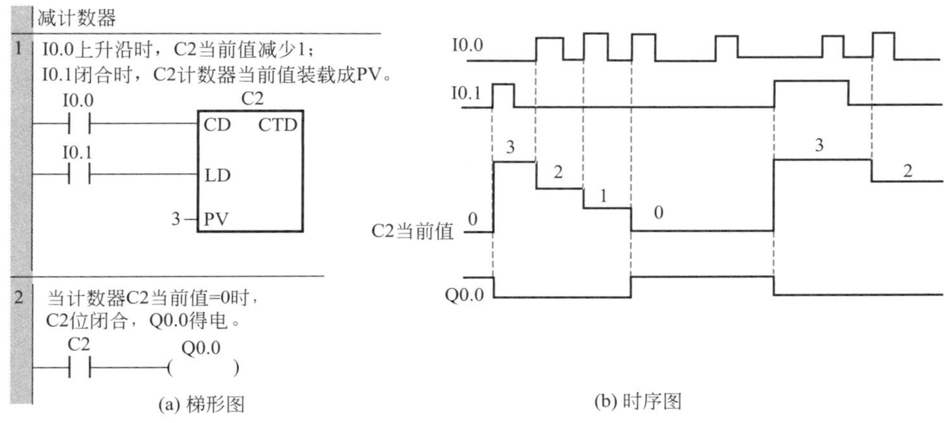

图 3-55 减计数器工作过程的梯形图和时序图

在装载输入 LD 的上升沿，计数器位被复位为 OFF，预设值 PV 被装入当前值寄存器。在减计数脉冲输入信号 CD 的上升沿，从预设值开始，当前值减 1，减至 0 时，停止计数，计数器位被置位为 ON。

减计数器的应用如图 3-56 所示。

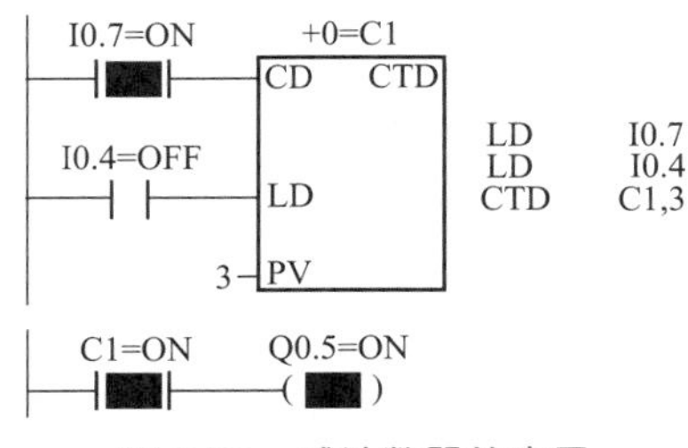

图 3-56 减计数器的应用

(4) 加 / 减计数器

加 / 减计数器工作过程的梯形图和时序图如图 3-57 所示。

在计数器的当前值由 3 → 4 增加时，C48 状态位置为 1，Q0.0 得电；在由 4 → 3 减少时，C48 状态位置为 0，Q0.0 失电。如果从 32767 开始增计数，则成为 -32768，形成循环计数。

在加计数脉冲输入 CU 的上升沿，当前值加 1，在减计数脉冲输入 CD 的上升沿，当前值减 1。当前值大于等于预设值 PV 时，计数器位为 ON，反之为 OFF。若复位输入 R 为 ON，或者对计数器执行复位（R）指令时，计数器被复位。

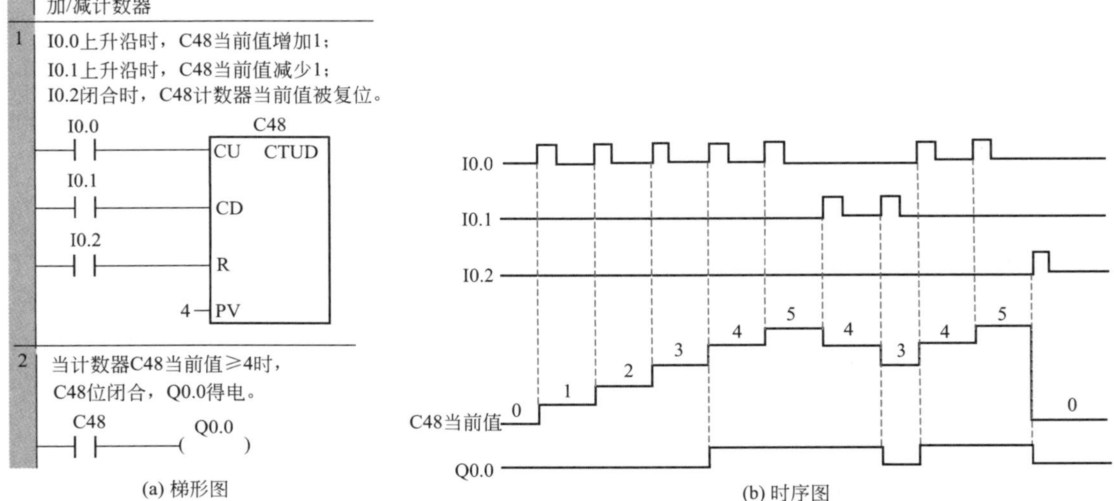

图 3-57　加 / 减计数器工作过程的梯形图和时序图

加 / 减计数器的应用如图 3-58 所示。

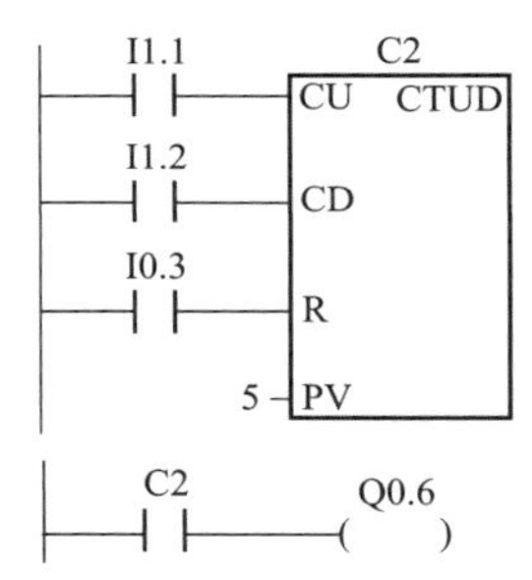

图 3-58　加 / 减计数器的应用

【例 3-24】　用计数器设计长延时电路。

解：长延时电路的梯形图程序如图 3-59 所示。定时器最长的定时时间为 3276.7s。周期为 1min 的时钟脉冲 SM0.4 的常开触点为加计数器 C3 提供计数脉冲。定时时间为 30000min（500h）。

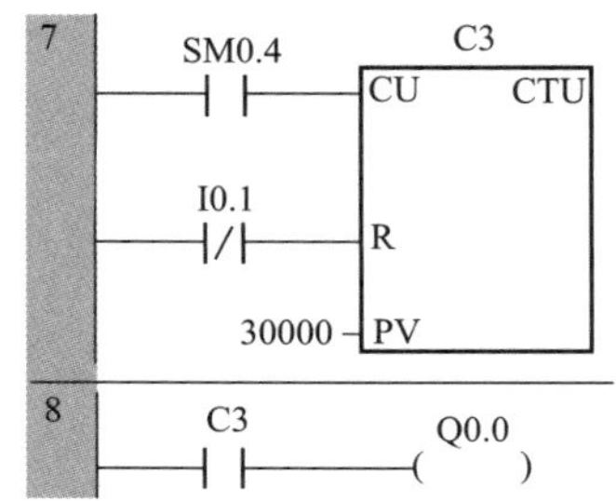

图 3-59　长延时电路的梯形图程序

【例 3-25】 用计数器扩展定时器的定时范围。

解：梯形图程序如图3-60所示。I0.2为ON时，T37开始定时，3000s后T37的定时时间到，其常开触点闭合，使C4加1。T37的常闭触点断开，使它自己复位，当前值变为0。下一扫描周期T37的常闭触点接通，又开始定时。总的定时时间为 $T=0.1\times30000\times12000=36000000\text{s}=10000\text{h}$。

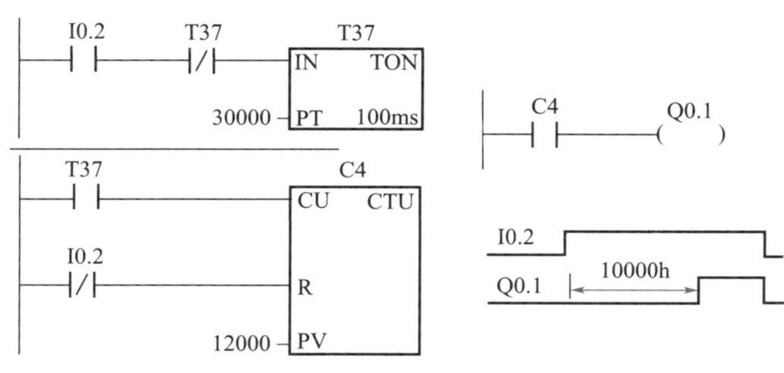

图 3-60 梯形图程序 1

3.5 梯形图的基本知识

初学 S7-200 SMART PLC 梯形图编程，应遵循一定的规则，并养成良好的习惯。

3.5.1 梯形图的特点

① 梯形图按自上而下、从左到右的顺序排列。程序按从左到右、从上到下的顺序执行。每个线圈（或方框，即功能框）为一个逻辑行，即一层阶梯。每一个逻辑行开始于左母线，然后是触点的连接，最后终止于线圈（或方框）。

② 在梯形图中，每个继电器均为存储器中的一位，称软继电器。当存储器状态为1时，表示该继电器线圈得电，其常开触点闭合或常闭触点断开。

③ 梯形图两端的母线并非实际电源的两端，而是概念电流，即能流。能流只能从左到右流动。

④ 在梯形图中，前面所有继电器线圈为一个逻辑执行结果，被后面的逻辑操作利用。

⑤ 在梯形图中，除了输入继电器没有线圈、只有触点外，其他继电器既有线圈，又有触点。

3.5.2 梯形图的编程规则

（1）触点放置规则

① 每个程序段必须以一个触点开始。

② 程序段不能以触点终止。

（2）线圈放置规则

① 程序段不能以线圈开始，线圈用于终止逻辑程序段。

② 一个程序段可有若干个线圈，只要线圈位于该特定程序段的并行分支上。

③ 不能在程序段上串联一个以上的线圈（即不能在一个程序段的一条水平线上放置多个线圈）。

（3）方框放置规则

① 同一梯级中，可以串联若干个带 ENO 的方框，如图 3-61 所示。

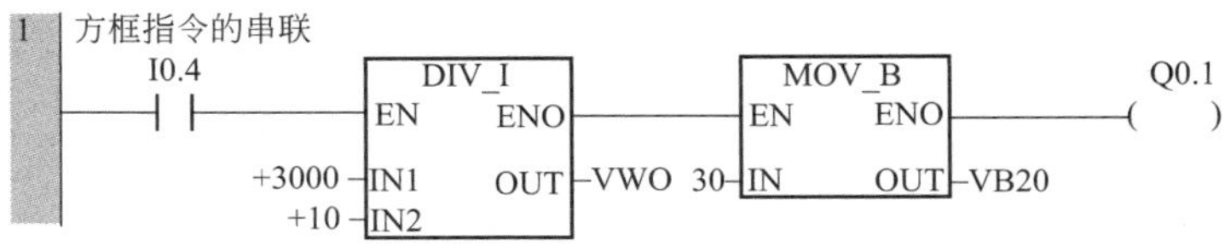

图 3-61　方框指令的串联

② 如果方框有 ENO，其后可以继续放指令。

③ 同一梯级中，如果能流能流通，则方框变成蓝色；如果没有能流，则变为灰色；如果能流在传递过程中某个方框指令出错，则该方框变成红色。

④ →» 是开路能流指示器，指示程序段存在开路情况。只有解决开路问题，程序段才能编译成功。

⑤ →ı 是可选能流指示器，用于指令的级联，表示可将其他梯形图元件附加到该位置。

⑥ 功能框和线圈可以并联，如图 3-62 所示。

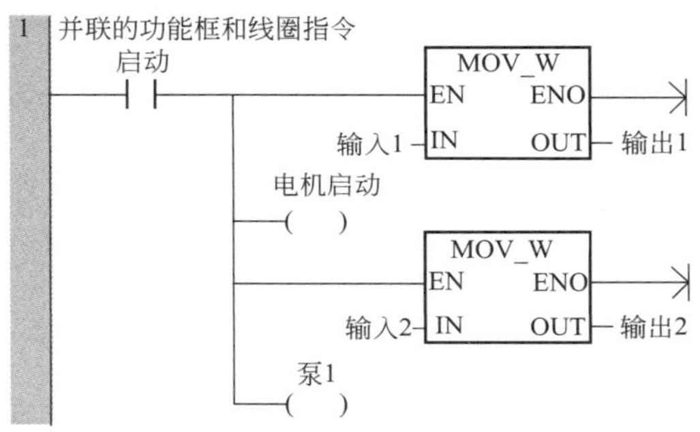

图 3-62　并联的功能框和线圈指令

（4）梯形图应体现“左重右轻”“上重下轻”的原则

梯形图“左重右轻”“上重下轻”的原则变换如图 3-63 所示。

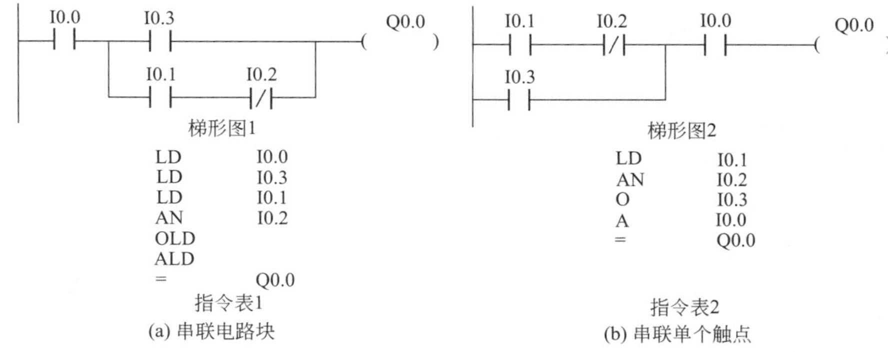

图 3-63　梯形图“左重右轻”“上重下轻”的原则变换

（5）双线圈输出一般不可用

在 S7-200 SMART PLC 用户程序中，同一编程元件的线圈使用了两次或多次，称为双线圈输出。一般而言，双线圈输出是不允许的。虽然同一元件的线圈在程序中出现两次或多次，但是只要能保证在同一扫描周期内只执行其中一个线圈对应的逻辑运算，这样的双线圈输出是允许的。

（6）程序的优化设计

在设计并联电路时，应将单个触点的支路放在下面；设计串联电路时，应将单个触点放在右边。在有线圈的并联电路中，应将单个线圈放在上面，如图 3-64 所示。

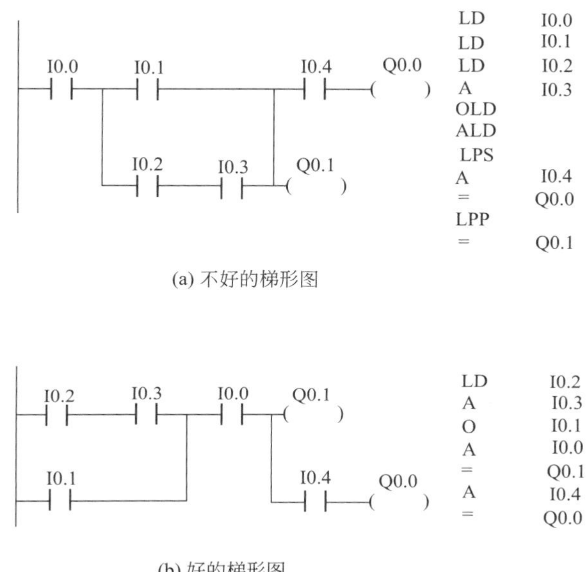

(a) 不好的梯形图

(b) 好的梯形图

图 3-64 梯形图的优化设计

3.6 基本指令的应用举例

S7-200 SMART PLC 的基本指令包括位逻辑指令和定时器计数器指令，下面通过 4 个实例使读者掌握基本指令的使用方法和步骤。

3.6.1 两条运输带的控制程序

（1）控制要求

按下启动按钮 I0.5，1 号运输带开始运行，8s 后 2 号运输带自动启动。按下停止按钮 I0.6 后，先停 2 号运输带，8s 后停 1 号运输带。设置辅助元件 M0.0，根据波形图，直接用 T39 和 T40 的触点控制 Q0.5 和 Q0.4 的线圈，如图 3-65 所示。

（2）程序设计

梯形图程序如图 3-66 所示。

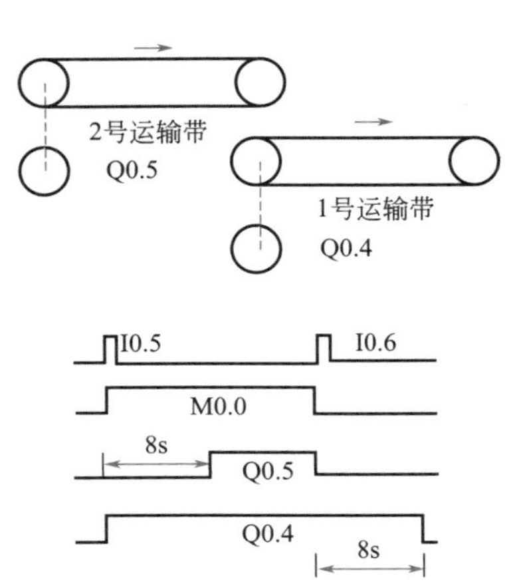

图 3-65　运输带示意图和波形图

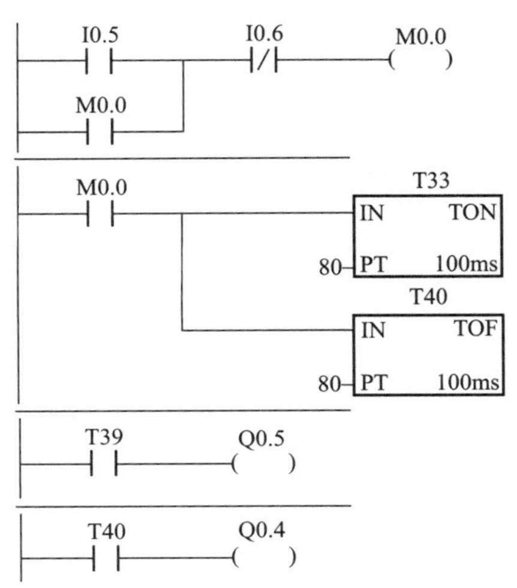

图 3-66　梯形图程序 2

3.6.2　电动机顺序控制

（1）控制要求

某设备有 3 台电动机，控制要求：按下启动按钮，第 1 台电动机 M1 启动，运行 5s 后，第 2 台电动机 M2 启动，M2 运行 10s 后，第 3 台电动机 M3 启动；按下停止按钮，3 台电动机全部停止；在启动过程中，指示灯闪烁，在运行过程中，指示灯常亮。

（2）硬件电路

主电路和 PLC 接线图如图 3-67 所示。

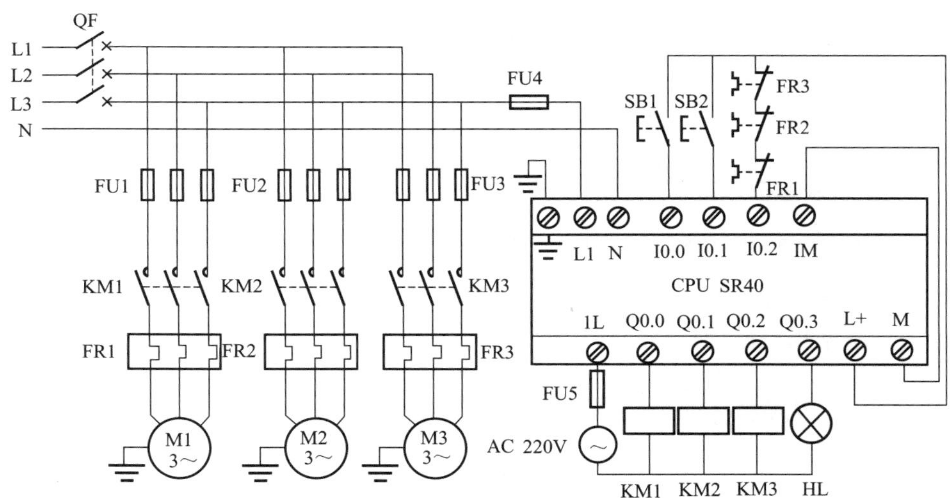

图 3-67　主电路和 PLC 接线图

（3）程序设计

梯形图程序如图 3-68 所示。

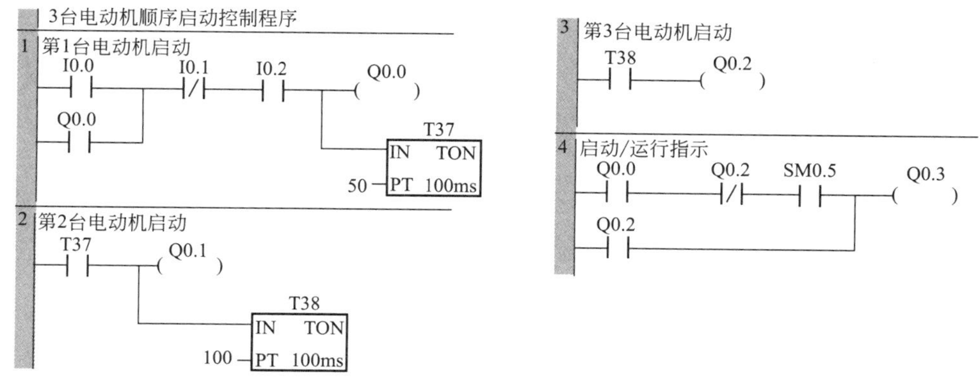

图 3-68 梯形图程序 3

3.6.3 仓库货物统计

(1) 控制要求

有一个小型仓库，需要每天统计存放进来的产品的数量。仓库结构示意图如图 3-69 所示，在仓库的入口、出口处均设置有检测产品的光电传感器。当有产品入库，即 I0.0 闭合时，仓库内的产品数量加 1，当产品出库，即 I0.1 闭合时，仓库货物总数减 1，当仓库内的产品数量达到 30 000 时，开始闪烁报警。

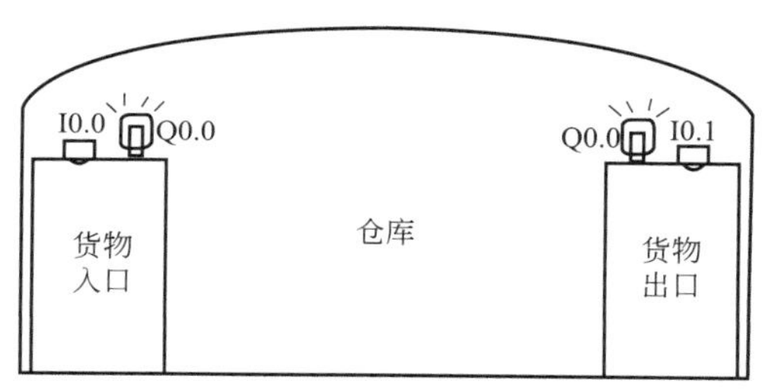

图 3-69 仓库结构示意图

(2) 硬件电路

仓库监控系统的 I/O 接线如图 3-70 所示。入库传感器和出库传感器都是 NPN 输出型传感器，因此 PLC 的公共端接 24V 电源正极。

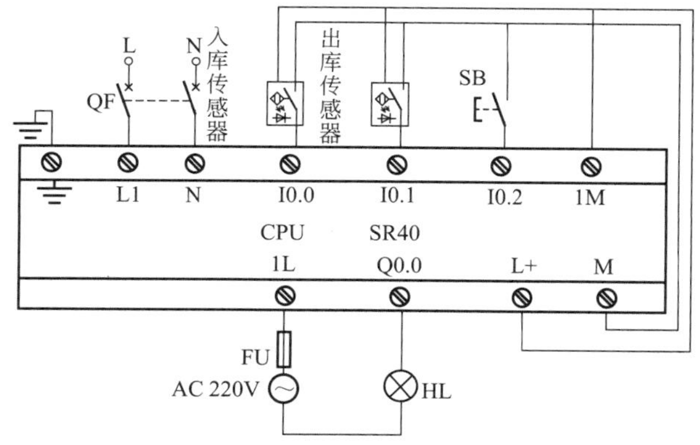

图 3-70 仓库监控系统的 I/O 接线

（3）程序设计

梯形图程序如图 3-71 所示。

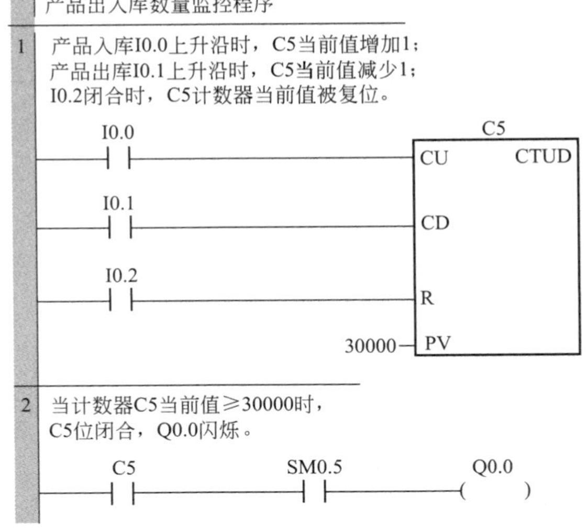

图 3-71 梯形图程序 4

 3.6.4 Y- △降压启动控制系统 

（1）控制要求

试设计一个 Y- △降压启动控制系统，当按下启动按钮 SB1 时，接触器 KM1 和 KM3 得电，电动机接成 Y 启动，6s 后 KM1 和 KM2 得电，电动机接成△运行。当按下停止按钮 SB2 时，电动机停止。

（2）硬件电路

Y- △降压启动控制系统主电路和 PLC 接线图如图 3-72 所示。

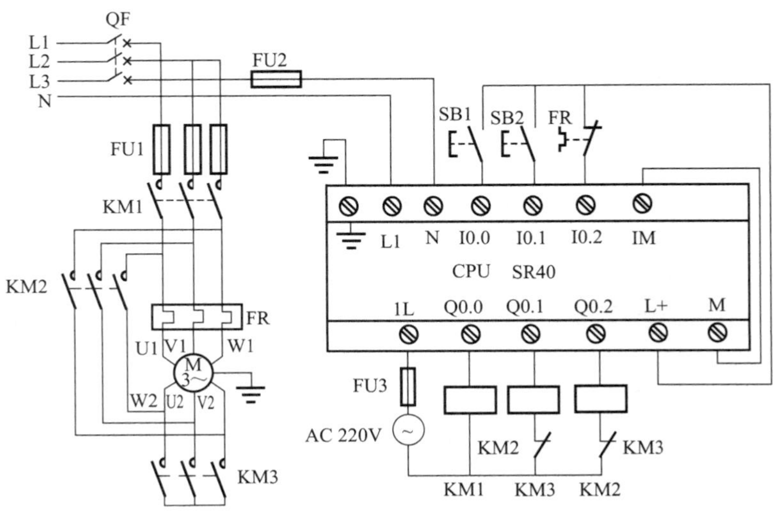

图 3-72 Y- △降压启动控制系统主电路和 PLC 接线图

(3) 程序设计

梯形图程序如图 3-73 所示。

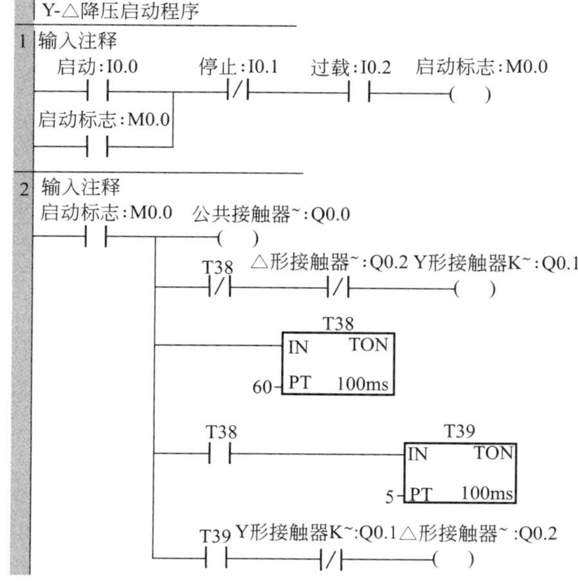

图 3-73 梯形图程序 5

思考与练习

1. 根据下列语句表程序，画出梯形图。

```
LD  I0.0
AN  I0.1
LD  I0.2
A  I0.3
O  I0.4
A  I0.5
OLD
LPS
A  I0.6
=  Q0.1
LPP
A  Q0.7
=  Q0.2
A  I1.1
=  Q0.3
```

2. 用 PLC 置位、复位指令实现彩灯的自动控制。控制过程为：按下启动按钮，第 1 组彩灯的绿灯亮；10s 后第 2 组彩灯的蓝灯亮；20s 后第 3 组彩灯的红灯亮；30s 后返回第 1 组彩灯绿灯亮；如此循环，并且仅在第 3 组彩灯的红灯亮后方可停止循环。

3. 以下哪些表达式有错误？请改正。

AQW3；8#11；10#22；16#FF；16#FFH；2#110；2#21

4. 选择题

（1）SM0.5 脉冲输出周期是（　　）。

A. 5s　　B. 13s　　C. 10s　　D. 1s

（2）SM0.5 脉冲占空比是（　　）。

A. 50%　　B. 100%　　C. 40%　　D. 60%

（3）西门子 S7-200 SMART 系列 PLC 中，16 位内部计数器的计数值最大可设定为（　　）。

A. 32768　　B. 32767　　C.10000　　D.100000

（4）西门子 S7-200 SMART PLC 中，立即置位指令是（　　）。

A. S　　B. S I　　C. RI　　D. R

第 4 章

S7-200 SMART PLC 的功能指令

S7-200 SMART PLC 具有丰富的功能指令，它们极大地拓宽了 PLC 的应用领域，增强了 PLC 编程的灵活性。功能指令的主要作用是完成更为复杂的控制程序设计，完成特殊工业控制环节的任务，使程序设计更加优化和方便。

本章要点

- 功能指令概述
- 数据处理指令
- 表功能指令
- 实时时钟指令
- 数学运算指令
- 程序控制指令
- 中断指令
- 高速计数器与高速脉冲输出

4.1 功能指令概述

功能指令分为较常用的指令、与数据的基本操作有关的指令、与 PLC 的高级应用有关的指令和其他的指令。

初学功能指令时，首先可以按指令的分类浏览所有的指令。初学者没有必要花大量的时间去熟悉功能指令使用中的细节，应重点了解指令的基本功能和有关的基本概念。应通过读程序、编程序和调试程序来学习功能指令。

(1) 使能输入与使能输出

使能输入端 EN 有能流流入方框指令时，指令才能被执行。

EN 输入端有能流且指令执行时无错误，则使能输出 ENO 将能流传递给下一个方框指令或线圈，如图 4-1 所示。

语句表用 AENO 指令来产生与方框指令的 ENO 相同的效果。删除 AENO 指令后，方框指令将由串联变为并联。

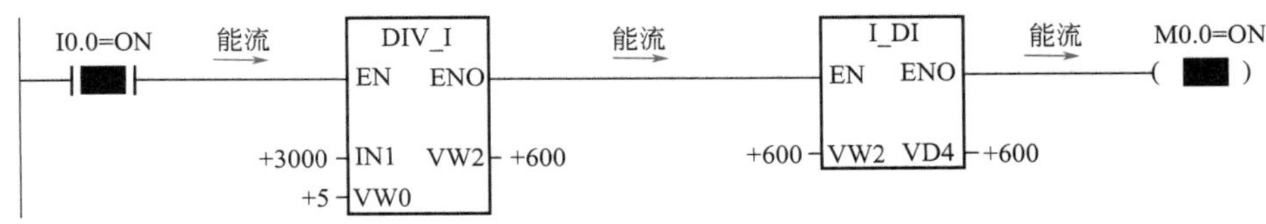

图 4-1　ENO 为 ON 的梯形图程序状态

(2) 梯形图中的指令

条件输入指令必须通过触点电路连接到左侧母线上。不需要条件的指令必须直接连接在左侧母线上。键入语句表指令时，必须使用英文的标点符号。

(3) 能流指示器

可将其他梯形图元件附加到 ENO 端的可选能流指示器。没有在该位置添加元件，程序段也能成功编译，如图 4-2 所示。

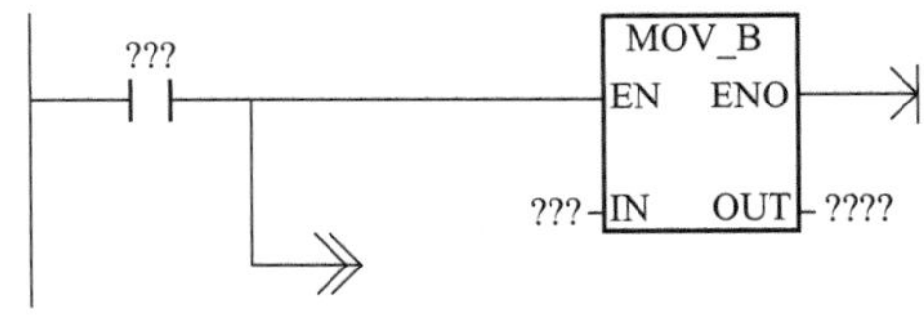

图 4-2　能流指示器

4.2 数据处理指令

数据处理指令主要包括比较指令、数据传送指令、移位指令、数据转换指令及字符串转换指令，实现数据分析和处理。

4.2.1 比较指令与数据传送指令

（1）比较指令

字节、整数、双整数和实数比较指令如表 4-1 所示。比较触点中间的 B、W、D、R、S 分别表示无符号字节、有符号整数、有符号双整数、有符号实数和字符串比较。满足比较关系式给出的条件时，比较指令对应的触点接通。字符串比较指令的比较条件“x”只有 == 和 <>。整数和双整数比较指令比较两个有符号数。IN1 在触点的上面，IN2 在触点下面。

表 4-1　比较指令

无符号字节比较	有符号整数比较	有符号双整数比较	有符号实数比较	字符串比较
LDBx　IN1，IN2	LDWx　IN1，IN2	LDDx　IN1，IN2	LDRx　IN1，IN2	LDSx　IN1，IN2
ABx　IN1，IN2	AWx　IN1，IN2	ADx　IN1，IN2	ARx　IN1，IN2	ASx　IN1，IN2
OBx IN1，IN2	OWx IN1，IN2	ODx IN1，IN2	ORx IN1，IN2	OSx IN1，IN2

【例 4-1】 用通电延时定时器和比较指令组成占空比可调的脉冲发生器。

T37 的常闭触点控制它的 IN 输入端，使 T37 的当前值按锯齿波变化。比较指令用来产生方波，Q0.0 为 OFF 的时间取决于比较指令第 2 个操作数的值，梯形图如图 4-3 所示。

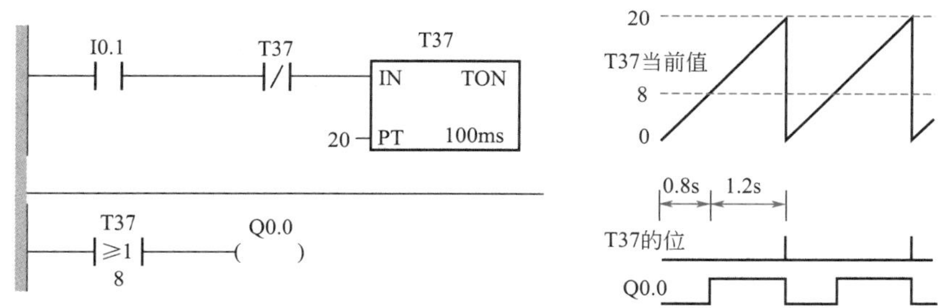

图 4-3　定时器和比较指令组成的脉冲发生器

字符串比较指令比较 ASCII 码字符串相等或不相等。常数字符串应是比较触点上面的参数，或者比较指令中的第 1 个参数。

（2）数据传送指令

数据传送指令如表 4-2 所示。

数据传送指令助记符中最后的 B、W、DW（或 D）和 R 分别表示操作数为字节、字、双字和实数。

字节立即读指令 MOV_BIR 读取 IN 指定的一个字节的物理输入，但是并不更新对应的输入过程映像寄存器。字节立即写指令 MOV_BIW 将一个字节的数值写入 OUT 指定的物理输出，同时更新对应的输出过程映像字节。

块传送指令将起始地址为 IN 的 N 个连续的存储单元中的数据，传送到从地址 OUT 开始的 N 个存储单元，字节变量 N=1 ～ 255。

字节交换指令 SWAP 用来交换输入字 IN 的高字节与低字节，应采用脉冲执行方式。

表 4-2　数据传送指令

指令名称	语句表	梯形图	功能
传送字节	MOVB IN，OUT	MOV_B EN ENO IN OUT	当 EN 有效时，将 1 个无符号的单字节数据 IN 传送到 OUT 中
传送字	MOVW IN，OUT	MOV_W EN ENO IN OUT	当 EN 有效时，将 1 个字长的有符号整数数据 IN 传送到 OUT 中
传送双字	MOVDW IN，OUT	MOV_DW EN ENO IN OUT	当 EN 有效时，将 1 个有符号的双字长数据 IN 传送到 OUT 中
传送实数	MOVR IN，OUT	MOV_R EN ENO IN OUT	当 EN 有效时，将 1 个有符号数的双字长实数数据 IN 传送到 OUT 中
字节立即读	BIR IN，OUT	MOV_BIR EN ENO IN OUT	当 EN 有效时，BIR 指令立即读取（不考虑扫描周期）当前输入继电器区中由 IN 指定的字节，并传送到 OUT
字节立即写	BIW IN，OUT	MOV_BIW EN ENO IN OUT	当 EN 有效时，BIW 指令立即将由 IN 指定的字节数据写入（不考虑扫描周期）输出继电器中由 OUT 指定的字节
传送字节块	BMB IN，OUT，N	BLKMOV_B EN ENO IN OUT N	当 EN 有效时，将从输入字节 IN 开始的 N 个字节型数据传送到从 OUT 开始的 N 个字节存储单元
传送字块	BMW IN，OUT，N	BLKMOV_W EN ENO IN OUT N	当 EN 有效时，将从输入字 IN 开始的 N 个字型数据传送到从 OUT 开始的 N 个字存储单元
传送双字块	BMD IN，OUT，N	BLKMOV_D EN ENO IN OUT N	当 EN 有效时，将从输入双字 IN 开始的 N 个双字型数据传送到从 OUT 开始的 N 个双字存储单元
字节交换	SWAP IN	SWAP EN ENO IN	当 EN 有效时，将 IN 中的数据进行半字交换

数据传送指令应用如图 4-4 所示。

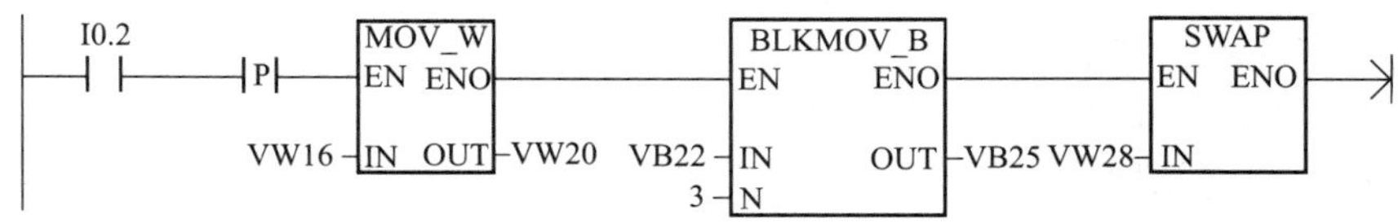

图 4-4　数据传送指令应用

4.2.2 移位与循环移位指令

S7-200 SMART PLC 移位指令分为左移位和右移位、循环左移位和循环右移位及移位寄存器指令三大类。前两类移位指令按移位数据的长度又分字节型、字型、双字型三种。

移位与循环移位的位数 N 的数据类型为 Byte。移位与循环移位指令如表 4-3 所示。

表 4-3 移位与循环移位指令

指令名称	语句表	梯形图	功能
左移字节	SLB OUT，N（OUT 与 IN 为同一个存储单元）	SHL_B EN ENO IN OUT N	当允许输入 EN 有效时，将输入的字节、字或双字 IN 左移 N 位后（右端补 0），将结果输出到 OUT 所指定的存储单元中
左移字	SLW OUT，N（OUT 与 IN 为同一个存储单元）	SHL_W EN ENO IN OUT N	
左移双字	SLD OUT，N（OUT 与 IN 为同一个存储单元）	SHL_DW EN ENO IN OUT N	
右移字节	SRB OUT，N（OUT 与 IN 为同一个存储单元）	SHR_B EN ENO IN OUT N	当允许输入 EN 有效时，将输入的字节、字或双字 IN 右移 N 位后（左端补 0），将结果输出到 OUT 所指定的存储单元中
右移字	SRW OUT，N（OUT 与 IN 为同一个存储单元）	SHR_W EN ENO IN OUT N	
右移双字	SRD OUT，N（OUT 与 IN 为同一个存储单元）	SHR_DW EN ENO IN OUT N	
循环左移字节	RLB OUT，N（OUT 与 IN 为同一个存储单元）	ROL_B EN ENO IN OUT N	当允许输入 EN 有效时，将字节、字或双字 IN 数据循环左移 N 位后，将结果输出到 OUT 所指的存储单元中
循环左移字	RLW OUT，N（OUT 与 IN 为同一个存储单元）	ROL_W EN ENO IN OUT N	
循环左移双字	RLD OUT，N（OUT 与 IN 为同一个存储单元）	ROL_DW EN ENO IN OUT N	

续表

指令名称	语句表	梯形图	功能
循环右移字节	RRB OUT，N（OUT 与 IN 为同一个存储单元）	ROR_B EN ENO IN OUT N	当允许输入 EN 有效时，将字节、字或双字 IN 数据循环右移 N 位后，将结果输出到 OUT 所指的存储单元中
循环右移字	RRW OUT，N（OUT 与 IN 为同一个存储单元）	ROR_W EN ENO IN OUT N	
循环右移双字	RRD OUT，N（OUT 与 IN 为同一个存储单元）	ROR_DW EN ENO IN OUT N	
移位寄存器	SHRB DATA，S_BIT，N	SHR8 EN ENO DATA S_BIT N	当 EN 有效时，如果 N>0，则在每个 EN 的前沿，将数据输入 DATA 的状态输入移位寄存器的最低位 S_BIT；如果 N<0，则在每个 EN 的前沿，将数据输入 DATA 的状态移入移位寄存器的最高位，移位寄存器的其他位按照 N 指定的方向（正向或反向）依次串行移位

（1）右移位和左移位指令

移位指令将输入 IN 中的二进制数各位的值向右或向左移动 N 位后，送给输出 OUT 指定的地址。移位指令对移出位自动补 0，有符号的字和双字的符号位也被移位。

如果移位次数非 0，则溢出标志位 SM1.1 保存最后一次被移出的位的值。

（2）循环右移位和循环左移位指令

循环移位指令将输入 IN 中各位的值向右或向左循环移动 N 位后，送给输出 OUT 指定的地址。被移出来的位将返回到另一端空出来的位置。移出的最后一位的数值存放在溢出标志位 SM1.1。

如果移动的位数 N 大于允许值，执行循环移位之前先对 N 进行求模运算。例如字循环移位时，将 N 除以 16 后取余数，得到的有效移位次数为 0 ～ 15。如果为 0 则不移位。符号位也被移位。

循环右移位与左移位指令的例子如图 4-5 所示，结果如图 4-6 所示。

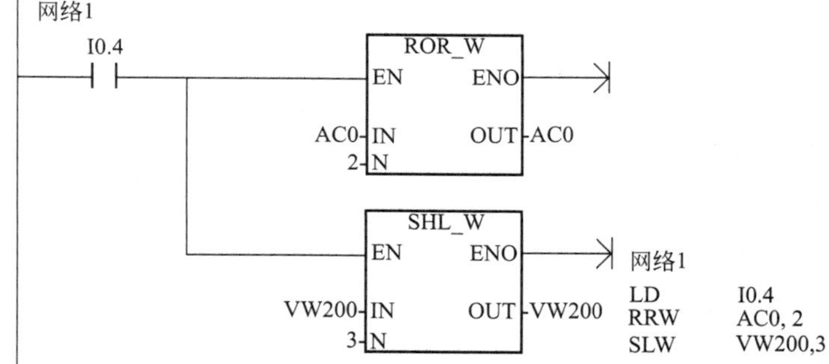

图 4-5 循环右移位与左移位指令

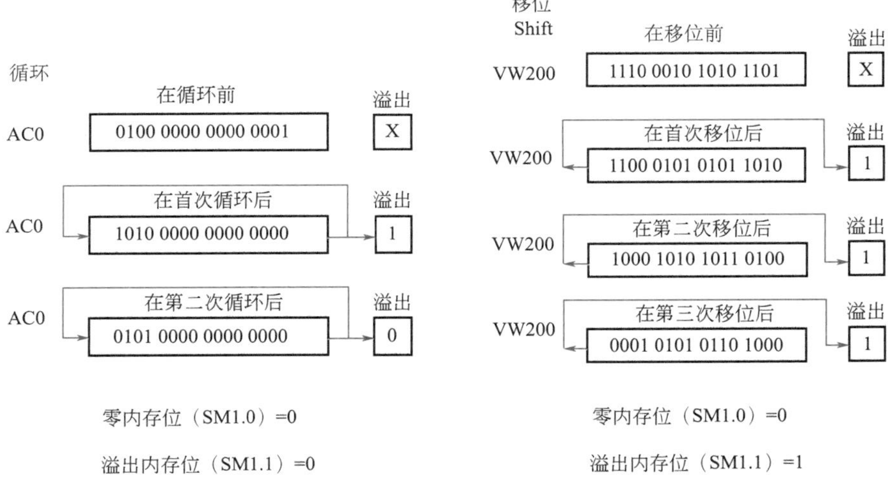

图 4-6　循环右移位与左移位指令的结果

（3）移位寄存器指令

移位寄存器指令将数值移入移位寄存器，此指令用于排序和控制产品流或数据。

S_BIT 指定移位寄存器的最低位，N 指定移位寄存器的长度和移位的方向，DATA 为移位寄存器的数据输入端，每个由 SHRB 指令移出的位放入溢出内存位（SM1.1）。此指令由最低位（S_BIT）和长度（N）指定的位数定义。

移位寄存器的特点如下。

① 移位寄存器的数据类型无字节型、字型、双字型之分，移位寄存器的长度 N（≤ 64）由程序指定。

② 移位寄存器的组成。

- 最低位为 S_BIT。
- 最高位的计算方法为 MSB=[|N|-1+（S_BIT 的位号）]/8。
- 最高位的字节号：MSB 的商 +S_BIT 的字节号。
- 最高位的位号：MSB 的余数。

例如，S_BIT=V33.4，N=14，则 MSB=(14-1+4) /8=17/8=2…1；最高位的字节号为 33+2=35，最高位的位号为 1，最高位为 V35.1；移位寄存器的组成：V33.4 ～ V33.7，V34.0 ～ V34.7，V35.0，V35.1，共 14 位。

③ N>0 时，为正向移位，即从最低位向最高位移位；N<0 时，为反向移位，即从最高位向最低位移位。

④ 移位寄存器的移出端与 SM1.1（溢出）连接。

【例 4-2】　移位寄存器指令的示例如图 4-7 所示，当 I0.2 接通后，通过 EU 指令产生上升沿，使移位寄存器开始工作。移位寄存器指令的结果如图 4-8 所示。

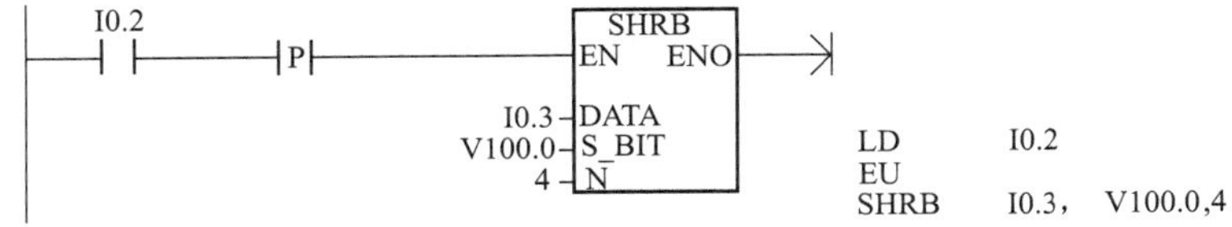

图 4-7　移位寄存器指令的示例

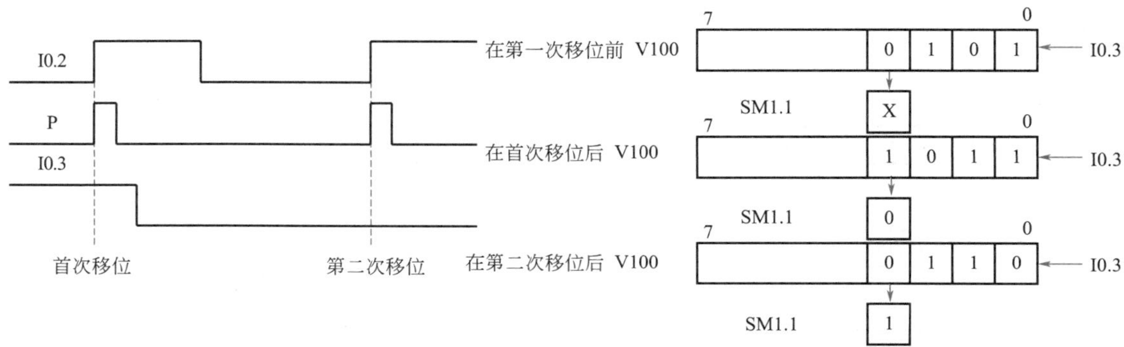

图 4-8　移位寄存器指令的结果

 4.2.3　数据转换指令 

转换指令是对操作数的类型进行转换，并输出到指定的目标地址中。转换指令包括数据类型转换指令、编码和译码指令。数据转换指令如表 4-4 所示。

表 4-4　数据转换指令

指令名称	语句表	梯形图	功能
字节转换为整数	BTI IN，OUT	B_I EN ENO IN OUT	当 EN 有效时，将字节型输入数据 IN 转换成字型整数数据送到 OUT
整数转换为字节	ITB IN，OUT	I_B EN ENO IN OUT	当 EN 有效时，将字型整数输入数据 IN 转换成字节型数据送到 OUT
整数转换为双整数	ITD IN，OUT	I_DI EN ENO IN OUT	当 EN 有效时，将字型整数输入数据 IN 转换成双字整数类型，并将结果送到 OUT 输出
双整数转换为整数	DTI IN，OUT	DI_I EN ENO IN OUT	当 EN 有效时，将双字整数输入数据 IN 转换成字型整数类型，并将结果送到 OUT 输出
双整数转换为实数	DTR IN，OUT	DI_R EN ENO IN OUT	当 EN 有效时，将双字整数输入数据 IN 转换成实数，并将结果送到 OUT
整数转换为 BCD 码	IBCD OUT	I_BCD EN ENO IN OUT	当 EN 有效时，将字整数输入数据 IN 转换成 BCD 码类型，并将结果送到 OUT 输出
BCD 码转换为整数	BCDI OUT	BCD_I EN ENO IN OUT	当 EN 有效时，将 BCD 码输入数据 IN 转换成字整数类型，并将结果送到 OUT 输出

续表

指令名称	语句表	梯形图	功能
实数四舍五入为双整数	ROUND IN，OUT	ROUND EN ENO IN OUT	当EN有效时，将实数输入数据IN转换成双字整数，并将结果送到OUT
实数截位取整为双整数	TRUNC IN，OUT	TRUNC EN ENO IN OUT	当EN有效时，将32位实数转换成32位有符号整数输出，只有实数的整数部分被转换
段码	SEG IN，OUT	SEG EN ENO IN OUT	当EN有效时，将输入端IN指定的字节型数据低4位的有效值转换成七段显示码，送到输出端OUT指定的字节单元中
解码	DECO IN，OUT	DECO EN ENO IN OUT	当EN有效时，将字型输入数据IN的低4位的内容译成位号（00～15），且将由OUT指定该字的位置为1，其余位置为0
编码	ENCO IN，OUT	ENCO EN ENO IN OUT	当EN有效时，将字型输入数据IN的最低有效位（值为1的位）的位号（00～15）进行编码，编码的结果送到由OUT指定字节的低4位

（1）标准转换指令

除了解码、编码指令之外的10条指令属于标准转换指令。输入参数IN指定的数据转换后保存到输出参数OUT指定的地址。BCD码与整数相互转换的指令中，整数的有效范围为0～9999。

如果转换后的数值超出输出的允许范围，则溢出标志位SM1.1被置为ON。

（2）段码指令

七段显示器的D0～D6段分别对应于段码指令输出字节的第0位～第6位，某段应亮时输出字节中对应的位为1，反之为0。段码指令很少使用。

数据转换指令应用如图4-9所示。

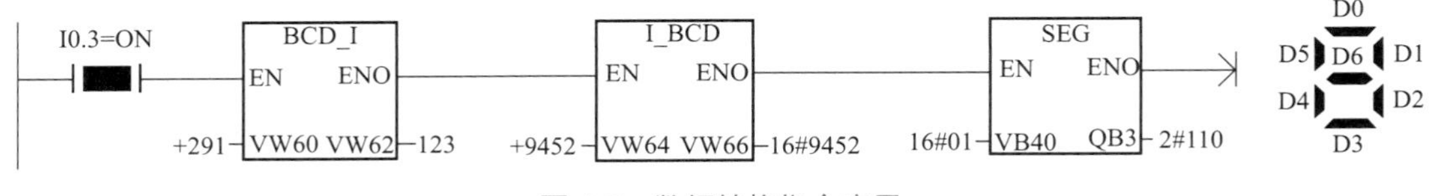

图4-9 数据转换指令应用

（3）取整指令

ROUND取整指令将实数（IN）转换成双整数，采用四舍五入的原则，将结果置入OUT指定的变量中。TRUNC取整指令将实数（IN）转换成双整数，采用舍去小数位取整的原则，将实数的整数部分置入OUT指定的变量中。

取整指令应用如图4-10所示。

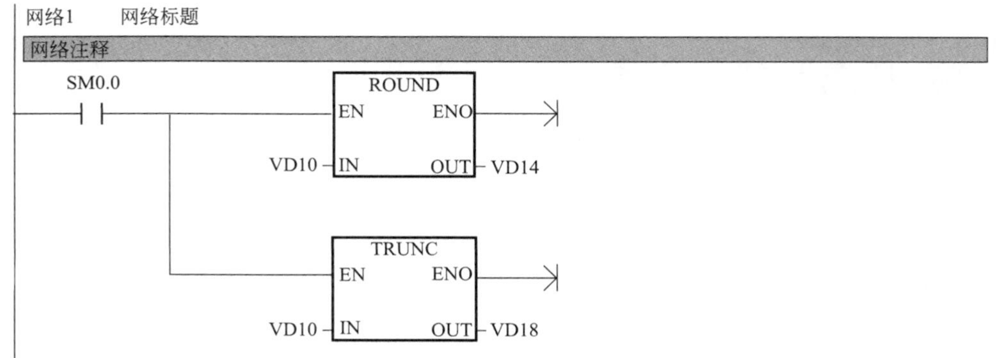

图 4-10　取整指令应用

① VD10=16.2，ROUND 和 TRUNC 的运算结果都为 16，如图 4-11 所示。

	地址	格式	当前值	新值
1	VD10	浮点数	16.2	
2	VD14	有符号	+16	
3	VD18	有符号	+16	
4		有符号		

图 4-11　运算结果 1

② VD10=16.5，ROUND 的运算结果为 17，TRUNC 的运算结果为 16，如图 4-12 所示。

	地址	格式	当前值	新值
1	VD10	浮点数	16.5	
2	VD14	有符号	+17	
3	VD18	有符号	+16	
4		有符号		

图 4-12　运算结果 2

【例 4-3】　将英寸转换成厘米，C10 的值为当前的英寸计数值，1in=2.54cm，ROUND 指令如图 4-13 所示。

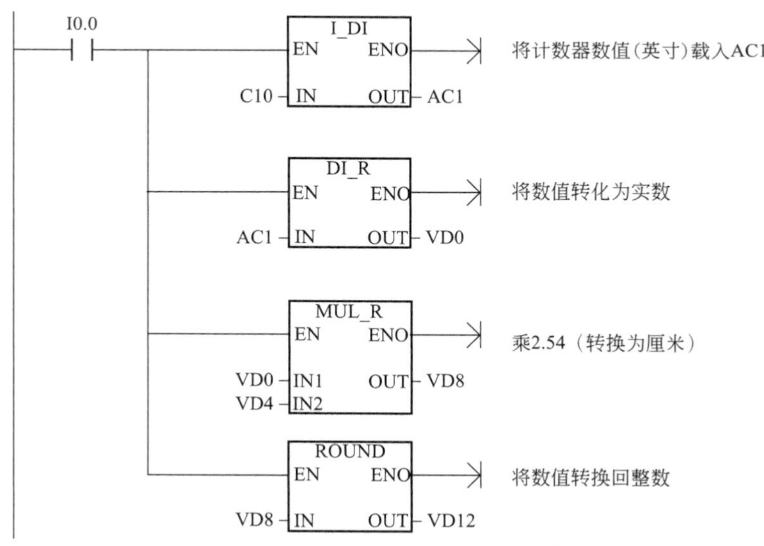

图 4-13　ROUND 指令

(4）解码指令与编码指令

解码指令 DECO 根据输入字节 IN 的最低 4 位表示的位号，将输出字 OUT 对应的位置为 1，输出字的其他位均为 0。16#0008=2#0000 0000 0000 1000。

编码指令 ENCO 将输入字节 IN 中的最低有效位（为 1 的位）的位编号写入输出字节 OUT 的最低 4 位。16#0210=2#0000 0010 0001 0000。

编码和译码指令如图 4-14 所示，其运行过程如图 4-15 所示。

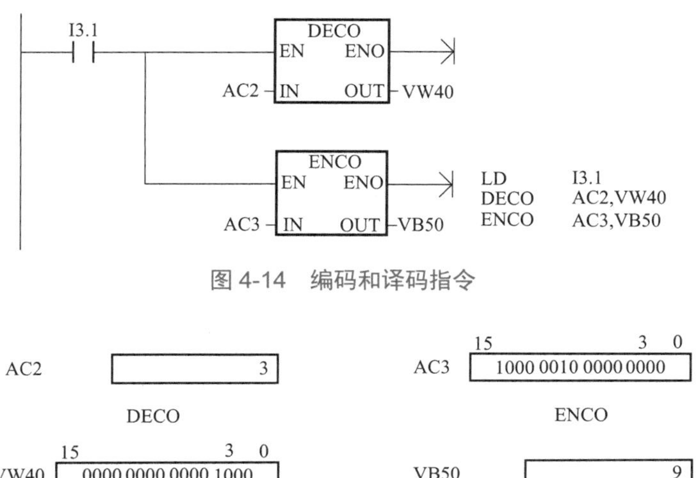

图 4-14　编码和译码指令

图 4-15　编码和译码指令的运行过程

4.2.4　字符串转换指令

字符串转换指令将标准字符编码为 ASCII 码的字符串与十六进制数、整数、双整数及实数进行转换。

字符串转换指令如表 4-5 所示。

表 4-5　字符串转换指令

指令名称	语句表	梯形图	功能
ASCII 码到十六进制数转换	ATH IN，LEN，OUT	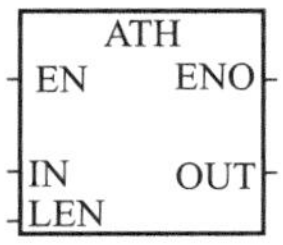 ATH EN ENO IN OUT LEN	当 EN 有效时，把从输入数据 IN 开始的长度为 LEN 的 ASCII 码转换为十六进制数，并将结果送到首地址为 OUT 的字节存储单元
十六进制数到 ASCII 码转换	HTA IN，LEN，OUT	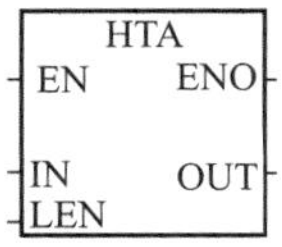 HTA EN ENO IN OUT LEN	当 EN 有效时，把从输入数据 IN 开始的长度为 LEN 位的十六进制数转换成 ASCII 码，并将结果送到首地址为 OUT 的字节存储单元
整数到 ASCII 码转换	ITAIN，FMT，OUT	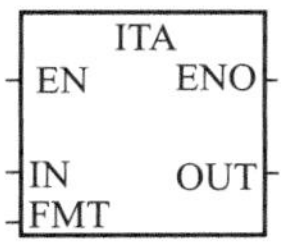 ITA EN ENO IN OUT FMT	当 EN 有效时，把整数输入数据 IN，根据 FMT 指定的转换精度，转换成始终是 8 个字符的 ASCII 码，并将结果送到首地址为 OUT 的 8 个连续字节存储单元

续表

指令名称	语句表	梯形图	功能
双整数到 ASCII 码转换	DTA IN，FMT，OUT	DTA EN ENO IN OUT FMT	当 EN 有效时，把双整数输入数据 IN，根据 FMT 指定的转换精度，转换成始终是 8 个字符的 ASCII 码，并将结果送到首地址为 OUT 的 12 个连续字节存储单元
实数到 ASCII 码转换	RTA IN，FMT，OUT	RTA EN ENO IN OUT FMT	当 EN 有效时，把实数输入数据 IN，根据 FMT 指定的转换精度，转换成始终是 8 个字符的 ASCII 码，并将结果送到首地址为 OUT 的 3 ～ 15 个连续字节存储单元

(1) ASCII 码到十六进制数转换指令

ASCII 码到十六进制数转换指令 ATH 的梯形图中的 IN 端表示开始字符的字节首地址；LEN 端表示字符串长度，字节型，最大长度为 255；OUT 端代表输出字节的首地址。如 ATH 指令的执行结果见表 4-6。

表 4-6　ATH 指令的执行结果

首地址	字节 1	字节 2	字节 3	说明
VB10	0011 0010（2）	0011 0100（4）	0100 0101（E）	原信息的存储形式及 ASCII 编码
VB20	24	EX	XX	转换结果信息编码，X 表示原内容不变

(2) 十六进制数到 ASCII 码转换指令

十六进制数到 ASCII 码转换指令 HTA 的梯形图中的 IN 端代表整数数据输入；LEN 端代表转换位数，字节型，最大长度为 255。OUT 端代表输出字节的首地址。

(3) 整数到 ASCII 码转换指令

整数到 ASCII 码转换指令 ITA 的梯形图中的 IN 端代表整数数据输入；FMT 端代表转换精度或转换格式（小数位的表示方式）；OUT 端代表连续 8 个输出字节的首地址。ITA 指令中的 FMT 端的定义如下。

MSB　　　　LSB

0	0	0	0	C	n	n	n

在 FMT 中，高 4 位必须是 0，C 为小数点的表示方式：C=0 时，用小数点来分割整数和小数；C=1 时，用逗号来分割整数和小数。nnn 表示在首地址为 OUT 的 8 个连续字节中小数的位数，nnn=000 ～ 101，分别对应 0 ～ 5 个小数位，小数部分的对位方式为右对齐。

如在 C=0、nnn=011 时，用小数点进行格式化处理的数据格式，在 OUT 中的表示方式见表 4-7。因为 nnn=011，所以 3 个为一组，OUT+5 ～ OUT+7 存储数据的后三位，因为 C=0，所以 OUT+4 存储的是小数点。负数值前面的负号也要存储在输入缓冲区中。以 -12345 为例，因为 nnn=011，所以 OUT+5 ～ OUT+7 为 345。因为 C=0，所以 OUT+4 为“.”，OUT+2 和 OUT+3 为 12，负号“-”存储在 OUT+1。

表 4-7　经 FMT 后的数据格式 1

IN	OUT	OUT+1	OUT+2	OUT+3	OUT+4	OUT+5	OUT+6	OUT+7
12				0	•	0	1	2
−123			−	0	•	1	2	3
1234				1	•	2	3	4
−12345		−	1	2	•	3	4	5

（4）双整数到 ASCII 码转换指令

双整数到 ASCII 码转换指令 DTA 的梯形图中的 IN 端代表双整数数据输入；FMT 端代表转换精度或转化格式（小数位的表示方式）；OUT 端代表连续 12 个输出字节的首地址。DTA 指令中的 FMT 端的定义如下。

MSB　　　　　　　　　　LSB

0	0	0	0	C	n	n	n

在 FMT 中，高 4 位必须是 0，C 为小数点的表示方式：C=0 时，用小数点来分割整数和小数；C=1 时，用逗号来分割整数和小数。nnn 表示在首地址为 OUT 的 8 个连续字节中小数的位数，nnn=000 ～ 101，分别对应 0 ～ 5 个小数位，小数部分的对位方式为右对齐。

如在 C=0、nnn=100 时，用小数点进行格式化处理的数据格式，在 OUT 中的表示方式见表 4-8。因为 C=0，所以以小数点进行格式化处理。因为 nnn=100，所以小数点后面的数值位数为 4。以 −1234567 为例，因为 nnn=100，所以 OUT+8 ～ OUT+11 为 4567，因为 C=0，所以 OUT+7 为“ • ”，OUT+4 ～ OUT+6 为 123，负号“−”存储在 OUT+3。

表 4-8　经 FMT 后的数据格式 2

IN	OUT	OUT+1	OUT+2	OUT+3	OUT+4	OUT+5	OUT+6	OUT+7	OUT+8	OUT+9	OUT+10	OUT+11
12							0	•	0	0	1	2
−123						−	0	•	0	1	2	3
1234							0	•	1	2	3	4
−1234567				−	1	2	3	•	4	5	6	7

（5）实数到 ASCII 码转换指令

实数到 ASCII 码转换指令 RTA 的梯形图中的 IN 端代表实数数据输入；FMT 端代表转换精度或转化格式（小数位的表示方式）；OUT 端代表连续 3 ～ 15 个输出字节的首地址。实数到 ASCII 码转换指令 RTA 中的 FMT 端的定义如下。

MSB　　　　　　　　　　LSB

S	S	S	S	C	n	n	n

在 FMT 中，高 4 位 SSSS 表示 OUT 为首地址的连续存储单元的字节数，SSSS=3 ～ 15。C 为小数点的表示方式：C=0 时，用小数点来分割整数和小数；C=1 时，用逗号来分割整数和小数。nnn 表示在首地址为 OUT 的 8 个连续字节中小数的位数，nnn=000 ～ 101，分别对应 0 ～ 5 个小数位，小数部分的对位方式为右对齐。

如在 SSSS=0110、C=0、nnn=001 时，用小数点进行格式化处理的数据格式，在 OUT 中的表示方式见表 4-9。因为 SSSS=0110，所以存储单元字节数为 6。因为 C=0，所以以小数点分隔数据。nnn=001，所以小数点的位数为 1。以 -3.6571 为例，小数点后的数据为“6571”，因为只保留一位小数，所以对数据进行四舍五入，则 OUT+5 中的数据为“7”，OUT+4 存储的是小数点“·”，OUT+3 存储的是整数部分 3，OUT+2 部分存储的是负号“-”。

表 4-9　经 FMT 后的数据格式 3

IN	OUT	OUT+1	OUT+2	OUT+3	OUT+4	OUT+5
1234.5	1	2	3	0	·	5
0.0004			-	0	·	0
1.96				2	·	0
-3.6571			-	3	·	7

经过命令介绍及实例的讲述，可知字符串转换应遵循以下原则。

① 正数值不带符号写入存储区。

② 负数值前面带负号（-）写入存储区。

③ 小数点左边的先清零（除邻近小数点的数字外）被排除。

④ 小数点右边的数值根据小数点右边指定的位数进行进位。

4.3　表功能指令

表功能指令用来建立和存储字型的数据表。根据表功能指令的功能又将其分为填表指令、表取数指令、填充指令和表查找指令 4 种。

表功能指令如表 4-10 所示。

表 4-10　表功能指令

指令名称	语句表	梯形图	功能
填表	ATT DATA，TBL	AD_T_TBL EN　ENO DATA TBL	当使能输入有效时，将 DATA 指定的数据添加到数据表 TBL 中最后一个数据的后面，且实际填表数 EC 值自动加 1
表取数：先进先出	FIFO TBL，DATA	FIFO EN　ENO TBL　DATA	当 EN 有效时，从 TBL 指明的表中移出第 1 个字型数据，并将该数据输出到 DATA，剩余数据依次上移一个位置
表取数：后进先出	LIFO TBL，DATA	LIFO EN　ENO TBL　DATA	当 EN 有效时，从 TBL 指明的表中移走最后一个数据，剩余数据位置保持不变，并将此数据输出到 DATA

续表

指令名称	语句表	梯形图	功能
填充	FILL IN，OUT，N	FILL_N EN ENO IN OUT N	字型输入数据 IN 填充到从 OUT 开始的 N 个存储单元
表查找	FND = TBL，PTN，INDX FND <>TBL，PTN，INDX FND < TBL，PTN，INDX FND > TBL，PTN，INDX	TBL_FIND EN ENO TBL PTN INDX CMD	当 EN 有效时，从 INDX 开始搜索表 TBL，寻找符合条件 PTN 和 CMD 的数据

(1) 填表指令

填表指令（ATT）（Add To Table）用于把指定的字型数据添加到数据表中。梯形图中该指令有两个数据输入端：DATA 指出被填表的字型数据或其他地址；TBL 为数据表的首地址，用以指明被填数据表的位置。

填表指令的例子如图 4-16 所示，将数据（VW100）=1234 填入数据表中，表的首地址为 VW200。填表指令的执行过程如图 4-17 所示。

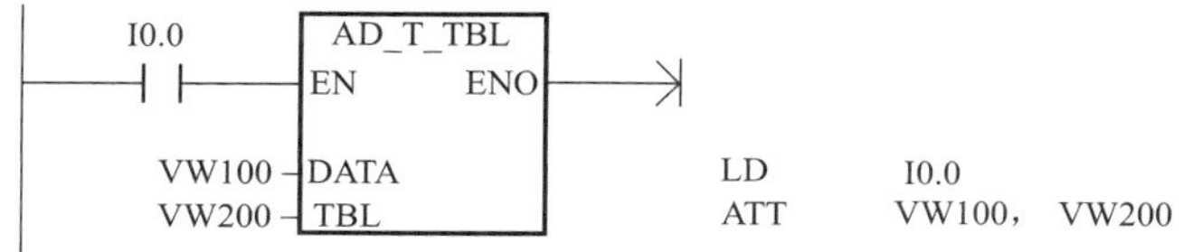

图 4-16 填表指令的例子

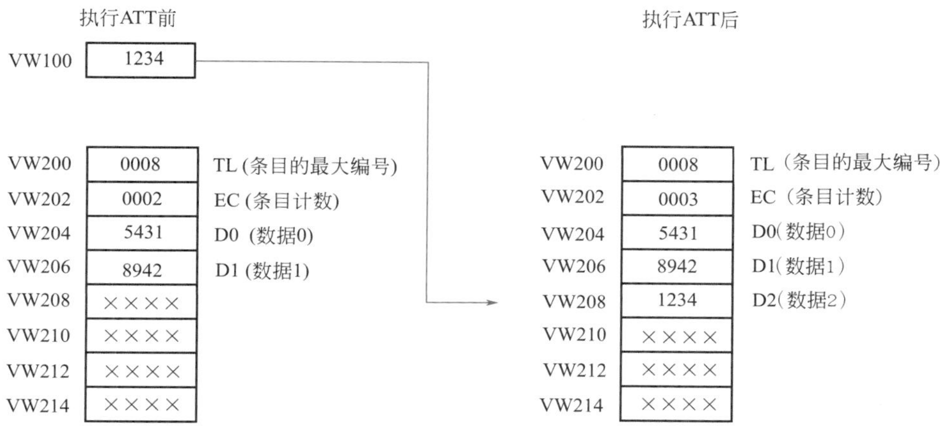

图 4-17 填表指令的执行过程

(2) 表取数指令

S7-200 SMART PLC 中，可以将数据表中的字型数据按先进先出或后进先出的方式取出送到指定的存储单元，所以表取数指令分为先进先出指令和后进先出指令两种，这两种指令在梯形图中都有两个数据端：输入端 TBL 为表格的首地址，用以指明表格的位置；输出端

DATA 指明数据取出后要存放的目标位置。

要点提示

表取数指令从 TBL 指定的表中取数的位置不同，表内剩余数据变化的方式也不同，但指令执行后，实际填表数 EC 值自动减 1。

表取数指令的例子如图 4-18 所示，用 FIFO、LIFO 指令从表中取数，并将数据分别输出到 VW400、VW300。表取数指令的执行过程如图 4-19 所示。

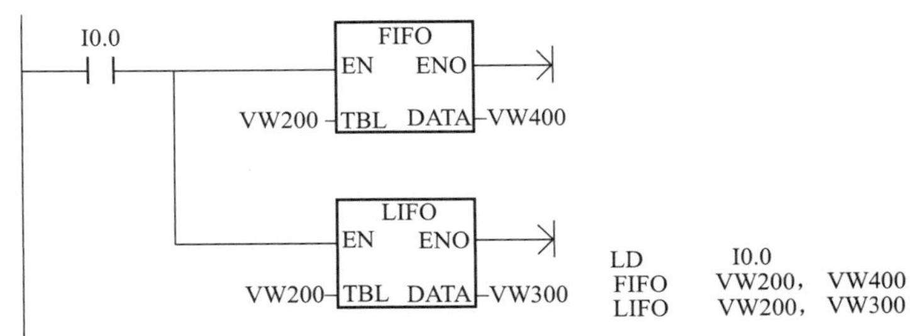

图 4-18　表取数指令的例子

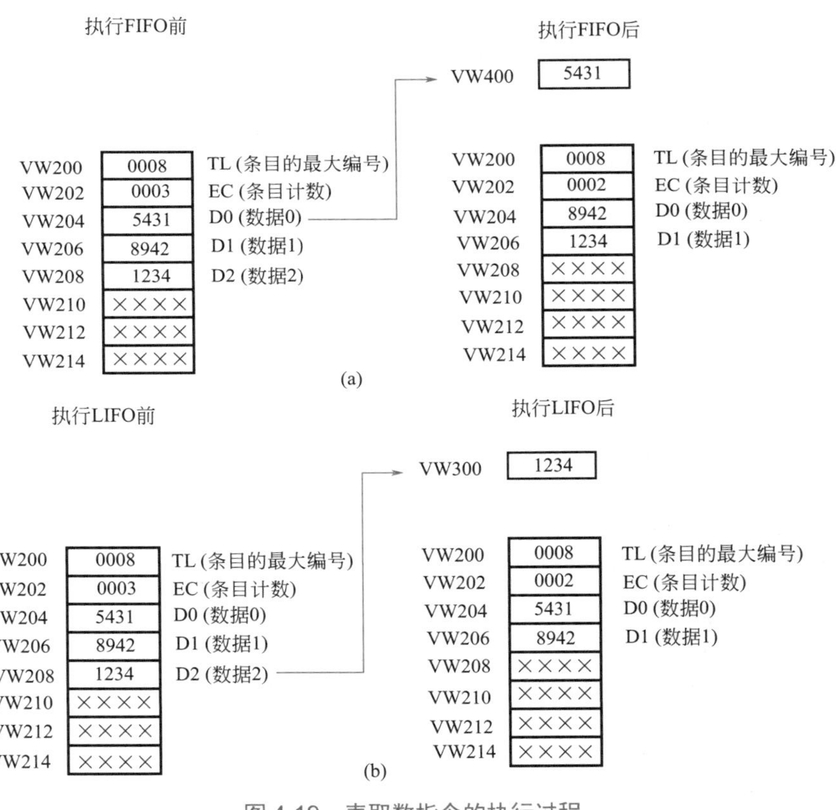

图 4-19　表取数指令的执行过程

（3）填充指令

填充指令 FILL 用于处理字型数据，指令功能是将字型输入数据 IN 填充到从 OUT 开始的 N 个存储单元中，N 为字节型数据。

（4）表查找指令

表查找指令（Table Find）是从字型数据表中找出符合条件数据在数据表中的地址编号，编号范围为 0 ～ 99。在梯形图中该指令有 4 个数据输入端：TBL 为数据表的首地址，用以指明被访问数据表的位置；PTN 用来描述查表条件时进行比较的数据；INDX 用来指定表中符合查找条件的数据所在的位置；CMD 是比较运算的编码，是一个范围为 1 ～ 4 的数值，分别代表运算符 =、<>、<、>。TBL、PTN、INDX 为字型数据，CMD 为字节型数据。

表查找指令执行前，应先将 INDX 的内容清零。当 EN 有效时，从数据表的第 0 个数据开始查找符合条件的数据，若没有发现符合条件的数据，则 INDX 的值等于 EC；若找到一个符合条件的数据，则将该数据在表中的地址装入 INDX 中；若找到一个符合条件的数据后，想继续向下寻找，必须先对 INDX 加 1，然后重新激活表查找指令，从表中符合条件数据的下一个数据开始查找。表查找指令的例子如图 4-20 所示，当 I0.0 接通，从以 VW202 为首地址的表中找出内容等于 3130 的数据在表中的位置，执行过程见表 4-11。

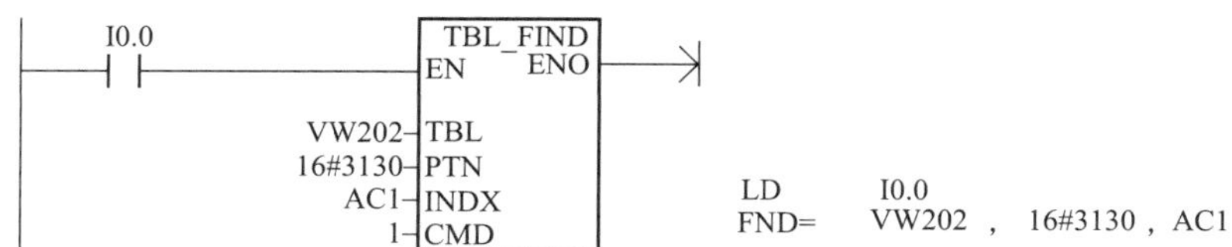

图 4-20　表查找指令的例子

表 4-11　查找指令执行过程

操作数	单元地址	执行前的内容	执行后的内容	注释
PTN		3130	3130	用来比较的数据
INDX	AC1	0	3	符合查表条件的用来比较数据的数据地址
CMD	无	1	1	1 表示与查找数据相等
TBL	VW200	0005	0005	TL=5
	VW202	0004	0004	EL=4
	VW204	2345	2345	D0
	VW206	5678	5678	D1
	VW208	9872	9872	D2
	VW210	3130	3130	D3
	VW212	****	****	无数据

要点提示

一个表格最多有 100 个数据条目（不包含最大条目数和实际条目数），所有的表格读取和写入指令都必须用上升沿或下降沿指令触发激活。

【例 4-4】 表格指令的应用。

① 创建表格，表格包含 20 个条目，从存储器位置 4 开始（在第 1 次扫描时，定义表格的最大长度）。梯形图如图 4-21 所示。

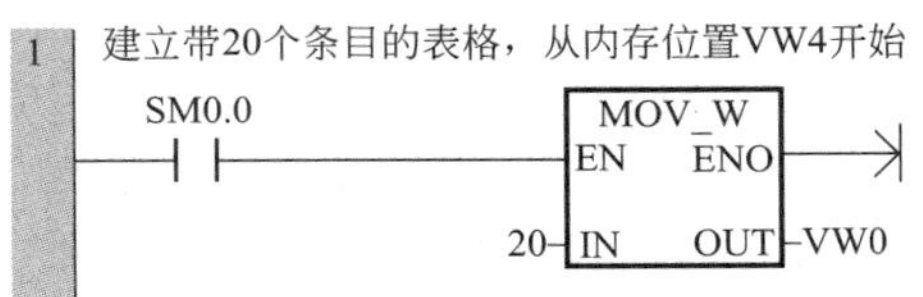

图 4-21 创建表格梯形图

如图 4-22 所示是创建的一个表格，其中 VW0 为表格最大长度，VW2 为当前条目数，VW4 ～ VW42 为存储在条目内的数据。

	地址	格式	当前值	新值
1	VW0	有符号	+20	
2	VW2	有符号	+20	
3	VW4	有符号	+1	
4	VW6	有符号	+2	
5	VW8	有符号	+3	
6	VW10	有符号	+4	
7	VW12	有符号	+5	
8	VW14	有符号	+6	
9	VW16	有符号	+7	
10	VW18	有符号	+8	
11	VW20	有符号	+9	
12	VW22	有符号	+10	
13	VW24	有符号	+11	
14	VW26	有符号	+12	
15	VW28	有符号	+13	
16	VW30	有符号	+14	
17	VW32	有符号	+15	
18	VW34	有符号	+16	
19	VW36	有符号	+17	
20	VW38	有符号	+18	
21	VW40	有符号	+19	
22	VW42	有符号	+20	

图 4-22 创建表格

② 通过输入 I0.0 复位表格。在 I0.0 的上升沿，使用“+0”填充从 VW2 开始的存储单元，如图 4-23 所示。使用该指令后，将表格当前条目数清零，同时将 VW2 ～ VW42 原有条目数据清零。添加填充结果如图 4-24 所示。

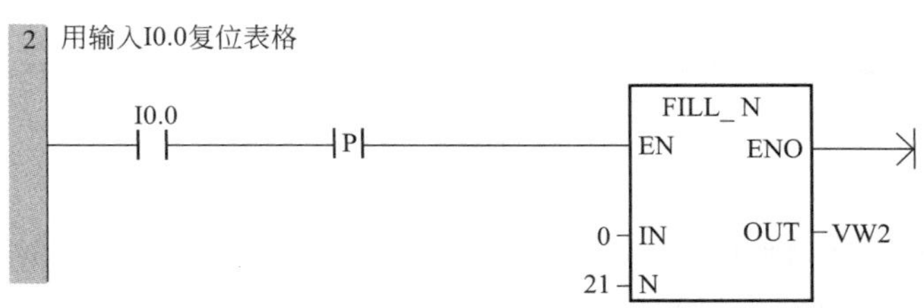

图 4-23 填充指令梯形图 1

	地址	格式	当前值	新值
1	VW0	有符号	+20	
2	VW2	有符号	+0	
3	VW4	有符号	+0	
4	VW6	有符号	+0	
5	VW8	有符号	+0	
6	VW10	有符号	+0	
7	VW12	有符号	+0	
8	VW14	有符号	+0	
9	VW16	有符号	+0	
10	VW18	有符号	+0	
11	VW20	有符号	+0	
12	VW22	有符号	+0	
13	VW24	有符号	+0	
14	VW26	有符号	+0	
15	VW28	有符号	+0	
16	VW30	有符号	+0	
17	VW32	有符号	+0	
18	VW34	有符号	+0	
19	VW36	有符号	+0	
20	VW38	有符号	+0	
21	VW40	有符号	+0	
22	VW42	有符号	+0	

图 4-24　添加填充结果

③ 通过输入 I0.1 将值写入表格。在 I0.1 的上升沿，将存储单元 VW100 的值复制到表格中，如图 4-25 所示。

图 4-25　填表指令梯形图 2

通过添加表格指令，将 VW100 中的数据添加到表格中，此时当前条目数变为 1，同时第 1 个条目 VW4 中数据赋值为 1，如图 4-26 所示。

通过填表指令，依次填满表格中的 20 个条目，如图 4-27 所示。

	地址	格式	当前值	新值
1	VW0	有符号	+20	
2	VW2	有符号	+1	
3	VW4	有符号	+1	
4	VW6	有符号	+0	
5	VW8	有符号	+0	
6	VW10	有符号	+0	
7	VW12	有符号	+0	
8	VW14	有符号	+0	
9	VW16	有符号	+0	
10	VW18	有符号	+0	
11	VW20	有符号	+0	
12	VW22	有符号	+0	
13	VW24	有符号	+0	
14	VW26	有符号	+0	
15	VW28	有符号	+0	
16	VW30	有符号	+0	
17	VW32	有符号	+0	
18	VW34	有符号	+0	
19	VW36	有符号	+0	
20	VW38	有符号	+0	
21	VW40	有符号	+0	
22	VW42	有符号	+0	
23	VW100	有符号	+1	

图 4-26　填表结果 1

	地址	格式	当前值	新值
1	VW0	有符号	+20	
2	VW2	有符号	+20	
3	VW4	有符号	+1	
4	VW6	有符号	+2	
5	VW8	有符号	+3	
6	VW10	有符号	+4	
7	VW12	有符号	+5	
8	VW14	有符号	+6	
9	VW16	有符号	+7	
10	VW18	有符号	+8	
11	VW20	有符号	+9	
12	VW22	有符号	+10	
13	VW24	有符号	+11	
14	VW26	有符号	+12	
15	VW28	有符号	+13	
16	VW30	有符号	+14	
17	VW32	有符号	+15	
18	VW34	有符号	+16	
19	VW36	有符号	+17	
20	VW38	有符号	+18	
21	VW40	有符号	+19	
22	VW42	有符号	+20	
23	VW100	有符号	+20	

图 4-27　填表结果 2

④ 在 I0.2 的上升沿，将表中的最后一个值移入 VW102，如图 4-28 所示。

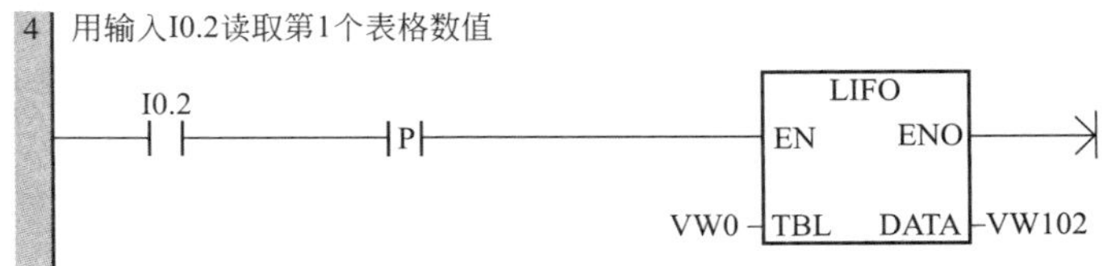

图 4-28　LIFO 指令梯形图

通过执行后进先出指令，将表内最后一个数据条目 VW42 移入 VW102。移出后，当前条目数由 20 变为 19，如图 4-29 所示。

	地址	格式	当前值	新值
1	VW0	有符号	+20	
2	VW2	有符号	+19	
3	VW4	有符号	+1	
4	VW6	有符号	+2	
5	VW8	有符号	+3	
6	VW10	有符号	+4	
7	VW12	有符号	+5	
8	VW14	有符号	+6	
9	VW16	有符号	+7	
10	VW18	有符号	+8	
11	VW20	有符号	+9	
12	VW22	有符号	+10	
13	VW24	有符号	+11	
14	VW26	有符号	+12	
15	VW28	有符号	+13	
16	VW30	有符号	+14	
17	VW32	有符号	+15	
18	VW34	有符号	+16	
19	VW36	有符号	+17	
20	VW38	有符号	+18	
21	VW40	有符号	+19	
22	VW42	有符号	+20	
23	VW102	有符号	+20	

图 4-29　LIFO 指令执行结果

⑤ 在 I0.3 的上升沿，将表中的第 1 个值移入 VW104，如图 4-30 所示。

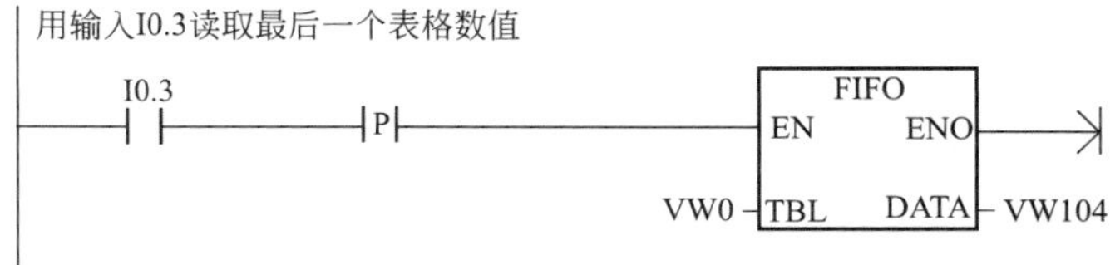

图 4-30　FIFO 指令梯形图

在执行 FIFO 先进先出指令之前 VW2=19，将表内第 1 个数据条目 VW4 移入 VW104，此时条目前移，同时当前条目数 VW2 由 19 变为 18，操作执行完以后，结果如图 4-31 所示。

⑥ 在表中搜索值为 10 的第 1 个位置。在 I0.4 的上升沿，复原索引指针。查找等于 10 的表格条目，如图 4-32 所示。

通过查找指令，查找表格内数据为 10 的条目，执行该指令后，指向条目内第 8 个条目数据符合查找条件（数据条目搜索编号从 0 开始），如图 4-33 所示。

	地址	格式	当前值	新值
1	VW0	有符号	+20	
2	VW2	有符号	+18	
3	VW4	有符号	+2	
4	VW6	有符号	+3	
5	VW8	有符号	+4	
6	VW10	有符号	+5	
7	VW12	有符号	+6	
8	VW14	有符号	+7	
9	VW16	有符号	+8	
10	VW18	有符号	+9	
11	VW20	有符号	+10	
12	VW22	有符号	+11	
13	VW24	有符号	+12	
14	VW26	有符号	+13	
15	VW28	有符号	+14	
16	VW30	有符号	+15	
17	VW32	有符号	+16	
18	VW34	有符号	+17	
19	VW36	有符号	+18	
20	VW38	有符号	+19	
21	VW40	有符号	+19	
22	VW42	有符号	+20	
23	VW104	有符号	+1	

图 4-31 FIFO 指令执行结果

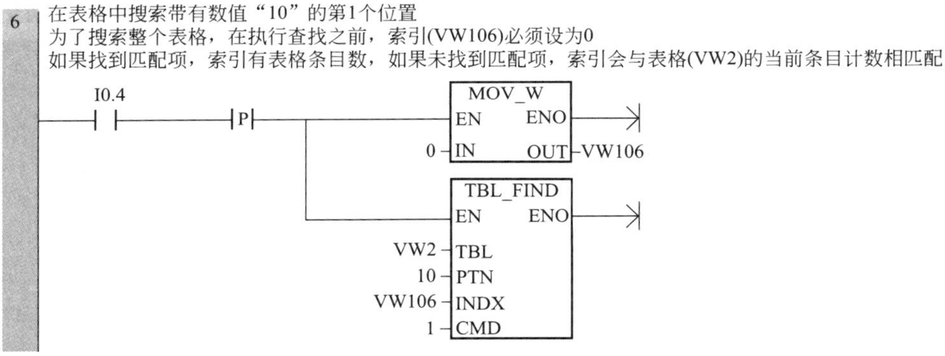

6

在表格中搜索带有数值“10”的第1个位置

为了搜索整个表格，在执行查找之前，索引(VW106)必须设为0

如果找到匹配项，索引有表格条目数，如果未找到匹配项，索引会与表格(VW2)的当前条目计数相匹配

I0.4 —| |— |P| — MOV_W: EN, ENO; 0 — IN, OUT — VW106

TBL_FIND: EN, ENO; VW2 — TBL; 10 — PTN; VW106 — INDX; 1 — CMD

图 4-32 查找指令梯形图

	地址	格式	当前值	新值
1	VW0	有符号	+20	
2	VW2	有符号	+18	
3	VW4	有符号	+2	
4	VW6	有符号	+3	
5	VW8	有符号	+4	
6	VW10	有符号	+5	
7	VW12	有符号	+6	
8	VW14	有符号	+7	
9	VW16	有符号	+8	
10	VW18	有符号	+9	
11	VW20	有符号	+10	
12	VW22	有符号	+11	
13	VW24	有符号	+12	
14	VW26	有符号	+13	
15	VW28	有符号	+14	
16	VW30	有符号	+15	
17	VW32	有符号	+16	
18	VW34	有符号	+17	
19	VW36	有符号	+18	
20	VW38	有符号	+19	
21	VW40	有符号	+19	
22	VW42	有符号	+20	
23	VW106	有符号	+8	

图 4-33 查找指令执行结果

4.4 实时时钟指令

实时时钟指令分为设置实时时钟指令和读取实时时钟指令。在 S7-200 SMART PLC 中，可以通过设置实时时钟指令，安排一个 8 字节的时钟缓冲区存放当前的日期和时间数据。在 PLC 控制系统运行时，可以通过读实时时钟指令进行运行监控或作运行记录。

读取实时时钟指令（TODR）指从硬件时钟读取当前时间和日期，并将它载入以地址 T 为开始的 8 个字节时间缓冲器，其功能框图如图 4-34（a）所示。在语句表中，读取实时时钟指令的格式为 TODR T。

设置实时时钟指令（TODW）指将当前时间和日期写入硬件时钟，硬件时钟以由 T 指定的 8 字节时间缓冲器为开始，其功能框图如图 4-34（b）所示。在语句表中设置实时时钟指令的格式为 TODW T。

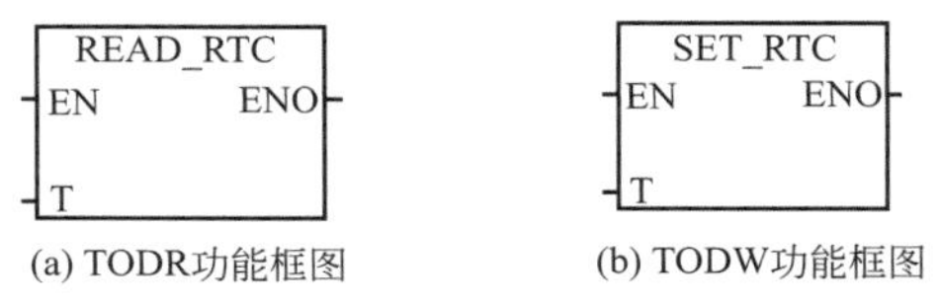

(a) TODR功能框图　(b) TODW功能框图

图 4-34　实时时钟指令功能框图

时钟指令影响允许输出 ENO 正常工作的出错条件为 SM4.3（运行时间）、0006（间接寻址）、000C（时钟模块不存在）。

S7-200 SMART PLC 中还有读取扩展实时时钟指令（TODRX　T）和设置扩展实时时钟指令（TODWX　T），扩展实时时钟包含夏令时信息。

日期和时间数值必须以 BCD 码格式编码（例如，16 # 97 表示 1997 年），表 4-12 所列为时间缓冲器（T）的格式。

表 4-12　时间缓冲器（T）的格式

项目	T	T+1	T+2	T+3	T+4	T+5	T+6	T+7
含义	年	月	日	时	分	秒	0	星期
范围	00 ～ 99	01 ～ 12	01 ～ 31	00 ～ 23	00 ～ 59	00 ～ 59	0	1 ～ 7

在星期的范围中，1 ～ 7 分别代表星期日、星期一……星期六。

在 S7-200 SMART PLC 中，使用时钟指令时要注意以下两点。

① CPU 不检查输入的日期和时间数据是否正确，如 2 月 30 日，系统仍然认为是有效日期，所以要保证输入数据的正确性。

② 不要在主程序和子程序中同时使用 TODR 或 TODW 指令。如果在主程序中执行 TODR 时，又出现了包括 TODR 指令的中断程序，则不执行中断程序中的 TODR 指令，TODW 亦是如此。

用编程软件读取与设置实时时钟的日期和时间，即在【PLC】菜单功能区中单击 设置时钟 按钮，打开【CPU 时钟操作】对话框，利用该对话框可以读取 PC、PLC 的时钟，修改和下载日期时间。

从 CPU 的实时时钟读取当前日期和时间，8 字节时间缓冲区依次存放年的低 2 位、月、日、时、分、秒、0 和星期的代码。日期和时间的数据类型为字节型 BCD 码，指令应用如图 4-35 所示。

设置实时时钟指令 SET_RTC，将 8 字节时间和日期值写入 CPU 的实时时钟，指令应用如图 4-36 所示。

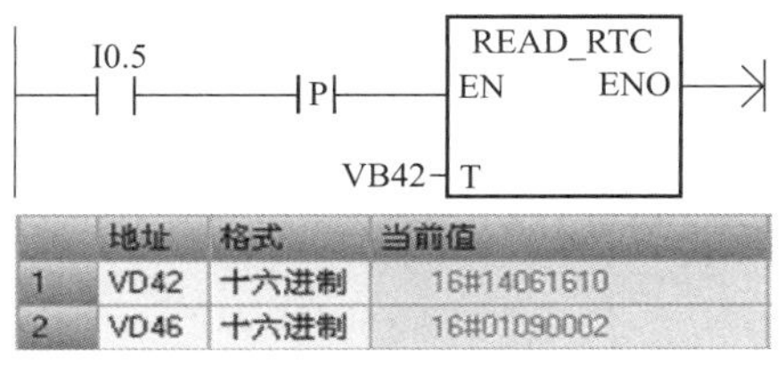

图 4-35　读取实时时钟指令

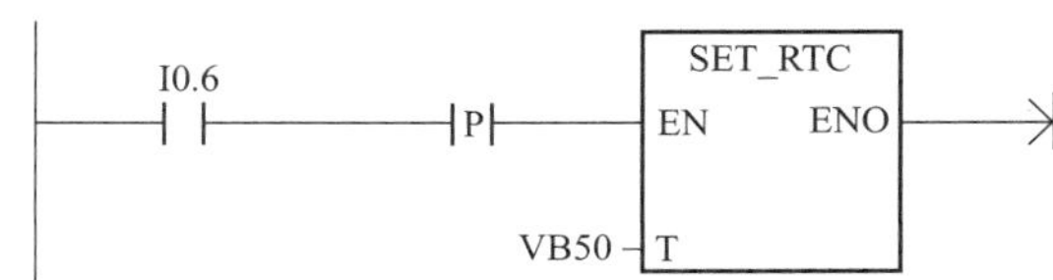

图 4-36　设置实时时钟指令

【例 4-5】　用实时时钟定时控制设备。

```
LD SM0.0
TODR VB70                    // 小时分钟值在 VW73
LDW>= VW73, VW78             //VW78 中是起始时、分值
AW< VW73, VW80               //VW80 中是结束时、分值
=  Q0.2                      // 在设置的时间范围内，Q0.2 为 1 状态
```

4.5　数学运算指令

数学运算指令的出现使得 PLC 不再局限于位操作，而是具有越来越强的运算能力，扩大了 PLC 应用范围，使得 PLC 具有了更强的竞争力，它包括算术运算指令和逻辑运算指令。算术运算指令包括加、减、乘、除及其他常用的数学函数，这可细分为四则运算指令（包括加法、减法、乘法和除法指令）、增减指令和数学函数指令。算术运算指令的数据类型为整数型 int、双整数型 dint 和实数型 real。逻辑运算指令包括逻辑与、或、非、异或，以及数据比较，其数据类型为字节型 Byte、字型 word、双字型 dword。

4.5.1　四则运算指令与增减指令

四则运算指令与增减指令见表 4-13。

表 4-13　四则运算指令与增减指令

指令名称	语句表	梯形图	功能
整数加法	+I IN1，OUT （IN2 与 OUT 是同一个存储单元）	ADD_I EN ENO IN1 OUT IN2	IN1+OUT=OUT

续表

指令名称	语句表	梯形图	功能
整数减法	-I IN2，OUT （IN1 与 OUT 是同一个存储单元）	SUB_I EN ENO IN1 OUT IN2	OUT-IN2=OUT
整数乘法	×I IN1，OUT （IN2 与 OUT 是同一个存储单元）	MUL_I EN ENO IN1 OUT IN2	IN1×OUT=OUT
整数除法	/I IN2，OUT （IN1 与 OUT 是同一个存储单元）	DIV_I EN ENO IN1 OUT IN2	OUT/IN2=OUT
双整数加法	+D IN1，OUT （IN2 与 OUT 是同一个存储单元）	ADD_DI EN ENO IN1 OUT IN2	IN1+OUT=OUT
双整数减法	-D IN2，OUT （IN1 与 OUT 是同一个存储单元）	SUB_DI EN ENO IN1 OUT IN2	OUT-IN2=OUT
双整数乘法	×D IN1，OUT （IN2 与 OUT 是同一个存储单元）	MUL_DI EN ENO IN1 OUT IN2	IN1×OUT=OUT
双整数除法	/D IN2，OUT （IN1 与 OUT 是同一个存储单元）	DIV_DI EN ENO IN1 OUT IN2	OUT/IN2=OUT
实数加法	+R IN1，OUT （IN2 与 OUT 是同一个存储单元）	ADD_R EN ENO IN1 OUT IN2	IN1+OUT=OUT
实数减法	-R IN2，OUT （IN1 与 OUT 是同一个存储单元）	SUB_R EN ENO IN1 OUT IN2	OUT-IN2=OUT
实数乘法	×R IN1，OUT （IN2 与 OUT 是同一个存储单元）	MUL_R EN ENO IN1 OUT IN2	IN1×OUT=OUT

续表

指令名称	语句表	梯形图	功能
实数除法	/R IN2，OUT （IN1 与 OUT 是同一个存储单元）	DIV_R EN ENO IN1 OUT IN2	OUT/IN2=OUT
完全整数乘法	MUL IN1，OUT （IN2 与 OUT 的低 16 位是同一个存储单元）	MUL EN ENO IN1 OUT IN2	IN1×OUT=OUT
完全整数除法	DIV IN2，OUT （IN1 与 OUT 的低 16 位是同一个存储单元）	DIV EN ENO IN1 OUT IN2	OUT/IN2=OUT
字节 +1	INCB OUT （IN 与 OUT 地址相同）	INC_B EN ENO IN OUT	IN+1=OUT
字节 -1	DECB OUT （IN 与 OUT 地址相同）	DEC_B EN ENO IN OUT	IN-1=OUT
字 +1	INCW OUT （IN 与 OUT 地址相同）	INC_W EN ENO IN OUT	IN+1=OUT
字 -1	DECW OUT （IN 与 OUT 地址相同）	DEC_W EN ENO IN OUT	IN-1=OUT
双字 +1	INCD OUT （IN 与 OUT 地址相同）	INC_DW EN ENO IN OUT	IN+1=OUT
双字 -1	DECD OUT （IN 与 OUT 地址相同）	DEC_DW EN ENO IN OUT	IN-1=OUT

算术运算指令中的四则运算指令分为加法、减法、乘法和除法指令。

(1) 加法指令

加法指令是对两个有符号数进行相加。

① 整数加法指令。当允许输入端 EN 有效时，执行加法操作，将两个单字长（16 位）的有符号整数 IN1 和 IN2 相加，产生 1 个 16 位的整数 OUT，即 IN1+IN2=OUT。为节省内

存可指定 IN2=OUT，则有 IN1+OUT=OUT，语句表指令为：+I IN1，OUT。指令使用方法如图 4-37 所示，当 I1.0 接通后，将 VW10 开始的 16 位有符号整数与 VW14 开始的 16 位有符号整数相加，结果送到 VW14 开始的 16 位有符号整数中。

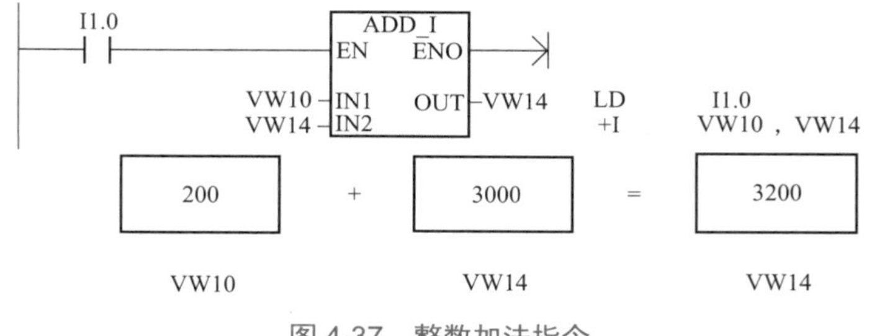

图 4-37 整数加法指令

② 双整数加法指令。当允许输入端 EN 有效时，执行加法操作，将两个双字长（32 位）的有符号整数 IN1 和 IN2 相加，产生 1 个 32 位的整数 OUT，即 IN1+IN2=OUT。指令使用方法如图 4-38 所示，当 I1.0 接通后，将 VD10 开始的 32 位有符号整数与 VD14 开始的 32 位有符号整数相加，结果送到 VD14 开始的 32 位有符号整数中。

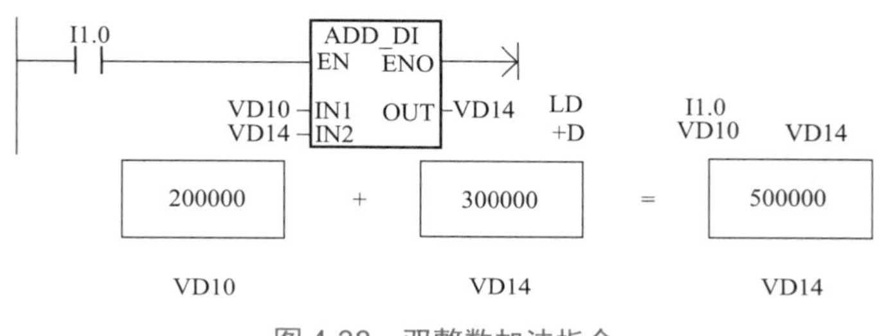

图 4-38 双整数加法指令

③ 实数加法指令 +R。当允许输入端 EN 有效时，执行加法操作，将两个双字长（32 位）的实数 IN1 和 IN2 相加，产生 1 个 32 位的实数 OUT，即 IN1+IN2=OUT。

（2）减法指令

减法指令是对两个有符号数进行相减操作。减法操作对特殊标志位的影响及影响 ENO 正常工作的出错条件均与加法指令相同。

（3）乘法指令

乘法指令是对两个有符号数进行相乘运算。

① 整数乘法指令。当允许输入端有效时，将两个单字长（16 位）的有符号整数 IN1 和 IN2 相乘，产生一个 16 位的整数结果 OUT。如果运算结果大于 32767（16 位二进制数表示的范围），则产生溢出。

② 完全整数乘法指令。当允许输入端有效时，将两个单字长（16 位）的有符号整数 IN1 和 IN2 相乘，产生一个 32 位的整数结果 OUT。

③ 双整数乘法指令。当允许输入端有效时，将两个双字长（32 位）的有符号整数 IN1 和 IN2 相乘，产生 1 个 32 位的双整数结果 OUT。若运算结果大于 32 位二进制数表示的范围，则产生溢出。

④ 实数乘法指令。当允许输入端有效时，将两个双字长（32 位）的实数 IN1 和 IN2 相乘，产生 1 个 32 位的实数结果。若运算结果大于 32 位二进制数表示的范围，则产生溢出。

（4）除法指令

除法指令是对两个有符号数进行相除运算，包括整数除法指令、双整数除法指令、完全整数除法指令及实数除法指令 4 种。在整数除法指令中，两个 16 位的整数相除，产生 1 个 16 位的商，不保留余数。在双整数除法指令中，两个 32 位的整数相除，产生 1 个 32 位的商，不保留余数。在完全整数除法指令中，两个 16 位的整数相除，产生 1 个 32 位的结果，其中，低 16 位存商，高 16 位存余数。在实数除法指令中，两个双字长（32 位）的实数 IN1 和 IN2 相除，产生一个 32 位的实数结果，其中低 16 位存商，高 16 位存余数。指令示例如图 4-39 所示。

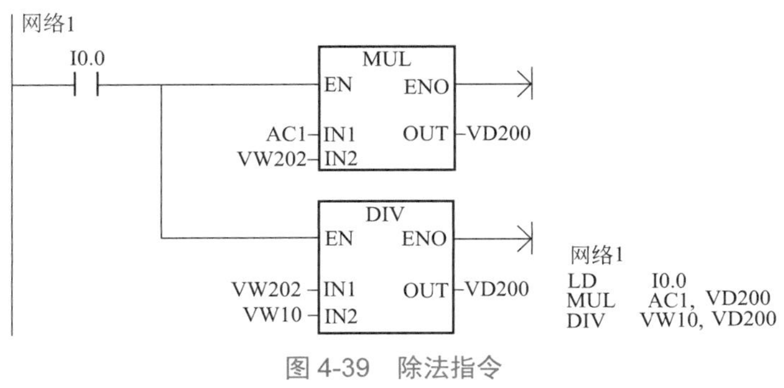

图 4-39　除法指令

（5）增减指令

增减指令又称为自动加 1 或自动减 1 指令。数据长度可以是字节、字、双字。

【例 4-6】 压力变送器的压力计算公式为 P=10000×(N−5530)/22118（kPa），N 为整数。梯形图如图 4-40 所示。

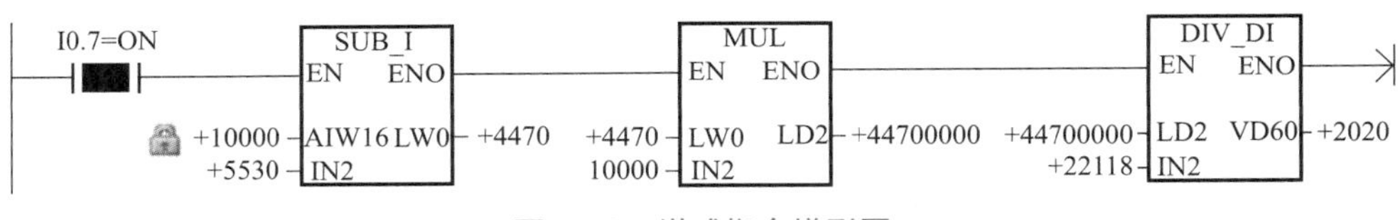

图 4-40　增减指令梯形图

4.5.2　浮点数函数运算指令

S7-200 SMART PLC 除了四则运算指令及增减指令外，还有一类数学函数指令，分为三角函数运算指令（包括正弦函数指令、余弦函数指令和正切函数指令）、自然对数指令和指数指令、平方根函数指令，数学函数指令是双字长的实数运算。

浮点数函数运算指令见表 4-14。

表 4-14　浮点数函数运算指令

指令名称	语句表	梯形图	功能
正弦函数	SIN IN，OUT	SIN EN ENO IN OUT	求 1 个双字长的实数弧度值 IN 的正弦值，得到 32 位的实数结果 OUT。若 IN 是以角度值表示的实数，则要先将角度值转化为弧度值

指令名称	语句表	梯形图	功能
余弦函数	COS IN，OUT	COS EN ENO IN OUT	求 1 个双字长的实数弧度值 IN 的余弦值，得到 32 位的实数结果 OUT。若 IN 是以角度值表示的实数，则要先将角度值转化为弧度值
正切函数	TAN IN，OUT	TAN EN ENO IN OUT	求 1 个双字长的实数弧度值 IN 的正切值，得到 32 位的实数结果 OUT。若 IN 是以角度值表示的实数，则要先将角度值转化为弧度值
自然对数	LN IN，OUT	LN EN ENO IN OUT	将 1 个双字长的实数 IN 取自然对数，得到 32 位的实数结果 OUT。当求解以 10 为底的常用对数时，可用 /R 或 DIV_R 除以 2.302585（LN10）
指数	EXP IN，OUT	EXP EN ENO IN OUT	将 1 个双字长的实数 IN 取以 e 为底的指数，得到 32 位的实数结果 OUT。当求解以任意常数为底的指数时，LN 和 EXP 配合完成
平方根函数	SQRT IN，OUT	SQRT EN ENO IN OUT	SQRT（IN）=OUT

① 三角函数运算指令。三角函数运算指令的例子如图 4-41 所示。当 I0.0 接通，3.14159/180.0 送到 AC0，然后 150.0×AC0=AC0，最后对 AC0 的值求正切值，送到 AC1。

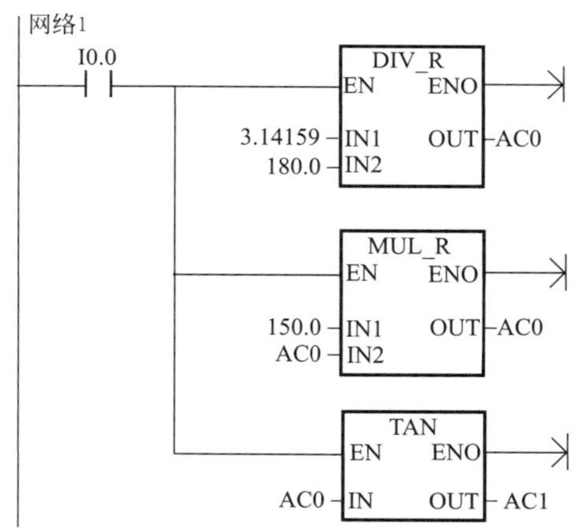

图 4-41　三角函数运算指令

② 自然对数指令和指数指令。自然对数指令使用的例子如图 4-42 所示，求以 10 为底的常用对数，OUT 存放到 AC0。

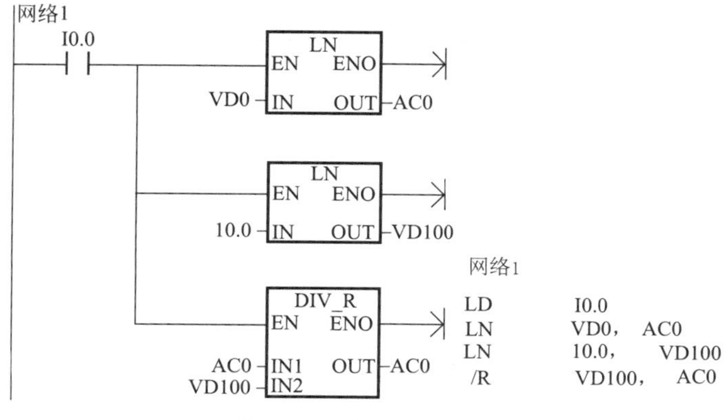

图 4-42 自然对数指令

该例子的功能是先求 VD0 的自然对数，然后求 10 的自然对数，最后是 VD0 的自然对数与 10 的自然对数相除即得以 10 为底的 VD0 的对数。

③ 平方根函数指令。平方根函数指令（SQRT）的功能是将一个双字长的实数 IN 开方得到 32 位的结果 OUT。

4.5.3 逻辑运算指令

逻辑运算指令是对逻辑数（无符号数）进行处理，包括逻辑与、逻辑或、逻辑异或和逻辑取反等操作，数据长度可以是字节、字、双字。依据数据长度把逻辑运算指令分为字节逻辑运算指令、字逻辑运算指令、双字逻辑运算指令三大类。

逻辑运算指令见表 4-15。

表 4-15 逻辑运算指令

指令名称	语句表	梯形图	功能
字节与	ANDB IN1，OUT （IN2 与 OUT 同一个存储单元）	WAND_B EN ENO IN1 OUT IN2	当 EN 有效时，对两个 1 字节长的逻辑数 IN1 和 IN2 按位相与，得到 1 字节长的结果 OUT
字节或	ORB IN1，OUT （IN2 与 OUT 同一个存储单元）	WOR_B EN ENO IN1 OUT IN2	当 EN 有效时，对两个 1 字节长的逻辑数 IN1 和 IN2 按位相或，得到 1 字节长的结果 OUT
字节异或	XORB IN1，OUT （IN2 与 OUT 同一个存储单元）	WXOR_B EN ENO IN1 OUT IN2	当 EN 有效时，对两个 1 字节长的逻辑数 IN1 和 IN2 按位异或，得到 1 字节长的结果 OUT
字节取反	INVB OUT （IN 与 OUT 同一个存储单元）	INV_B EN ENO IN OUT	当 EN 有效时，对 1 字节长的逻辑数 IN 按位取反，得到 1 字节长的结果 OUT

续表

指令名称	语句表	梯形图	功能
字与	ANDW IN1，OUT （IN2 与 OUT 同一个存储单元）	WAND_W EN ENO IN1 OUT IN2	当 EN 有效时，对两个 1 字长的逻辑数 IN1 和 IN2 按位相与，得到 1 字长的结果 OUT
字或	ORW IN1，OUT （IN2 与 OUT 同一个存储单元）	WOR_W EN ENO IN1 OUT IN2	当 EN 有效时，对两个 1 字长的逻辑数 IN1 和 IN2 按位相或，得到 1 字长的结果 OUT
字异或	XORW IN1，OUT （IN2 与 OUT 同一个存储单元）	WXOR_W EN ENO IN1 OUT IN2	当 EN 有效时，对两个 1 字长的逻辑数 IN1 和 IN2 按位异或，得到 1 字长的结果 OUT
字取反	INVW OUT （IN 与 OUT 同一个存储单元）	INV_W EN ENO IN OUT	当 EN 有效时，对 1 字长的逻辑数 IN 按位取反，得到 1 字长的结果 OUT
双字与	ANDD IN1，OUT （IN2 与 OUT 同一个存储单元）	WAND_DW EN ENO IN1 OUT IN2	当 EN 有效时，对两个双字长的逻辑数 IN1 和 IN2 按位相与，得到 1 双字长的结果 OUT
双字或	ORD IN1，OUT （IN2 与 OUT 同一个存储单元）	WOR_DW EN ENO IN1 OUT IN2	当 EN 有效时，对两个双字长的逻辑数 IN1 和 IN2 按位相或，得到 1 双字长的结果 OUT
双字异或	XORD IN1，OUT （IN2 与 OUT 同一个存储单元）	WXOR_DW EN ENO IN1 OUT IN2	当 EN 有效时，对两个双字长的逻辑数 IN1 和 IN2 按位异或，得到 1 双字长的结果 OUT
双字取反	INVD OUT （IN 与 OUT 同一个存储单元）	INV_DW EN ENO IN OUT	当 EN 有效时，对 1 个双字长的逻辑数 IN 按位取反，得到 1 双字长的结果 OUT

逻辑运算指令的示例如图 4-43 所示。

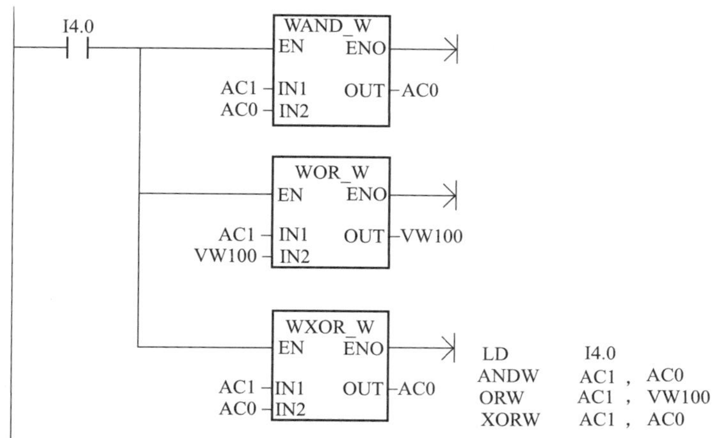

图 4-43　逻辑运算指令的示例

该例子的功能是 I4.0 接通后，分别进行字与、字或、字异或运算，运算结果如图 4-44 所示。

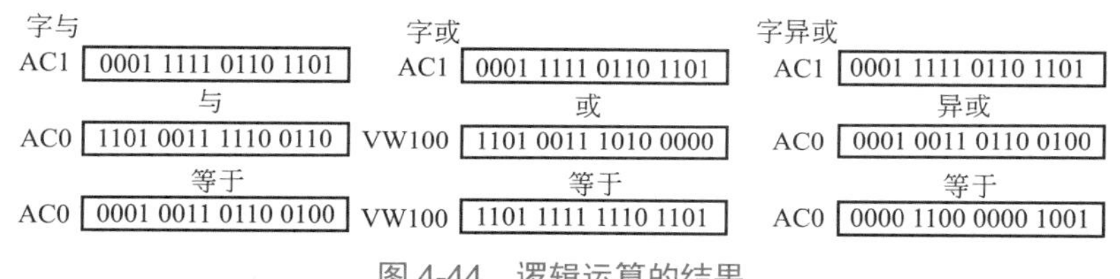

图 4-44　逻辑运算的结果

用字节逻辑或运算将 QB0 的最低 3 位置为 1，其余各位保持不变。QB0 的某一位与 1 作或运算，运算结果为 1；与 0 作或运算，运算结果不变。IW4 的低 12 位用来读取 3 位拨码开关的 BCD 码，IW4 的高 4 位另作他用。16#0FFF 的最高 4 位二进制数为 0，低 12 位为 1。与 IW4 作与运算后，VW12 的低 12 位与 IW4 的低 12 位的值相同，VW12 的高 4 位为 0，如图 4-45 所示。

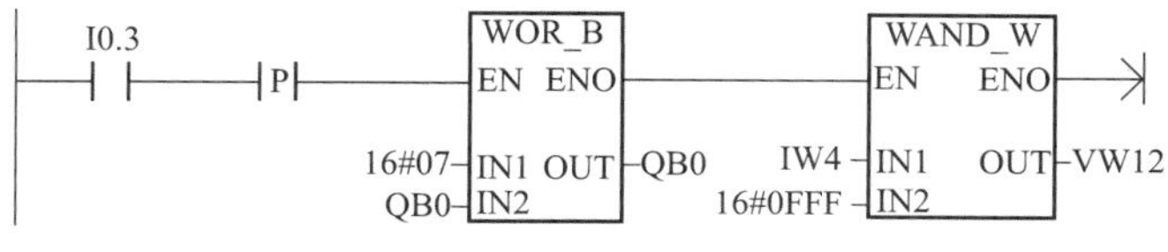

图 4-45　逻辑运算举例

如果 IB0 至少有一位的状态发生了变化，前后两个扫描周期 IB0 的值的异或运算结果 VB15 的值非 0，图 4-46 中的比较触点接通，将 M10.0 置位。状态发生了变化的位的异或结果为 1。异或运算后将 IB0 的值保存到 VB14，供下一次运算时使用。

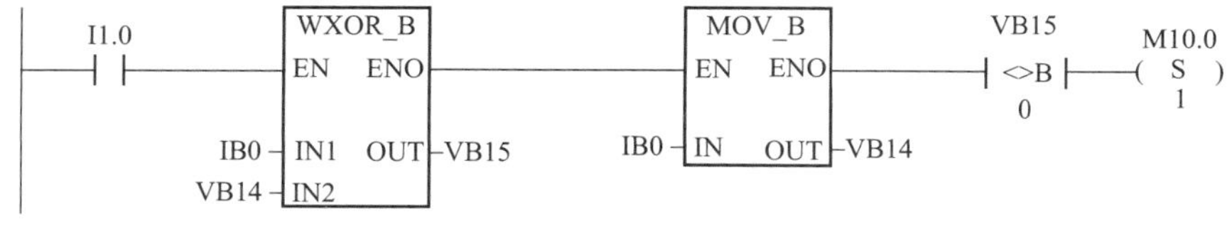

图 4-46　异或运算指令的应用

4.6 程序控制指令

程序控制类指令使程序结构灵活，合理使用该类指令可以优化程序结构，增强程序功能。这类指令主要包括结束、暂停、看门狗、跳转、循环、子程序、ENO 和顺序控制等指令。

程序控制指令见表 4-16。

表 4-16 程序控制指令

指令名称	语句表	梯形图	功能
结束	END	—(END)	有条件结束主程序
	MEND	—(MEND)	无条件结束主程序
暂停	STOP	—(STOP)	当使能输入有效时，立即终止程序的执行，CPU 工作方式由 RUN 切换到 STOP 方式
看门狗	WDR	—(WDR)	当使能输入有效时，将看门狗定时器复位
获取非致命错误代码	GET_ERROR	GET_ERROR EN ENO ECODE	获取非致命错误代码，很少使用
跳转	JMP n	n —(JMP)	当输入端有效时，使程序跳转到标号处执行。操作数 n 为 0 ～ 255 的字型数据
标号	LBL n	n LBL	标号指令 LBL：指令跳转的目标标号。操作数 n 为 0 ～ 255 的字型数据
循环开始	FOR INDX，INIT，FINAL	FOR EN ENO INDX INIT FINAL	FOR 指令有 3 个数据输入端：当前循环计数 INDX、循环初值 INIT 和循环终值 FINAL，在使用时必须指定这 3 个数据输入端
循环结束	NEXT	—(NEXT)	结束循环
子程序调用	CALL SBR_0	SBR_0 EN	将正在执行的程序转移到编号为 n 的子程序
子程序条件返回	CRET	—(RET)	子程序返回调用程序

4.6.1 结束指令、暂停指令和看门狗指令

S7-200 SMART PLC 的结束指令（END、MEND）与暂停指令（STOP）主要是用来控制程序的执行，而看门狗指令（WDR）可以避免程序在执行过程中出现死循环。

（1）结束指令（END、MEND）

结束指令的功能是结束主程序，它只能在主程序中使用，不能在子程序和中断服务程序中使用。在梯形图中，结束指令不直接连在左侧母线时，为条件结束指令（END），条件结束指令在使能输入有效时，终止用户程序的执行，返回主程序的第 1 条指令执行（循环扫描工作方式）。结束指令直接连在左侧母线时，为无条件结束指令（MEND），无条件结束指令执行时即无使能输入，立即终止用户程序的执行，返回主程序的第 1 条指令执行。

（2）暂停指令（STOP）

暂停指令的功能是使能输入有效时，立即终止程序的执行，PLC 工作方式由 RUN 切换到 STOP。在中断程序中执行 STOP 指令，该中断立即终止，并且忽略所有挂起（暂停执行）的中断，继续扫描程序的剩余部分，在本次扫描的最后，将 PLC 由 RUN 切换到 STOP。

（3）看门狗指令（WDR）

在 PLC 中，为了避免程序出现死循环的情况，有一个专门监视扫描周期的警戒时钟，常称为看门狗定时器 WDT。WDT 有一个稍微大于程序扫描周期的定时值，在 S7-200 SMART PLC 中，WDT 的设定值为 300ms。若出现某个扫描周期大于 WDT 的设定值的情况，则 WDT 认为出现程序异常，发出信号给 CPU，做异常处理。若希望程序扫描超过 300ms（有时在调用中断服务程序或子程序时，可能使得扫描周期超过 300ms），可用指令对看门狗定时器进行一次复位（刷新）操作，增加一次扫描时间，具有这种功能的指令称为看门狗指令（WDR）。

当使能输入有效时，WDR 将看门狗定时器复位。在看门狗指令没有出错的情况下，可以增加一次允许的扫描时间。若使能输入无效，看门狗定时器时间到，则程序将终止当前指令的执行，重新启动，返回到第 1 条指令重新执行。

要点提示

使用 WDR 指令时，要防止过度延迟扫描完成时间，否则，在终止本扫描之前，下列操作过程将被禁止（不予执行）：通信（自由端口方式除外）、I/O 更新（立即 I/O 除外）、强制更新、SM 更新（SM0、SM5 ~ SM29 不能被更新）、运行时间诊断、中断程序中的 STOP 指令等。当扫描时间超过 25s、10ms、100ms 时，定时器将不能正确计时。

这 3 类指令的应用示例如图 4-47 所示。该例的功能如下。网络 1：当检测到 I/O 错误时，SM5.0=1，强制将 PLC 工作方式转换到 STOP。网络 2：当 M5.6=1 时，执行看门狗指令，增加一次扫描时间，继续执行立即写指令。网络 3：有条件结束主程序。

图 4-48 为产生看门狗错误的实验电路。T32 组成一个脉冲发生器，从 I0.4 的上升沿开始，M0.2 输出一个宽度等于 T32 预设值的脉冲。在脉冲期间反复执行 JMP 指令，因此扫描时间略大于 T32 的预设值。扫描周期超过 500ms 时，CPU 自动切换到 STOP 模式。可用 WDR 指令重新触发监控定时器，以扩展允许使用的扫描时间。

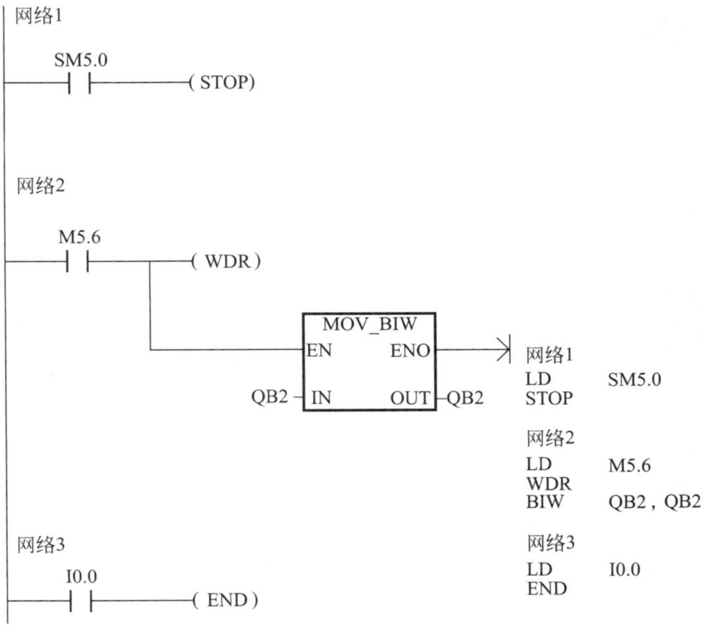

网络1

SM5.0 ——(STOP)

网络2

M5.6 ——(WDR)

MOV_BIW: EN ENO; QB2 — IN OUT — QB2

网络3

I0.0 ——(END)

```
网络1
LD      SM5.0
STOP
网络2
LD      M5.6
WDR
BIW     QB2，QB2
网络3
LD      I0.0
END
```

图 4-47　暂停 / 结束 / 看门狗指令

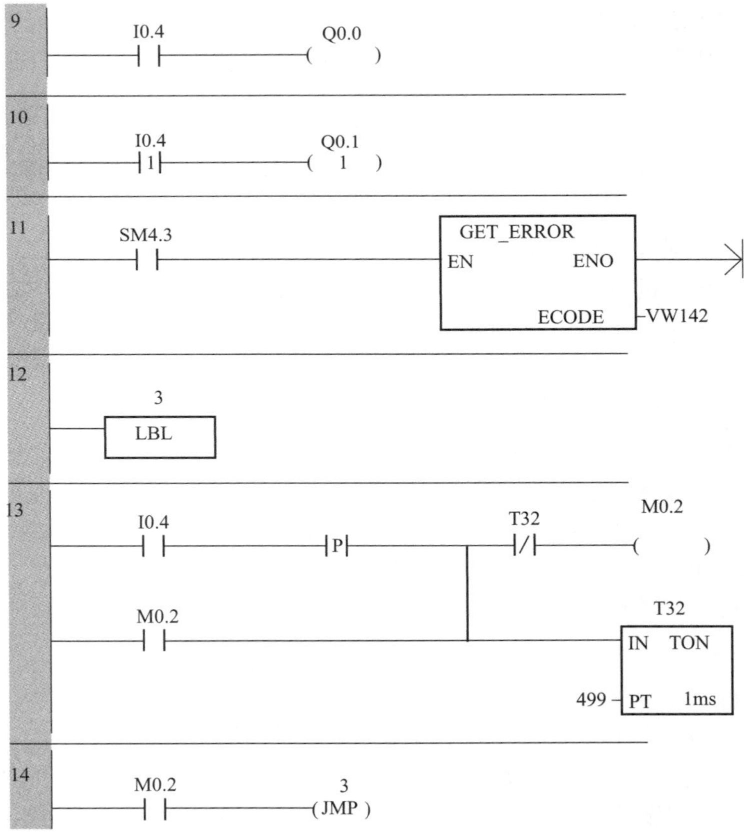

图 4-48　产生看门狗错误的实验电路

4.6.2 跳转指令

跳转指令可以使PLC编程的灵活性大大提高，使PLC可根据不同条件的判断，选择不同的程序段执行程序。该指令由跳转指令（JMP）和标号指令（LBL）组成，两者必须配合使用，缺一不可。跳转指令的使用说明如下。

① 跳转指令和标号指令必须配合使用，而且只能使用在同一程序块中，如主程序、同一个子程序或同一个中断程序，不能在不同的程序块中互相跳转。

② 执行跳转后，被跳过的程序段中的各元件的状态如下。

- Q、M、S、C等元件的位保持跳转前的状态。
- 计数器C停止计数，当前值存储器保持跳转前的计数值。
- 对定时器来说，因刷新方式不同而工作状态不同。在跳转期间，分辨率为1ms和10ms的定时器会一直保持跳转前的工作状态，原来工作的继续工作，到设定值后其位的状态也会改变，输出触电动作，其当前值存储器一直累计到最大值32767才停止。对分辨率为100ms的定时器来说，跳转期间停止工作，但不会复位，存储器里的值为跳转时的值。跳转结束后，如输入条件允许，可继续计时，但已失去了准确计时的意义，所以在跳转段里的定时器要慎用。

跳转指令的应用如图4-49所示。I0.3的常开触点断开时，跳转条件不满足，顺序执行下面的指令。I0.3的常开触点接通时，跳转到标号LBL 2处，不执行第2个程序段。

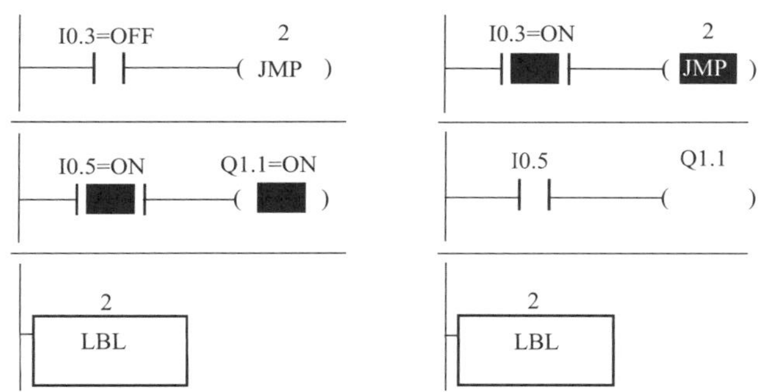

图4-49　跳转指令的应用

【例4-7】 利用跳转指令完成某生产线对药丸的加工处理。生产线对药丸进行加工处理的控制系统的控制要求为：每当检测到100个药丸时，进入瓶装控制程序。每当检测到900个药丸（9个小包装），直接进入盒装控制程序，其中瓶装控制程序与盒装控制程序省略。

网络1：I0.0为计数器C10的增计数脉冲，I0.1为减计数脉冲，I0.2为复位脉冲，且当C10达到计数值后会自动复位。网络2：C10计数满100后，跳转到标号为2的瓶装控制程序。网络3：C20开始对C10的状态位计数，I0.2为C20的复位脉冲，C20也可以使用自身的常开触点实现自复位。网络4：当C10的状态位有9次由OFF变为ON，跳转到标号为3的盒装控制程序。网络5：标号2的瓶装控制程序开始。网络6：I0.3接通后，对Q0.0置位，开始瓶装操作。网络7：标号为3的盒装控制程序开始。网络8：I0.4接通后，对Q0.1置位，开始盒装操作。

生产线程序如图4-50所示。

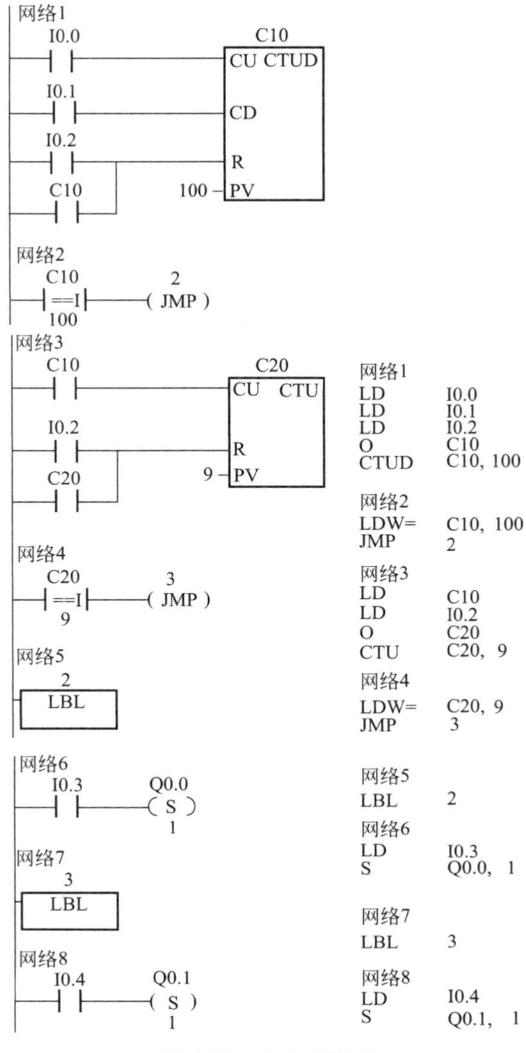

图 4-50 生产线程序

【例 4-8】 用跳转指令实现如图 4-51 所示的流程图的要求。

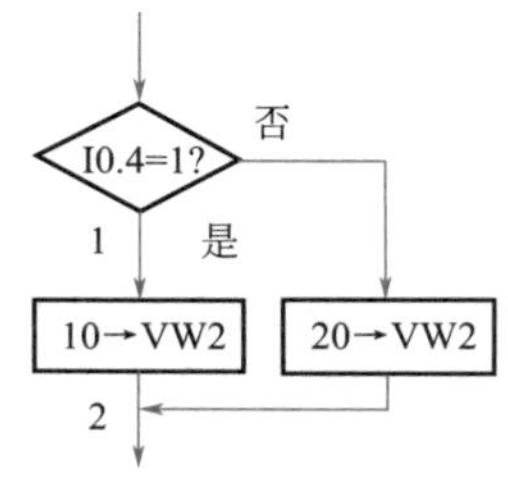

图 4-51 跳转指令实现的流程图

```
LD   I0.4
JMP   1                     //I0.4 为 1 状态时跳转到标号指令 LBL 1 处
LD   SM0.0
```

```
MOVW  20, VW2              //I0.4 为 0 状态时将 20 送 VW2
JMP  2                     // 跳转到标号指令 LBL 2 处
LBL  1
LD  SM0.0
MOVW  10, VW2              //I0.4 为 1 状态时将 10 送 VW2
LBL  2
```

4.6.3 循环指令

循环指令为解决重复执行相同功能程序段的问题提供了极大的方便，并且优化了程序结构。该指令由循环开始指令（FOR）和循环结束指令（NEXT）组成。FOR 用来标志循环体的开始。NEXT 用来标记循环体的结束，无操作数。两者必须配合使用，缺一不可。FOR 和 NEXT 之间的程序段称为循环体，每执行一次循环体，当前计数值增 1，并且将其结果同终值进行比较，如果大于终值，则终止循环。

如果启动 FOR-NEXT 循环，它就继续循环过程直到完成迭代操作，除非从循环内部改变最后数值。

要点提示

可以在 FOR-NEXT 的循环过程中改变数值。

在 S7-200 SMART PLC 中，循环指令允许嵌套使用，最大嵌套深度为 8 重。通过循环指令的嵌套，可以增加指令的执行次数，对累加、连续读取数值等操作十分有用。

在此介绍 2 重循环指令的嵌套，嵌套程序如图 4-52 所示。当 I2.0 接通后，外部循环（即箭头 1 标注的循环）执行 100 次。当 I2.0 和 I2.1 都接通时，外部循环每执行一次，内部循环（即箭头 2 标注的循环）执行两次，因此程序共执行内部循环里的操作 200 次，外部循环里的操作 100 次。

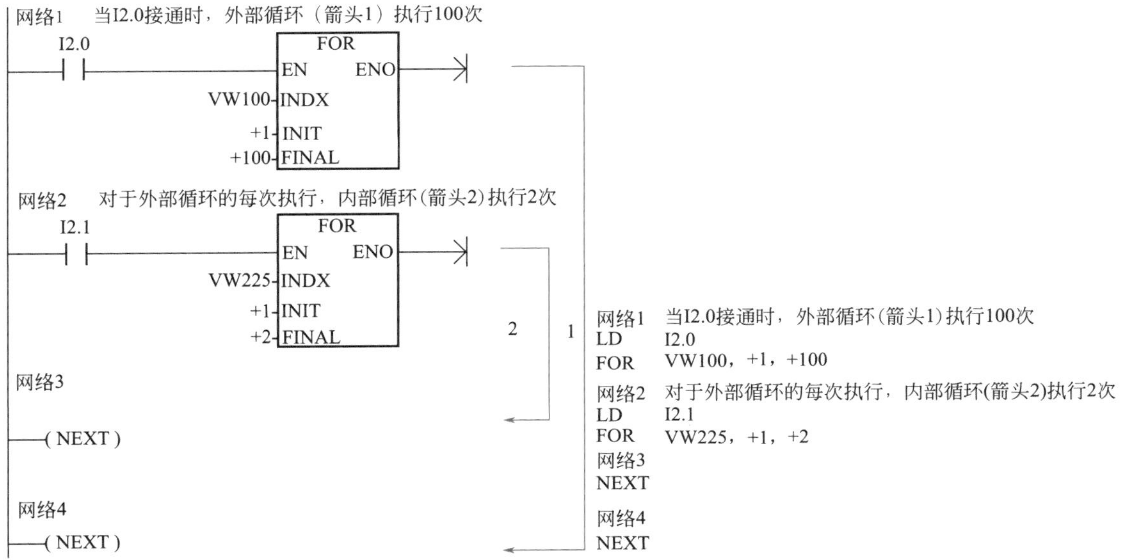

图 4-52　2 重循环指令的嵌套程序

【例 4-9】 简单循环实例。

循环程序梯形图如图 4-53 所示。使用状态表监控程序的运行如图 4-54 所示。VW100 值为 4，当 INDEX 大于终止值时，循环终止。

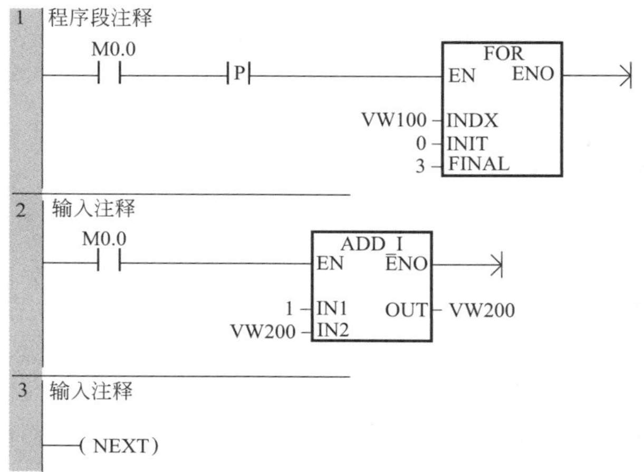

图 4-53 循环程序梯形图

	地址	格式	当前值
1	M0.0	位	2#0
2	VW100	有符号	+4
3	VW200	有符号	+4

图 4-54 状态监视图

【例 4-10】 在 I0.4 的上升沿，求 VB130 ～ VB133 这 4 个字节的异或值，用 VB134 保存。

首先将 VB134 清零，并设置地址指针 AC2 的初始值。第 1 次循环将指针 AC2 所指的 VB130 与 VB134 异或，然后将指针值加 1，指针指向 VB131，为下一次循环的异或运算作好准备。VB130 ～ VB133 同一位中 1 的个数为奇数时，VB134 对应位的值为 1，反之为 0。状态图表如图 4-55 所示。

	地址	格式	当前值
34	VB130	二进制	2#1000_1011
35	VB131	二进制	2#0100_1111
36	VB132	二进制	2#0101_0011
37	VB133	二进制	2#1110_1001
38	VB134	二进制	2#0111_1110

图 4-55 状态图表

```
LD  I0.4
EU
MOVB  0, VB134
MOVD  &VB130, AC2
FOR  VW0, 1, 4
LD   SM0.0
XORB *AC2, VB134
INCD AC2
NEXT
```

4.6.4 子程序指令

子程序在结构程序设计中是一种方便有效的工具。S7-200 SMART PLC具有简单、方便、灵活的子程序调用功能。与子程序有关的操作有建立子程序、子程序的调用和返回，与子程序有关的指令有子程序调用和返回指令。

（1）子程序调用指令和返回指令

在子程序中不能使用END指令。每个子程序在编译时，编译器自动在子程序的最后加入无条件返回指令RET（不需用户写入无条件返回指令）。当用户需要实现有条件返回时，可以在子程序使用有条件返回CRET指令。在子程序执行过程中，如果满足条件返回指令的返回条件，就结束子程序，返回到原调用处继续执行。

在梯形图中，子程序调用指令以功能框的形式编程，子程序返回指令以线圈形式编程。

（2）子程序调用过程的特点

① CRET多用于子程序的内部，由判断条件决定是否结束子程序调用，无条件返回指令RET用于子程序的结束。用STEP7编程时，编程人员不能手动输入RET指令，而是由软件自动加在每个子程序结尾。

② 子程序嵌套：如果在子程序的内部又对另一个子程序执行调用指令，则这种调用称为子程序的嵌套。子程序的嵌套深度最多为8重。

③ 当一个子程序被调用时，系统自动保存当前的堆栈数据，并把栈顶置1，堆栈中的其他置为0，子程序占有控制权。子程序执行结束，通过返回指令自动恢复原来的逻辑堆栈值，调用程序又重新取得控制权。

④ 累加器可在调用程序和被调用子程序之间自由传递，所以累加器的值在子程序调用时既不保存也不恢复。

（3）带参数的子程序调用

子程序中可以有参变量，带参数的子程序调用扩大了子程序的使用范围，增加了调用的灵活性。子程序的调用过程如果存在数据的传递，则在调用指令中应包含相应的参数。

① 子程序参数。子程序最多可以传递16个参数。参数在子程序的局部变量表中加以定义。参数包含变量名、变量类型和数据类型。

- 变量名：最多用8个字符表示，第1个字符不能是数字。
- 变量类型：按变量对应数据的传递方向来划分，可以是传入子程序（IN）、传入和传出子程序（IN/OUT）、传出子程序（OUT）和暂时（TEMP）4种类型。它们的参数在局部变量表中的位置必须按以下先后顺序排列。

IN类型：传入子程序参数。所接的参数可以是直接寻址数据（如VB100）、间接寻址数据（如AC1）、立即数（如16 # 2344）和数据的地址值（如&VB106）。

IN/OUT类型：传入/传出子程序参数。调用时将指定地址的参数值传到子程序，返回时从子程序得到的结果值被返回到同一地址。参数可以采用直接和间接寻址，但立即数（如16 # 1234）和地址值（如&VB100）不能作为参数。

OUT类型：传出子程序参数。它将从子程序返回的结果值送到指定的参数位置。输出参数可以采用直接和间接寻址，但不能是立即数或地址值。

TEMP类型：暂时变量类型。在子程序内部暂时存储数据，不能用来与主程序传递参数数据。

- 数据类型：局部变量表中还要对数据类型进行声明。数据类型可以是能流、布尔型、字节型、字型、双字型、整型、双整型和实型。

能流：仅允许对位输入操作，是位逻辑运算的结果。在局部变量表中布尔能流输入处于所有类型的最前面。

布尔型：布尔型用于单独的位输入和位输出。

字节型、字型和双字型：这 3 种类型分别声明一个 1 字节、2 字节和 4 字节的无符号输入或输出参数。

整型、双整型：这两种类型分别声明一个 2 字节和 4 字节的有符号输入或输出参数。

实型：该类型声明一个符合 IEEE 标准的 32 位浮点参数。

② 参数子程序调用的规则。常数参数必须声明数据类型。例如：如果缺少常数参数的这一描述，常数可能会被当作不同类型使用。

输入或输出参数没有自动数据类型转换功能。例如：局部变量表中声明一个参数为实型，而在调用时使用一个双字，则子程序中的值就是双字。

参数在调用时必须按照一定的顺序排列，先是输入参数，然后是输入输出参数，最后是输出参数。

③ 局部变量表的使用。按照子程序指令的调用顺序，将参数值分配到局部变量存储器，起始地址是 L0.0。使用编程软件时，地址分配是自动的。

在语句表中，带参数的子程序调用指令格式为 CALL n，IN（IN_OUT），OUT（IN_OUT）。

其中：n 为子程序号，IN 为传递到子程序中的参数，IN_OUT 为传递到子程序的参数、子程序的结果值返回到的位置，OUT 为由子程序结果返回到指定的参数位置。

影响允许输出 ENO 正常工作的出错条件为 SM4.3（运行时间）、0008（子程序嵌套超界）。

带参数调用的子程序的使用说明实例如图 4-56 所示。在梯形图中，功能框左侧的 I0.2、I0.3、VW1000、VW1002 将其位置的参数传递到子程序，右侧的 Q0.0 ～ Q0.5 为子程序结果返回到的位置。

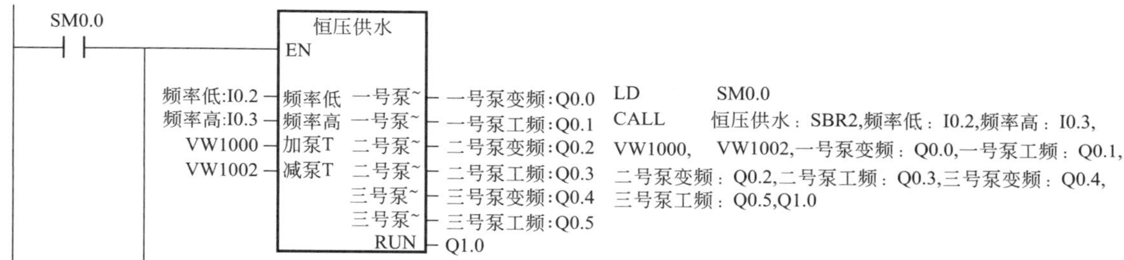

图 4-56　带参数调用的子程序的使用说明实例

【例 4-11】 对从 VB30 开始的 4B 数据作异或运算，并将运算结果存放在 VB40 中。

子程序与变量表如图 4-57 所示。OB1 与状态图表如图 4-58 所示。

子程序调用 - STEP 7-Micro/WIN SMART

主程序　正弦计算　异或运算　SBR_2　INT_0

```
1   LD     SM0.0
    MOVB   0, #异或结果                    //清结果单元
    BTI    #字节数B, #字节数I
    FOR    #循环计数器, 1, #字节数I        //字节→整数
2   LD     SM0.0
    XORB   *#地址指针, #异或结果           //异或运算
    INCD   #地址指针                       //指针值加1
3   NEXT
```

变量表

	地址	符号	变量类型	数据类型	注释
1	LD0	地址指针	IN	DWORD	
2	LB4	字节数B	IN	BYTE	
3			IN_OUT		
4	LB5	异或结果	OUT	BYTE	
5	LW6	循环计数器	TEMP	INT	
6	LW8	字节数I	TEMP	INT	

图 4-57　子程序与变量表

注：图中 DWORD 为 dword，BYTE 为 Byte，INT 为 int

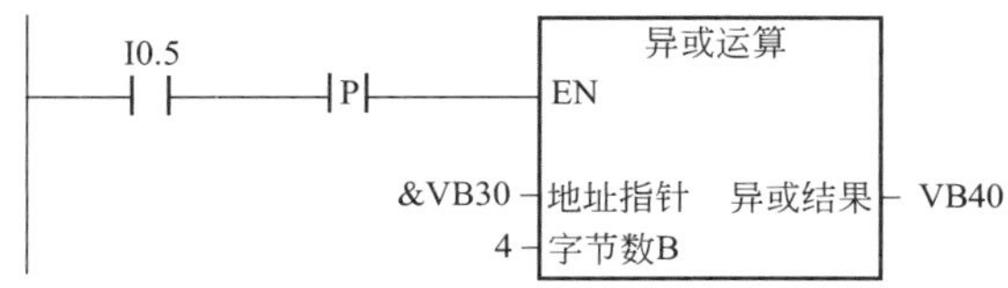

	地址	格式	当前值
1	VB30	二进制	2#1111_0011
2	VB31	二进制	2#0101_0100
3	VB32	二进制	2#1010_1011
4	VB33	二进制	2#1000_0101
5	VB40	二进制	2#1000_1001

图 4-58　OB1 与状态图表

【例 4-12】　有保持功能的电路的处理。

如果参数“电机”的数据类型为输出（OUT），就两次调用子程序 SBR_0，因为保存参数“电机”（L0.2）的存储器是共用的，接通 I0.0 外接的小开关，Q0.0 和 Q0.1 同时变为 ON。将输出参数“电机”的变量类型改为 IN_OUT，参数“电机”返回的运算结果分别用 Q0.0 和 Q0.1 保存，解决了上述问题。子程序如图 4-59 所示，主程序如图 4-60 所示。

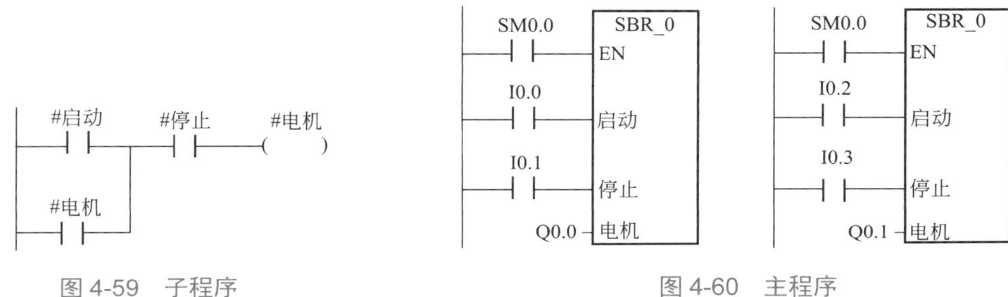

图 4-59　子程序

图 4-60　主程序

 4.6.5　ENO 指令

ENO（Enable Output）是在 S7-200 SMART PLC 的梯形图及功能块图中以功能框形式编程时的允许输出端，如果允许输入有效，并且指令执行正确，ENO 就能将能流向下传递，允许程序继续执行。

与 ENO 梯形图对应指令为 AENO，该指令的使用说明如图 4-61 所示。整数加法指令 ADD_I 的功能框，与填表操作 AD_T_TBL 的功能框串联在一起，如果整数加法指令执行正确，则直接进行填表操作。

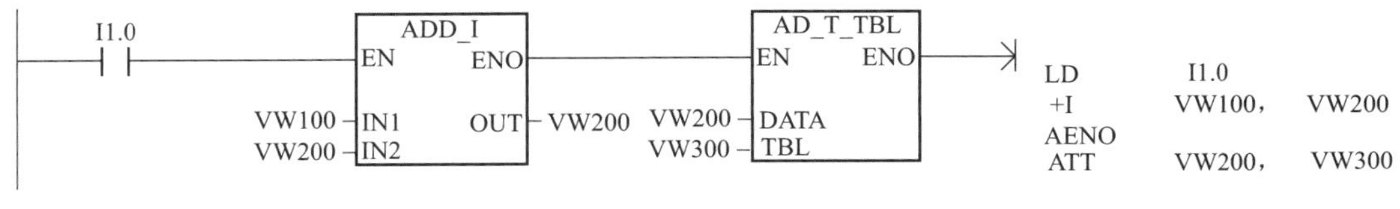

图 4-61　AENO 指令的使用说明

4.7　中断指令

中断是计算机在实时处理和实时控制中不可缺少的一项技术，应用十分广泛。所谓中断，是当控制系统执行正常程序时，系统中出现了某些急需处理的情况或特殊请求，这时系

统暂时中断现行程序，转去对随机发生的更紧迫事件进行处理（执行中断服务程序），当该事件处理完后，系统自动回到原来被中断的程序继续执行。中断事件的发生具有随机性，中断在 PLC 应用系统中的人机联系、实时处理、通信处理和网络中非常重要。与中断相关的操作有中断服务和中断控制两种，这两种操作都需要中断指令来完成。本节在讲述中断指令之前，先介绍中断源、中断程序的调用原则等有关中断的基本知识，以便深入了解中断指令的使用方法。

中断调用指令格式见表 4-17。

表 4-17　中断调用指令格式

指令名称	语句表	梯形图	功能
开中断指令 ENI	ENI	—(ENI)	全局地开放所有中断事件
关中断指令 DISI	DISI	—(DISI)	全局地关闭所有被连接的中断事件
中断连接指令 ATCH	ATCH INT，EVENT	ATCH EN　ENO INT EVNT	当 EN 有效时，把一个中断事件 EVENT 和一个中断程序 INT 联系起来，并允许这一个中断事件
中断分离指令 DTCH	DTCH EVENT	DTCH EN　ENO EVNT	当 EN 有效时，切断一个中断事件和所有中断程序的联系，并禁止该中断事件
中断返回指令 RETI 和 CRETI	RETI CRETI	—(RETI)	当中断结束时，通过中断返回指令退出中断服务程序，返回到主程序。RETI 是无条件返回指令，CRETI 是有条件返回指令

(1) 中断源

中断源是中断事件向 PLC 发出中断请求的来源。S7-200 SMART CPU 最多可有 34 个中断源，每个中断源都分配一个编号用于识别，称为中断事件号。这些中断源大致分为通信中断、I/O 中断和定时中断三大类。

① 通信中断。在 PLC 的自由通信模式下，通过建立通信中断事件，使用通信指令控制 PLC 的串行通信口与其他设备间的通信。

② I/O 中断。I/O 中断包括外部输入中断、高速计数器中断和高速脉冲串输出中断。外部输入中断是系统利用 I0.0 ～ I0.3 的上升沿或下降沿来产生中断，这些输入点可被用作连接某些一旦发生必须引起注意的外部事件；高速计数器中断可以响应当前值等于预设值、计数方向的改变、计数器外部复位等事件所引起的中断；高速脉冲串输出中断可以用来响应给定数量的脉冲输出完成所引起的中断。

③ 定时中断。定时中断可用来支持一个周期性的活动。周期时间以 1ms 为单位，周期设定时间为 5 ～ 255ms。对于定时中断 0，把周期时间值写入 SMB34；对于定时中断 1，把周期时间值写入 SMB35。每当达到定时时间值时，相关定时器溢出，执行中断处理程序。

定时中断可以用来以固定的时间间隔作为采样周期，对模拟量进行采样，也可以用来执行一个 PID 控制回路。定时器中断就是利用定时器来对一个指定的时间段产生中断。这类中断只能使用 1ms 通电延时和断电延时定时器 T32 和 T96。当所用的当前值等于预定值时，在主机正常的定时刷新中执行中断程序。

具体中断事件见表 4-18。

表 4-18　中断事件描述

优先级分组	中断号	中断描述	优先级分组	中断号	中断描述
通信（最高）	8	端口 0：字符接收	I/O（中等）	38*	信号板输入 I7.1 的下降沿
	9	端口 0：发送完成		12	HSC0 的当前值等于预设值
	23	端口 0：接收消息完成		27	HSC0 输入方向改变
	24*	端口 1：接收消息完成		28	HSC0 外部复位
	25*	端口 1：字符接收		13	HSC1 的当前值等于预设值
	26*	端口 1：发送完成		16	HSC2 的当前值等于预设值
I/O（中等）	19*	PTO0 脉冲计数完成		17	HSC2 输入方向改变
	20*	PTO1 脉冲计数完成		18	HSC2 外部复位
	34*	PTO2 脉冲计数完成		32	HSC3 的当前值等于预设值
	0	I0.0 的上升沿		29*	HSC4 的当前值等于预设值
	2	I0.1 的上升沿		30*	HSC4 输入方向改变
	4	I0.2 的上升沿		31*	HSC4 外部复位
	6	I0.3 的上升沿		33*	HSC5 的当前值等于预设值
	1	I0.0 的下降沿		43*	HSC5 输入方向改变
	3	I0.1 的下降沿		44*	HSC5 外部复位
	5	I0.2 的下降沿	定时（最低）	10	定时中断 0，使用 SMB34
	7	I0.3 的下降沿		11	定时中断 1，使用 SMB35
	35*	信号板输入 I7.0 的上升沿		21	T32 的当前值等于预设值
	37*	信号板输入 I7.1 的上升沿		22	T96 的当前值等于预设值
	36*	信号板输入 I7.0 的下降沿			

（2）中断程序的调用原则

在 PLC 控制系统中通常有多个中断源。当多个中断同时向 CPU 申请中断时，要求 CPU 能将全部中断源按中断性质和处理的轻重缓急进行排队，并给予优先权。中断源被处理的次序就是中断优先级。

中断优先级由高到低的顺序依次是通信中断、I/O 中断、定时中断。

在 PLC 中，CPU 一般在指定的优先级内按照先来先服务的原则响应中断事件的中断请求，在任何时刻，CPU 只执行一个中断程序。当 CPU 按照中断优先级响应并执行一个中断程序时，就不会响应其他中断事件的中断请求（尽管此时可能会有更高级别的中断事件发出中断请求），直到将当前的中断程序执行结束。在 CPU 执行中断程序期间，对新出现的中断事件仍然按照中断性质和优先级的顺序分别进行排队，形成中断队列。

(3) 中断调用指令

中断源向 PLC 发出中断请求，经过中断判优，将优先级最高的中断请求送给 CPU，CPU 响应中断后自动保存逻辑堆栈、累加器和某些特殊标志寄存器位，即保护现场。中断处理完成后，又自动恢复这些单元保存起来的数据，即恢复现场。如果要完成上述中断请求和中断相应操作，就需在编辑程序中使用中断调用指令。

中断调用指令的说明如下。

① 当进入正常运行 RUN 模式时，CPU 禁止所有中断，只有在 RUN 模式下执行中断允许指令 ENI，才能允许开放所有中断。

② 多个中断事件可以调用同一个中断服务程序，但是同一个中断事件不能同时调用多个中断程序。

③ 中断分离指令 DTCH 禁止中断事件和中断程序之间的联系，它仅禁止某中断事件；中断禁止指令 DISI 禁止所有中断。

④ 操作数。

INT 中断程序号　　0 ~ 127（为常数）

EVENT 中断事件号　　0 ~ 32（为常数）

(4) 中断程序

中断程序也称中断服务程序，是用户为处理中断事件而事先编制的程序，编程时可以用中断程序入口的中断程序号识别每一个中断程序。中断服务程序由中断程序号开始，以无条件返回指令结束。在中断程序中，用户也可根据前面逻辑条件使用条件返回指令，返回主程序。PLC 系统中的中断指令与计算机原理中的不同，它不允许嵌套中断，但在中断程序中可以调用一个嵌套子程序，因为累加器和逻辑堆栈在中断程序和被调用的子程序中是公用的。

【例 4-13】 编制 I0.0 下降沿中断程序。

网络 1：SM0.1=1，定义中断服务程序 INT—0 为 I0.0 下降沿中断，开全局中断。网络 2：检测到 I/O 错误，SM5.0=1，禁用 I0.0 下降沿中断。若检测到 I/O 错误，则返回到主程序。

中断调用程序如图 4-62 所示，中断服务程序如图 4-63 所示。

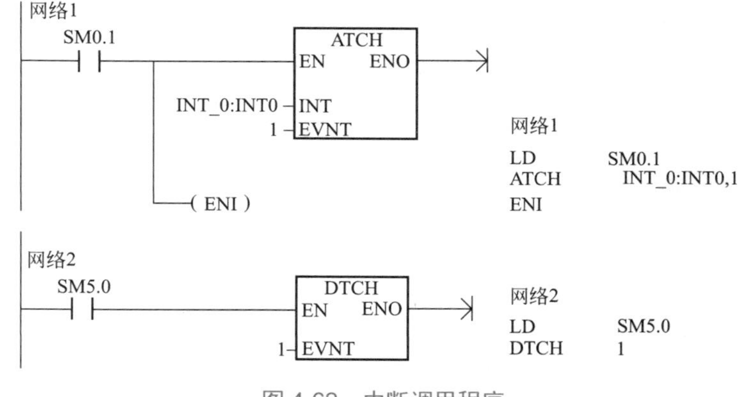

图 4-62　中断调用程序

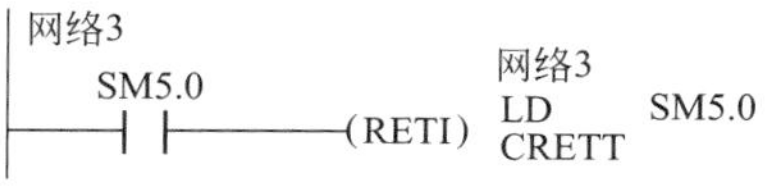

```
网络3
      SM5.0                          网络3
  ----| |--------(RETI)              LD      SM5.0
                                     CRETT
```

图 4-63　中断服务程序

【例 4-14】 用定时中断 0 实现周期为 2s 的高精度定时。

```
// 主程序 OB1
LD  SM0.1                        // 第 1 次扫描时
MOVB  0, VB10                    // 将中断次数计数器清 0
MOVB  250, SMB34                 // 设置定时中断 0 的中断时间间隔为 250ms
ATCH  INT_0, 10                  // 指定产生定时中断 0 时执行 0 号中断程序
ENI                              // 允许全局中断

// 中断程序 INT_0，每隔 250ms 中断一次
LD  SM0.0                        // 该位总是为 ON
INCB VB10                        // 中断次数计数器加 1
LDB=8, VB10                      // 如果中断了 8 次（2s）
MOVB  0, VB10                    // 将中断次数计数器清 0
INCB    QB0                      //  每 2s 将 QB0 加 1
```

【例 4-15】 使用 T32 中断控制 8 位节日彩灯，每 3s 循环左移一位。1ms 定时器 T32 定时时间的中断事件号为 21，最长定时时间为 32.767s。

```
// 主程序 OB1
LD  SM0.1                        // 第 1 次扫描时
MOVB  16#F, QB0                  // 设置彩灯的初始状态，最低 4 位的灯被点亮
ATCH  INT_0, 21                  // 指定 T32 定时时间到时执行中断程序 INT_0
ENI                              // 允许全局中断
LDN M0.0                         //T32 和 M0.0 组成脉冲发生器
TON T32, 3000                    //T32 的预设值为 3000ms
LD  T32
=    M0.0
// 中断程序 INT_0
LD  SM0.0
RLB  QB0, 1                      // 彩灯循环左移 1 位
```

4.8　高速计数器与高速脉冲输出

普通计数器是按照顺序扫描方式工作，在每个扫描周期中，对计数脉冲只能进行一次计数累加，而高速计数器可用来累计比 PLC 扫描频率高的脉冲输入（30Hz），利用产生的中断事件完成预定的操作。高速计数器 HSC（High Speed Counter）在定位控制领域中有重要的应用价值。使用高速计数器功能，需要通过高速计数器指令来完成执行工作。

高速脉冲输出功能是指在 PLC 的某些输出端产生高速脉冲，用来驱动负载，实现高速输出和精确控制，高速脉冲输出指令正是为了实现这种功能而开发的。

高速计数器与高速脉冲输出指令见表 4-19。S7-200 SMART PLC 有 6 个高速计数器 HSC0 ～ HSC5，以设置 8 种不同的工作模式。

表 4-19　高速计数器与高速脉冲输出指令

指令名称	语句表	梯形图	功能
定义高速计数器	HDEF HSC MODE	HDEF EN ENO HSC MODE	当 EN 有效时，为指定的高速计数器分配一种工作模式
执行高速计数	HSC N	HSC EN ENO N	当 EN 有效时，根据高速计数器特殊存储器位的状态，并按照 HDEF 指令指定的模式，设置高速计数器
脉冲输出	PLS N	PLS EN ENO N	高速脉冲输出指令，当 EN 有效时，检测各个与 PLS 指令相关的特殊继电器位，激活由控制位定义的脉冲操作，从 Q0.0 或 Q0.1 输出高速脉冲

4.8.1　高速计数器

高速计数器一般与增量式编码器一起使用。编码器每转发出一定数量的计数脉冲和一个复位脉冲，作为高速计数器的输入。高速计数器有一组预设值，开始运行时装入第 1 个预设值。当前计数值小于预设值时，设置的输出为 ON。当前计数值等于预设值或有外部复位信号时，产生中断。发生当前计数值等于预设值的中断时，装载入新的预设值，并设置下一阶段的输出。出现复位中断事件时，装入第 1 个预设值和设置第 1 组输出状态，以重复该循环。

（1）增量式编码器

光电增量式编码器的码盘上有均匀刻制的光栅。码盘旋转时，输出与转角的增量成正比的脉冲，用高速计数器来计脉冲数。根据输出信号的个数，有下列 3 种增量式编码器。

① 单通道增量式编码器内部只有 1 对光耦合器，只能产生一个脉冲序列。

② 双通道增量式编码器又称为 A/B 相型编码器，内部有两对光耦合器，能输出相位差为 90° 的两路独立的脉冲序列。正转和反转时两路脉冲的超前、滞后关系刚好相反，如果使用 A/B 相型编码器，PLC 可以识别出转轴旋转的方向。

③ 三通道增量式编码器内部除了有双通道增量式编码器的两对光耦合器外，在脉冲码盘的另外一个通道有一个透光段，每转 1 圈，输出一个脉冲，该脉冲称为 Z 相零位脉冲，用作系统清零信号，或者作为坐标的原点，以减少测量的积累误差。

（2）绝对式编码器

N 位绝对式编码器有 *N* 个码道，最外层的码道对应于编码的最低位。每个码道有一个光耦合器，用来读取该码道的 0、1 数据。绝对式编码器输出的 *N* 位二进制反映了运动物体所处的绝对位置，根据位置的变化情况，可以判别出旋转的方向。

（3）高速计数器的工作模式

S7-200 SMART PLC 的高速计数器有 8 种工作模式（4 类）。

① 具有内部方向控制功能的单相时钟计数器（模式 0、1），用高速计数器的控制字节的第 3 位来控制加计数或减计数。该位为 1 时为加计数，为 0 时为减计数，如图 4-64 所示。

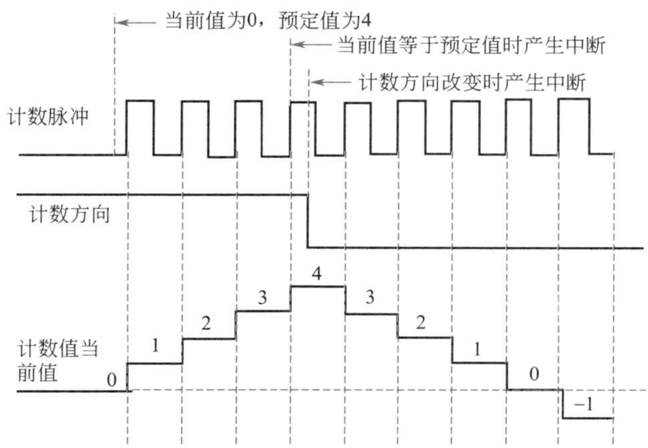

图 4-64 具有内部方向控制功能的单相时钟计数器的时序图

② 具有外部方向控制功能的单相时钟计数器（模式 3、4），方向输入信号为 1 时为加计数，为 0 时为减计数，如图 4-65 所示。

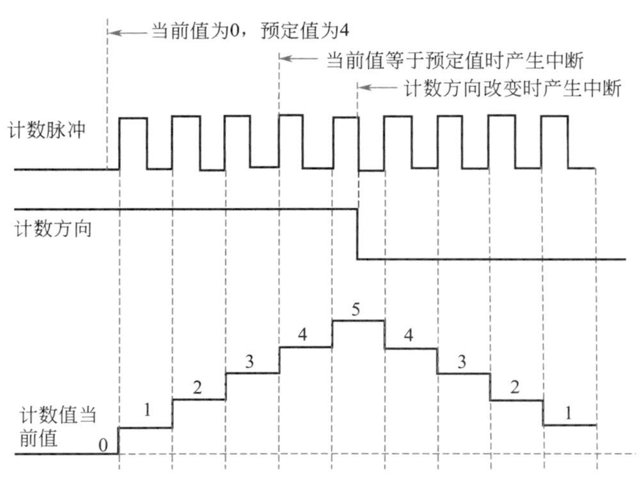

图 4-65 具有外部方向控制功能的单相时钟计数器的时序图

③ 具有加、减时钟脉冲输入的双相时钟计数器（模式 5、6），若加计数脉冲和减计数脉冲的上升沿出现的时间间隔不到 0.3μs，则高速计数器认为这两个事件是同时发生的，当前值不变，也不会有计数方向变化的指示。反之，高速计数器能捕捉到每一个独立事件。如图 4-66 所示。

④ A/B 相正交计数器（模式 9、10）的两路计数脉冲的相位互差 90°，正转时为加计数，反转时为减计数。

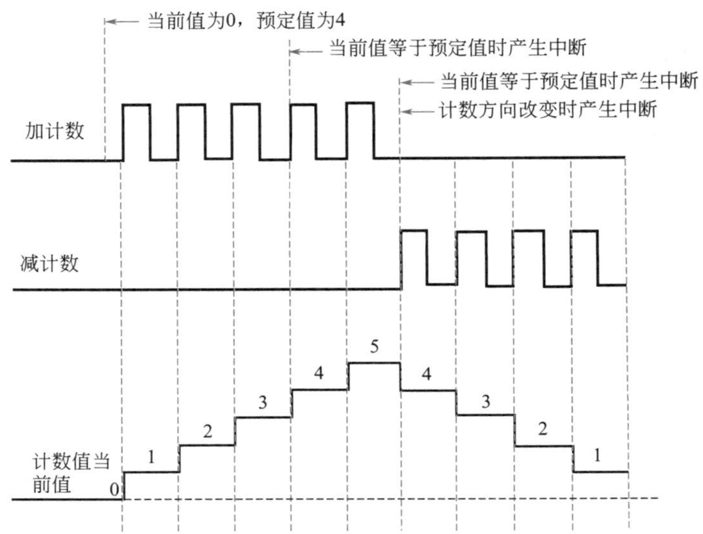

图 4-66　具有加、减时钟脉冲输入的双相时钟计数器的时序图

A/B 相正交计数器可以选择 1 倍率模式（图 4-67）和 4 倍率模式（图 4-68），1 倍率模式在时钟脉冲的每一个周期计 1 次数，4 倍率模式在两个时钟脉冲的上升沿和下降沿都要计数，因此时钟脉冲的每一个周期要计 4 次数。

这 8 种工作模式根据有无外部复位输入又可以分为有外部复位和无外部复位两种。模式 1、4、7、10 有外部复位功能。

（4）高速计数器的外部输入信号

高速计数器的输入点相互之间或它们与边沿中断（I0.0 ～ I0.3）的输入点之间有重叠，同一个输入点不能同时用于两种不同的功能。高速计数器当前模式未使用的输入点可以用于其他功能。

HSC0、HSC2、HSC4 和 HSC5 支持全部 8 种计数模式，HSC1 和 HSC3 因为只有一个时钟脉冲输入，只支持模式 0。

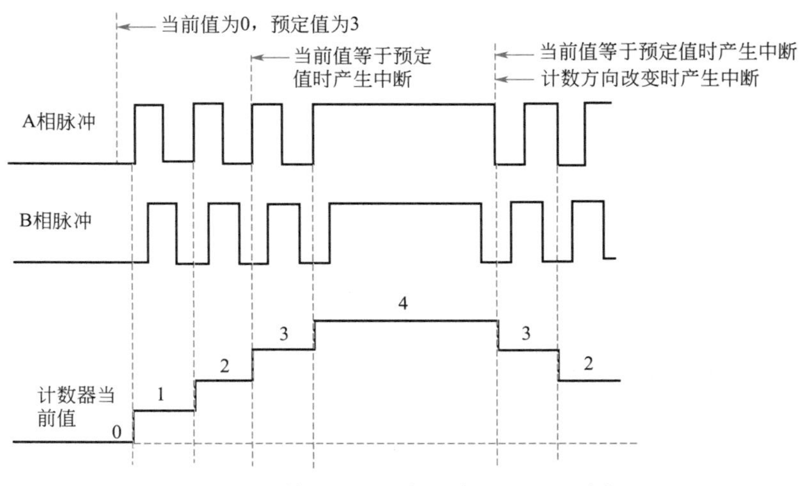

图 4-67　1 倍率的 A/B 相正交计数器的时序图

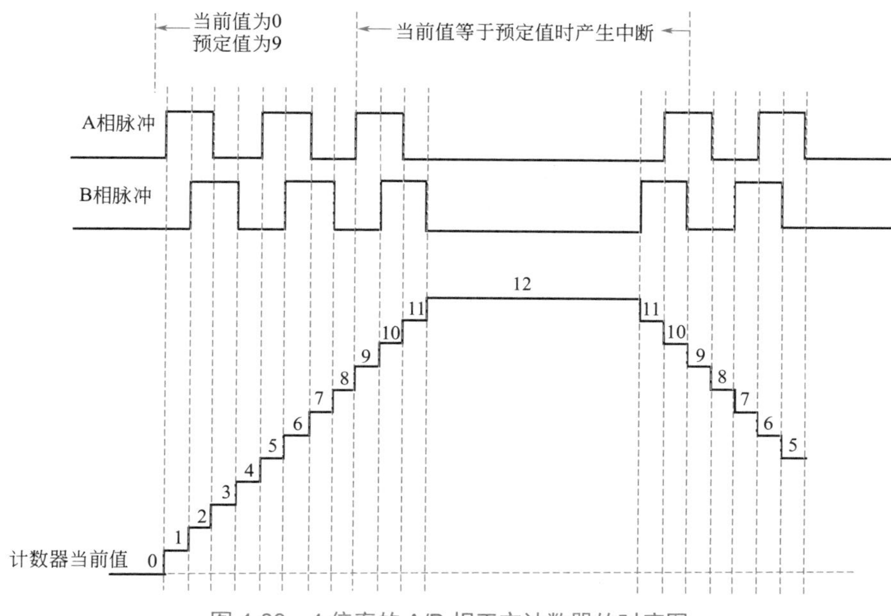

图 4-68　4 倍率的 A/B 相正交计数器的时序图

【例 4-16】 包装数粒机控制系统应用高速计数器对料斗中的产品进行累计，集料斗中检测到 60 粒产品时，自动打开集料斗下方的气动阀门，完成瓶装产品。采用的 PLC 为 S7-200 CPU224。

选用高速计数器 HC0，工作模式为 0，采用当前值等于设定值的中断事件，中断事件号为 12，启动瓶装子程序。主程序的功能是 SM0.1=1，调用高速计数器初始化子程序 SBR—0。子程序的功能是 SM0.0=1，将控制字写入 SMB37，执行 HDEF 指令，选择 HC0，工作模式为 0，向 SMD38 写入当前值 0，将设定值 60 传送到 SMD42，执行中断连接指令，将中断程序 INT—0 与中断事件 12 连接起来，开全局中断，执行高速计数器指令 HSC。中断服务程序的功能是 SM0.0=1，调用瓶装子程序 SBR—1，更改新的设定值和初始值。

主程序功能如图 4-69 所示，该子程序 1 功能如图 4-70 所示，该中断服务程序 0 功能如图 4-71 所示。

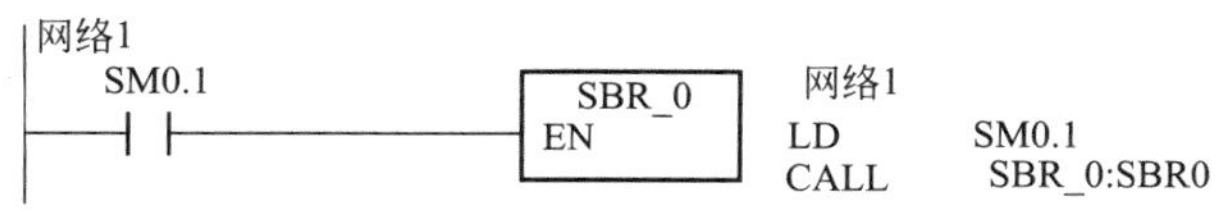

图 4-69　包装数粒机控制系统的主程序

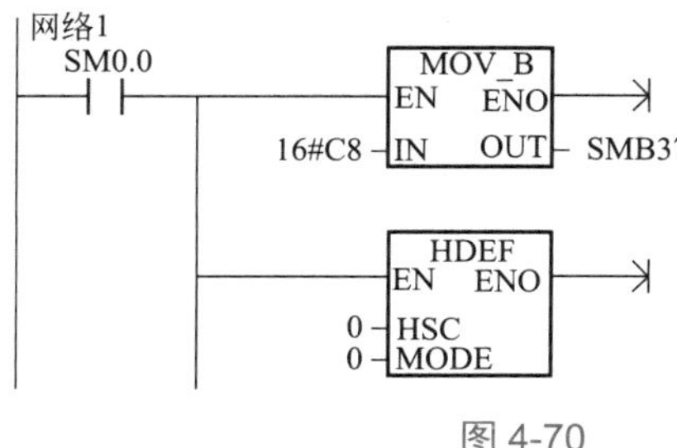

图 4-70

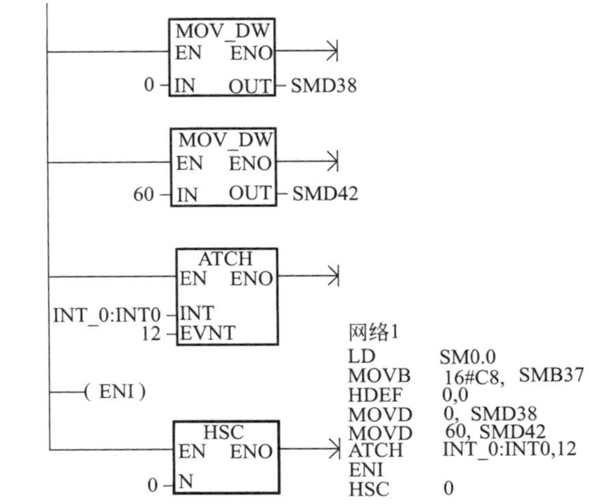

图 4-70　包装数粒机控制系统的子程序 1

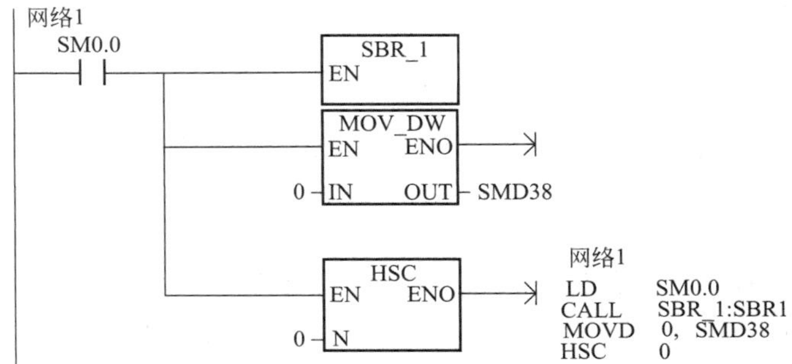

图 4-71　包装数粒机控制系统的中断服务程序 0

4.8.2　高速脉冲输出与开环位置控制

（1）PWM 发生器

脉冲宽度调制（PWM，简称为脉宽调制）功能提供连续的、周期与脉冲宽度可以由用户控制的输出。CPU ST20 有 Q0.0 和 Q0.1 两个脉冲输出通道，CPU ST30/ST40/ST60 有 Q0.0、Q0.1 和 Q0.3 这 3 个脉冲输出通道，支持的最大脉冲频率为 100kHz。

脉冲指令“PLS N”的参数 N 为 0、1、2，分别对应于通道 Q0.0、Q0.1 和 Q0.3。同一个通道不能同时用于运动控制和输出 PWM。

PWM 脉冲发生器与过程映像寄存器共同使用 Q0.0、Q0.1 和 Q0.3。当它们被设置为 PWM 功能时，PWM 发生器控制这些输出点，禁止使用这些输出点的数字量输出功能，此时输出波形不受输出过程映像寄存器的状态、输出强制或立即输出指令的影响。PWM 发生器未激活时，它们作为普通的输出过程映像寄存器使用。

要点提示

在启用 PWM 操作之前，用 R 指令将对应的输出过程映像寄存器复位为 0。

脉冲宽度与脉冲周期之比称为占空比，PWM 功能提供不同占空比的脉冲输出，时间基准可以设置为 μs 或 ms。当脉冲宽度设置为等于周期值时，占空比为 100%，输出连续接通。当脉冲宽度为 0 时，占空比为 0，输出断开。PWM 输出的最小负载必须至少为额定负载的 10%，才能快速切换输出脉冲的状态。

在特殊存储器区，每个 PWM 发生器有一个 8 位的控制字节、16 位无符号的周期值和脉冲宽度值字，以及一个无符号 32 位脉冲计数值双字，可以用 PWM 向导来设置 PWM 发生器的参数。

【例 4-17】 编写实现脉冲宽度调制的程序。根据要求设定控制字节（SMB77)=16#DB，设定周期为 10000ms、脉冲宽度为 1000ms，通过 Q0.1 输出。

一般的，使用子程序为脉冲输出初始化 PWM，从主程序调用初始化子程序。在主程序中，在 PLC 从 STOP 转为 RUN 状态时，SM0.1 接通一个周期，此时将输出 Q0.1 清零，然后调用初始化子程序 SBR_0。在子程序中，当 PLC 处于 RUN 模式时，将控制字 16#DB 存储到 SMB77、周期值存储到 SMW78、脉冲宽度存储到 SMW80，然后执行 PLS 指令。

PWM 主程序的功能是 SM0.1=1，将 Q0.1 复位，调用子程序 SBR—0，如图 4-72 所示。PWM 子程序的功能是 SM0.0=1，设置控制字节（SMB77)=16#DB，设置周期（SMW78）= 10000，设置脉冲宽度（SMW80）=1000，执行 PLS 指令，如图 4-73 所示。

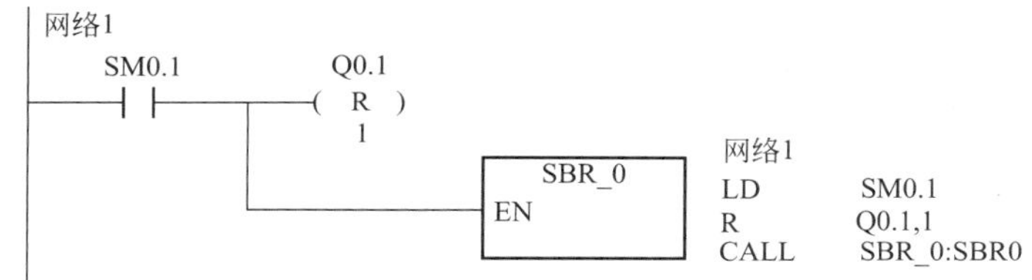

图 4-72 PWM 主程序

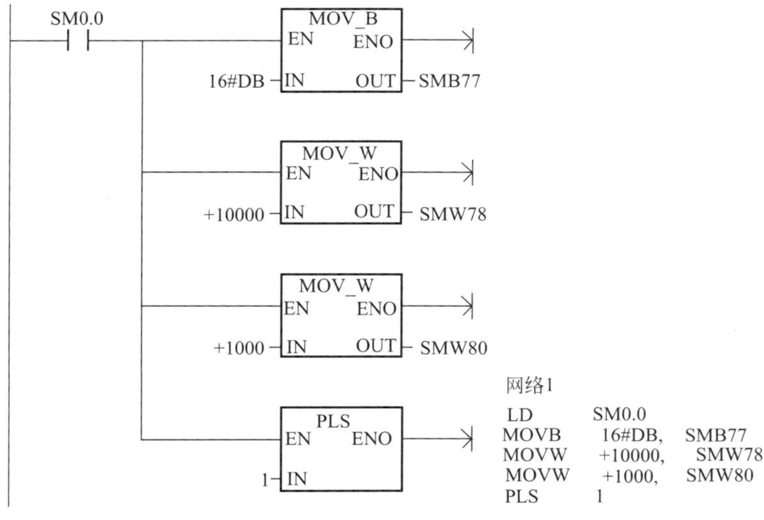

图 4-73 PWM 子程序

（2）开环位置控制

① 最大速度与启动 / 停止速度。最大速度 MAX_SPEED（图 4-74）是在电动机力矩允许的范围内，最佳操作速度的最大值。驱动负载所需的力矩由摩擦力、惯性及加速 / 减速时间

决定。

在电动机允许范围内设置一个启动 / 停止速度 SS_SPEED，它应满足电动机在低速时驱动负载的能力。如果 SS_SPEED 的数值过低，则电动机和负载在运动的开始和结束时可能会摇摆或颤动。如果 SS_SPEED 的数值过高，则电动机会在启动时丢失脉冲，在负载停止时可能会使电动机过载。SS_SPEED 通常是 MAX_SPEED 的 5% ～ 15%。

② 运动轴的曲线如图 4-74 所示。

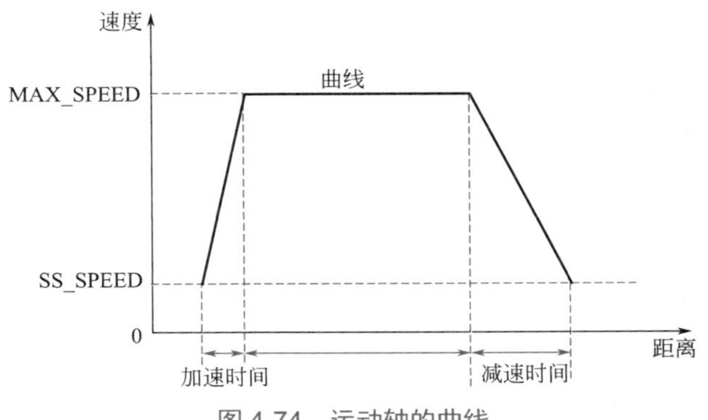

图 4-74　运动轴的曲线

【例 4-18】 某加速步进电机，1 段加速运行，频率为 2kHz，脉冲数为 200 个；2 段恒速运行，*B* 点频率为 10kHz，脉冲数为 3400 个；3 段为减速运行，*C* 点的频率仍为 10kHz，脉冲数为 400 个。运行曲线如图 4-75 所示。

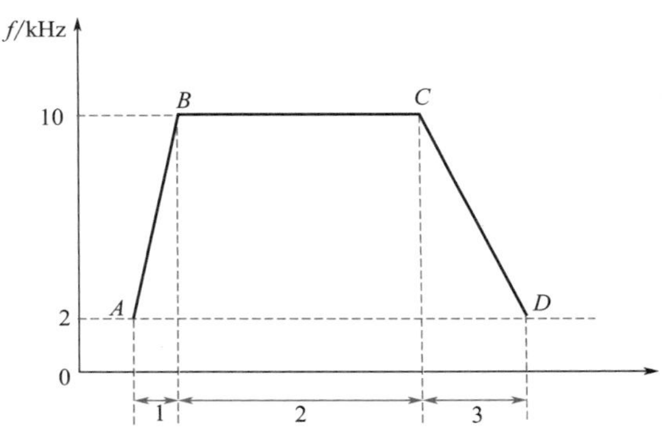

图 4-75　步进电机的运行曲线

该例的设计步骤如下。

① 选择由 Q0.0 输出，由图 4-75 可知，选择三段管线的输出形式。

② 选择周期值的时基单位，因为段 2 输出的频率最大，为 10kHz，对应的周期值为 100μs，因此选择时基单位为 μs，向 SMB67 写入控制字 16#A0。

③ 确定初始周期时间、周期增量值。

a. 初始周期时间是将每段管线初始频率换算成时间，段 1 为 500μs，段 2 为 100μs，段 3 为 100μs。

b. 周期增量值的确定可通过计算公式 $(T_{n+1}-T_n)/N$ 来得到。其中：T_{n+1} 为该段结束的周期时间，T_n 为该段开始的周期时间，N 为该段的脉冲数。

④ 建立包络表。该包络表的首地址为 VB500，包络表中的参数见表 4-20。

表 4-20 包络表中的参数

地址	数值	描述	
VB500	3	总段数	
VW501	500	初始周期时间	段 1
VW503	-2	周期增量值	
VD505	200	脉冲数	
VW509	100	初始周期时间	段 2
VW511	0	周期增量值	
VD513	3400	脉冲数	
VW517	100	初始周期时间	段 3
VW519	1	周期增量值	
VD521	400	脉冲数	

按照 PTO 输出的编程要点的步骤编制系统主程序、初始化子程序及包络表子程序，如图 4-76 ～图 4-78 所示。

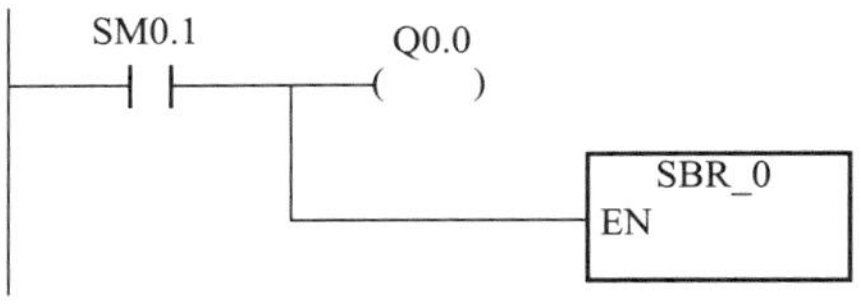

图 4-76 步进电机控制的主程序

图 4-76 中，当 PLC 由 STOP 转为 RUN 时，SM0.1 由 OFF 变为 ON 一个扫描周期，此时接通高速脉冲串输出 Q0.0，并调用初始化子程序 SBR_0。

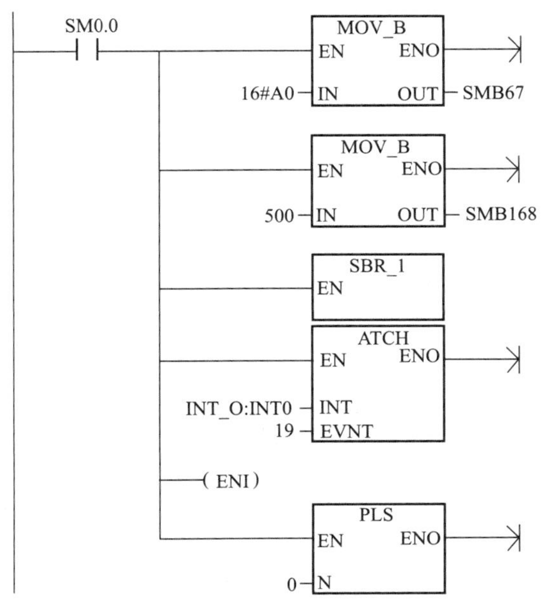

图 4-77 步进电机控制的初始化子程序（SBR_0）

图 4-77 中，在 PLC 处于 RUN 状态并被主程序调用后，将控制字 16#A0 传送到 SMB67，且将包络表存放到 SMB168，然后调用包络表子程序 SBR_1，将中断子程序与 19 号终端联系起来，开全局中断，最后执行 PLS 指令。

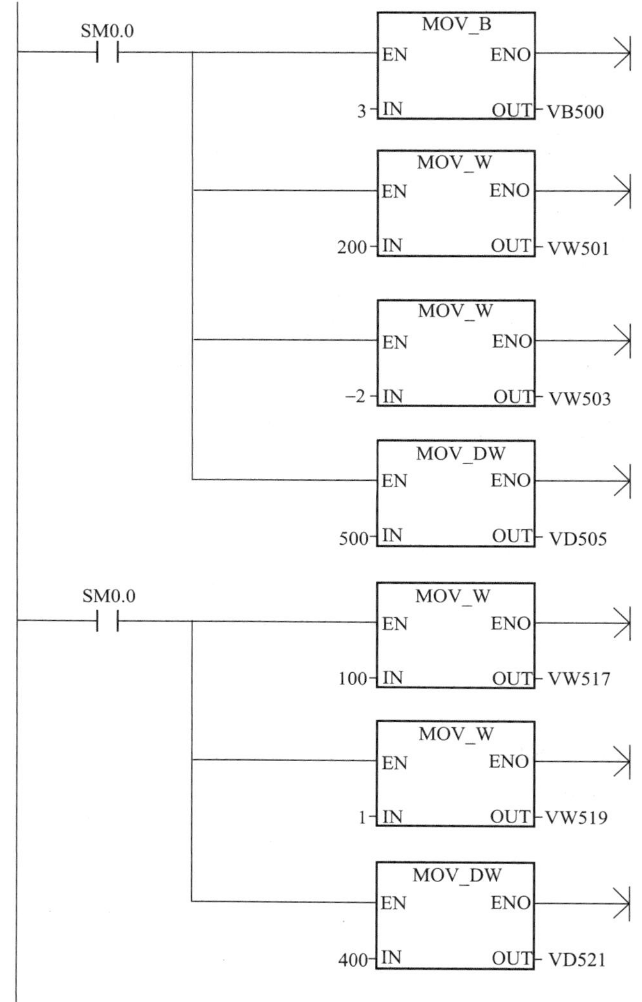

图 4-78　步进电机控制的包络表子程序

在图 4-78 中，在 PLC 处于 RUN 状态并被调用的情况下，将 3 段管线的包络表参数存放到包络表中。

4.9　实例 4——彩灯控制

（1）控制要求

现有 L1 ～ L8 共 8 盏霓虹灯管，要求按下开始按钮，霓虹灯 L1 ～ L8 以正序每隔 1s 轮流点亮，当 L8 亮后，停 2s；然后反向逆序隔 1s 轮流点亮，当 L1 再亮后，停 5s，重复上述过程。按下停止按钮，霓虹灯停止工作。

（2）I/O 分配

I/O 分配见表 4-21。

表 4-21　I/O 分配

输入			输出		
序号	符号	地址	序号	符号	地址
1	开始按钮	I1.0	1	L1 指示灯	Q0.0
2	停止按钮	I1.1	2	L2 指示灯	Q0.1
			3	L3 指示灯	Q0.2
			4	L4 指示灯	Q0.3
			5	L5 指示灯	Q0.4
			6	L6 指示灯	Q0.5
			7	L7 指示灯	Q0.6
			8	L8 指示灯	Q0.7

（3）梯形图

主程序如图 4-79 所示，循环子程序如图 4-80 所示，左移和右移子程序如图 4-81 所示。

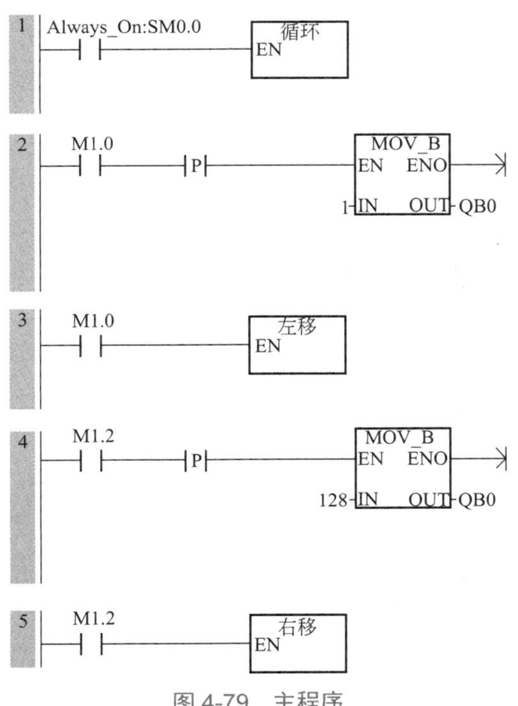

图 4-79　主程序

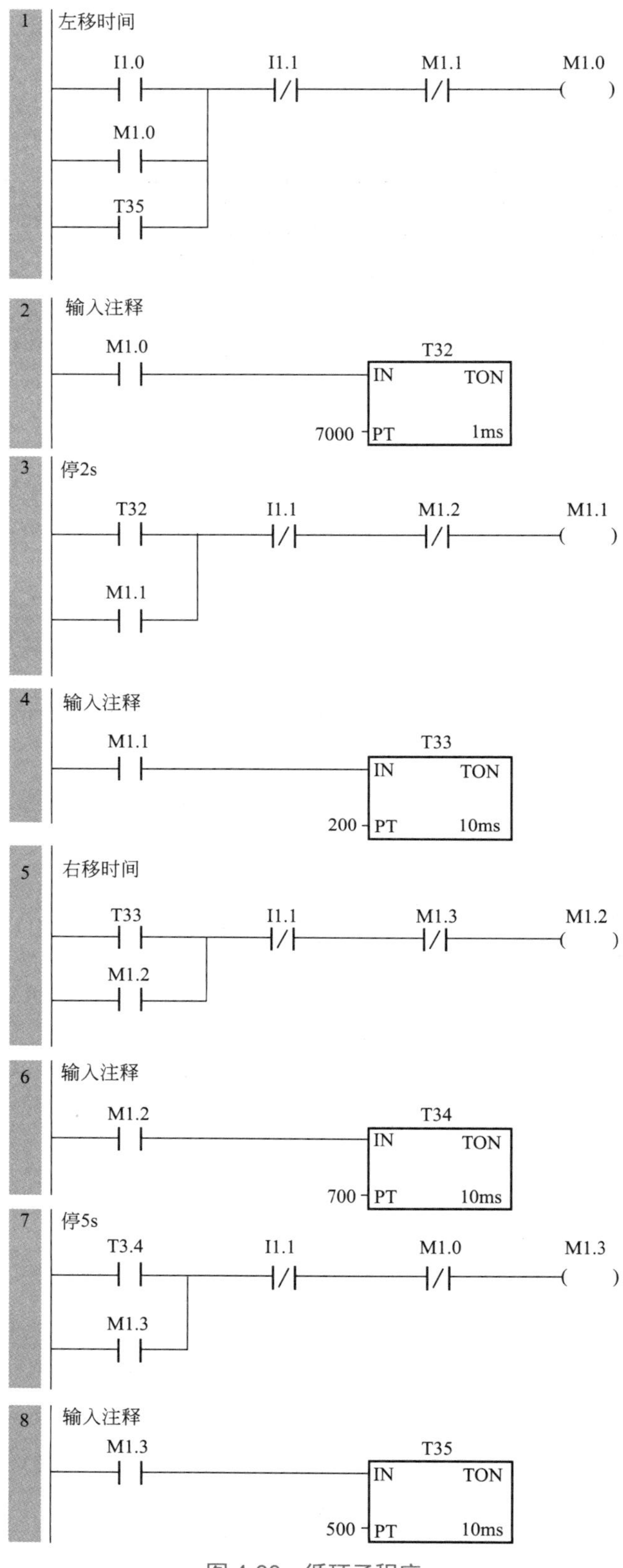
1
左移时间
I1.0
I1.1
M1.1
M1.0
M1.0
T35
2
输入注释
M1.0
T32
IN
TON
7000
PT
1ms
3
停2s
T32
I1.1
M1.2
M1.1
M1.1
4
输入注释
M1.1
T33
IN
TON
200
PT
10ms
5
右移时间
T33
I1.1
M1.3
M1.2
M1.2
6
输入注释
M1.2
T34
IN
TON
700
PT
10ms
7
停5s
T3.4
I1.1
M1.0
M1.3
M1.3
8
输入注释
M1.3
T35
IN
TON
500
PT
10ms
图 4-80　循环子程序

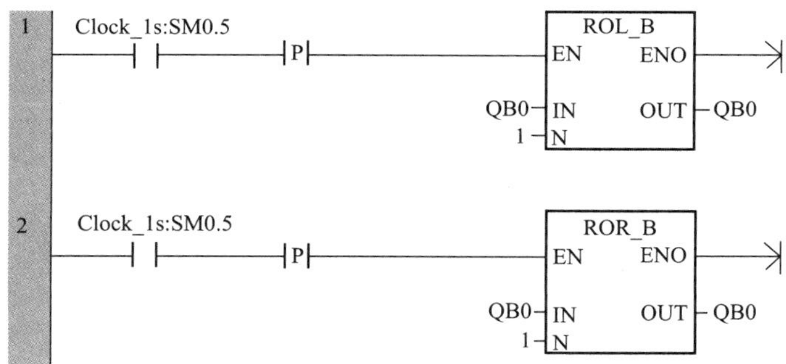

图 4-81　左移和右移子程序

思考与练习

1. 使用传送指令设计当 I0.0 动作时，Q0.0 ~ Q0.7 全部输出为 1。
2. 编写一段程序，用 Q0.0 发出 10000 个周期为 50 ms 的 PTO 脉冲。
3. 当 I0.1 动作时，使用 0 号中断，在中断程序中将 0 送入 VB0，试设计程序。
4. 用整数除法指令将 VW50 中的数据（200）除以 5 后存放到 VW100 中。
5. 作 50×20+30÷15 的运算，并将结果送到 VW50 存储。

第 5 章

PLC 梯形图程序设计

S7-200 SMART PLC 的编程语言很多，但是最常用的、最基本的就是梯形图。本章将介绍 PLC 程序设计方法及梯形图设计规则、顺序功能图和根据顺序功能图设计梯形图程序的方法等。通过本章的学习，掌握典型电路编程和典型环节编程。

本章要点

- PLC 的程序设计方法
- 梯形图设计规则
- 顺序功能图
- PLC 程序及调试说明
- 典型的简单电路编程
- 典型的简单环节编程

5.1 PLC 的程序设计方法

PLC 的程序设计方法一般可分为经验设计法、继电器控制电路移植法、顺序控制设计法等。下面介绍这 3 种程序设计方法。

5.1.1 经验设计法

经验设计法是从继电器电路设计中演变而来的，是借助设计者经验的设计方法。其基础是设计者接触过许多梯形图，熟悉这些图的结构和具有的功能。对于一些较简单的控制系统是比较奏效的，可以起到快速、简单的效果。

（1）经验设计法的步骤

① 分解梯形图程序，将要编制的梯形图程序分解成功能独立的子梯形图程序。

② 输入信号逻辑组合。

③ 使用辅助元件和辅助触点。

④ 使用定时器和计数器。

⑤ 使用功能指令。

⑥ 画互锁条件。

⑦ 画保护条件。

在设计梯形图程序时，要注意先画基本梯形图程序，当基本梯形图程序的功能能够满足要求后，再增加其他功能。在使用输入条件时，注意输入条件是电平、脉冲还是边沿。一定要将梯形图分解成小功能块图，调试完毕后，再调试全部功能。

（2）常用的单元电路

经验法比较注重成熟的单元电路的功能和使用，常用的电路介绍如下。

① 启 - 保 - 停电路。启 - 保 - 停电路是组成梯形图最基本的支路单元，包含了一个梯形图支路的全部要素，其梯形图如图 5-1 所示。图中 I0.0 为启动信号，I0.1 为停止信号。Q0.0 常开触点实现了自锁保持。

② 互锁电路。互锁是在不能同时接通的线圈回路中互串对方常闭触点的方法。图 5-2 中的梯形图中的两个输出线圈 Q0.1、Q0.2 回路中互串了对方的常闭触点，这就保证了在 Q0.1 置 1 时 Q0.2 不可能同时置 1。

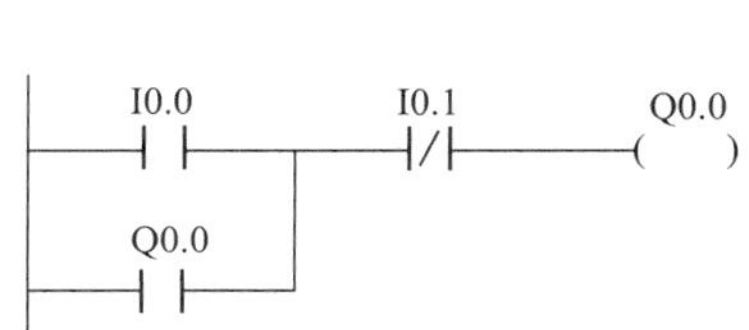

图 5-1　启 - 保 - 停电路的梯形图

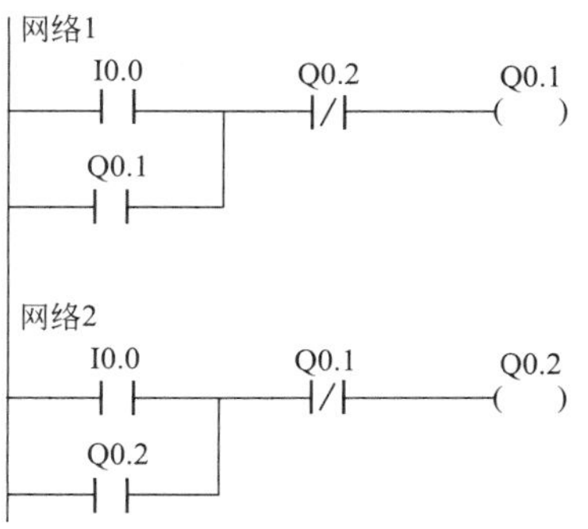

图 5-2　互锁电路的梯形图

(3)经验设计法的特点

① 经验设计法没有规律可遵循，具有很大的试探性和随意性，往往须经多次反复修改和完善才能符合设计要求，设计的结果有时不是很规范，因人而异。

② 经验设计法考虑不周、设计麻烦、设计周期长；梯形图的可读性差、系统维护困难。

【例 5-1】 按下启动按钮 SB2 或 SB3，要求小车在左、右限位开关之间不停地循环往返，直到按下停车按钮 SB1，如图 5-3 所示。用分开的两个启 - 保 - 停电路来分别控制小车的右行和左行。

小车自动往返运动的继电器控制电路图如图 5-4 所示，将 Q0.0 和 Q0.1 的常闭触点分别与对方的线圈串联，称为互锁。通过按钮联锁，不按停车按钮就可以改变电机的旋转方向。在 PLC 外部设置由 KM1 和 KM2 的辅助常闭触点组成的硬件互锁电路，以确保不会出现因为两个接触器同时动作使三相电源相间短路的故障。限位开关的常闭触点使小车在极限位置停止运行，限位开关的常开触点使小车反向启动。PLC 的外部接线图如图 5-5 所示。梯形图如图 5-6 所示。

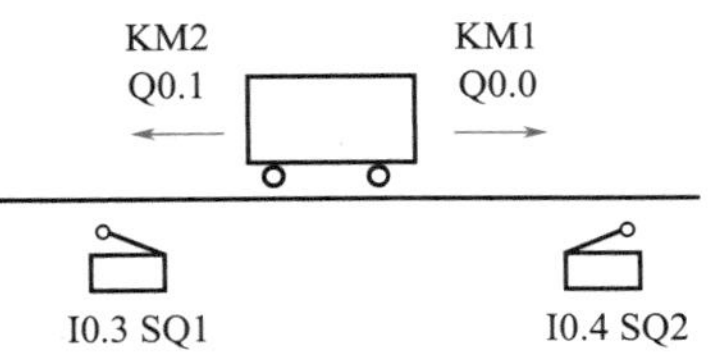

图 5-3 小车自动往返运行示意图

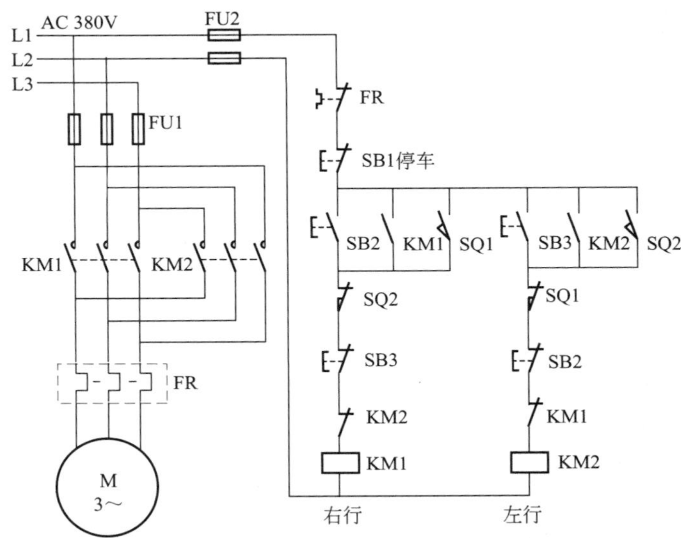

图 5-4 小车自动往返运动的继电器控制电路图

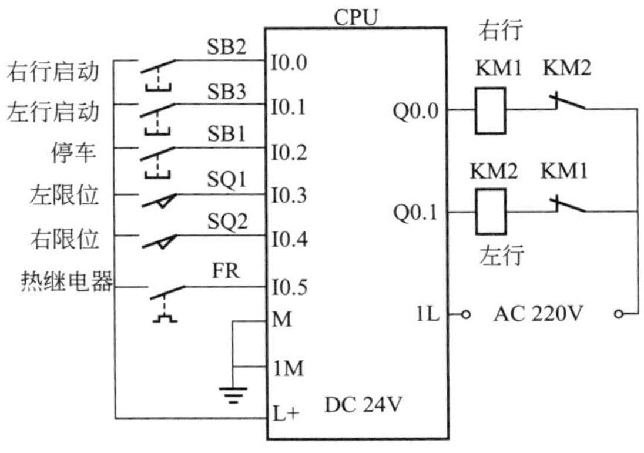

图 5-5 PLC 的外部接线图

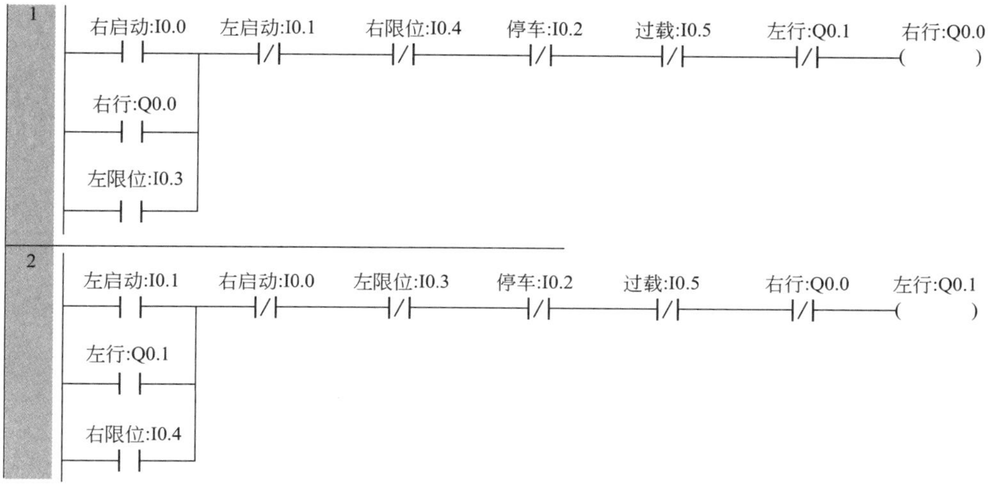

图 5-6　PLC 的梯形图

5.1.2　继电器控制电路移植法

PLC 是一种代替继电器系统的智能型工业控制设备，因而在 PLC 的应用中引入了许多继电器系统的概念，如编程元件中的输入继电器、输出继电器、辅助继电器等，还有线圈、常开触点、常闭触点等，即 PLC 是由继电器控制电路平稳过渡而来的。

（1）继电器控制电路图与 PLC 梯形图语言的比较

PLC 编程中使用的梯形图语言与继电器控制电路图类似，两者图形符号的比较见表 5-1。

① 梯形图语言和继电器电路图语言采用的图形符号是类似的。

② 这两种图表达的控制思想的方式是一样的，都是用图形符号及符号间的连接关系表达控制系统中事物间的相互关系。

③ 这两种图的结构形式是类似的，都是由一些并列的分支构成，分支的末尾都是作为输出的线圈，线圈的前边则是表示线圈工作条件的触点。

④ 这两种图的分析方法是近似的。在继电器电路中，继电器是否工作以有无电流流到继电器的线圈进行判断，电流规定从电源的正极流出而流入电源的负极。在梯形图中编程软元件是否工作，则看是否有假想电流流过，与继电器电路中的电流有类似的功效，假想电流规定从梯形图的左母线流向梯形图的右母线。从这里可以看出 PLC 的编程是从继电器控制电路图移植而来的。

表 5-1　图形符号的比较

符号名称		继电器电路图符号	PLC 符号
线圈		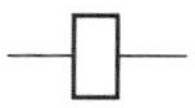	—(　)—
触点	常开		┤├
	常闭		┤/├

（2）继电器控制电路移植法设计梯形图的步骤

继电器控制电路移植法设计梯形图的步骤如下。

① 了解和熟悉被控设备的工作原理、工艺过程和机械的动作情况，根据继电器电路图分析和掌握控制系统的工作原理。

② 确定 PLC 的输入信号和输出负载。继电器电路图中的交流接触器和电磁阀等执行机构如果用 PLC 的输出位来控制，则它们的线圈在 PLC 的输出端。按钮、操作开关和行程开关、接近开关等提供 PLC 的数字量输入信号，继电器电路图中的中间继电器和时间继电器的功能用 PLC 内部的存储器位和定时器来完成，它们与 PLC 的输入位、输出位无关。

③ 选择 PLC 的型号，根据系统所需要的功能和规模选择 CPU 模块、电源模块及数字量输入和输出模块，对硬件进行组态，确定输入模块、输出模块在机架中的安装位置和它们的起始地址。

④ 确定 PLC 各数字量输入信号与输出负载对应的输入位和输出位的地址，画出 PLC 的外部接线图。各输入和输出在梯形图中的地址取决于它们模块的起始地址和模块中的接线端子号。

⑤ 确定与继电器电路图中的中间继电器、时间继电器对应的梯形图中的存储器和定时器、计数器的地址。

⑥ 根据上述的对应关系画出梯形图。

（3）注意事项

① 应遵守梯形图语言中的语法规定。由于工作原理不同，梯形图不能照搬继电器电路中的某些处理方法。例如在继电器电路中，触点可以放在线圈的两侧，但是在梯形图中，线圈必须放在电路的最右边。

② 适当地分离继电器电路图中的某些电路。设计继电器电路图的一个基本原则是尽量减少图中使用的触点的个数，因为这意味着成本的节约，但是这往往会使某些线圈的控制电路交织在一起。在设计梯形图时首要的问题是设计的思路要清楚，设计出的梯形图容易阅读和理解，并不是在意是否多用几个触点，因为这不会增加硬件的成本，只是在输入程序时需要多花一点时间。

③ 尽量减少 PLC 的输入和输出点。由于 PLC 的价格与 I/O 点数有关，所以输入信号、输出信号的点数是降低硬件费用的主要措施。

在 PLC 的外部输入电路中，各输入端可以接常开触点或常闭触点，也可以接触点组成的串并联电路。PLC 不能识别外部电路的结构和触点类型，只能识别外部电路的通断。

④ 时间继电器的处理。时间继电器除了有延时动作的触点外，还有在线圈通电瞬间接通的瞬动触点。在梯形图中，可以在定时器的线圈两端并联存储器位的线圈，它的触点相当于定时器的瞬动触点。

⑤ 设置中间单元。在梯形图中，若多个线圈都受某一触点串并联电路的控制，则为了简化电路，在梯形图中可以设置中间单元，即用该电路来控制某存储位，在各线圈的控制电路中使用其常开触点。这种中间元件类似于继电器电路中的中间继电器。

⑥ 设立外部互锁电路。控制异步电动机正反转的交流接触器如果同时动作，将会造成三相电源短路。为了防止出现这样的事故，应在 PLC 外部设置硬件互锁电路。

⑦ 外部负载的额定电压。PLC 双向晶闸管输出模块一般只能驱动额定电压 AC 220V 的负载，如果系统原来的交流接触器的线圈电压为 380V，则应换成 220V 的线圈，或者设置外部中间继电器。

5.1.3 顺序控制设计法

顺序控制就是按照生产工艺预先规定的顺序，在各个输入信号的作用下，根据内部状态和时间的顺序，使生产过程中各个执行机构自动而有序地工作。顺序控制设计法是一种先进的程序设计方法，很容易被初学者接受。这种程序设计方法主要是根据控制系统的顺序功能图（也叫状态转移图）来设计梯形图的。

使用顺序控制设计法时，首先要根据系统的工艺过程画出顺序功能图，然后根据顺序功能图画出梯形图，即顺序控制指令的编程方法。

通过对这 3 种程序设计方法的讲述可以看出，编制梯形图的这几种方法各有特点。经验设计法和顺序控制设计法特点介绍如下。

① 采用经验设计法设计梯形图是直接用输入信号去控制输出信号，如图 5-7 所示。如果无法直接控制，或者为了实现记忆、联锁、互锁等功能，只好被动地增加一些辅助元件和辅助触点。由于不同系统的输出信号和输入信号之间的关系各不相同，以及它们对联锁、互锁的要求千变万化，所以不可能找出一种简单通用的设计方法。

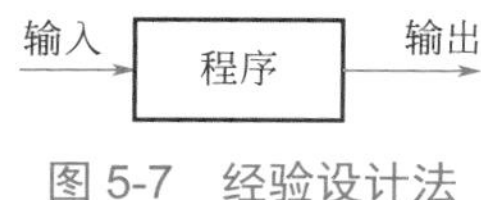

图 5-7 经验设计法

② 顺序控制设计法是用输入信号控制代表各步的编程元件（状态继电器 S），再用它们去控制输出信号，将整个程序分为了控制程序和输出程序两部分，如图 5-8 所示。由于步是根据输出量的状态划分的，所以编程元件和输出之间具有很简单的逻辑关系，输出程序的设计极为简单。而代表步的状态继电器的控制程序，不管多么复杂，其设计方法都是相同的，并且很容易掌握，而且代表步的辅助继电器是依顺序变为 ON/OFF 状态，基本上解决了系统的记忆、联锁等问题。

图 5-8 顺序控制设计法

5.2 梯形图设计规则

① 梯形图所使用的元件编号应在所选用的 PLC 机器规定范围内，不能随意选用。

② 使用输入继电器触点的编号，应与控制信号的输入端号一致。使用输出继电器时，应与外接负载的输出端号一致。

③ 触点画在水平线上。

④ 触点画在线圈的左边，线圈右边不能有触点。

⑤ 有串联电路相并联时，应将触点最多的串联回路放在梯形图最上部。有并联电路相串联时，应将触点最多的并联回路放在梯形图最左边。这样安排的程序语句少、简洁，如图 5-9 所示。

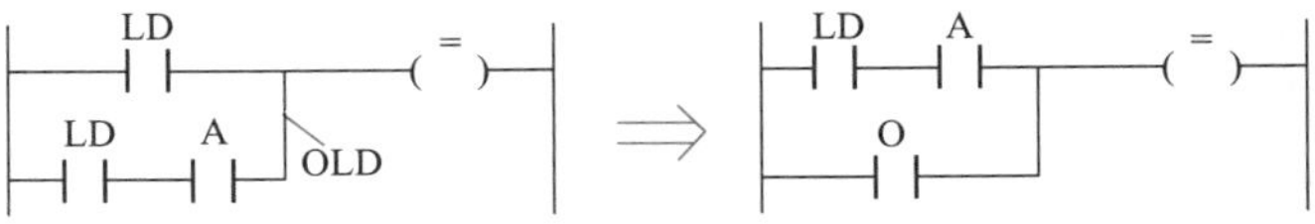

(a) 串联多的电路尽量放上部

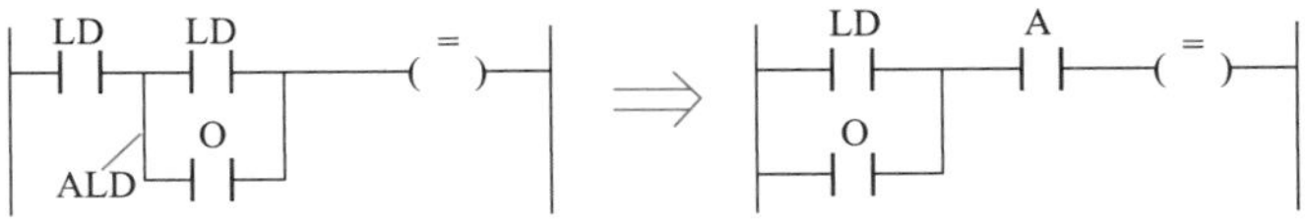

(b) 并联多的电路尽量靠近母线

图 5-9 梯形图画法之一

⑥ 对不可编程或不便于编程的电路，必须将电路进行等效变换，以便于编程。如图 5-10 所示的桥式电路不能直接编程，必须按逻辑功能进行等效变换才能编程。

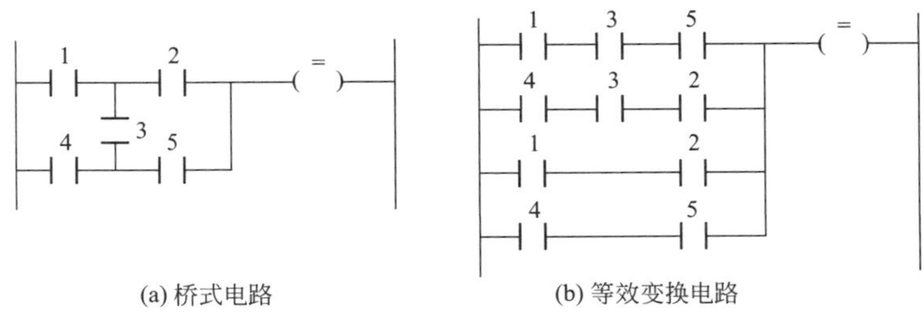

(a) 桥式电路　　(b) 等效变换电路

图 5-10 梯形图画法之二

5.3 顺序功能图

顺序控制指令（简称顺控指令）是 PLC 生产厂家为用户提供的可使功能图编程简单化和规范化的指令。它可将顺序功能图转换成梯形图程序，顺序功能图是设计梯形图程序的基础。

5.3.1 顺序功能图的构成

顺序功能图 SFC（Sequential Function Chart）又称为状态流程图或功能图，它是描述控制系统的控制过程功能和特性的一种图形，也是设计 PLC 的顺序控制程序的有力工具。

顺序功能图主要由步、转移、动作及有向线段等元素组成。如果适当运用组成元素，就可得到控制系统的静态表示方法，再根据转移触发规则模拟系统的运行，就可以得到控制系统的动态过程。

（1）步

将控制系统的一个周期划分为若干个顺序相连的阶段，这些阶段称为步，用编程元件来代表各步。步的符号如图 5-11（a）所示。矩形框中可写上该步的编号或代码。

① 初始步。与系统初始状态相对应的步称为初始步。初始状态一般是系统等待启动命令的状态，一个控制系统至少要有一个初始步。初始步的图形符号为双线的矩形框，如

图 5-11（b）所示。在实际使用时，有时也画成单线矩形框，有时画一条横线表示功能图的开始。

② 活动步。当控制系统正处于某一步所在的阶段时，该步处于活动状态，称为活动步。步处于活动状态时，相应的动作被执行；步处于不活动状态时，相应的非存储型的动作被停止执行。

③ 与步对应的动作或命令。在每个稳定的步下，可能会有相应的动作。动作的表示方法如图 5-11（c）所示。

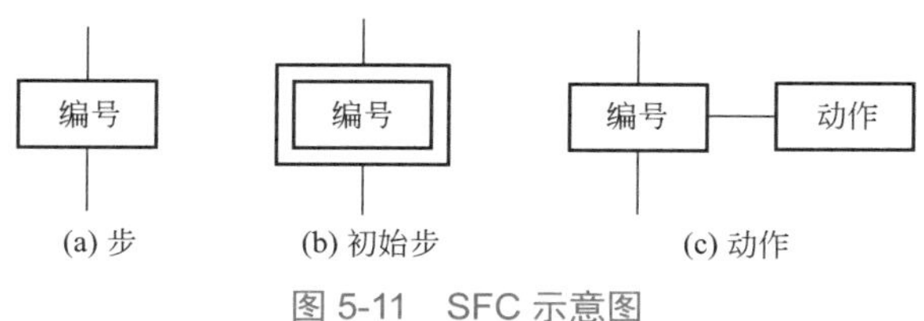

图 5-11　SFC 示意图

（2）转移

为了说明从一个步到另一个步的变化，要用转移概念，即用一个有向线段来表示转移的方向。两个步间的有向线段上再用一段横线表示这一转移。转移符号如图 5-12 所示。

转移是一种条件，当此条件成立，称为转移使能。当前转移如果能使“步”发生转移，则称为触发。一个转移能够触发必须满足：步为活动步及转移使能。转移条件是指使系统从一个步向另一个步转移的必要条件，通常用文字、逻辑语言及符号来表示。

（3）功能图的构成规则

控制系统功能图的绘制必须满足以下规则。

① 步与步不能相连，必须用转移分开。

② 转移与转移不能相连，必须用步分开。

③ 步与转移、转移与步间的连接采用有向线段。从上向下画时，可以省略箭头；当有向线段从下往上画时，必须画上箭头，以表示方向。

④ 一个功能图至少要有一个初始步。

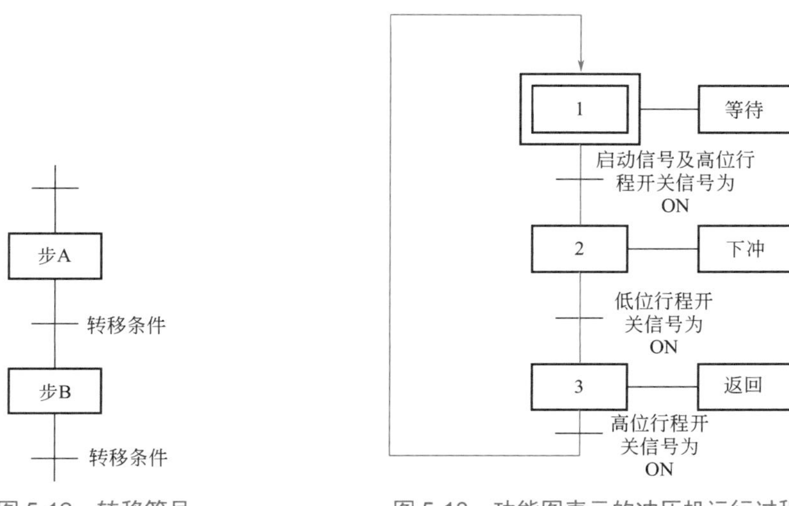

图 5-12　转移符号

图 5-13　功能图表示的冲压机运行过程

这里以某冲压机控制为例来说明顺序功能图的使用。冲压机的初始位置是冲头抬起，处于高位；当操作者按启动按钮时，冲头向工件冲击；到最低位置时，触动低位行程开关，然后冲头抬起，回到高位，触动高位行程开关，停止运行。如图 5-13 所示为功能图表示的冲压机运行过程。冲压机的工作顺序可分为初始（等待）、下冲和返回 3 步。从初始步到下冲步的转移必须满足启动信号和高位行程开关信号同时为 ON 才能发生；从下冲步到返回步，必须满足低位行程开关信号为 ON 才能发生。

5.3.2 顺序功能图绘制的注意事项

① 两个步和两个转换不能直接相连。两个步不能直接相连，必须用一个转换将它们隔开；两个转换也不能直接相连，必须用一个步将它们隔开。

② 初始步必不可少。若没有初始步，将无法表示初始状态，系统无法返回停止状态，同时初始步与它相邻步的输出变量的状态不相同。

③ 用初始脉冲将初始步变为活动步。在顺序功能图中，只有当某步的前一步变为活动步，该步才能变成活动步。为使系统能够正常运行，必须用初始脉冲将初始步变为活动步，否则系统将无法运行。

④ 控制系统能多次重复执行同一工艺过程。在顺序功能图中应有由步和有向连线组成的闭环回路，以体现工作周期的完整性。

5.3.3 顺序控制指令

顺序控制指令包含 3 部分：段开始指令 LSCR、段转移指令 SCRT 和段结束指令 SCRE。

① 段开始指令 LSCR（Load Sequence Control Relay）。段开始指令的功能是标记一个顺控程序段（或一个步）的开始，其操作数是状态继电器 Sx.y（如 S0.0），Sx.y 是当前顺控程序段的标志位，当 Sx.y 为 1 时，允许该顺控程序段工作。

② 段转移指令 SCRT（Sequence Control Relay Transition）。段转移指令的功能是将当前的顺控程序段切换到下一个顺控程序段，其操作数是下一个顺控程序段的标志位 Sx.y（如 S0.1）。当允许输入有效时，进行切换，即停止当前顺控程序段工作，启动下一个顺控程序段工作。

③ 段结束指令 SCRE（Sequence Control Relay End）。段结束指令的功能是标记一个顺控程序段（或一个步）的结束。每个顺控程序段都必须使用段结束指令来表示该顺控程序段的结束。

在梯形图中，段开始指令以功能框的形式编程，段转移指令和段结束指令以线圈形式编程，指令格式见表 5-2。

表 5-2 顺序控制指令格式

指令名称	梯形图	STL
段开始指令	??.? SCR	LSCR S_bit

续表

指令名称	梯形图	STL
段转移指令	??.? —(SCRT)	SCRT S_bit
段条件结束指令	—(SCRE)	CSCRE
段结束指令	—(SCRE)	SCRE

顺序控制指令的特点如下。

① 顺控指令仅仅对元件 S 有效，状态继电器 S 也具有一般继电器的功能。

② 顺控程序段的程序能否执行取决于 S 是否被置位，SCRE 与下一个 LSCR 指令之间的指令逻辑不影响下一个顺控程序段的程序的执行。

③ 不能把同一个 S 元件用于不同程序中，例如，如果在主程序中用了 S0.1，则在子程序中就不能再使用。

④ 在顺控程序段中不能使用 JMP 和 LBL 指令，即不允许跳入、跳出或在内部跳转，但可以在顺控程序段的附近使用跳转指令。

⑤ 在顺控程序段中不能使用 FOR、NEXT 和 END 指令。

⑥ 在步发生转移后，所有的顺控程序段的元件一般也要复位，如果希望继续输出，可使用置位 / 复位指令。

⑦ 在使用功能图时，状态继电器的编号可以不按顺序安排。

5.3.4 顺序功能图的编程

在小型 PLC 的程序设计中，对于遇到大量的顺序控制或步进问题，如果能采用顺序功能图的设计方法，再使用顺序控制指令将其转化为梯形图程序，就可以完成比较复杂的顺序控制或步进控制。

（1）单纯顺序结构

单纯顺序结构的步进控制比较简单，其流程图及顺控指令的使用如图 5-14 所示。只要各步间的转换条件得到满足，就可以从上而下地顺序控制。

（2）选择分支结构

某些情况下，控制流可能指向几个可能的控制流之一，指向哪一个取决于哪一个转变条件首先变为真。如图 5-15 所示是选择分支结构的状态流程图和顺控指令的使用。步 S0.1 后有两条分支，分支成立条件分别为 I0.1 和 I0.4，哪个分支条件成立，便从 S0.1 转向条件成立后的分支运行。

LD I0.0
S S0.1，1
LSCR S0.1
LD SM0.0
= Q0.0
LD I0.1
SCRT S0.2
SCRE
LSCR S0.2
LD SM0.0
= Q0.1
LD I0.2
SCRT S0.3
SCRE
LSCR S0.3
LD SM0.0
= Q0.2
LD I0.3
⋮

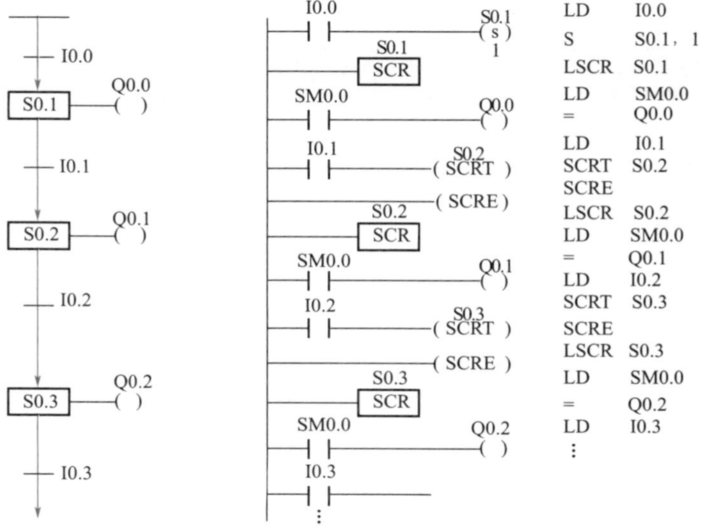

图 5-14 单纯顺序结构的流程图与顺控指令的使用

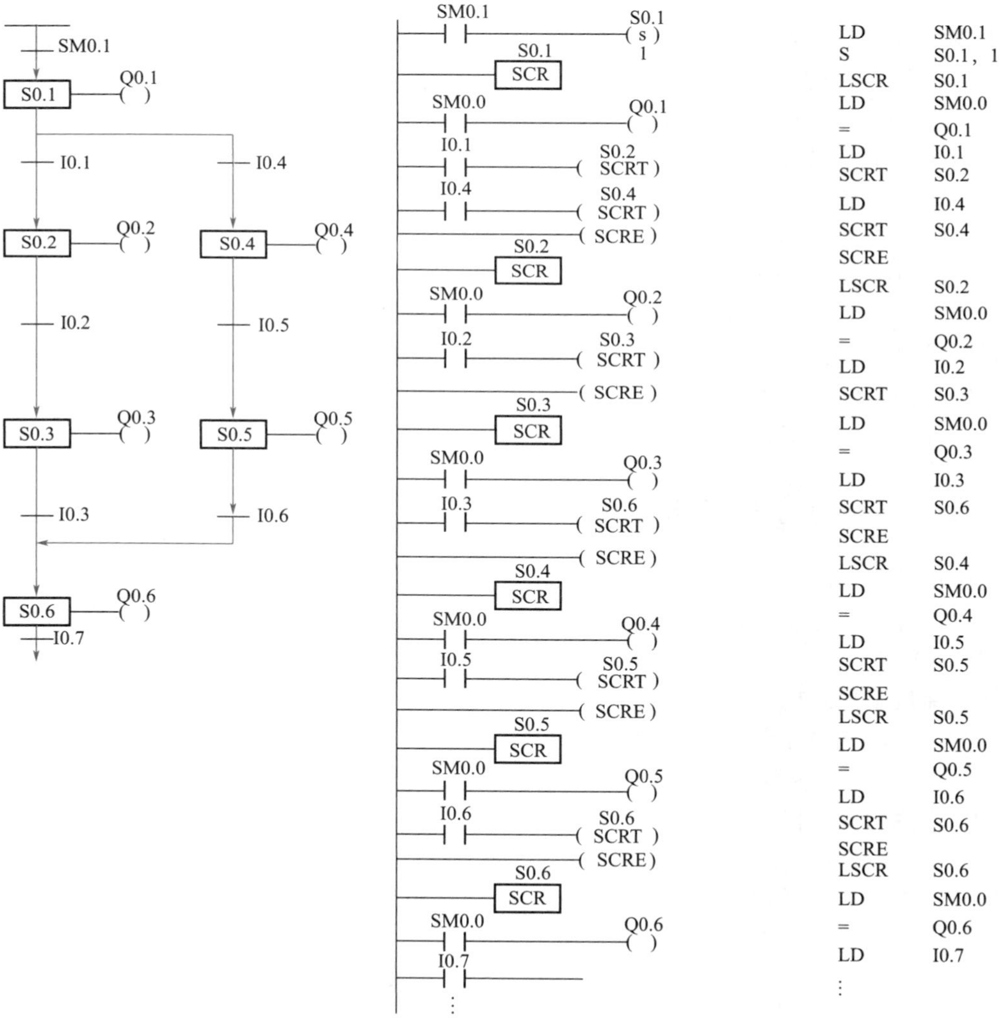

LD SM0.1
S S0.1，1
LSCR S0.1
LD SM0.0
= Q0.1
LD I0.1
SCRT S0.2
LD I0.4
SCRT S0.4
SCRE
LSCR S0.2
LD SM0.0
= Q0.2
LD I0.2
SCRT S0.3
LD SM0.0
= Q0.3
LD I0.3
SCRT S0.6
SCRE
LSCR S0.4
LD SM0.0
= Q0.4
LD I0.5
SCRT S0.5
SCRE
LSCR S0.5
LD SM0.0
= Q0.5
LD I0.6
SCRT S0.6
SCRE
LSCR S0.6
LD SM0.0
= Q0.6
LD I0.7
⋮

图 5-15 选择分支结构的状态流程图和顺控指令的使用

（3）并行分支结构

在状态流程图中，用水平双线表示并行分支开始和结束。在设计并行结构的各个分支时，为提高系统工作效率，应尽量使各个支路的工作时间一致。并行分支结构的状态流程图和顺控指令的使用如图5-16所示。I0.1接通后，S0.2和S0.4会同时各自开始运行，当两条分支运行到S0.3和S0.5时，I0.4接通后，会从两条分支运行转移到步S0.6，继续往下运行。

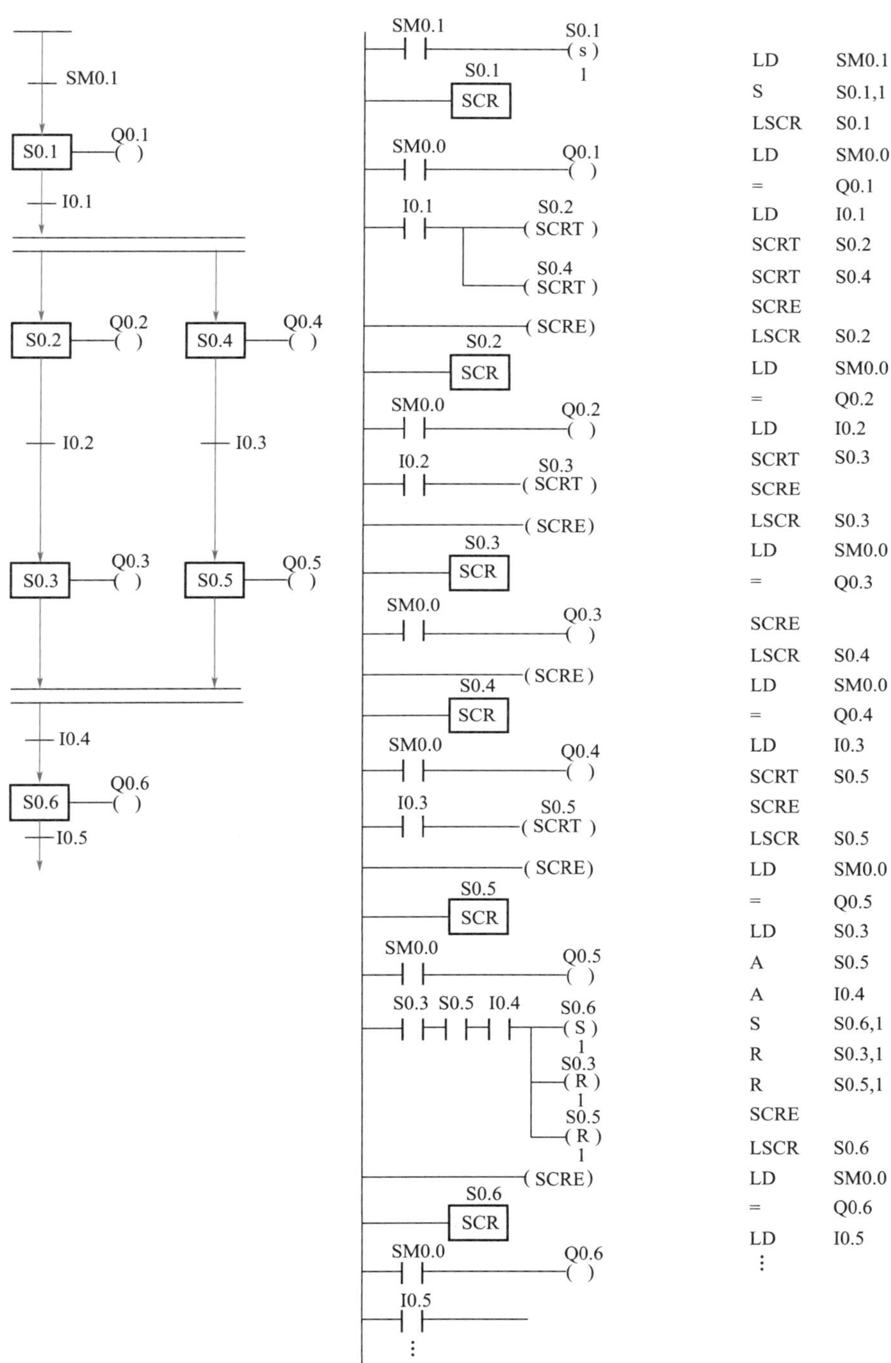


```
LD      SM0.1
S       S0.1,1
LSCR    S0.1
LD      SM0.0
=       Q0.1
LD      I0.1
SCRT    S0.2
SCRT    S0.4
SCRE
LSCR    S0.2
LD      SM0.0
=       Q0.2
LD      I0.2
SCRT    S0.3
SCRE
LSCR    S0.3
LD      SM0.0
=       Q0.3

SCRE
LSCR    S0.4
LD      SM0.0
=       Q0.4
LD      I0.3
SCRT    S0.5
SCRE
LSCR    S0.5
LD      SM0.0
=       Q0.5
LD      S0.3
A       S0.5
A       I0.4
S       S0.6,1
R       S0.3,1
R       S0.5,1
SCRE
LSCR    S0.6
LD      SM0.0
=       Q0.6
LD      I0.5
⋮
```

图5-16 并行分支结构的状态流程图和顺控指令的使用

（4）循环结构

循环结构是选择分支结构的一个特例，它用于一个顺序控制过程的多次或往复运行。如图 5-17 所示为循环结构的状态流程图和顺控指令的使用。当 I0.3 和 I0.4 接通后，会从 S0.3 转移到 S0.1，循环执行。

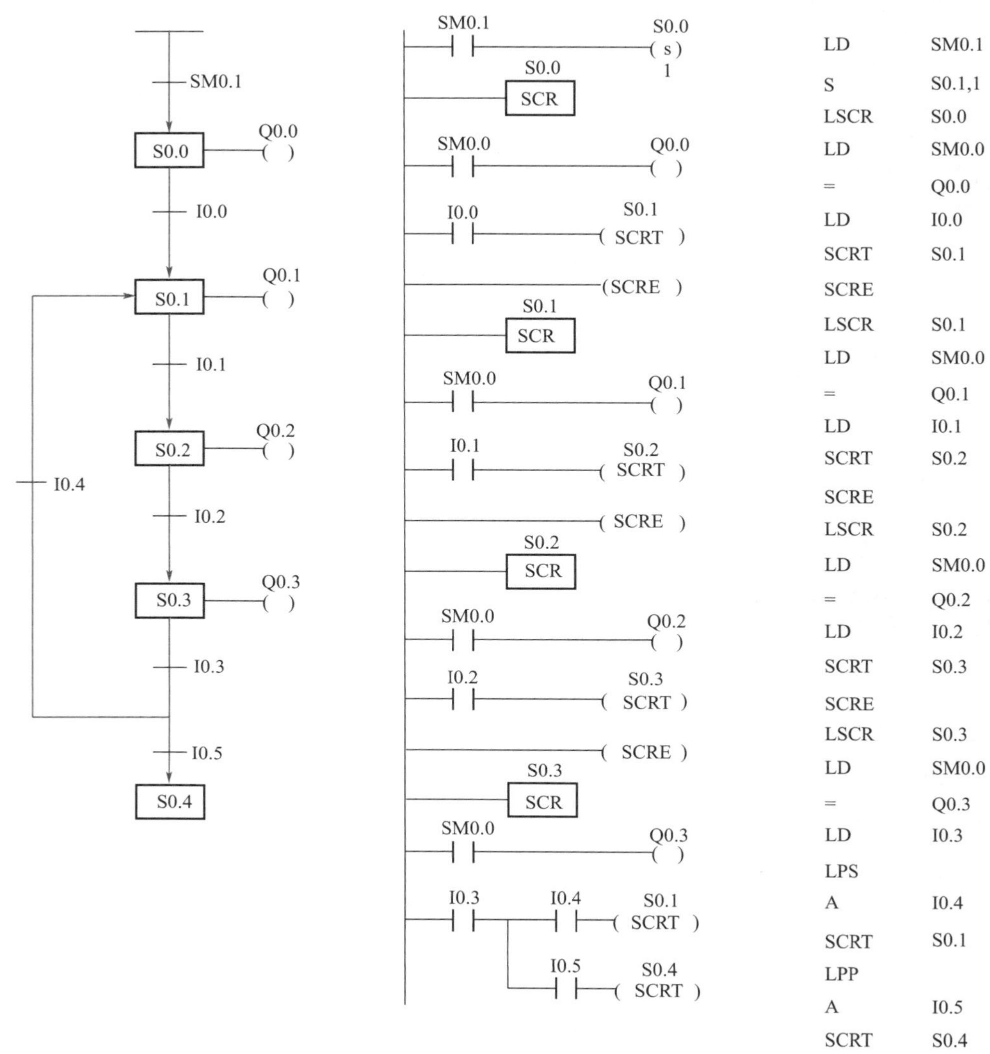

图 5-17　循环结构的状态流程图和顺控指令的使用

（5）复合结构

在一个比较复杂的控制系统中，其状态流程图往往是复合结构，即分支中有分支，分支中有循环或循环中有分支等。复合结构状态流程图的程序编写，应先编写其中的并行分支结构、循环结构部分，然后按照转移条件将各部分连接起来。

通过编写上述几个状态流程图的程序可以发现，在状态流程图中，状态寄存器会无条件地驱动某个输出元件或定时器与计数器，而相应的程序中会出现“LD SM0.0”去驱动输出元件或定时器与计数器。因为流程图中表示的是无条件驱动某个输出元件或者定时器和计数器，所以在编程中以“只要 PLC 处于 RUN 状态（SM0.0=1）时都执行此操作”来表示。

【例 5-2】 3 条运输带顺序相连，按下启动按钮 I0.2，下面的 1 号运输带开始运行，5s 后 2 号运输带自动启动，再过 5s 后 3 号运输带自动启动。按了停止按钮 I0.1 后，先停 3 号运输带，5s 后停 2 号运输带，再过 5s 停 1 号运输带。在顺序启动 3 条运输带的过程中，操作人员如果发现异常情况，可以将启动改为停车，如图 5-18 所示。

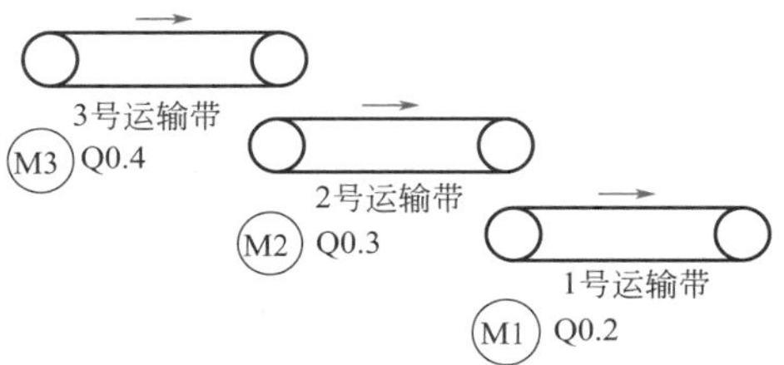

图 5-18 运输带示意图

步 S0.1 和步 S.02 之后有一个选择序列的分支，步 S0.5 和步 S0.0 之前有一个选择序列的合并。

分 3 种不同的情况进行调试。

① 从初始步开始，按正常启动和停车的顺序调试程序。

② 从初始步开始，模拟调试在启动了一条运输带时停机的过程。

③ 从初始步开始，模拟调试在启动了两条运输带时停机的过程。即在第 3 步 S0.2 为活动步时，按下和放开停止按钮 I0.3，观察是否能跳过步 S0.3 和步 S0.4，进入步 S0.5，延时后是否能返回初始步。

顺序功能图如图 5-19 所示。梯形图如图 5-20 所示。

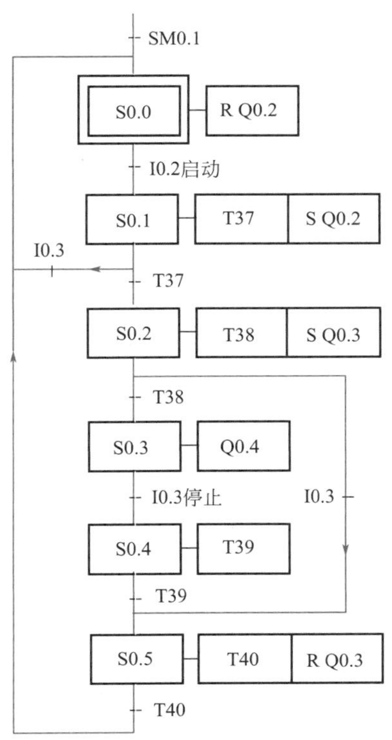

图 5-19 运输带控制的顺序功能图

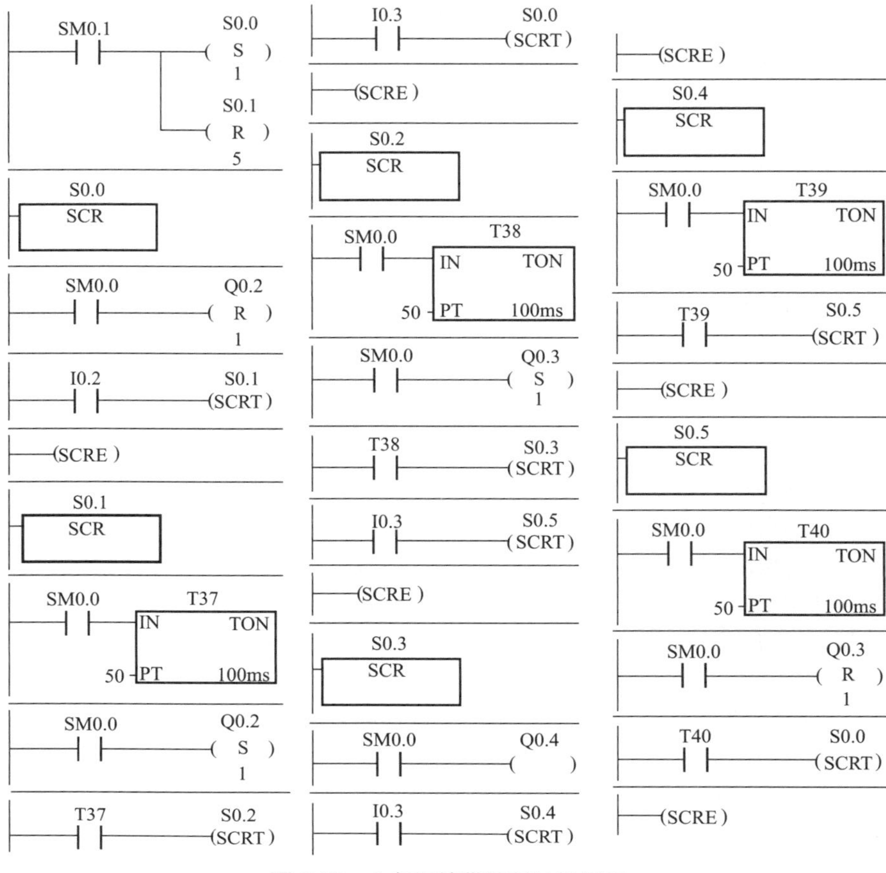

图 5-20　3 条运输带控制的梯形图

5.4　PLC 程序及调试说明

实际的 PLC 应用系统往往比较复杂，复杂系统不仅需要的 PLC 输入 / 输出点数多，而且为了满足生产的需要，很多工业设备都需要设置多种不同的工作方式，常见的有手动和自动（连续、单周期、单步）等。

5.4.1　复杂程序的设计方法

复杂程序的设计方法、设计思路与步骤如下。

① 确定程序的总体结构。将系统的程序按工作方式和功能分成若干部分，如公共程序、手动程序、自动程序等。手动程序和自动程序是不同时执行的，所以用跳转指令将它们分开，用工作方式的选择信号作为跳转的条件。

② 分别设计局部程序。公共程序和手动程序相对较为简单，一般采用经验设计法进行设计；自动程序相对比较复杂，对于顺序控制系统一般采用顺序控制设计法。

③ 程序的综合与调试。进一步理顺各部分程序之间的相互关系，并进行程序的调试。

5.4.2 程序的内容和质量

(1) PLC 程序的内容

PLC 程序应最大限度地满足控制要求，完成所要求的控制功能。除控制功能外，通常还应包括以下几个方面的内容。

① 初始化程序。在 PLC 上电后，一般都要做一些初始化的操作。其作用是为启动作必要的准备，并避免系统发生误动作。

② 检测程序、故障诊断程序和显示程序。应用程序一般都设有检测程序、故障诊断程序和显示程序等内容。

③ 保护程序和联锁程序。在各种应用程序中，保护和联锁是不可缺少的部分。它可以杜绝由非法操作引起的控制逻辑混乱，保证系统的运行更安全、可靠。

(2) PLC 程序的质量

程序的质量可以由以下 5 个方面来衡量。

① 程序的正确性。所谓正确的程序必须能经得起系统运行实践的考验，离开这一条对程序所做的评价都是没有意义的。

② 程序的可靠性。好的应用程序可以保证系统在正常和非正常（短时掉电再复电、某些被控量超标、某个环节有故障等）工作条件下都能安全可靠地运行，也能保证在出现非法操作（如按动或误触动了不该动作的按钮）等情况下，不至于出现系统控制失误。

③ 参数的易调整性。易通过修改程序或参数而改变系统的某些功能。例如，有的系统在一定情况下需要变动某些控制量的参数（如定时器或计数器的设定值等），在设计程序时必须考虑怎样编写才能易于修改。

④ 程序的简洁性。编写的程序应尽可能简洁。

⑤ 程序的可读性。程序不仅仅给设计者自己看，系统的维护人员也要读。另外，为了便于交流，也要求程序有一定的可读性。

5.4.3 程序的调试

PLC 程序的调试可以分为模拟调试和现场调试两种。

调试之前首先对 PLC 外部接线仔细检查无误，也可以用事先编写好的试验程序对外部接线作扫描通电检查来查找接线故障。

为了安全考虑，最好将主电路断开。当确认接线无误后再连接主电路，将模拟调试好的程序送入用户存储器进行调试，直到各部分的功能都正常，并能协调一致地完成整体的控制功能为止。

(1) 模拟调试

① 将设计好的程序写入 PLC 后，首先逐条仔细检查，并改正写入时出现的错误。

② 用户程序一般先在实验室模拟调试，实际的输入信号可以用钮子开关和按钮来模拟，各输出量的通 / 断状态用 PLC 上有关的发光二极管来显示，一般不用接 PLC 实际的负载（如接触器、电磁阀等）。

③ 在调试时应充分考虑各种可能的情况，各种可能的进展路线都应逐一检查，不能遗漏。

④ 发现问题后应及时修改梯形图和 PLC 中的程序，直到在各种可能的情况下输入量与输出量之间的关系完全符合要求。

⑤ 如果程序中某些定时器或计数器的设定值过大，为了缩短调试时间，可以在调试时

将它们减小，模拟调试结束后再写入它们的实际设定值。

（2）现场调试

① 将 PLC 安装在控制现场进行联机总调试，在调试过程中将暴露出系统中顺序功能图和梯形图程序设计中的问题，应对出现的问题（可能存在的传感器、执行器和硬接线等方面的问题，以及 PLC 的外部接线）及时加以解决。

② 如果调试达不到指标要求，则对相应硬件和软件部分做适当调整，通常只需要修改程序就可以达到调整的目的。

③ 全部调试通过后，经过一段时间的考验，系统就可以投入实际的运行。

5.5 典型的简单电路编程

（1）分频电路

以二分频电路为例说明 PLC 分频电路的实现。时序如图 5-21 所示，梯形图及语句表如图 5-22 所示。

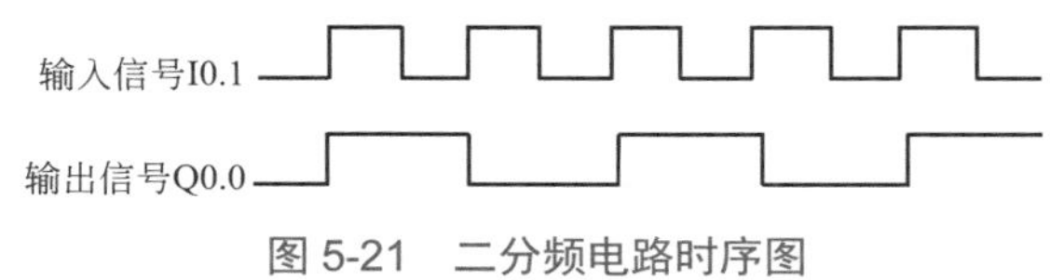

图 5-21　二分频电路时序图

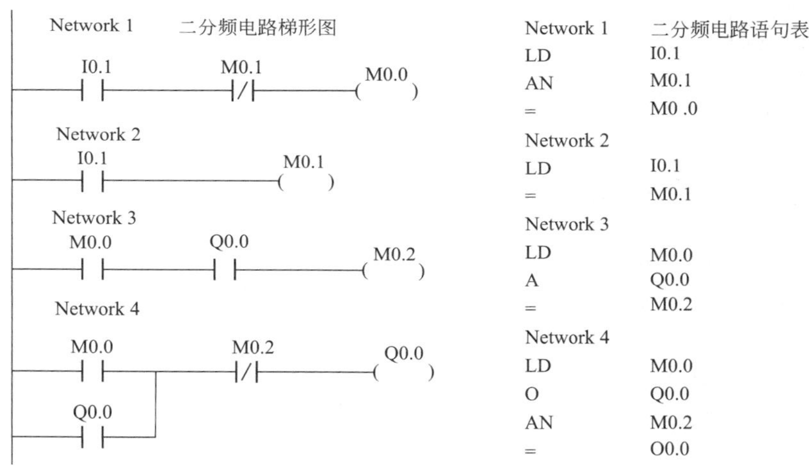

图 5-22　二分频电路梯形图及语句表

工作过程如下。

当输入 I0.1 第 1 次接通时，在 M0.0 上产生单脉冲。因输出线圈 Q0.0 并未得电，其对应的常开触点处于断开状态，所以扫描到第 3 行时，尽管 M0.0 得电，M0.2 也不可能得电。扫描至第 4 行时，Q0.0 得电并自锁，Q0.0 对应的常开触点闭合，为 M0.2 的得电作好准备。

等到输入 I0.1 第 2 个脉冲到来时，M0.0 上再次产生单脉冲，因此在扫描第 3 行时，M0.2 条件满足得电，M0.2 对应的常闭触点断开。执行第 4 行程序时，输出线圈 Q0.0 失电，以后即使 I0.1 继续存在，由于 M0.0 是单脉冲信号，多次扫描第 4 行，输出线圈 Q0.0 也不可能得电。

(2) 闪烁电路(振荡电路)

闪烁效果为一个灯泡的发亮与熄灭，并且设定闪烁间隔为发亮 1s，熄灭 2s。

采用 I0.0 外接灯泡电源开关 SB1，Q0.0 外接驱动灯泡发光的继电器 KM。通电延时定时器采用时基为 100ms 的 T37 和 T38。

此电路的梯形图及语句表如图 5-23 所示，时序图如图 5-24 所示。

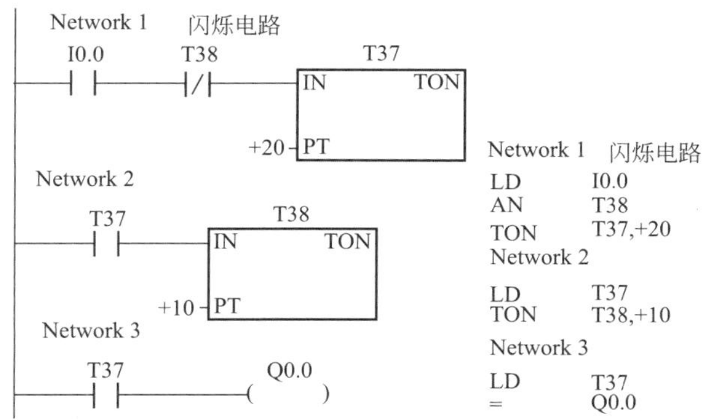

图 5-23 闪烁电路梯形图及语句表

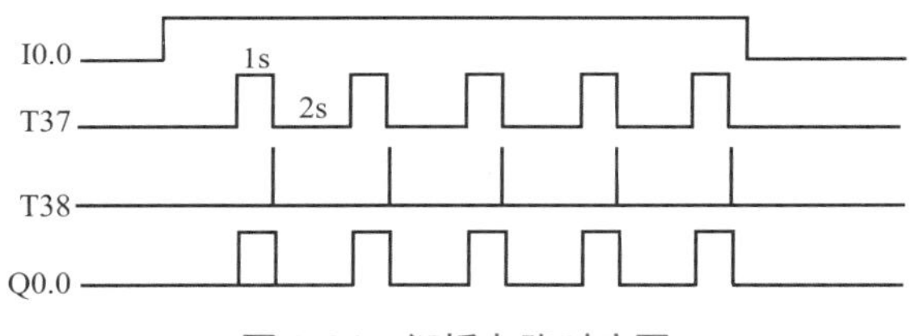

图 5-24 闪烁电路时序图

工作过程如下。

接通电源开关 SB1，常开触点 I0.0 闭合，由于 T37 和 T38 均为通电延时定时器，当启动信号 IN 为 0 时，定时器的状态也为 0，所以一开始常闭触点 T38 也闭合。紧接着 IN 为 1 时，定时器 T37 就开始计时，当计时到 2s 时，T37 由 0 变为 1 并保持不变，于是常开触点 T37 闭合，线圈 Q0.0 得电，从而使灯泡发亮。

同时定时器 T38 也开始计时，当计时到 1s 时，T38 由 0 变为 1 并保持不变，于是常闭触点 T38 断开，使得定时器 T37 复位，状态由 1 变为 0，常开触点 T37 断开，灯泡熄灭。

同时也使得定时器 T38 复位，状态由 1 变为 0，常闭触点 T38 闭合，定时器 T37 又开始计时，如此反复，从而达到灯泡闪烁的目的。

(3) 报警电路

当故障发生时，报警指示灯闪烁，报警电铃或蜂鸣器响。操作人员知道故障发生后，按消铃按钮，把电铃关掉，报警指示灯从闪烁变为常亮。故障消失后，报警灯熄灭。另外还应设置试灯、试铃按钮，用于平时检测报警指示灯和电铃的好坏。

该系统输入、输出信号的地址分配如下。

- 输入信号：I0.0 为故障信号，I0.1 为消铃按钮，I0.2 为试灯、试铃按钮。
- 输出信号：Q0.0 为报警灯，Q0.1 为报警电铃(蜂鸣器)。

报警电路梯形图和语句表如图 5-25 所示。时序图如图 5-26 所示。

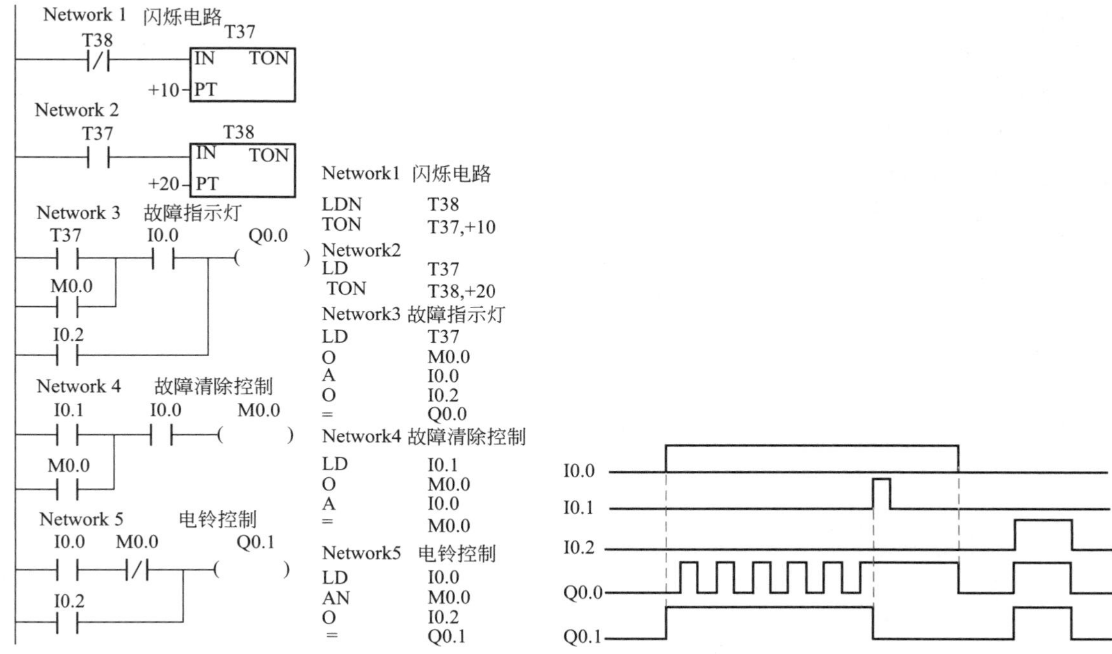

图 5-25 报警电路梯形图和语句表

图 5-26 报警电路时序图

（4）长延时电路

长延时电路的梯形图和语句表如图 5-27 所示。

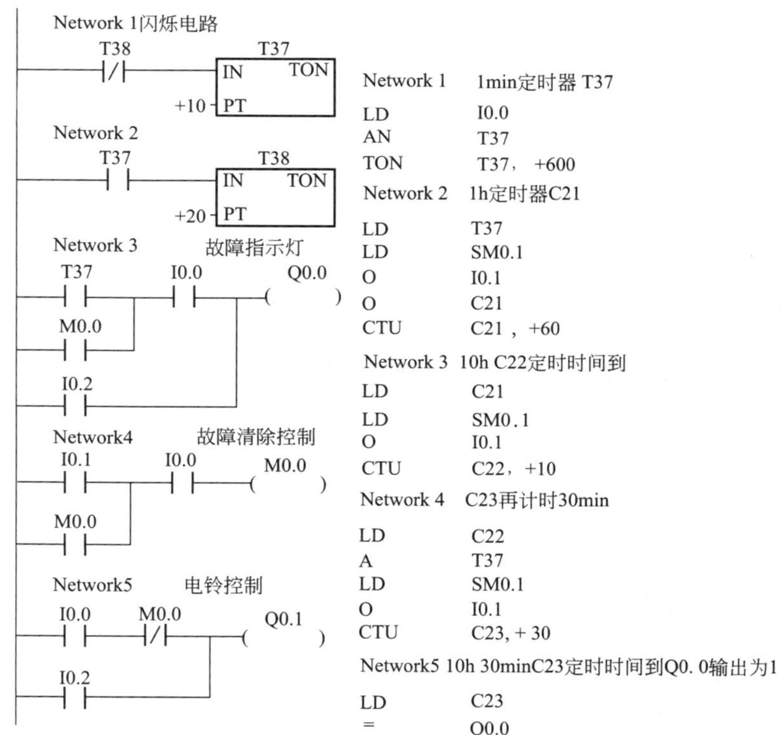

图 5-27 长延时电路梯形图和语句表

T37 每 1min 产生 1 个脉冲，所以是分钟计时器。C21 每 1h 产生 1 个脉冲，故为小时计时器。当 10h 计时到时，C22 为 ON，这时 C23 再计时 30min，总的定时时间为 10h 30min，Q0.0 置位成 ON。

在该例的计数器复位逻辑中，有初始化脉冲 SM0.1 和外部复位按钮 I0.1，初始化脉冲完成在 PLC 上电时对计数器的复位操作。另外，图中的 C21 有自复位功能。

(5) 延时通断电路

I0.0 接控制电路通断的按钮 SB1，线圈 Q0.0 接输出，比如说驱动一个灯泡，此电路的梯形图和语句表如图 5-28 所示。

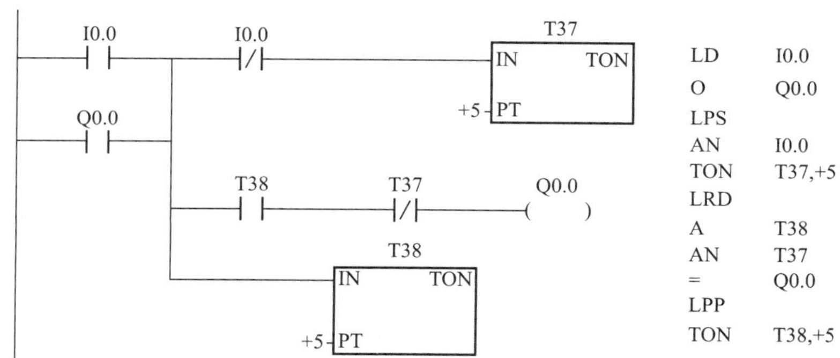

图 5-28 延时通断电路梯形图和语句表

接通按钮 SB1，常开触点 I0.0 闭合，常闭触点 I0.0 断开，定时器 T38 开始计时，0.5s 后，T38 由 0 变为 1，并保持不变。常开触点 T38 闭合，线圈 Q0.0 得电，其常开触点 Q0.0 闭合，维持线圈 Q0.0 继续得电。从接通按钮 SB1 到线圈 Q0.0 得电，延时 0.5s，故具有延时接通功能。

断开按钮 SB1，常闭触点 I0.0 闭合，定时器 T37 开始计时，0.5s 后，T37 由 0 变为 1，并保持不变，使得常闭触点 T37 断开，线圈 Q0.0 失电。从按钮 SB1 断开到线圈 Q0.0 失电，延时 0.5s，故具有延时断开功能。

5.6 典型的简单环节编程

复杂的控制程序一般都是由一些典型的基本环节有机地组合而成的，因此掌握这些基本环节尤为重要，它有助于控制程序设计水平的提高。以下是 6 个常用的典型环节。

(1) 电动机的启动与停止控制程序

电动机的启动与停止是最常见的控制，通常需要设置启动按钮、停止按钮及接触器等电器进行控制。由此可得 I/O 分配表，如表 5-3 所示。

表 5-3 I/O 分配表 1

输入信号		输出信号	
停止按钮 SB1	I0.1	接触器 KM	Q0.1
启动按钮 SB2	I0.2		

① 停止优先控制程序。为确保安全，通常电机的启动、停止控制总是选用如图 5-29 所示的停止优先控制程序。对于该程序，若同时按下启动按钮和停止按钮，则停止优先。

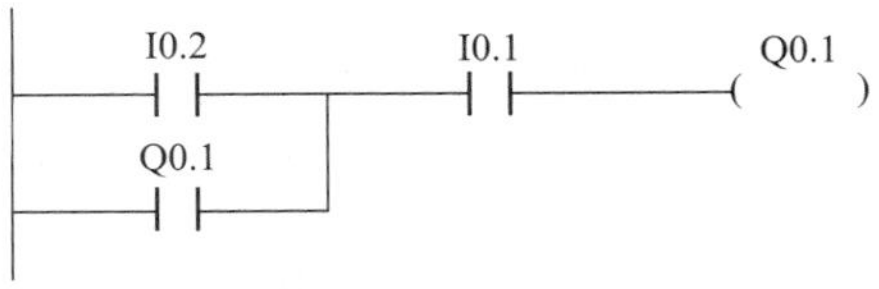

图 5-29　停止优先梯形图

② 启动优先控制程序。对于有些场合，需要启动优先控制，若同时按下启动按钮和停止按钮，则启动优先。具体程序如图 5-30 所示。

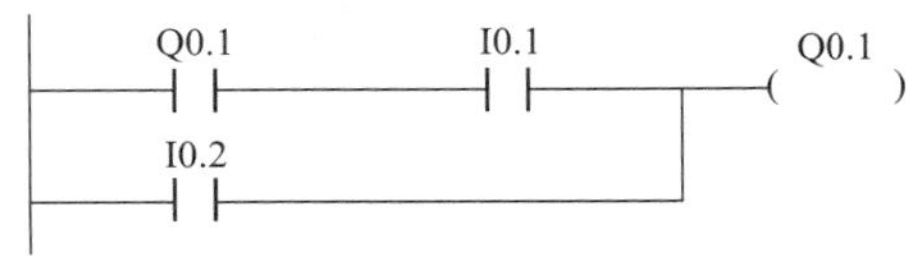

图 5-30　启动优先梯形图

（2）具有点动功能电动机启动、停止控制程序

有些设备的运动部件的位置常常需要进行调整，这就要用到具有点动调整的功能。因此除了上述启动按钮、停止按钮外，还需要增添点动按钮 SB3，I/O 分配表见表 5-4。

表 5-4　I/O 分配表 2

输入信号		输出信号	
停止按钮 SB1	I0.0	接触器 KM	Q0.1
启动按钮 SB2	I0.1		
点动按钮 SB3	I0.2		

在继电器控制柜中，点动的控制是采用复合按钮实现的，即利用常开触点、常闭触点先断后合的特点实现，而 PLC 梯形图中软继电器的常开触点和常闭触点的状态转换是同时发生的，这时可采用如图 5-31 所示的位存储器 M2.0 及其常闭触点来模拟先断后合型电器的特性。该程序中运用了 PLC 的周期循环扫描工作方式，使输入、输出延迟响应来达到先断后合的效果。

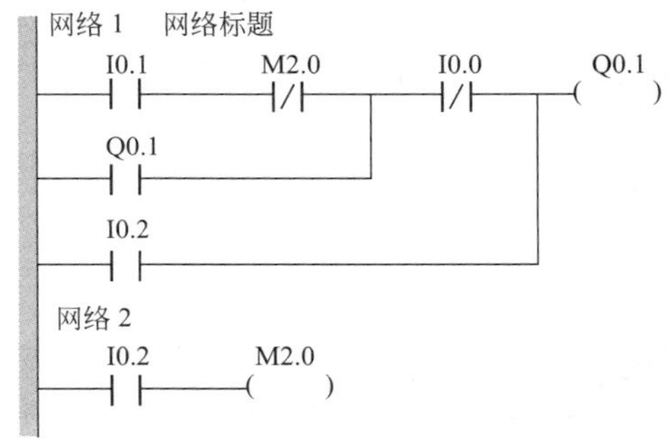

图 5-31　电动机启动、停止、点动控制梯形图

要点提示

若将 M2.0 内部线圈与 Q0.1 输出线圈两个线圈的位置对调一下，则不能产生先断后合的效果。

（3）电动机的正、反转控制程序

电动机的正、反转控制是常用的控制形式，输入信号设有停止按钮 SBl、正向启动按钮 SB2、反向启动按钮 SB3，输出信号应设正、反转接触器 KM1、KM2，I/O 分配表见表 5-5。

表 5-5　I/O 分配表 3

输入信号		输出信号	
停止按钮 SB1	I0.0	正转接触器 KM1	Q0.1
正向启动按钮 SB2	I0.1	反转接触器 KM2	Q0.2
反向启点动按钮 SB3	I0.2		

电动机可逆运行方向的切换是通过两个接触器 KMl、KM2 的切换来实现的。切换时要改变电源的相序。在设计程序时，必须防止由电源换相所引起的短路事故，例如，由正向运转切换到反向运转时，当正转接触器 KMl 断开时，由于其主触点内瞬时产生的电弧使这个触点仍处于接通状态，如果这时使反转接触器 KM2 闭合，就会使电源短路，所以必须在完全没有电弧的情况下才能使反转的接触器闭合。

由于 PLC 内部处理过程中，同一元件的常开、常闭触点的切换没有时间的延迟，所以必须采用防止电源短路的方法，如图 5-32 所示的梯形图采用定时器 T37、T38 分别作为正转、反转切换的延迟时间，从而防止切换时发生电源短路故障。

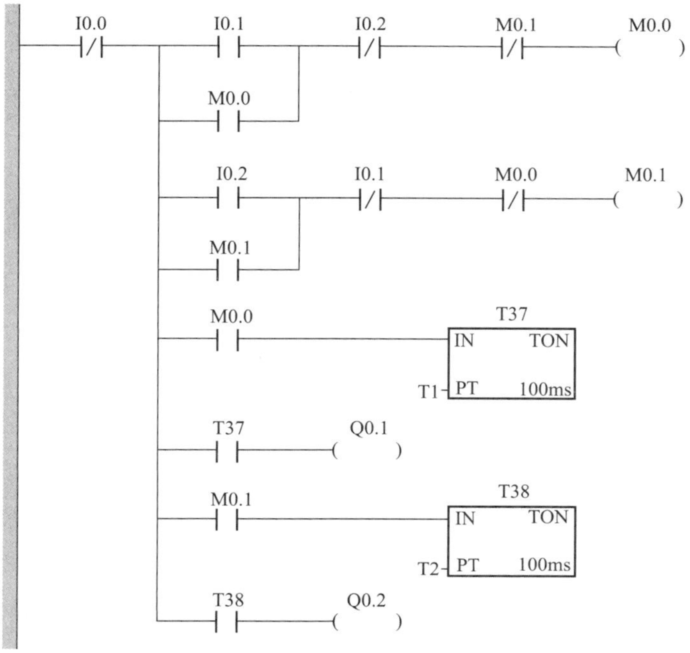

图 5-32　电动机正转、反转梯形图

（4）大功率电动机的星－三角降压启动控制程序

大功率电动机的星 - 三角降压启动控制电路的电动机由接触器 KMl、KM2、KM3 控制，其中 KM3 将电动机绕组连接成星形联结，KM2 将电动机绕组连接成三角形联结。KM2 与 KM3 不能同时吸合，否则将产生电源短路。在程序设计过程中，应充分考虑由星形联结向三角形联结切换的时间，即当电动机绕组从星形联结切换到三角形联结时，由 KM3 完全断开（包括灭弧时间）到 KM2 接通的这段时间应锁定住，以防电源短路。

设置停止按钮 SBl、启动按钮 SB2，接触器 KMl、KM2、KM3。I/O 分配表见表 5-6。

表 5-6　I/O 分配表 4

输入信号		输出信号	
停止按钮 SB1	I0.0	接触器 KM1	Q0.1
启动按钮 SB2	I0.1	接触器 KM2	Q0.2
		接触器 KM3	Q0.3

图 5-33 中，用 T38 定时器使 KM3 断电 t_2 后再让 KM2 通电，保证 KM3、KM2 不同时接通，避免电源相间短路。定时器 T37、T38、T39 的延时时间 t_1、t_2、t_3 可根据电动机启动电流的大小、所用接触器的型号通过试验调整，选定合适的数值。t_1、t_2、t_3 的值过长或过短均对电动机启动不利。

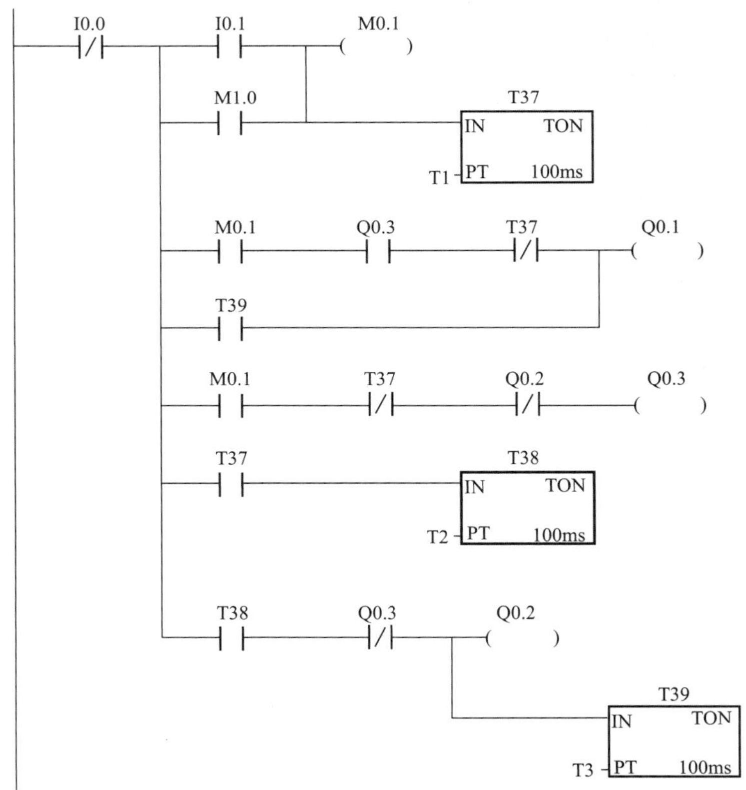

图 5-33　星 - 三角降压启动梯形图

（5）电机顺序启 / 停电路

3 台电机按启动按钮后，M1、M2、M3 正序启动；按停止按钮后，逆序停止，且要有一定时间间隔。

有两个输入点，即启动按钮 I0.0、停止按钮 I0.1；有 3 个输出点，即控制 KM1 线圈的 Q0.0、控制 KM2 线圈的 Q0.1 和控制 KM3 线圈的 Q0.2。梯形图如图 5-34 所示。

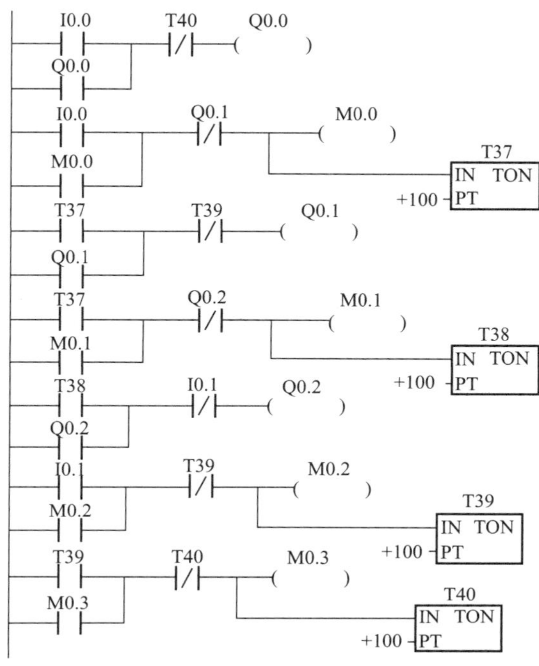

图 5-34　电机顺序启 / 停电路梯形图

（6）定子串电阻减压启动控制

电动机启动时在三相定子电路中串接电阻，使电动机定子绕组的电压降低，待启动结束后将电阻短接，电动机在额定电压下正常运行。这种启动方式不受电动机接线形式的影响，设备简单，因而在中小型生产机械设备中应用较广。启动电阻一般采用板式电阻或铸铁电阻，电阻功率大，能通过较大电流，但能量损耗较大。

按下 SB1，KM1 线圈得电，KM1 主触点闭合，电动机串电阻减压启动，KM1 辅助常开触点闭合，实现自锁，KT 线圈得电。

KT 延时时间到，KT 常开触点闭合，KM2 线圈得电，电动机 M 全压运转。

按下 SB2，KM2 线圈断电，KM2 主触点、辅助触点断开，电动机停止。当温度过高时，温度继电器触点 FR 触点断开，电机停止。I/O 分配表见表 5-7，梯形图如图 5-35 所示。

表 5-7　I/O 分配表 5

输入信号		输出信号	
启动按钮 SB1	I0.0	接触器 KM1	Q0.1
停止按钮 SB2	I0.1	接触器 KM2	Q0.2
温度继电器	I0.2		

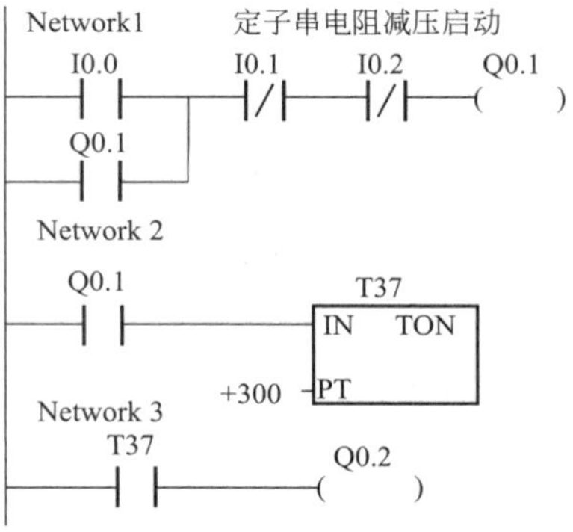

图 5-35　定子串电阻减压启动控制梯形图

5.7 实例 5——顺序控制功能图在小车行程控制中的应用

小车的行程控制示意图如图 5-36 所示，控制要求如下。

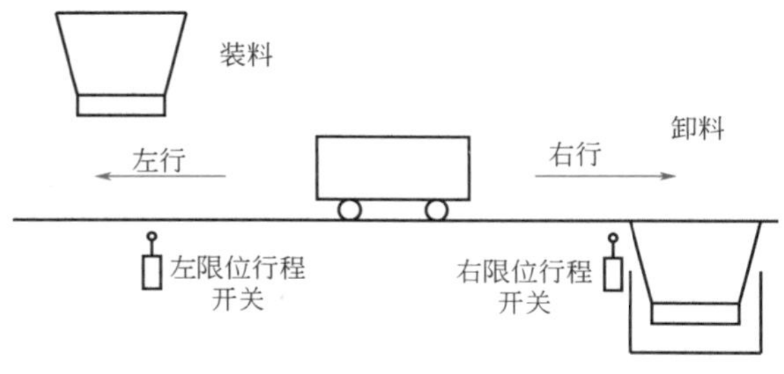

图 5-36　小车的行程控制示意图

① 初始位置，小车在左端，左限位行程开关 SQ1 被压下。

② 按下启动按钮 SB1，小车开始装料。

③ 8s 后装料结束，小车自动开始右行，碰到右限位行程开关 SQ2，停止右行，小车开始卸料。

④ 5s 后卸料结束，小车自动左行，碰到左限位行程开关 SQ1 后停止左行，开始装料。

⑤ 延时 8s 后，装料结束，小车自动右行……，如此循环，直到按下停止按钮 SB2，在当前循环完成后，小车结束工作。

编程元件地址分配见表 5-8。

表 5-8　编程元件地址分配

编程元件	说明	编程元件	说明
I0.0	启动按钮	I0.1	停止按钮
I0.2	右限位行程开关	I0.3	左限位行程开关
Q0.0	装料接触器	Q0.1	右行接触器
Q0.2	卸料接触器	Q0.3	左行接触器
T37	左端装料延时定时器	T38	右端卸料延时定时器
M0.0	记忆停止信号	S0.0	初始步
S0.1	装料	S0.2	右行
S0.3	卸料	S0.4	左行

状态流程图和梯形图如图 5-37 所示。当按下启动按钮时，I0.0 接通，活动步从 S0.0 变为 S0.1，接通装料接触器 Q0.0，装料延时定时器 T37 开始计时，小车开始装料；T37 计时时间到，T37 的常开触点闭合，活动步从 S0.1 变为 S0.2，接通右行接触器 Q0.1，小车开始右行；碰到右限位行程开关 I0.2，活动步从 S0.2 转换为 S0.3，接通卸料接触器 Q0.2，同时启动卸料延时定时器 T38，小车开始卸料；当 T38 计时时间到，活动步变为 S0.4，接通左行接触器 Q0.3，小车开始左行；碰到左限位行程开关 I0.3，活动步变为 S0.1，重新开始装料，如此循环。若要停止装卸料，则按下 I0.1，小车结束工作。

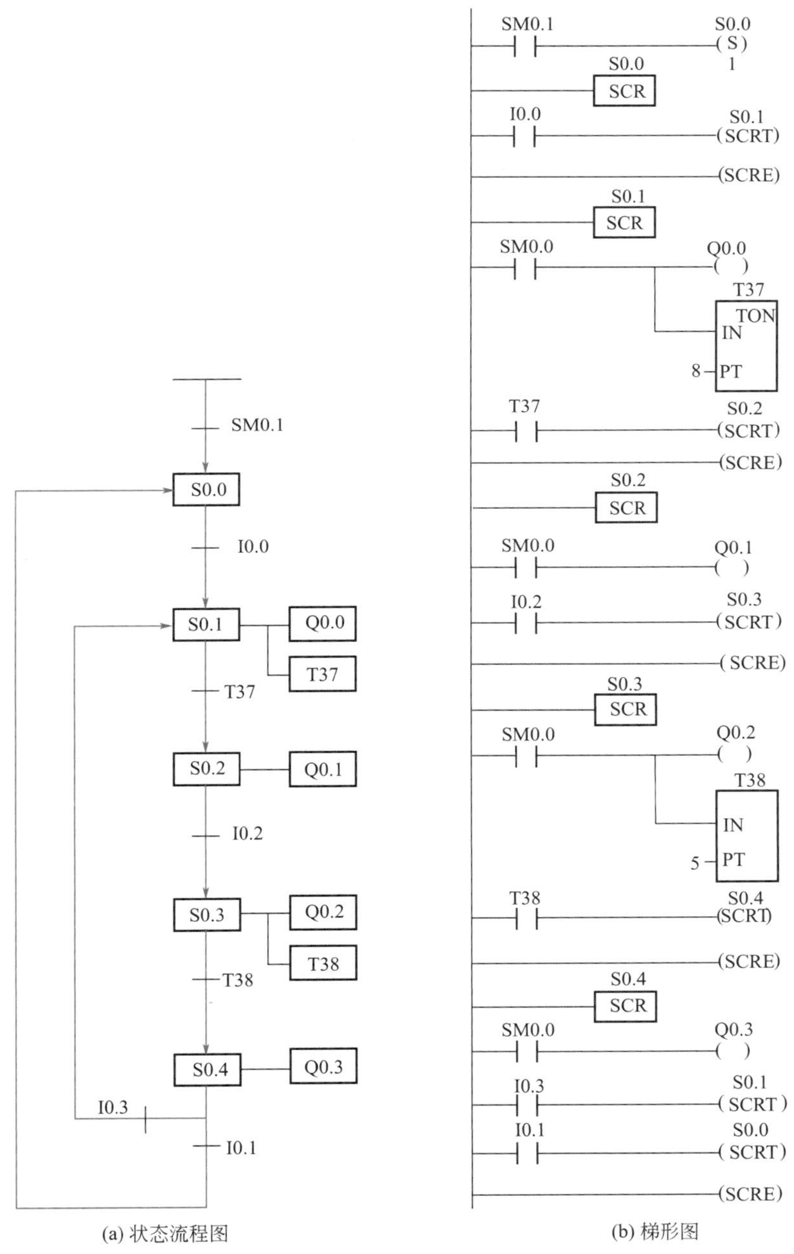

(a) 状态流程图

(b) 梯形图

图 5-37 小车状态流程图和梯形图

1. 顺序控制功能图编程一般应用于什么场合？
2. 顺序控制功能图中状态器的三要素是什么？
3. 并行分支顺序控制功能图如图 5-38 所示，画出对应的梯形图和语句表。

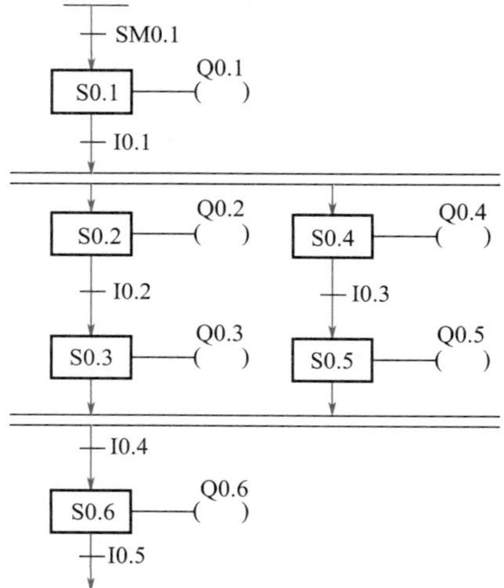

图 5-38　并行分支顺序控制功能图

4. 试用 PLC 设计一个控制系统，控制要求如下。

（1）开机时，先启动 M1 电动机，5s 后才能启动 M2 电动机。

（2）停止时，先停止 M2 电动机，2s 后才能停止 M1 电动机。

第 6 章

PLC 的通信与自动化通信网络

由于计算机网络技术的迅速发展与日益成熟，使得网络技术逐步地应用于工业控制中，自动化控制系统向着集中管理、多级分散控制发展，这对 PLC 控制系统的要求也随之提高，不仅要求 PLC 控制系统具备集中式控制的功能，还需能完成多级分布式控制，即 PLC 必须具备通信和网络功能。

本章要点

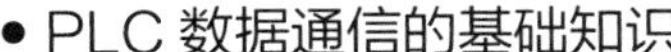

- PLC 数据通信的基础知识
- 基于以太网的 S7 协议通信
- 自由口通信
- Modbus 协议在通信中的应用

6.1 PLC 数据通信的基础知识

PLC 之间或 PLC 与其他设备之间进行数据接收和发送是通过数据通信完成的，而数据分为数字数据和模拟数据两种。不同 PLC 的数据通信传输方式、通信接口标准及通信网络结构都有所不同。

6.1.1 数据通信的传输方式

根据传输线的数量，数据通信分为并行数据通信和串行数据通信两种。

（1）并行数据通信

并行数据通信是指以字节或字为单位的数据传输方式。在并行传输中，数据在多根传输线上同时传输，一个数据的每个数据比特都有自己的传输线路，因此数据的位数决定了传输线的根数。并行数据通信除了传输数据用的数据线外，还需要数据通信联络用的控制线，如应答线和选通线，如图 6-1 所示。

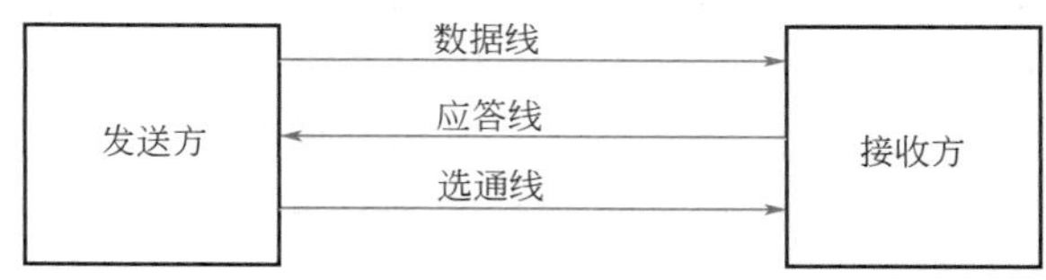

图 6-1　并行数据通信

并行数据通信的传输过程包括以下 4 点。

① 发送方发送数据前，首先判别接收方发出的应答线的状态，依此决定是否可以发送数据。

② 发送方在确定可以发送数据后，把数据发送到数据线上，并在选通线上输出一个状态信号给接收方，表示数据线上的数据有效。

③ 接收方在接收数据前，先判别发送方发送的选通线状态，以决定是否可以接收数据。

④ 接收方在确定可以接收数据后，从数据线上接收数据，并在应答线上输出一个状态信号给发送方，表示可以再发送数据。

并行数据通信时，每次传送的数据位数多，速度快。当传输距离较短时，采用并行方式可以提高传输效率。但当传输距离较远时，如果采用并行方式，不仅通信线路成本昂贵，而且在距离远的线路上难以收发信号，所以传输距离远时较少采用并行方式。

（2）串行数据通信

串行数据通信是指以位为单位的数据传输方式。在这种数据传输方式中，数据传输在一个传输的方向上只用一根通信线，这根通信线既作为数据线，又作为通信联络控制线，数据和联络信号在这根线上按位进行传输。

① 串行数据传送模式。串行数据通信可分为单工（Simplex）通信、半双工（Half Duplex）通信和全双工（Full Duplex）通信 3 种传送方式，如图 6-2 所示。

● 单工通信。是指数据只能沿一个固定方向传输，而不能反向传输，即传输是单向的，任何时间都不能改变。

● 半双工通信。是指在数据通信时，数据可以沿两个方向传输，但是在同一时刻数据只能沿一个方向传输。

● 全双工通信。是指在数据通信时，数据可以同时沿两个方向传输，可提高传输速率。

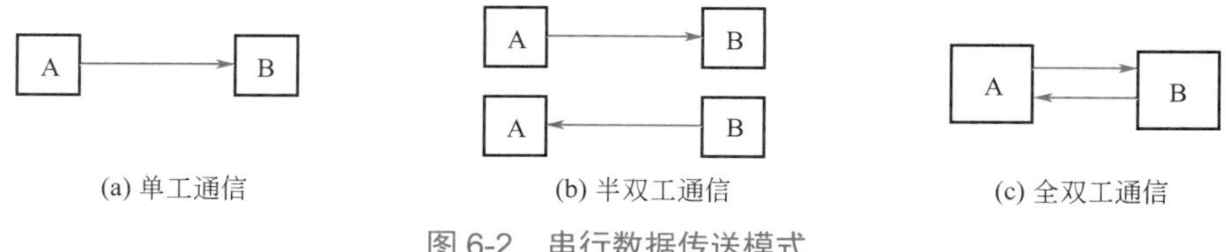

(a) 单工通信　　(b) 半双工通信　　(c) 全双工通信

图 6-2　串行数据传送模式

② 异步通信方式和同步通信方式。串行数据通信按其传输的信息格式可分为异步通信方式和同步通信方式两种。

a. 异步通信方式。异步通信是指相邻两个字符数据之间的停顿时间长短不一。在异步通信中，收发的每一个字符数据都是由四部分按顺序组成的，其信息格式如图 6-3 所示。

起始位	字符代码数据位	奇偶校验位	停止位
1位	5～8位	0～1位	1,1.5,2位

图 6-3　异步通信的信息格式

在通信开始之前，收发双方要把采用的信息格式和数据传输速率作统一的规定。通信时，发送方把要发送的代码数据拼装成以起始位开始，停止位结束，代码数据的低位在前、高位在后的串行字符信息格式进行发送。在每个串行字符之间允许有不定长的空闲位，一直到要发送的代码数据结束。起始位 0 作为联络信号，通知接收方开始接收数据，停止位 1 和空闲位 1 告知接收方一个串行字符数据传送完毕。通信开始后，接收方不断地检测传输线，查看是否有起始位到来，当收到一系列的 1 之后，若接收到一个 0 位，说明起始位出现，开始接收所规定的数据位和奇偶校验位及停止位。经过校验处理后，把接收到的代码数据位部分拼装成一个代码数据。一个串行字符接收完成后，接收方又继续检测传输线，监视 0 的到来和开始接收下一个串行字符代码。

异步通信是按字符传输的，发送方每发送一个字符，就用起始位通知接收方，以此来重新核对收发双方的同步。即使接收方和发送方的时钟频率略有偏差，也不会因偏差的累积而导致错位，此外，字符之间的空闲位也为这种偏差提供了缓冲，所以异步通信的可靠性很高。但是由于异步通信方式要花费时间来传送起始位、停止位等附加的非有效信息位，所以它的传输效率较低，一般用于低速通信的场合。

b. 同步通信方式。同步通信传输的信息格式是由同步字符、固定长度的数据字符块及校验字符组成的数据帧，其格式如图 6-4 所示。

同步字符	数据字符	数据字符		数据字符	校验字符
1～2各字符	5～8位	5～8位		5～8位	

图 6-4　同步通信的信息格式

在同步通信的信息格式中，设置的同步字符起联络作用，由它来通知接收方开始接收数据。同步字符的编码由不同通信系统的通信双方约定，通常是 8 位长度。开始通信之前，收发双方约定同步字符的编码形式和同步字符的个数。通信开始后，接收方首先搜索同步字符，即从串行位流中拼装字符，与事先约定的同步字符进行比较，若比较结果相同，则说明同步字符已经到来，接收方开始接收数据，并按规定的数据长度将接收到的数据拼装成一个个的数据字符，直到所有数据传输完毕。经校验处理并确认合格后，完成一个信息帧的接收。

在同步通信方式中，发送方和接收方要保持完全的同步，因此要求收发双方使用同一时钟。在近距离通信时，可采用在传输线中增加一根时钟信号线来解决；在远距离通信时，可采用锁相技术，通过调制解调方式从数据流中提取同步信号，使接收方得到和发送方时钟频率完全相同的接收时钟信号。由于同步通信方式不需要在每个数据字符前后加起始位和停止位，而只需在数据字符块前加 1 ～ 2 个同步字符，故传输效率较高；但因为硬件复杂，所以一般用于高速通信［传输速率大于 2Mbps（1bps=1bit/s）］的场合。

③ 基带传输与频带传输。基带传输按照数字信号原有的波形（以脉冲形式）在信道上直接传输，它要求信道具有较宽的通频带。基带传输时，通常对数字信号进行一定的编码，常用数据编码方法有不归零编码 NRZ、曼彻斯特编码和差动曼彻斯特编码等。

频带传输是一种采用调制解调技术的传输形式。发送端采用调制手段，对数字信号进行某种变换，将代表数据的二进制 1 和 0 变换成具有一定频带范围的模拟信号，以适应在模拟信道上传输；接收端通过解调手段进行相反变换，把模拟的调制信号复原为 1 或 0。

常用的调制方法有频率调制、振幅调制和相位调制。具有调制、解调功能的装置称为调制解调器，即 Modem。

6.1.2 通信介质

通信介质是在通信系统中位于发送端与接收端之间的物理通路。它一般可分为导向性介质和非导向性介质。导向性介质引导信号的传播方向，如双绞线、同轴电缆和光纤等；非导向性介质一般通过空气传播信号，它不为信号引导传播方向，如短波、微波和红外线通信等。

（1）双绞线

双绞线是由两根彼此绝缘的导线按照一定规则，以螺旋状绞合在一起。这种结构能在一定程度上减弱来自外部的电磁干扰及相邻双绞线引起的串音干扰，但在传输距离、带宽和数据传输速率等方面仍有一定的局限性，结构如图 6-5 所示。

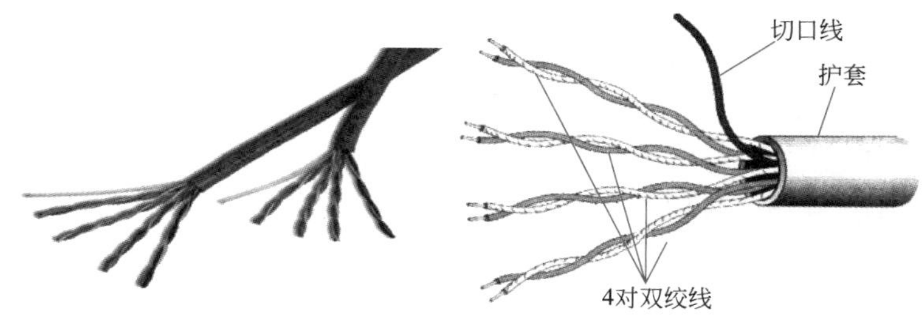

图 6-5　双绞线结构

双绞线电缆分为非屏蔽双绞线电缆和屏蔽双绞线电缆。非屏蔽双绞线电缆价格便宜，直径小、节省空间，使用方便灵活，易于安装。屏蔽双绞线电缆抗干扰能力强，有较高的传输速率，100m 内可达到 155Mbps，但其价格相对较贵，需要配置相应的连接器，使用时不是很方便。

美国电子工业协会（EIA）规定了 6 种质量级别的双绞线电缆，其中 1 类线档次最低，只适于传输语音；6 类线档次最高，传输频率可达到 250MHz；3 类线的数据传输速率可达 10Mbps；4 类线的数据传输速率可达 16Mbps；5 类线的数据传输速率可达 100Mbps。

（2）同轴电缆

与双绞线相比，同轴电缆抗干扰能力强，能够应用于频率更高、数据传输速率更快的情况。对其性能造成影响的主要因素来自衰减和热噪声，采用频分复用技术时还会受到交叉调制噪声的影响。虽然目前同轴电缆大量被光纤取代，但它仍广泛应用于有线电视和某些局域网中，结构如图 6-6 所示。

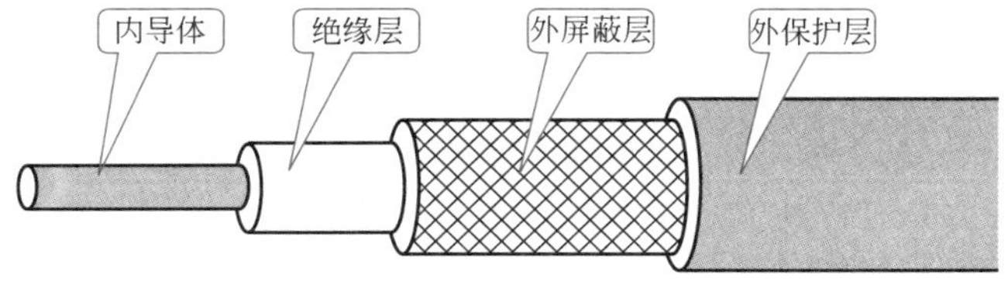

图 6-6　同轴电缆结构

同轴电缆主要有 50Ω 电缆和 75Ω 电缆。50Ω 电缆用于基带数字信号传输，又称基带同轴电缆。电缆中只有一个信道，数据信号采用曼彻斯特编码方式，数据传输速率可达 10Mbps，这种电缆主要用于局域网。75Ω 电缆是 CATV 系统使用的标准，它既可用于传输宽带模拟信号，也可用于传输数字信号。对于模拟信号而言，其工作频率可达 400MHz。若在这种电缆上使用频分复用技术，则可以使其同时具有大量的信道，每个信道都能传输模拟信号。

（3）光纤

光纤是一种传输光信号的传输媒介。

① 光纤结构。光纤的结构如图 6-7 所示。处于光纤最内层的纤芯是一种横截面积很小、质地脆、易断裂的光导纤维，制造这种纤维的材料既可以是玻璃，也可以是塑料。纤芯的外层裹有一个包层，它由折射率比纤芯小的材料制成。

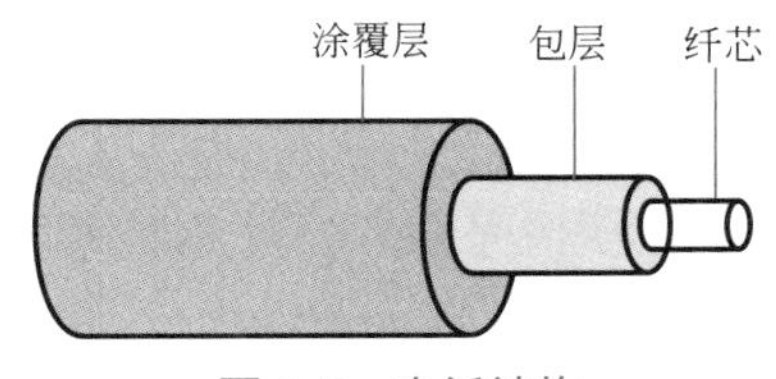

图 6-7　光纤结构

由于在纤芯与包层之间存在着折射率的差异，光信号才得以通过全反射在纤芯中不断向前传播。光纤的最外层则是起保护作用的外套。通常都是将多根光纤扎成束并裹以保护层制成多芯光缆。

② 光纤分类。根据制作材料的不同，光纤可分为石英光纤、塑料光纤、玻璃光纤等；根据传输模式的不同，光纤可分为多模光纤和单模光纤；根据纤芯折射率的分布不同，光纤可以分为突变型光纤和渐变型光纤；根据工作波长的不同，光纤可分为短波长光纤、长波长光纤和超长波长光纤。

③ 光纤特点。光纤的优点如下。

a. 光纤支持很宽的带宽，覆盖了红外线和可见光的频谱（$10^{14}\sim10^{15}$Hz）。

b. 具有很快的传输速率，当前传输速率制约因素是信号生成技术。

c. 光纤抗电磁干扰能力强，且光束本身又不向外辐射，适用于长距离的信息传输及安全性要求较高的场合。

d. 光纤衰减较小，中继器的间距较大。

光纤的缺点是系统成本较高、不易安装与维护、质地脆、易断裂等。

6.1.3 串行通信接口标准

串行通信接口标准包括 RS-232 和 RS-422/RS-485，其中 RS-422/RS-485 是在 RS-232 标准的基础上改进形成的。这几种标准都对串行通信接口的有关问题（如信号线功能、电气特性）做了明确规定。

（1）RS-232C

RS-232 是美国电子工业协会 EIA 在 1962 年制定并公布的一种标准化接口，是目前数据通信中应用较广泛的一种串行接口。关于该标准，目前较受欢迎的是 RS-232C，即 C 版本的 RS-232。RS-232C 是为远程通信中数据终端设备（DTE）和数据电路终端设备（DCE）的连接而制定，适合数据传输速率在 0 ～ 20000bps 范围内的串行通信。该标准对串行通信接口的机械特性、电气特性和过程特性、信号内容和接口功能等做了明确的规定。

① 机械特性。RS-232C 的标准接插件是 25 芯插头，通常插头在数据终端设备（DTE）端，插座在数据电路终端设备（DCE）端。但在实际使用时，9 芯插头就足够，所以近年来多采用型号为 DB-9 的 9 芯插头，传输线采用屏蔽双绞线。

② 电气特性和过程特性。RS-232C 标准对接口的电气特性和过程特性做了以下规定。

a. 在 RS-232C 中，任何一条信号线的电压均为负逻辑关系。即逻辑 1 代表 −15 ～ −5V，逻辑 0 代表 +5 ～ +15V。在发送数据时，发送端驱动器输出正电平为 +5 ～ +15V，负电平为 −15 ～ −5V。因为传输线路的噪声容限为 2V，所以接收端的工作电平在 +3 ～ +12V 与 −12 ～ −3V 之间，即要求接收端能识别低至 −3V 的信号作为逻辑 0，高到 +12V 的信号作为逻辑 1。

b. 信号线和信号地线之间的分布电容不超过 2500pF。

c. 数据通信的速率为 0 ～ 20000bps，数据终端设备和数据电路终端设备之间电缆的最大长度为 15m。

③ 信号内容。计算机通常都配有 RS-232C 接口，PLC 与计算机系统的连接器有 9 芯、25 芯等形式，其电缆连接图如图 6-8 所示。

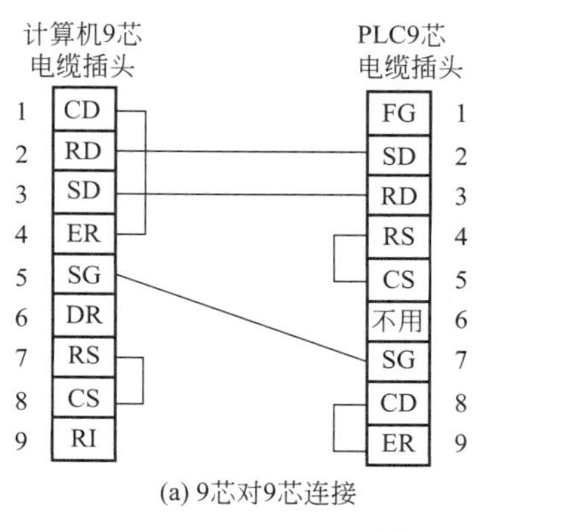

(a) 9芯对9芯连接

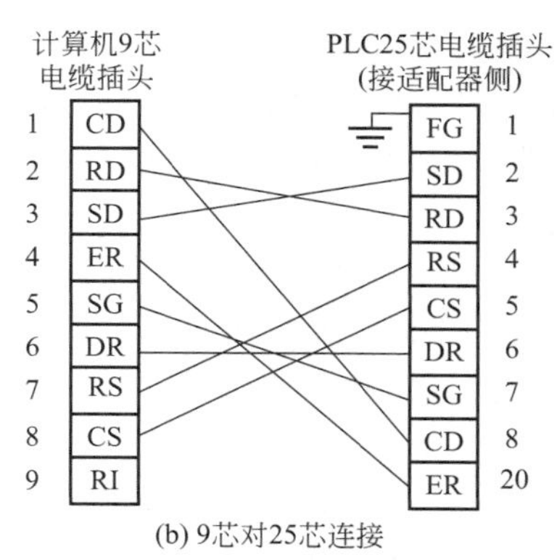

(b) 9芯对25芯连接

图 6-8 RS-232C 接口连接图

④ 功能。RS-232C 接口的功能分为数据传输和信息控制两部分。具有定义接口的控制信号，使用户数据通过接口，发送时钟信号、使数据流同步，形成接口真实的电气特性 4 项功能。

⑤ 接口的不足之处。接口的不足之处就是传输距离有限，最远为 16m 左右，允许使用较长电缆，但电缆的全部电容不得超过 2500pF；数据传输速率低，异步传输时比特率仅为 20kbit/s；接口使用一根信号线和一根信号返回线构成共地的传输方式，这种用一根信号线的传输方式容易产生共模干扰，所以抗干扰能力差。

（2）RS-422/RS-485

针对 RS-232C 的不足，出现了一些新的接口标准，RS-422 和 RS-485 就是其中的代表。它们的电气接口电路采用差分传输方式，抗共模干扰能力增强。RS-485 实际上是 RS-422 的改进，它们的不同在于 RS-422 采用全双工的通信方式，而 RS-485 则采用半双工的通信方式。

通常情况下，发送驱动器之间的正电平在 +2 ～ +6V 之间，表示逻辑 1；负电平在 −6 ～ −2V，表示逻辑 0。另有一个信号地，在 RS-485 中还有一个使能端，而在 RS-422 中是可选用的。当使能端起作用时，发送驱动器处于高阻状态，它是有别于逻辑 1 与 0 的第三态。当在接收端有大于 +200mV 的电平时，输出正逻辑电平；小于 −200mV 时，输出负逻辑电平。典型的 9 芯 RS-422 接口信号内容见表 6-1。

表 6-1　9 芯 RS-422 接口的信号内容

引脚序号	信号名称	说明
1	GND	保护接地
2	TX	发送数据
3	RX	接收数据
4	NC	空引脚
5	GND	信号地
6	YX	发送数据
7	RX	接收数据
8	NC	空引脚
9	VCC	+9V

（3）IEEE 802 通信标准

① CSMA/CD（带冲突检测的载波监听多路访问）。CSMA/CD 的基础是以太网。每个站都是平等的，采用竞争方式发送信息到传输线上，先听后讲和边听边讲。其控制策略是竞争发送、广播式传送、载体监听、冲突检测、冲突后退和再试发送。以太网越来越多地使用于底层网络。

② 令牌总线。令牌绕逻辑环周而复始地传送。要发送报文的站等到令牌传给自己，判断为空令牌时才能发送报文。令牌沿环网循环一周后返回发送站时，如果报文已被接收站复制，发送站将令牌置为空，送上环网继续传送，以供其他站使用。

③ 主从通信方式。主从通信网络有一个主站和若干个从站。主站向某个从站发送请求帧，该从站接收到后才能向主站返回响应帧。主站按事先设置好的轮询表的排列顺序对从站进行周期性的查询。

（4）现场总线及其国际标准

① 现场总线。IEC 对现场总线的定义为，安装在制造和过程区域的现场装置与控制室内的自动控制装置之间的数字式、串行、多点通信的数据总线。

② 现场总线的国际标准。IEC 61158 第 4 版采纳了经过市场考验的 20 种现场总线。其中约一半是实时以太网。IEC 62026 是供低压开关设备与控制设备使用的控制器电气接口标准。

6.1.4 PLC 的通信网络结构

工业生产过程中有各种各样的控制要求，如在一个较大规模的检测和控制系统中，常常有几十个、几百个，甚至更多个被测和被控变量，若用一个 PLC 来实现，则在速度和容量上难以满足要求；有的被测和被控变量在地理位置上比较分散，若用一个 PLC 来完成，则需要大量长距离的输入输出信号电缆，因此现今的 PLC 具备多种数据通信接口和较为完善的数据通信能力，可以与其他 PLC 或其他设备构成通信网络，实现复杂的控制要求。

PLC 的通信网络结构通常有下位连接系统、同位连接系统和上位连接系统 3 种，下面进行详细介绍。

（1）下位连接系统

下位连接系统是 PLC 通过串行通信接口连接远程输入输出单元，实现远程分散检测和控制。其组网方式有两种，一种是独立的 PLC 通过远程 I/O 模块进行通信，另一种是利用远程 I/O 模块扩展远程输入输出单元。PLC 与远程输入输出单元的连接采用电缆或光缆，相应的通信接口是 RS-485、RS-422A 或光纤接口。采用光纤系统传输数据时，可实现数据通信的远距离、高速度和高可靠性。下位连接系统的连接形式一般采用树形结构，如图 6-9 所示。

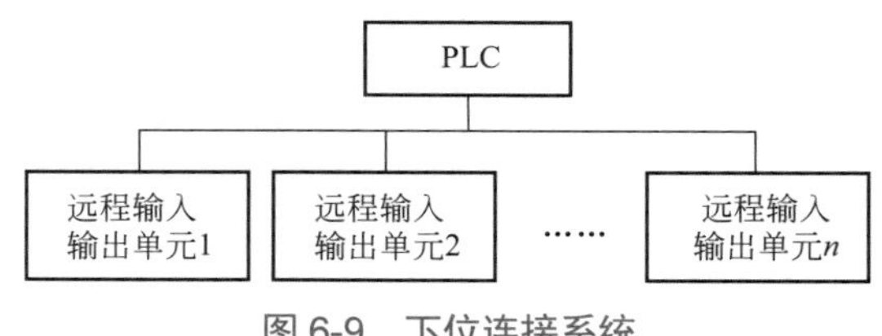

图 6-9　下位连接系统

PLC 是系统的集中控制单元，负责整个系统的数据通信、信息处理和协调各个远程输入输出单元的操作。远程输入输出单元是系统的分散控制单元，它们在 PLC 的统一管理下完成各自的输入输出任务。

系统的通信控制程序由生产厂商编制，并安装在 PLC 和远程输入输出单元中。用户只需根据系统的要求，设置远程输入输出单元地址和编制用户应用程序即可使系统运行。

由于远程输入输出单元可以就近安装在被测和被控对象附近，从而大大地缩短了输入、输出信号的连接电缆，所以下位连接系统特别适合于地理位置比较分散的控制系统，例如生产流水线上的各工序的控制等。

（2）同位连接系统

同位连接系统是 PLC 通过串行通信接口相互连接起来的系统。系统中的 PLC 是并行运行的，并通过数据传递相互联系，以适应大规模控制的要求。其组网方式有一对一通信和主从通信两种。同位连接系统通常采用总线结构，如图 6-10 所示。

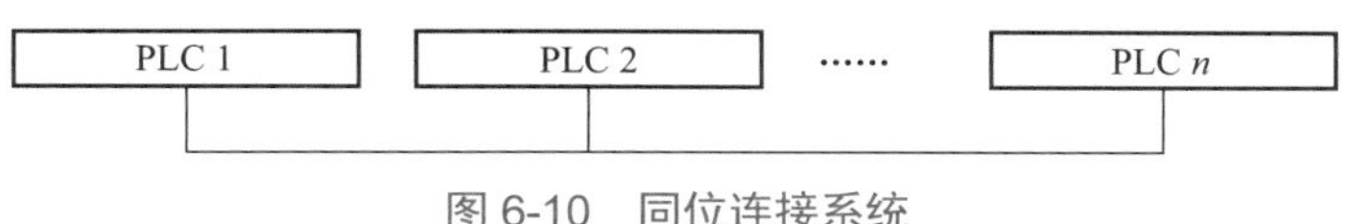

图 6-10　同位连接系统

在同位连接系统中，各个 PLC 之间的通信一般采用 RS-422A、RS-485 接口或光纤接口。互连的 PLC 最大允许数量随 PLC 的类型不同而变化。系统内的每个 PLC 都有一个唯一的系统识别单元号，号码从 0 开始顺序设置。在各个 PLC 内部都设置一个公用数据区作为通信数据的缓冲区。同位连接系统的数据传送是把公用数据区的发送区数据发送到通信接口，并把通信接口上接收到的数据存放到公用数据区的接收区中，数据传送过程如图 6-11 所示，此过程不需用户编制应用程序干预。用户只需编制把发送的数据送到公用数据区的发送区和从公用数据区的接收区把数据读到所需的地址的程序即可。

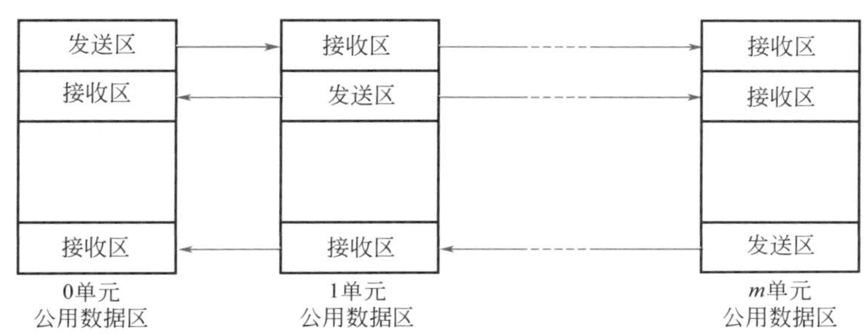

图 6-11　同位连接系统的数据传送

（3）上位连接系统

上位连接系统是一个自动化综合管理系统，管理计算机收集和管理各个上位机发送来的信息数据，并发送相关的命令控制上位计算机的运行。上位计算机通过串行通信接口与 PLC 的串行通信接口相连，对 PLC 进行监视和管理，构成集中管理、分散控制的分布式多级控制系统。在这个控制系统中，PLC 是直接控制级，它负责现场过程变量的检测和控制，同时接收上位计算机的信息和向上位计算机发送现场的信息。上位计算机是协调管理级，它要与下位直接控制级、自身的人机界面和上级信息管理级三方面进行信息交换。它是过程控制与信息管理的结合点和转换点，是信息管理与过程控制联系的桥梁。上位连接系统结构如图 6-12 所示。

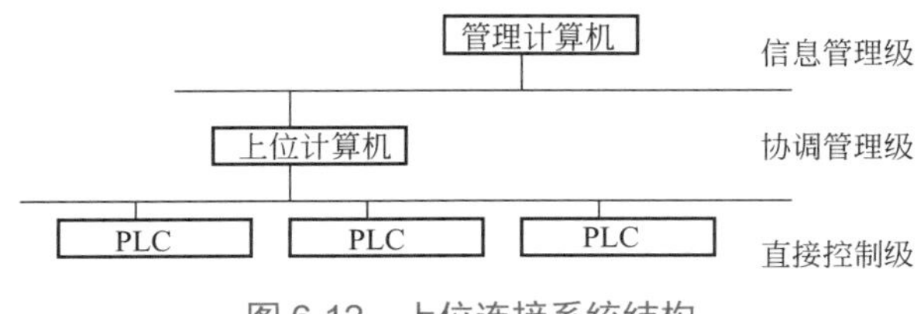

图 6-12　上位连接系统结构

上位计算机与 PLC 的通信一般采用 RS-232C/RS-422 通信接口。当用 RS-232C 通信接口时，一台上位计算机只能连接一台 PLC，若要连接多台 PLC，则要加接 RS-232C/RS-422 转换装置。

通常 PLC 上的通信程序由制造厂商编制，并作为通信驱动程序提供给用户，用户只要在上位计算机的应用软件平台调用，即可完成与 PLC 的通信。

上位计算机与管理计算机的通信一般采用局域网。上位计算机通过通信网卡与信息管理级的其他计算机进行信息交换，它只要在应用软件平台中调用网络管理软件，即可完成网络的数据通信。

6.1.5 S7-200 SMART 通信端口

每个 S7-200 SMART CPU 模块本体都集成 1 个以太网端口和 1 个 RS-485 端口（端口 0），标准型 CPU 额外支持 SB CM01 信号板（端口 1），信号板可通过 STEP 7-Micro/WIN SMART 软件组态为 RS-232 通信端口或 RS-485 通信端口。SMART PLC 的通信端口数量最多可增至 3 个，满足小型自动化设备与 HMI（人机界面）、变频器及其他第三方设备进行通信的需求。

S7-200 SMART CPU 集成的 RS-485 端口的引脚分配见表 6-2。S7-200 SMART SB CM01 信号板端口（端口 1）的引脚分配表见表 6-3。

表 6-2 RS-485 端口的引脚分配

连接器	引脚标号	信号	引脚定义
	1	屏蔽	机壳接地
	2	24V 返回	逻辑公共端
	3	RS-485 信号 B	RS-485 信号 B
	4	发送请求	RTS（TTL）
	5	5V 返回	逻辑公共端
	6	+5V	+5V，100Ω 串联电阻
	7	+24V	+24V
	8	RS-485 信号 A	RS-485 信号 A
	9	不适用	10 位协议选择（输入）
	外壳	屏蔽	机壳接地

表 6-3 S7-200 SMART SB CM01信号板端口（端口 1）的引脚分配表

连接器	引脚标号	信号	引脚定义
	1	接地	机壳接地
	2	TX/B	RS-232-Tx/RS-485-B
	3	发送请求	RTS（TTL）
	4	M 接地	逻辑公共端
	5	TX/A	RS-232-Tx/RS-485-A
	6	+5V	+5V，100Ω 串联电阻

当一个 S7-200 SMART CPU 与一个编程设备、HMI 或另外一个 S7-200 SMART CPU 通信时，实现的是直接连接，如图 6-13 所示。

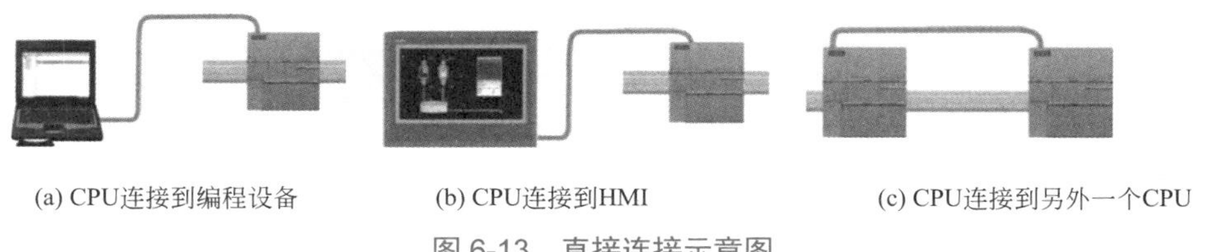

(a) CPU连接到编程设备　　(b) CPU连接到HMI　　(c) CPU连接到另外一个CPU

图 6-13　直接连接示意图

当通信设备超过两个时，需要使用交换机来实现网络连接，可以使用导轨安装的西门子 CSM 1277（4 端口）以太网交换机来连接多个 CPU 和 HMI 设备，如图 6-14 所示。

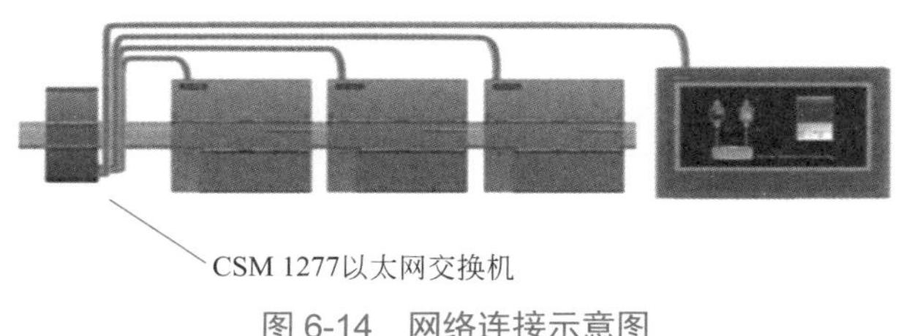

图 6-14　网络连接示意图

6.2　基于以太网的 S7 协议通信

S7 协议是专为西门子控制产品优化设计的通信协议，它是面向连接的协议，在进行数据交换之前，必须与通信伙伴建立连接。面向连接的协议具有较高的安全性。连接是指两个通信伙伴之间为了执行通信服务建立的逻辑链路，而不是指两个站之间用物理媒体（例如电缆）实现的连接。S7 连接是需要组态的静态连接，静态连接要占用 CPU 的连接资源。

（1）S7 协议

基于连接的通信分为单向连接和双向连接，S7-200 SMART 只有 S7 单向连接功能。单向连接中的客户机（Client）是向服务器（Server）请求服务的设备，客户机调用 GET/PUT 指令读、写服务器的存储区。服务器是通信中的被动方，用户不用编写服务器的 S7 通信程序，S7 通信由服务器的操作系统完成。

S7-200 SMART 的以太网端口支持以太网和基于 TCP/IP 的通信标准，该端口支持的通信类型如下。

① CPU 与 STEP 7-Micro/WIN SMART 软件之间的通信。

② CPU 与 HMI（人机界面）之间的通信。

③ CPU 与其他 S7-200 SMART CPU 之间的 GET/PUT 通信。S7-200 SMART CPU 在以太网通信中既可作为主动设备，也可作为从动设备。

如图 6-15 所示，以太网端口除了一个用于与编程设备 PG 的连接外，还有 8 个专用的 HMI/OPC 连接，以及 8 个 GET/PUT 的主动连接和被动连接。

要点提示

25 个连接可以同时使用。GET/PUT 连接既可以用于 S7-200 SMART 之间的以太网通信，也可以用于 S7-200 SMART 和 S7-300/400/1200/1500 之间的以太网通信。

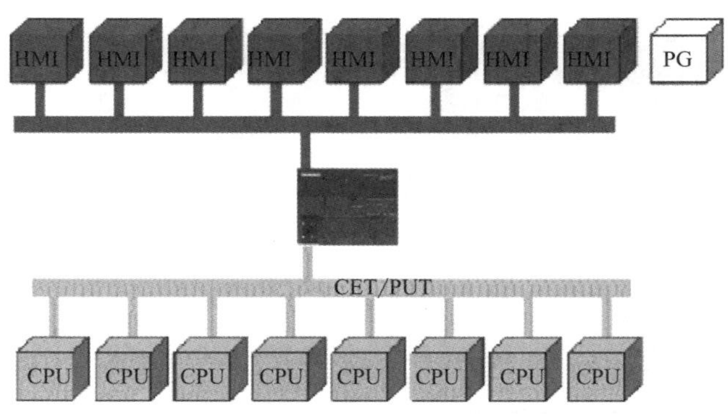

图 6-15　S7-200 SMART 支持的以太网通信资源

（2）GET/PUT 指令

S7-200 SMART CPU 提供了 GET/PUT 指令，用于建立 S7-200 SMART CPU 之间的以太网通信。GET/PUT 指令只需要在主动建立连接的 CPU 中调用执行，被动建立连接的 CPU 不需要进行通信编程。GET/PUT 指令见表 6-4。

表 6-4　GET/PUT 指令

指令	语句表	梯形图	功能
GET	GET TABLE	GET EN ENO TABLE	以太网端口上的通信操作，从远程设备获取数据
PUT	PUT TABLE	PUT EN ENO TABLE	以太网端口上的通信操作，将数据写入远程设备

GET 和 PUT 指令用它们唯一的输入参数 TABLE 定义 16B 的表格，该表格定义了 3 个状态位、错误代码、远程站的 IP 地址、指向远程站中要访问的数据的指针和数据长度、指向本地站中要访问的数据的指针。

要点提示

GET 指令从远程设备读取最多 222B 的数据。PUT 指令将最多 212B 的数据写入远程设备。

执行 GET/PUT 指令时，CPU 与 TABLE 表中的远程 IP 地址指定的设备建立起以太网连接。连接建立后，该连接将保持到 CPU 进入 STOP 模式。

程序中可以使用任意条数的 GET/PUT 指令，但是同时最多只能激活 8 条 GET/PUT 指令。所有与同一 IP 地址直接相连的 GET/PUT 指令采用同一个连接。

要点提示

如果尝试创建第 9 个连接（第 9 个 IP 地址），CPU 将搜索所有的连接，查找处于未激活状态时间最长的一个连接；CPU 将断开该连接，与新的 IP 地址创建连接。

【例 6-1】　本地站 IP 地址为 192.168.0.100，远程站 IP 地址为 192.168.0.101，将本地站

从 VB200 开始的 10 个字节发送到远程站的 VB100 开始的 10 个字节。

① 首先在系统块中设置本地站和远程站的 IP 地址，如图 6-16 所示。

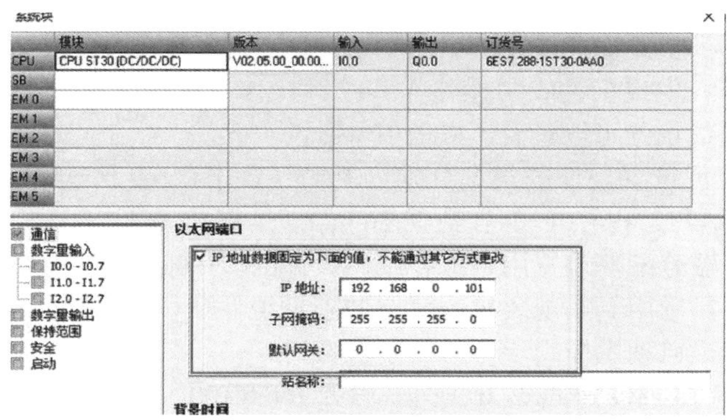

图 6-16　设置本地站和远程站的 IP 地址

② 调用 PUT 指令，如图 6-17 所示。

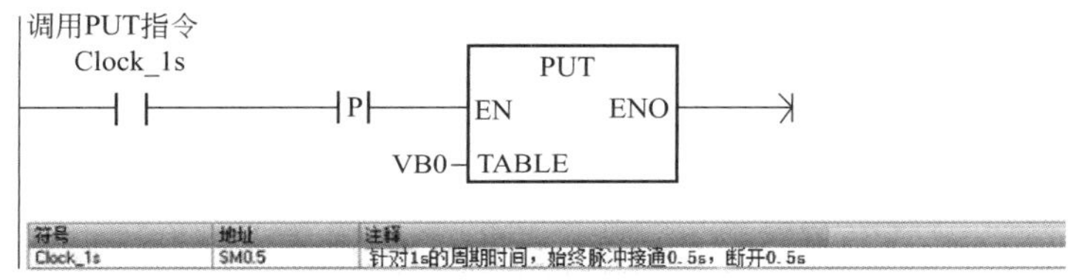

图 6-17　调用 PUT 指令

③ 定义参数表，如图 6-18 所示。

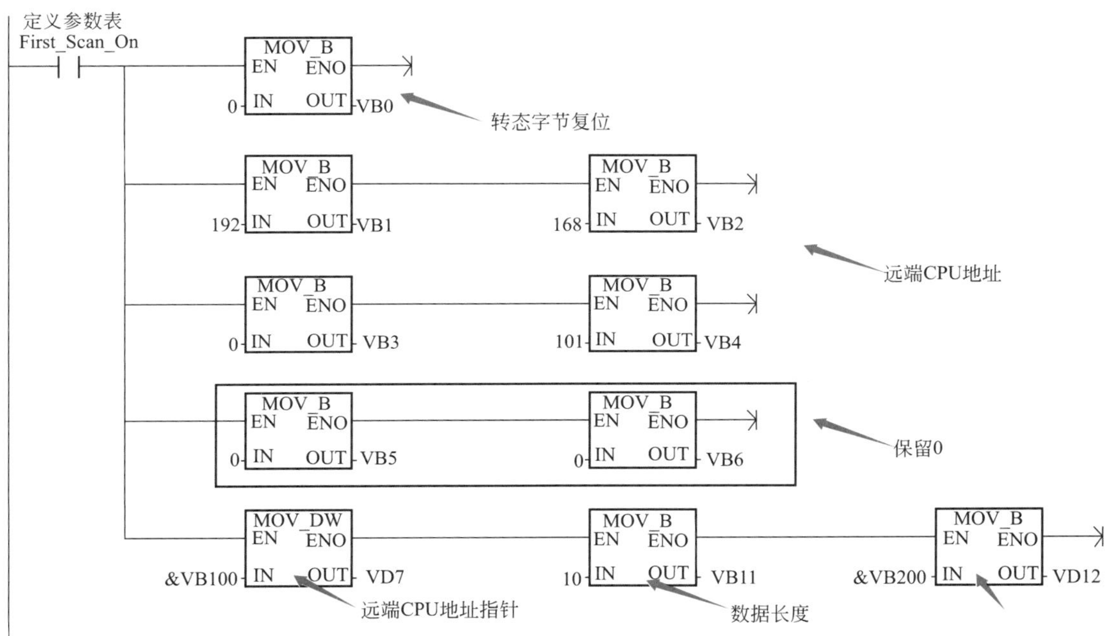

图 6-18　定义参数表

④ 触发 PUT 指令即可完成通信。

(3) 用 GET/PUT 向导生成客户机的通信程序

用 GET/PUT 向导建立的连接为主动连接，CPU 是 S7 通信的客户机。通信伙伴作为 S7 通信的客户机时，不需要用 GET/PUT 指令向导组态，建立的连接是被动连接。

在第 1 页（操作）生成名为“写操作”和“读操作”的两个操作。最多允许组态 24 项独立的网络操作。通信伙伴可以具有不同的 IP 地址。

在第 2 页、第 3 页设置操作的类型分别为 PUT 和 GET、要传送的数据的字节数、远程 CPU 的 IP 地址、本地和远程 CPU 保存数据的起始地址。

在第 4 页（存储器分配）设置用来保存组态数据的 V 存储区的起始地址。

第 5 页（组件）显示用于实现要求的组态的项目组件默认的名称。

在第 6 页（生成）自动生成用于通信的子程序等。

【例 6-2】 利用向导完成本地站 IP 地址为 192.168.0.100，远程站 IP 地址为 192.168.0.101，将本地站从 VB200 开始的 10 个字节发送到远程站的 VB100 开始的 10 个字节。

① 打开向导，如图 6-19 所示。

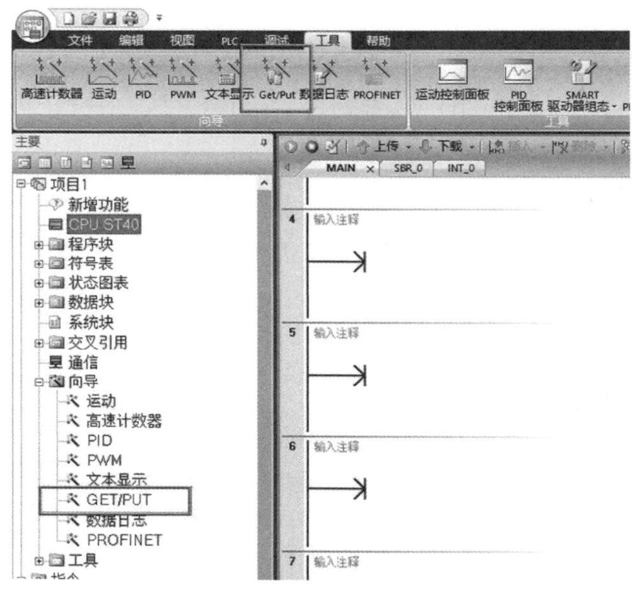

图 6-19 打开向导

② 添加操作条目，对操作进行备注，如图 6-20 所示。

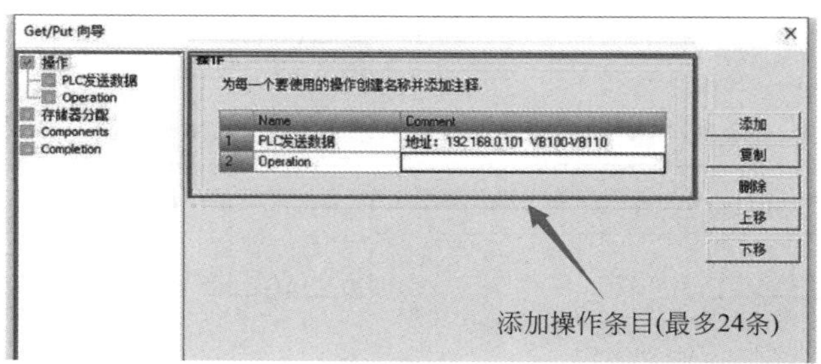

图 6-20 添加操作条目

③ 设置操作条目，如图 6-21 所示。

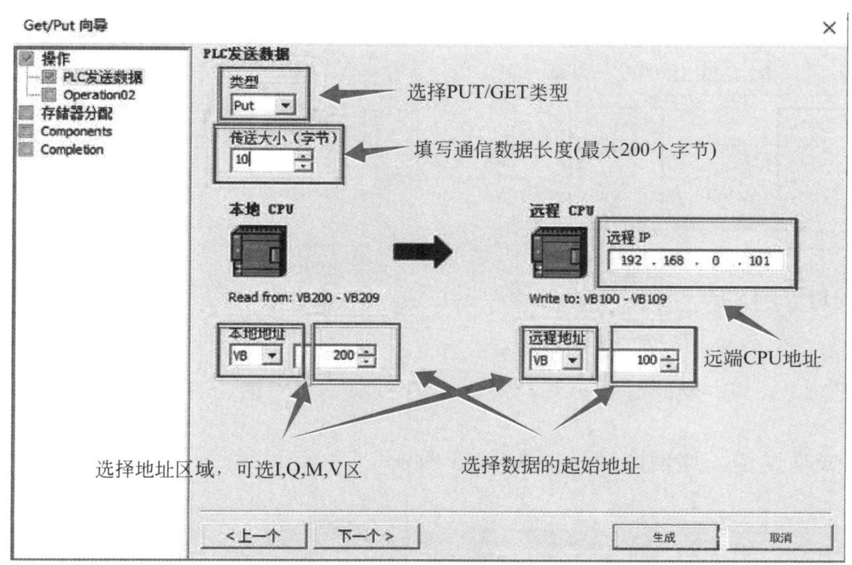

图 6-21　设置操作条目

④ 分配存储器地址，点击生成项目组件，如图 6-22 所示。

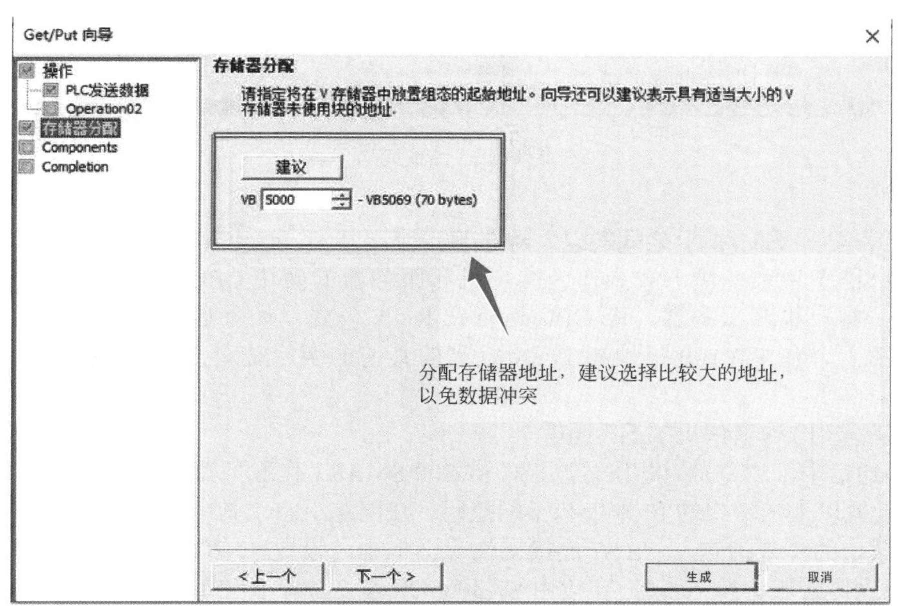

图 6-22　分配存储器地址

⑤ 调用 NET—EXE 程序块，使用 SM0.0 导通程序块，超时一般选择 0，在周期和错误上都先填写一个位，正常情况下周期会在 0 和 1 之间变化，错误位为 0，如图 6-23、图 6-24 所示。客户机和服务器的程序首次扫描时将保存接收到的数据的地址区清零，给要发送的地址区置初始值。每秒将要发送的第 1 个字 VW200 加 1。

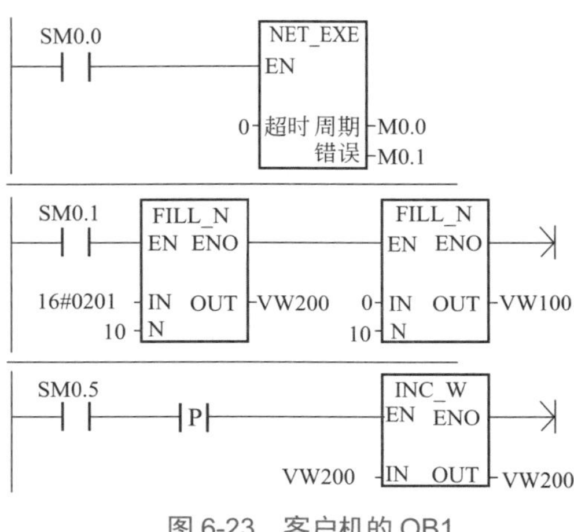

图 6-23　客户机的 OB1

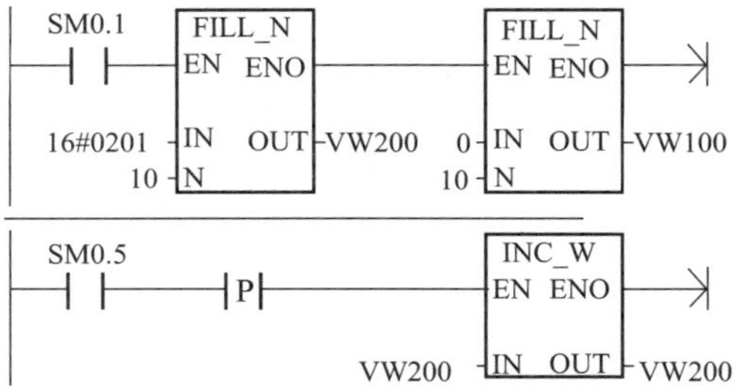

图 6-24　服务器的 OB1

⑥ 数据成功发送，通信成功，如图 6-25 所示。

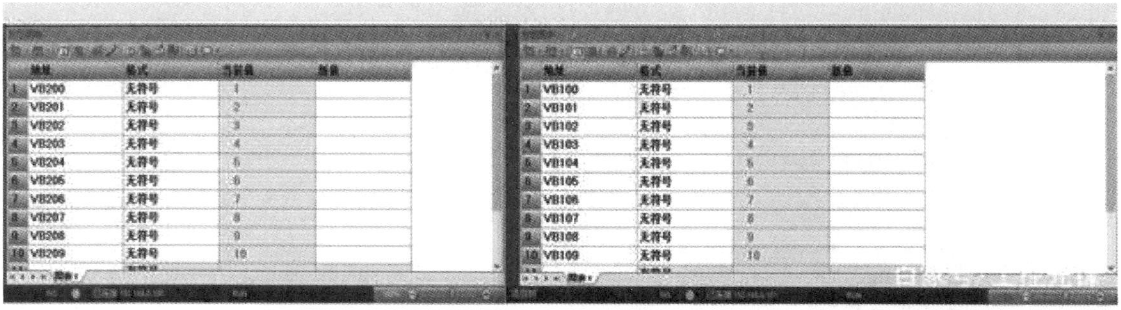

图 6-25　通信成功

(4) S7-200 SMART 之间的以太网通信实验

将用户程序和系统块下载到作为客户机和服务器的两块 CPU。用以太网电缆连接编程计算机、客户机和服务器，令 CPU 运行在 RUN 模式，如果通信成功，可以看到双方接收到的第 1 个字 VW100 每秒加 1，接收到的其他的字应是对方用 FILL_N 指令写入的初始值。

(5) S7-300 作客户机的 S7 通信

在 S7 通信中，S7-300/400 作客户机，S7-200 SMART 作服务器。在 STEP 7 的硬件组态工具中，设置以太网端口的 IP 地址和子网掩码。在网络组态工具中，创建一个 S7 连接，连接伙伴为默认的“未指定”。在 S7 连接属性对话框中，设置 S7-200 SMART 的 IP 地址和双方的 TSAP（传送服务接入点）。连接由 S7-300/400 建立。在 S7-300/400 的 OB1 中调用功能块 GET/PUT 来读写 S7-200 SMART 的数据区。

(6) S7-1200 作客户机的 S7 通信

S7-1200 有集成的以太网端口，在博途中设置 S7-1200 的 IP 地址和子网掩码，生成以太网，添加一个 S7 连接。连接伙伴为“未指定”，由 S7-1200 建立连接。在该连接的属性视图的【属性】选项卡中，设置 S7-200 SMART 的以太网端口的 IP 地址和通信双方的 TSAP。在 OB1 中调用 GET 和 PUT 功能块来读写 S7-200 SMART 的数据区。

6.3 自由口通信

S7-200 SMART 可以通过选择自由口通信模式控制串口通信。最简单的情况为只用 XMT 指令向打印机或变频器等第三方设备发送信息。通信协议为自由端口模式时，PORT0 或 PORT1 完全受梯形图程序的控制，用户可以通过 XMT 指令、RCV 指令、发送中断、接收中断来控制通信口的操作。

自由口通信指令如表 6-5 所示。

表 6-5 自由口通信指令

指令名称	语句表	梯形图	功能
数据接收	RCV TBL，PORT	RCV EN ENO TBL PORT	当 EN 有效时，通过通信端口 PORT（0 或 1）接收远程设备的数据，存放到以 TBL 为首地址的数据接收缓冲区
数据发送	XMT TBL，PORT	XMT EN ENO TBL PORT	当 EN 有效时，通过通信端口 PORT（0 或 1），将以 TBL 为首地址的数据发送到远程设备
获取端口地址	GPA ADDR，PORT	GET_ADDR EN ENO ADDR PORT	当 EN 有效时，获取通信端口 PORT（0 或 1）的地址
设置端口地址	SPA ADDR，PORT	SET_ADDR EN ENO ADDR PORT	当 EN 有效时，设置通信端口 PORT（0 或 1）的地址
获取 IP 地址	GIP ADDR，MASK，GATE	GIP_ADDR EN ENO ADDR MASK GATE	当 EN 有效时，获取的 IP 地址、子网掩码和网关值被写入永久性存储器
设置 IP 地址	SIP ADDR，MASK，GATE	SIP_ADDR EN ENO ADDR MASK GATE	当 EN 有效时，设置的 IP 地址、子网掩码和网关值被写入永久性存储器

发送指令从 COM 端口最多发送 255 个字符，在发送完成时，用发送完成中断通知用户程序。接收指令从 COM 端口接收到完整的消息（Message 或报文）时，将会产生接收完成中断。

可以使用 RS-232/PPI 多主站电缆和自由端口通信功能，将 RS-232 设备连接到 S7-200 SMART 集成的 RS-485 端口。RS-232 设备也可以直接连接到 CM01 信号板的 RS-232 端口。

（1）自由端口模式的参数设置

在自由端口模式，端口 0 或端口 1 由用户程序控制。当 S7-200 SMART CPU 处于 RUN

模式时，才能使用自由端口模式。当 CPU 处于 STOP 模式时，所有自由端口通信都会中断，通信端口会按照 CPU 系统块中组态的设置恢复为 PPI 协议。

SMB30 和 SMB130 分别用于设置端口 0 和端口 1 通信的波特率和奇偶校验等参数，见表 6-6。

表 6-6　自由端口模式的控制字节

端口 0	端口 1	描述
SMB30 的数据格式	SMB130 的数据格式	7 … 0 P P D B B B M M
SMB30.6 和 SMB30.7 奇偶校验选择	SMB130.6 和 SMB130.7 奇偶校验选择	PP：00——无奇偶校验 01——偶校验 10——无奇偶校验 11——奇校验
SMB30.5 每个字符的有效数据位	SMB130.5 每个字符的有效数据位	D：0——8 位有效数据 1——7 位有效数据
SMB30.2 ～ SMB30.4 波特率的选择	SMB130.2 ～ SMB130.4 波特率的选择	BBB：000——38400b/s 001——19200b/s 010——9600b/s 011——4800b/s 100——2400b/s 101——1200b/s 110——1152000b/s 111——57600b/s
SMB30.0 和 SMB30.1 通信协议的选择	SMB130.0 和 SMB130.1 通信协议的选择	MM：00——PPI 从站模式 01——自由口通信模式 10 或 11——保留（默认设置为 PPI 从站模式）

【例 6-3】 定义 S7-200 SMART CPU 通信端口 0 为自由口通信模式，8 位数据位，偶校验，9600 波特率。

通信端口工作模式的梯形图如图 6-26 所示。

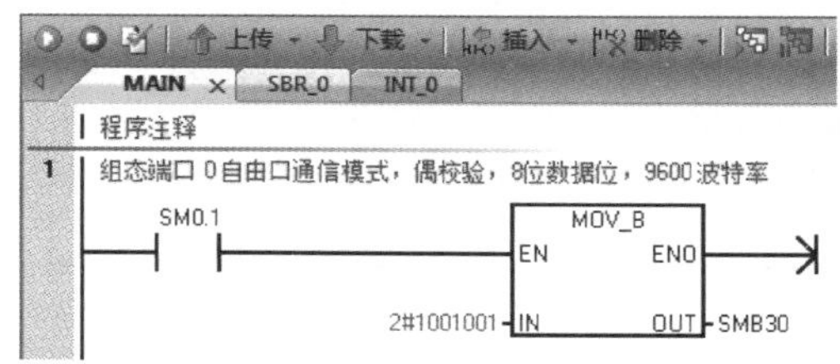

图 6-26　通信端口工作模式的梯形图

（2）发送指令

发送指令 XMT 用于在自由端口模式下，通过参数 PORT 指定的通信端口，将参数 TBL 指定的数据缓冲区中的消息发送出去。

XMT 指令可以发送 1 ～ 255 个字符，如果有中断程序连接到发送结束事件上，在发送完缓冲区中的最后一个字符时，CPU 集成的 RS-485（端口 0）将会产生中断事件 9，CM01

信号板的 RS-232/485（端口 1）将会产生中断事件 26。发送完成状态位 SM4.5 和 SM4.6 为 ON 分别表示端口 0 和端口 1 的发送空闲，为 OFF 表示正在发送。

TBL 指定的发送缓冲区的格式如图 6-27 所示。第 1 个字节是要发送的字节数，它本身并不发送出去，起始字符和结束字符是可选项。

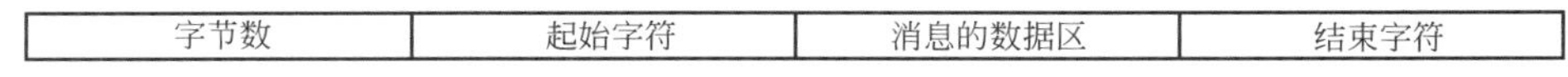

字节数	起始字符	消息的数据区	结束字符

图 6-27 缓冲区格式

如果将字符数设置为 0 并执行发送指令，将产生一个以当前波特率传输 16 位数据所需时间的 BREAK（断开）状态。BREAK 发送完成后，将会产生发送完成中断。SM4.5 和 SM4.6 指示发送操作的当前状态。

【例 6-4】 S7-200 SMART CPU 每秒读取一次 CPU 实时时钟，并将年月日时分秒数据转换成 ASCII 字符，从 CPU 集成 RS-485 通信端口 0 发送出去。

XMT 指令使用梯形图如图 6-28 所示。

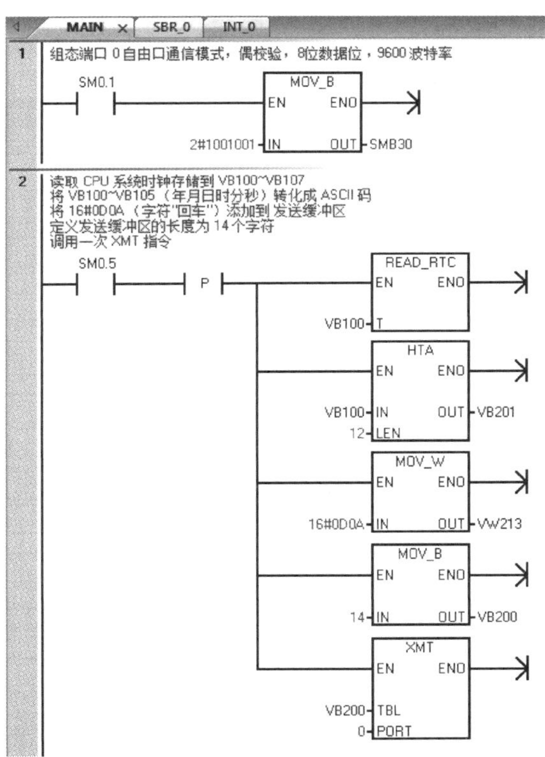

图 6-28 XMT 指令使用梯形图

① 设置 S7-200 SMART CPU 端口 0 为自由口通信模式，波特率为 9600bps，8 位数据位，偶校验。

② 读取 CPU 系统时钟，存储到 VB100 ～ VB107。

③ 调用 HTA 指令，将 BCD 码存储格式的 CPU 系统时钟转化成 ASCII 码格式，存储到 VB201 ～ VB212。

④ 将“回车”字符添加到 VB213 ～ VB214。

⑤ 定义发送缓冲区长度为 14 个字符。

⑥ 将发送缓冲区数据发送出去。

（3）接收指令

接收指令 RCV 用于启动或终止接收消息的服务。通过用 PORT 指定的通信端口，将接收到的消息存储在 TBL 指定的数据缓冲区中。数据缓冲区（见图 6-27）的第 1 个字节用来累计接收到的字节数，它本身是接收不到的，起始字符和结束字符是可选项。

RCV 指令可以接收 1 ～ 255 个字符。如果有中断程序连接到接收结束事件上，在接收完最后一个字符时，端口 0 产生中断事件 23，端口 1 产生中断事件 24。

可以不使用中断，而通过监视接收信息状态字节 SMB86（端口 0）或 SMB186（端口 1）的变化来接收信息，见表 6-7。SMB86 或 SMB186 为非零时，RCV 指令未被激活或接收已经结束，如果正在接收消息，则它们为 0。如果出现组帧错误、奇偶校验错误、超时错误或断开错误，接收消息功能将自动终止。

RCV 指令允许选择消息开始和消息结束的条件，SMB87 ～ SMB94 用于端口 0，SMB187 ～ SMB194 用于端口 1，见表 6-8、表 6-9。通过表 6-8、表 6-9 中的特殊存储器可以分别设置端口 0 和端口 1 信息接收的启动条件、结束条件和有关的参数。

表 6-7　接收信息状态字节功能描述

端口 0	端口 1	功能描述
SMB86 的格式	SMB186 的格式	7 … 0 N | R | E | 0 | 0 | T | C | P
SMB86.7	SMB186.7	N=1：用户通过禁止命令结束接收信息操作
SMB86.6	SMB186.6	R=1：由输入参数错误或缺少起始和结束条件引起的接收信息结束
SMB86.5	SMB186.5	E=1：收到结束字符
SMB86.4	SMB186.4	不用
SMB86.3	SMB186.3	不用
SMB86.2	SMB186.2	T=1：由超时引起的接收信息错误
SMB86.1	SMB186.1	C=1：由字符数超长引起的接收信息结束
SMB86.0	SMB186.0	P=1：由奇偶校验错误引起的接收信息结束

表 6-8　接收信息控制字节功能描述

端口 0	端口 1	功能描述
SMB87 的格式	SMB187 的格式	7 … 0 EN | SC | EC | IL | C/M | TMR | BK | 0
SMB85.7	SMB185.7	EN：接收允许。0——禁止接收信息，1——允许接收信息
SMB85.6	SMB185.6	SC：是否用 SMB88 或 SMB188 的值检测起始信息。0——忽略，1——使用
SMB85.5	SMB185.5	EC：是否用 SMB89 或 SMB189 的值检测结束信息。0——忽略，1——使用
SMB85.4	SMB185.4	IL：是否用 SMB90 或 SMB190 的值检测空闲状态。0——忽略，1——使用

续表

端口 0	端口 1	功能描述
SMB85.3	SMB185.3	C/M：定时器定时性质。0——内部字符定时器，1——信息定时器
SMB85.2	SMB185.2	TMR：是否使用 SMB92 或 SMB192 的值终止接收。0——忽略，1——使用
SMB85.1	SMB185.1	BK：是否使用中断条件来检测起始信息。0——忽略，1——使用
SMB85.0	SMB185.0	不用

定义：起始信息 =IL×SC+BK×SC；
结束信息 =EC+TMR+ 最大字符数。
用起始信息编程；
1. 空闲检测：IL=1，SC=0，BK=0，SMW90>0。
2. 起始字符检测：IL=0，SC=1，BK=0，SMW90 可以忽略。
3. 中断检测：IL=0，SC=1，BK=1，SMW90 可以忽略。
4. 对信息响应检测：IL=1，SC=0，BK=0，SMW90=0。
5. 对中断和起始字符检测：IL=0，SC=1，BK=1，SMW90 可以忽略。
6. 对空闲和起始字符检测：IL=1，SC=1，BK=0，SMW90>0。
7. 对空闲和起始字符检测（非法）：IL=1，SC=1，BK=0，SMW90=0。

表 6-9　自由口通信时用到的特殊继电器的功能描述

端口 0	端口 1	功能描述
SMB86	SMB186	接收信息状态字节
SMB87	SMB187	接收信息控制字节
SMB88	SMB188	信息字符的开始
SMB89	SMB189	信息字符的结束
SMB90	SMB190	空闲时间段设定（ms），空闲后收到的第 1 个字符是新信息的首字符
SMB92	SMB192	内部字符定时器溢出值设定（ms），超时将禁止接收信息
SMB94	SMB194	要接收的最大字符数

要点提示

如果出现超时奇偶校验错误，则自动结束接收过程。

S7-200 SMART 自由口通信的中断事件如下。
① 中断事件 8：通信端口 0 单字符接收中断。
② 中断事件 9：通信端口 0 发送完成中断。
③ 中断事件 23：通信端口 0 接收完成中断。
④ 中断事件 25：通信端口 1 单字符接收中断。
⑤ 中断事件 26：通信端口 1 发送完成中断。
⑥ 中断事件 24：通信端口 1 接收完成中断。

【例 6-5】 3 台 S7-200 SMART 使用自由口通信模式连接在一个远程 I/O 网络上，工作站 0 为主工作站，与从工作站 1 和 2 相连。主工作站轮流发送 4 个字节的输出数据到每个从工作站，随之每个从工作站响应产生 4 个字节的输入数据。

因为自由口的通信是通过数据缓冲区来实现数据交换的，所以为每个工作站配备各自的数据输入 / 输出缓冲区，且为整个工作网络配备两个公共存储缓冲区，一个用作远程输入，另一个用作远程输出。发送的输出数据可从发送缓冲区获取，该数据是从输出缓冲区移到发送缓冲区的两个字长度的值。发送后，主工作站接收从工作站的响应，并且将数据存储在接收缓冲区。各工作站的输入缓冲区及输出缓冲区分配见表 6-10 和表 6-11。公共存储缓冲区格式见表 6-12。其中 VB607 是在产生发送检查时所使用的存储单元。

表 6-10　输入缓冲区分配

工作站 0	工作站 1	工作站 2
VB500 字节 0	VB504 字节 0	VB508 字节 0
VB501 字节 1	VB505 字节 1	VB509 字节 1
VB502 字节 2	VB506 字节 2	VB510 字节 2
VB503 字节 3	VB507 字节 3	VB511 字节 3

表 6-11　输出缓冲区分配

工作站 0	工作站 1	工作站 2
VB540 字节 0	VB544 字节 0	VB548 字节 0
VB541 字节 1	VB545 字节 1	VB549 字节 1
VB542 字节 2	VB546 字节 2	VB550 字节 2
VB543 字节 3	VB547 字节 3	VB551 字节 3

表 6-12　公共存储缓冲区格式

缓冲区	地址	作用
发送缓冲区	VB600	长度
	VB601	地址
	VB602	字节 0
	VB603	字节 1
	VB604	字节 2
	VB605	字节 3
	VB606	FCS
接收缓冲区	VB608	字节 0
	VB609	字节 1
	VB610	字节 2
	VB611	字节 3

本例仅讲述主工作站程序，从工作站程序结构与主工作站类似。

主工作站的程序包括以下几部分。

MAIN：主程序，如图 6-29 所示。网络 1：当 PLC 由 OFF 转为 ON 时，将从站数目发送到主工作站内存区，将标志位 I7.0 ～ I7.3 复位；其中 I7.0 为传送完毕标志，I7.1 为传送错误标志，I7.2 为通信网络校验错误标志，I7.3 为网络错误标志。网络 2：调用设置自由口设置子程序。网络 3：当 PLC 处于 RUN 模式时，将主站的输入 IB0 传送到主站输出缓冲区 VB540，将主工作站的输入缓冲区中的数据送到 QB0。网络 4：若存在传送错误，即 I7.1 接通，则接通 Q1.0。网络 5 若存在通信网络校验错误，即 I7.2 接通，则接通 Q1.1。

SBR—0：自由口通信设置子程序，如图 6-30 所示。网络 1：若 SM0.7 为 OFF，即 PLC 开关处于 TERM 位置，使自由口通信模式无效、接收器无效、发送器无效、定时器无效，无条件返回主程序。网络 2：当 SM30.0 为 OFF，即不是 PPI 模式时，将控制字 16#C1 存储到 SMB30，波特率为 38.4kbps，奇校验，8 字符；开中断；定义定时中断 0 的时间间隔为 5ms；定义定时中断 1 的时间间隔为 20ms。网络 3：当 PLC 处于 RUN 模式时，复位 I7.0；主站的输出缓冲区指针 &VB540 指向 VD630；主站的输入缓冲区指针指向 VD634；将发送缓冲区长度（6 个字节）送到 VB600；将工作站站号 1 存储到 VB601；将要发送的数据存储到 VD602；将 VW602 的数据保存到 AC0；将 VW602 与 AC0 异或，计算 FCS；将 AC0 的检查序列字符保存到 VB606；将 AC0 与 VW606 异或，存储 FCS；复位传送错误位；置位网络校验错误位；使发送定时器有效（定时器中断事件 10 调用中断程序 1）；使发送中断有效，（发送中断事件 9 调用中断程序 10）。网络 4：跳转标号 0。网络 5：若 I7.0 不等于 1，即传送未完成，则等待它完成。

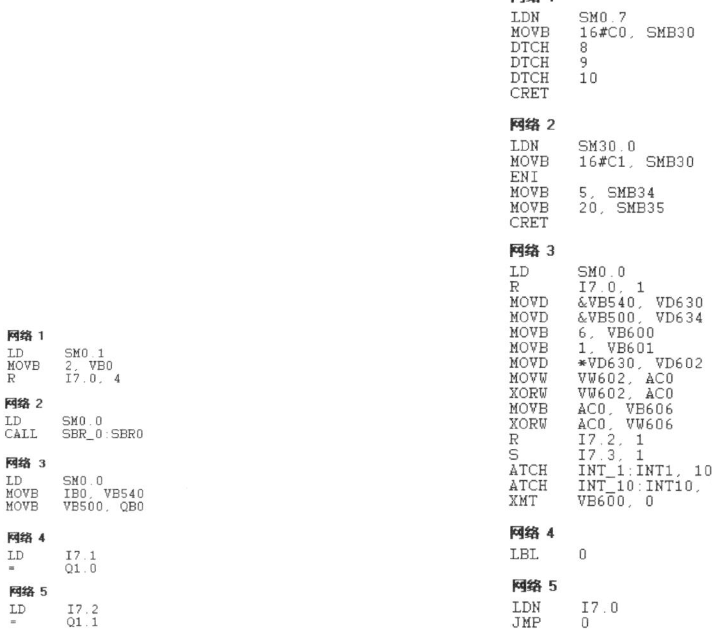

```
网络 1
LD      SM0.1
MOVB    2, VB0
R       I7.0, 4

网络 2
LD      SM0.0
CALL    SBR_0:SBR0

网络 3
LD      SM0.0
MOVB    IB0, VB540
MOVB    VB500, QB0

网络 4
LD      I7.1
=       Q1.0

网络 5
LD      I7.2
=       Q1.1
```

图 6-29　S7-200 SMART 间自由口通信主程序

```
网络 1
LDN     SM0.7
MOVB    16#C0, SMB30
DTCH    8
DTCH    9
DTCH    10
CRET

网络 2
LDN     SM30.0
MOVB    16#C1, SMB30
ENI
MOVB    5, SMB34
MOVB    20, SMB35
CRET

网络 3
LD      SM0.0
R       I7.0, 1
MOVD    &VB540, VD630
MOVD    &VB500, VD634
MOVB    6, VB600
MOVB    1, VB601
MOVD    *VD630, VD602
MOVW    VW602, AC0
XORW    VW602, AC0
MOVB    AC0, VB606
XORW    AC0, VW606
R       I7.2, 1
S       I7.3, 1
ATCH    INT_1:INT1, 10
ATCH    INT_10:INT10, 9
XMT     VB600, 0

网络 4
LBL     0

网络 5
LDN     I7.0
JMP     0
```

图 6-30　自由口通信设置子程序

INT—0：接收定时器中断程序，如图 6-31 所示。网络 1：当 PLC 处于 RUN 模式时，使接收中断无效、定时器中断无效、中断 11 无效。网络 2：若 I7.3 接通，即网络校验出错，则置位I7.2。网络3：将VB601与VB0比较，若是网络中最后一个工作站，则接通I7.0，表示传送结束；子程序返回。网络4：当PLC处于RUN模式时，工作站地址加1；增大指针，指向下个工作站的输出数据缓冲区；增大指针，指向下个工作站的输出数据缓冲区；置入发送的数据；计算FCS；存储FCS；将网络错误标志I7.3置位；使发送定时器有效（定时器中断事件10调用中断程序1）；使发送中断有效（发送中断事件9调用中断程序10）；发送数据。

INT—1：发送定时器中断程序，如图6-32所示。当PLC处于RUN模式时，使定时器中断无效，置位传送错误位I7.1，使定时器中断。

```
网络 1
LD      SM0.0
DTCH    8
DTCH    10
DTCH    11
网络 2
LD      I7.3
S       I7.2, 1
网络 3
LDB>=   VB601, VB0
=       I7.0
CRETI
网络 4
LD      SM0.0
INCW    VW600
+D      +4, VD630
+D      +4, VD634
MOVD    *VD630, VD602
MOVW    VW602, AC0
XORW    VW604, AC0
MOVB    AC0, VB606
XORW    AC0, VW606
S       I7.3, 1
ATCH    INT_1:INT1, 10
ATCH    INT_10:INT10, 9
XMT     VB600, 0
```

图6-31 接收定时器中断程序

```
LD      SM0.0
DTCH    9
S       I7.1, 1
ATCH    INT_0:INT0, 10
```

图6-32 发送定时器中断程序

INT—10：在发送完输出数据后发送中断程序，如图6-33所示。网络1：当PLC处于RUN模式时，使端口0发送完成中断无效，使定时器中断无效，启动接收定时器，将中断事件8与中断程序11联系。

INT—11：接收信息第1个字符的中断程序，如图6-34所示。网络1：当PLC处于RUN模式时，使中断事件11无效，使定时器中断能接收5ms。网络2：若没有奇偶校验错误，即SM3.0为OFF；有正确的工作站响应，则初始化寄存器AC0；将接收字符总数4送到AC1；VD638指针指向接收缓冲区；使接收数据有效（接收中断事件8调用中断程序12）；子程序返回。网络3：使静止线接收器有效。

```
网络 1
LD      SM0.0
DTCH    9
DTCH    10
ATCH    INT_0:INT0, 11
ATCH    INT_11:INT11, 8
```

图6-33 在发送完输出数据后发送中断程序

```
网络 1
LD      SM0.0
DTCH    11

ATCH    INT_0:INT0, 10
网络 2
LDN     SM3.0
AB=     SB2, VB601
MOVB    0, AC0
MOVW    +4, AC1
MOVD    &VB608, VD638
ATCH    INT_12:INT12, 8
CRETI
网络 3
LD      SM0.0
ATCH    INT_14:INT14, 8
```

图6-34 接收信息第1个字符的中断程序

INT—12：接收输入数据的中断程序，如图6-35所示。网络1：如果没有奇偶校验错误，则将数据存储于接收寄存器中，指向下一个接收缓冲区的地址，计算正在运行的检查和接收的字符数减 1。网络 2：若接收到 4 个字符，AC1 自减到 0，SM1.0 由 OFF 变为 ON，使接收 FCS 中断有效；结束中断程序 INT_13。网络 3：若有奇偶校验错误，则使接收定时器中断有效；使静止线接收器有效。

INT—13：接收 FCS 字符的中断程序，如图 6-36 所示。网络 1：当 PLC 处于 RUN 模式时，使接收定时器中断有效。网络 2：若有校验错误（SM3.0=1）且 FCS 匹配（SMB2 的内容与 AC0 中的相同），将从 VD608 的接收数据存储到 VD634 指针所指的位置，复位网络错误位。

INT—14：静止线接收器中断程序，如图 6-37 所示。网络 1：当 PLC 处于 RUN 模式时，重新激发接收定时器。

```
网络 1
LDN     SM3.0
MOVB    SMB2, *VD638
INCD    VD638
XORW    SMW1, AC0
DECW    AC1

网络 2
LD      SM1.0
ATCH    INT_13:INT13, 8
CRETI

网络 3
LD      SM3.0
ATCH    INT_0:INT0, 10
ATCH    INT_14:INT14, 8
```

图 6-35　接收输入数据的中断程序

```
网络 1
LD      SM0.0
ATCH    INT_0:INT0, 10

网络 2
LDN     SM3.0
AB=     SMB2, AC0
MOVD    VD608, *VD634
R       I7.3, 1
```

图 6-36　接收 FCS 字符的中断程序

```
网络 1
LD      SM0.0
ATCH    INT_0:INT0, 10
```

图 6-37　静止线接收器中断程序

【例 6-6】 S7-200 SMART 采用自由口通信模式与并行打印机相连。假定打印机用并行接口连接，发送波特率为 9600bps。

若输入 I0.0=1，则打印“SIMATIC S7-200”。

若输入 I0.1=1，则打印“INPUT 0.1 IS SET!”。

若输入 I0.2=1，则打印“INPUT 0.2 IS SET!”。

……

若输入 I0.7=1，则打印“INPUT 0.7 IS SET!”。

根据控制要求，程序结构应分为以下两部分。

① MAIN（主程序）：初始化和输入请求，检查 S7-200 SMART 模式开关，如果模式开关为 RUN 模式，则切换到自由口通信模式，根据输入把相应的信息传送到打印机。

② SBR—0（子程序）：打印设置，包括设置自由口通信模式的参数和相应的不同输入的打印输出文本。

S7-200 SMART 与并行打印机通信主程序如图 6-38 所示。网络 1：当 PLC 首次扫描时，即 SM0.1=1，调用子程序 SBR—0。网络 2：PLC 处于 RUN 模式时，SM0.7=1，则设置端口 0 为自由口协议。网络 3：若 I0.0 由 OFF 变为 ON，则识别脉冲上升沿，发送 ASCII 码并打印（VB80 中存放发送 ASCII 码数量）。网络 4：若 I0.1 由 OFF 变为 ON，则识别脉冲上升沿，把 1 的 ASCII 码 #31 存入 VB109，发送 ASCII 码并打印（VB100 中存放发送 ASCII 码数量）。网络 5：若 I0.2 由 OFF 变为 ON，则识别脉冲上升沿，把 2 的 ASCII 码 #32 存入 VB109，发送 ASCII 码并打印（VB100 中存放发送 ASCII 码数量）。网络 6：若 I0.3 由 OFF 变为 ON，则识别脉冲上升沿，把 3 的 ASCII 码 #33 存入 VB109，发送 ASCII 码并打印（VB100 中存放发送 ASCII 码数量）。网络 7：若 I0.4 由 OFF 变为 ON，则识别脉冲上升沿，把 4 的 ASCII 码 #34 存入 VB109，发送 ASCII 码并打印（VB100 中存放发送 ASCII 码数量）。网络 8：若 I0.5 由 OFF 变为 ON，则识别脉冲上升沿，把 5 的 ASCII 码 #35 存入 VB109，发送 ASCII 码并打印（VB100 中存放发送 ASCII 码数量）。网络 9：若 I0.6 由 OFF 变为 ON，则识别脉冲上升沿，把 6 的 ASCII 码 #36 存入 VB109，发送 ASCII 码并打印（VB100 中存放发送 ASCII 码数量）。网络 10：若 I0.7 由 OFF 变为 ON，则识别脉冲上升沿，把 7 的 ASCII 码 #37 存入 VB109，发送 ASCII 码并打印（VB100 中存放发送 ASCII 码数量）。

打印设置子程序如图 6-39 所示。网络 1：当 PLC 处于 RUN 模式时，将状态字 9 送到 SMB30（波特率为 9600bps，无奇偶校验，8 字符），将信息长度为 16 送到 VB80，将字符 SI 的 ASCII 码送到 VW81，将字符 MA 的 ASCII 码送到 VW83，将字符 TI 的 ASCII 码送到 VW85，将字符 C<SPACE> 的 ASCII 码送到 VW87，将字符 S7 的 ASCII 码送到 VW89，将字符 -2 的 ASCII 码送到 VW91，将字符 00 的 ASCII 码送到 VW93。网络 2：当 PLC 处于 RUN 模式时，将回车换行的 ASCII 码送到 VW95，将数据长度 20 送到 VB100，将字符 IN 的 ASCII 码送到 VW101，将字符 PU 的 ASCII 码送到 VW103，将字符 T<SPACE> 的 ASCII 码送到 VW105，将字符“0”“.”的 ASCII 码送到 VW107，将字符“<space>”的 ASCII 码送到 VB110，将字符 IS 的 ASCII 码送到 VW111，将字符“<space>”和“S”的 ASCII 码送到 VW113，将字符 ET 的 ASCII 码送到 VW115，将字符“<space>”和“!”的 ASCII 码送到 VW117，将字符回车和换行的 ASCII 码送到 VW119。

```
网络 1
LD      SM0.1
CALL    SBR_0:SBR0
网络 2
LD      SM0.7
=       SM30.0
网络 3
LD      I0.0
EU
XMT     VB80, 0
网络 4
LD      I0.1
EU
MOVB    16#31, VB109
XMT     VB100, 0
网络 5
LD      I0.2
EU
MOVB    16#32, VB109
XMT     VB100, 0
网络 6
LD      I0.3
EU
MOVB    16#33, VB109
XMT     VB100, 0
网络 7
LD      I0.4
EU
MOVB    16#34, VB109
XMT     VB100, 0
网络 8
LD      I0.5
EU
MOVB    16#35, VB109
XMT     VB100, 0
网络 9
LD      I0.6
EU
MOVB    16#36, VB109
XMT     VB100, 0
网络 10
LD      I0.7
EU
MOVB    16#37, VB109
XMT     VB100, 0
```

图 6-38　S7-200 SMART 与并行打印机通信主程序

```
网络 1
LD      SM0.0
MOVB    9, SMB30
MOVB    16, VB80
MOVW    16#5349, VW81
MOVW    16#4D41, VW83
MOVW    16#5449, VW85
MOVW    16#4320, VW87
MOVW    16#5337, VW89
MOVW    16#2D32, VW91
MOVW    16#3030, VW93
网络 2
LD      SM0.0
MOVW    16#0D0A, VW95
MOVB    20, VB100
MOVW    16#494E, VW101
MOVW    16#5055, VW103
MOVW    16#5420, VW105
MOVW    16#302E, VW107
MOVB    16#20, VB110
MOVW    16#4953, VW111
MOVW    16#2053, VW113
MOVW    16#4554, VW115
MOVW    16#2021, VW117
MOVW    16#0D0A, VW119
```

图 6-39　打印设置子程序

6.4 Modbus 协议在通信中的应用

(1) Modbus 通信协议

Modbus 串行链路协议是主 - 从协议，有一个主站、1 ～ 247 个子站。RTU 模式用循环冗余校验（CRC）进行错误检查，消息最多 256B。通信端口被 Modbus 通信占用时，不能用于其他用途。

(2) Modbus RTU 从站协议通信的编程

用 S7-200 SMART 作 Modbus 从站，其程序如图 6-40 所示，其 V 存储区（保持寄存器）的起始地址 HoldStart 为 VB200、库存储区的起始地址为 VB2200。3 个 Max 参数是主站可访问的 I、Q 和保持寄存器的最大个数。

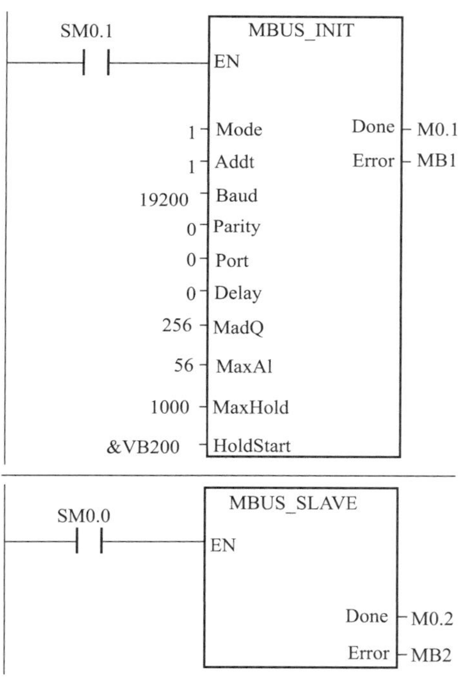

图 6-40　Modbus 从站通信程序

① MBUS_INIT 指令。首次扫描时，执行一次 MBUS_INIT 指令，初始化 Modbus 从站协议。设置从站地址为 1，端口 0 的波特率为 19200bit/s，无奇偶校验，延迟时间为 0，允许访问所有的 I、Q、AI 和从 VB200 开始的 1000 个保持寄存器字。

② MBUS_SLAVE 指令。MBUS_SLAVE 指令用于处理来自 Modbus 主站的请求服务。

(3) 基于 Modbus RTU 主站协议的通信

① MBUS_CTRL 指令。MBUS_CTRL 指令用于初始化、监视或禁用 Modbus 通信。图 6-41 中该指令设置端口 0 的模式为 1，启用 Modbus 协议。波特率为 19200bit/s，无奇偶校验，等待从站作出响应的时间 Timeout 为 1000ms。

指令如果被成功执行，输出位 Done 就为 ON。Error 包含指令执行后的错误代码。

② MBUS_MSG 指令。MBUS_MSG 指令用于向 Modbus 从站发送请求消息，以及处理从站返回的响应消息。

EN 输入和输入参数 First 同时接通时，MBUS_MSG 指令向 Modbus 从站发送主站请求。Slave 是 Modbus 从站的地址（1 ～ 247）。参数 RW（读写）为 0 时为读取，为 1 时为写入。参数 Addr（地址）是要读写的 Modbus 起始地址。参数 Count 用于设置要读写的位数据的位数或字数据的字数，最多 120 个字或 1920 个位。参数 DataPtr 是间接寻址的地址指针，指向主站 CPU 中保存与读 / 写请求有关的数据的 V 存储区。Modbus 地址表中的保持寄存器对应于 S7-200 SMART 的 V 存储器字。

CPU 在发送请求和接收响应时，Done（完成）输出为 OFF。响应完成或 MBUS_MSG 指令因为错误中止时，Done（完成）输出为 ON。某一时刻只能有一条 MBUS_MSG 指令处于激活状态。

（4）程序的执行过程

从站程序如图 6-40 所示，图 6-41 中 MBUS_MSG 指令的 Modbus 地址 40001 对应于从站的 VB200、40005 对应于 VB208。

① 首次扫描时，用 FILL_N 指令将保存读取的数据的地址区 VW108 ～ VW114 清零，复位 MBUS_MSG 指令的使能标志 M2.0 和 M2.1，见表 6-13。

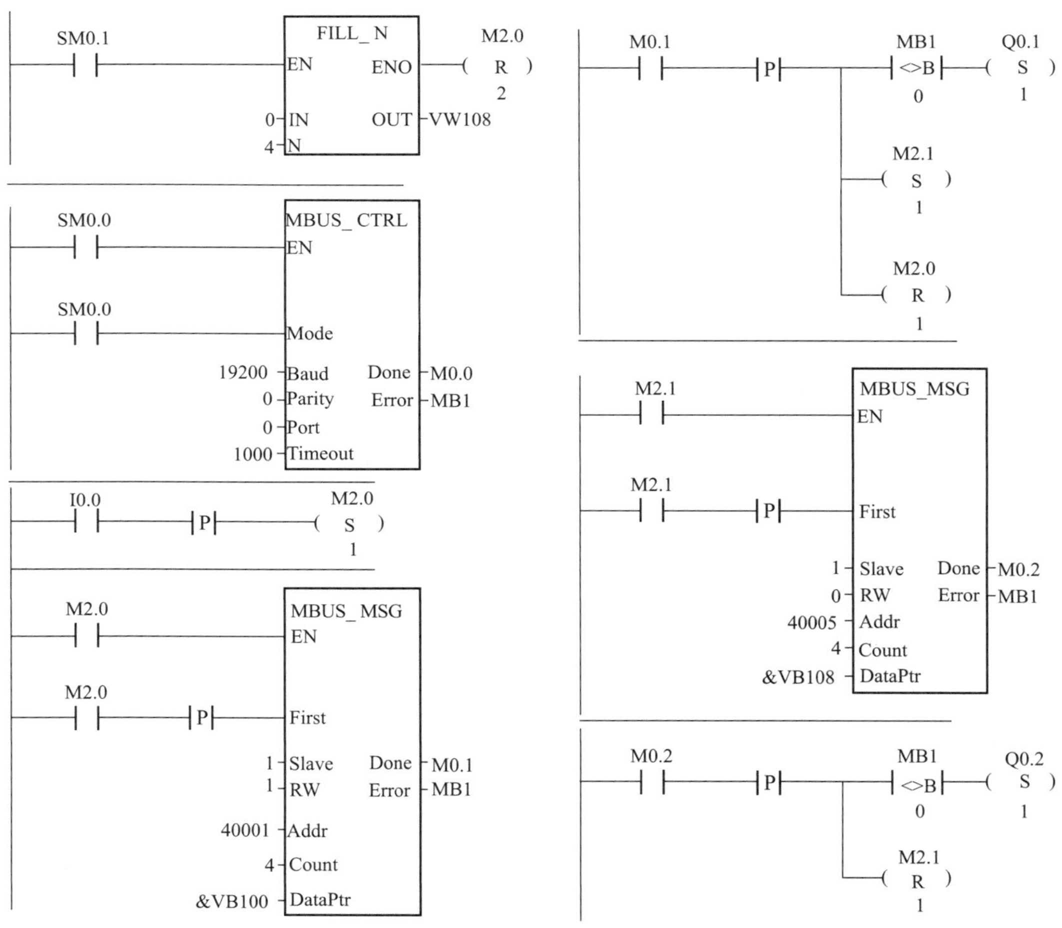

图 6-41 Modbus 主站的程序

表 6-13 Modbus 地址

项目	数字量输出	数字量输入	输入寄存器	保持寄存器
Modbus 地址	00001 ～ 00256	10001 ～ 10256	30001 ～ 30056	40001 ～ 49999 400001 ～ 465535

② 在 I0.0 的上升沿置位 M2.0，如图 6-42 所示，执行第 1 条 MBUS_MSG 指令，将主站 VW100 ～ VW106 的值写入保持寄存器 40001 ～ 40004，即从站的 VW200 ～ VW206。

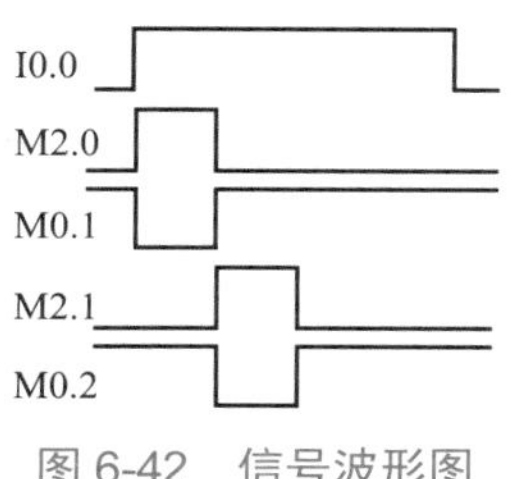

图 6-42 信号波形图

③ 第 1 条 MBUS_MSG 指令执行完时，Done（M0.1）变为 ON，M2.0 被复位，停止执行第 1 条 MBUS_MSG 指令。M2.1 被置位，开始执行第 2 条 MBUS_MSG 指令，读取保持寄存器 40005 ～ 40008（从站 VW208 开始的 4 个字），如图 6-43 所示，保存到主站从 VW108 开始的 4 个字。若指令执行出错，则置位 Q0.1。

④ 第 2 条 MBUS_MSG 指令执行完时，Done（M0.2）变为 ON，M2.1 被复位，停止执行第 2 条 MBUS_MSG 指令。若指令执行出错，则置位 Q0.2。

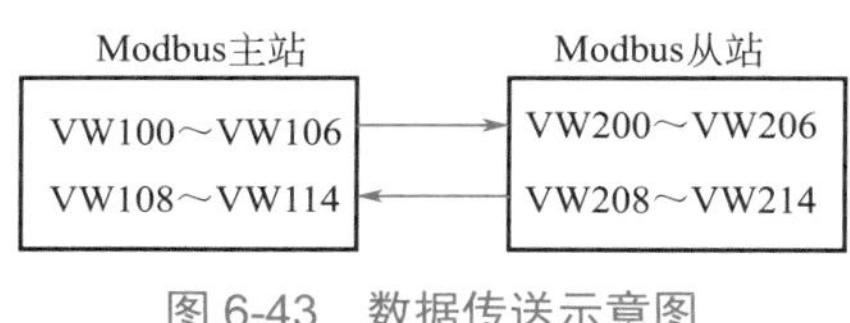

图 6-43 数据传送示意图

6.5 实例 6——串口通信程序设计

采用主从方式和异或校验，计算机为主站，PLC 为从站。

① 在逻辑条件满足时，启动 RCV 指令，进入接收等待状态。

② 在设置的消息起始条件满足时，进入消息接收状态。

③ 如果满足设置的消息结束条件，则 CPU 结束消息的接收，退出接收状态。

用 RCV 指令和接收完成中断接收数据。用空闲线条件和初始字符作为消息开始的条件。用消息定时器来结束消息接收，最大字符数为 20。消息定时器的定时时间为实际传输时间的 1.5 倍。采用异或校验保证通信的可靠性。

RCV 指令数据缓冲区的第 1 个字节 VB100 用来累计接收到的字节数，它本身不是接收到的。

程序语句表如图 6-44 所示，变量表如图 6-45 所示，INT_0 的变量表如图 6-46 所示。

```
主程序，使用RCV指令和接收完成中断接收数据
LD              SM0.1         在首次扫描时
MOVB    5, SMB30              设置为19200bit/s，8个数据位，无奇偶校验位，1个停止位
MOVB    16#DC , SMB87         //允许接收，空闲线时间和起始字符作为消息接收的开始条件
MOVW    +2, SMW90             //空闲线时间为2ms
MOVB    16#FF , SMB88         //起始字符为16#FF
MOVW    +16 , SMW92           //消息定时器的定时时间为16ns
MOVB    20, SMB94             //接收的最大字符数为20
ATCH    INT_0, 23             //接收完成事件连接到中断程序INT_0
ATCH    INT_2, 9              //发送完成事件连接到中断程序INT_2
ENI                           //允许用户中断
RCV     VB100, 0              //启动接收、端口0的接收缓冲区指针指向VB100

接收完成中断程序INT_0
LD      SM0.0
MOVD    0, #NUMB              //将存放数据字节数的LD4清零
MOVB    VB100, LB7            //接收到的数据的字节数存放在LD4最低字节
MOVD    &VB100, #PNT          //接收缓冲区的首地址送给地址指针
+D      #NUMB, #PNT           //求校验码地址
MOVB    *#PNT, #SUM1          //保存接收到的校验码
DECB    LB7
DECB    LB7                   //得到需要校验的数据区字节数
CALL    异或运算, &VB102, LB7, #SUM2   //计算校验码，结果送SUM2

LDB=    #SUM1, #SUM2          //如果校验正确
R       Q1.0, 1               //复位校验错误指示位
MOVB    5, SMB34              //设置PPI电缆的接收/发送切换时间为5ms
ATCH    INT_1, 10             //启动定时中断0
CRETI                         //中断返回

定时中断程序INT_1
LD              SM0.0
DTCH    10                    //断开定时中断0
XMT     VB100, 0              //通过端口0向计算机回送接收到的消息

发送完成中断程序INT—2
LD              SM0.0         //启动新的接收
RCV     VB100, 0

异或运算子程序
LD      SM0.0
MOVB    0, #异或结果
BTI     #字节数B, #字节数I
FOR     #循环计数器, 1, #字节数I

LD      SM0.0
XORB    *#地址指针, #异或结果
INCD    #地址指针

NEXT
```

图 6-44　程序语句表

变量表

	地址	符号	变量类型	数据类型
1	LD0	地址指针	IN	DWORD
2	LB4	字节数B	IN	BYTE
3			IN_OUT	
4	LB5	异或结果	OUT	BYTE
5	LW6	循环计数器	TEMP	INT
6	LW8	字节数I	TEMP	INT

图 6-45　变量表

注：图中 DWORD 为 dword，BYTE 为 Byte，INT 为 int

	地址	符号	变量类型	数据类型	注释
1	LD0	PNT	TEMP	DINT	数据区首地址指针
2	LD4	NUMB	TEMP	DINT	数据的字节数
3	LB8	SUM1	TEMP	BYTE	接收到的校验码
4	LB9	SUM2	TEMP	BYTE	计算出的校验码

图 6-46　INT_0 变量表

注：图中 DINT 为 dint，BYTE 为 Byte

6.6　实例 7——PLC 与远程 PC 的通信

在自由端口模式下，实现一台本地 S7-200 SMART PLC 与一台远程 PC 之间的数据通信。本地 PLC 接收远程 PC 发送的一串字符，直到收到回车符为止，接收完成后，PLC 再将信息发回 PC。

S7-200 SMART 通信口设置为自由端口模式，传输速率为 9600bit/s，无奇偶校验，每个字符 8 位。接收和发送使用同一个缓冲区，首地址为 VB100。

通信主程序：

```
LD SM0.1
MOVB  16#09, SMB30
// 初次扫描时，初始化自由口，选择 9600bit/s, 8 位数据位，无奇偶校验
MOVB 16#B0, SMB87
// 初始化 RCV 信息控制字，启用 RCV 检测信息结束符字符及空闲线信息条件
MOVB 16#0A, SMB89
// 设定信息结束字符为 16#0A (换行字符)
MOVW +5, SMW90
// 设置空闲线超时为 5ms
MOVB 100, SMB94
// 设定最大字符数为 100
ATCH INT_0, 23
// 接收完成事件连接到中断 0
ATCH INT_2, 9
// 发送完成事件连接到中断 2
ENI     // 允许用户中断
RCV VB100, 0
// 接收指令，接收缓冲区 VB100，端口 0
```

通信中断 0 程序：

```
LDB =SMB86, 16#20
MOVB 10, SMB34
ATCH INT_1, 10
// 连接一个 10ms 定时器触发发送，然后返回
```

```
CRETI
NOT
RCV VB100, 0
// 如果由于任何其他原因接收完成，启动一个新的接收
```

通信中断 1 程序：

```
LD SM0.0
DTCH 10   // 断开定时器中断
XMT VB100, 0
// 在端口 0 向用户回送信息
```

通信中断 2 程序：

```
LD SM0.0
RCV VB100, 0
// 允许另一个接收
```

思考与练习

1. 数据通信有几种传输方式?

2. 串行通信接口有哪些标注?

3. 什么是自由口通信?

4. 两个 PLC 之间的自由口通信，已知有两台 S7-200 SMART PLC 甲和乙，要求甲机和乙机采用可编程通信模式进行数据交换。乙机的 IB0 控制甲机的 QB0，对发送和接收的时间配合关系无特殊要求。

5. 用本地的 S7-200 SMART 输入信号 I0.0 上升沿控制接收来自远程的 S7-200 SMART 共 20 个字符，接收完成后，又将信息发送回远程 PLC；当发送任务完成后用本地的 S7-200 SMART 输出信号 Q0.1 进行提示。

6. 在自由端口模式下，实现一台 S7-200 SMART PLC 向打印机发送信息。输入 I0.0 为 1 时，打印文字"S7-200 SMART"；输入 I0.1 ~ I0.7 为 1 时，打印文字"INPUT 0.*X* IS SET !"(其中 *X* 分别为 1，2，…，7)。

参数设置：S7-200 SMART 通信口设置为自由端口模式。通信协议：传输速率为 9600bit/s，无奇偶校验，每个字符 8 位。

第 7 章

S7-200 SMART PLC 的 PID 指令及其应用

PLC 技术不断发展，运行速度不断提高，不仅可以完成顺序控制的功能，还可以通过 PID 指令完成复杂的闭环控制功能，因为 PID 是工业控制常用的控制算法，无论在温度、流量等慢变化过程中还是快变化的过程中，都可产生良好的控制效果，因此 PID 指令在工业控制中也得到了广泛的应用。

本章要点

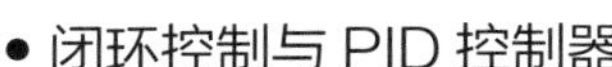

- 闭环控制与 PID 控制器
- PID 控制器的参数整定
- PID 指令

7.1 闭环控制与 PID 控制器

在工业生产中，一般用闭环控制方式来控制温度、压力、流量这一类连续变化的模拟量，使用最多的是 PID 控制（即比例 - 积分 - 微分控制），PID 控制具有以下特点。

① 不需要控制系统的数学模型，也能获得满意的控制效果。

② 通过调用 PID 指令来编程，程序设计简单，参数调整方便。

③ 有较强的灵活性和适应性，根据被控对象的具体情况采用 P、PI、PD 及 PID 等方式。

7.1.1 模拟量闭环控制系统

（1）模拟量闭环控制系统概述

典型的模拟量闭环控制系统如图 7-1 所示，点画线部分是用 PLC 实现的。

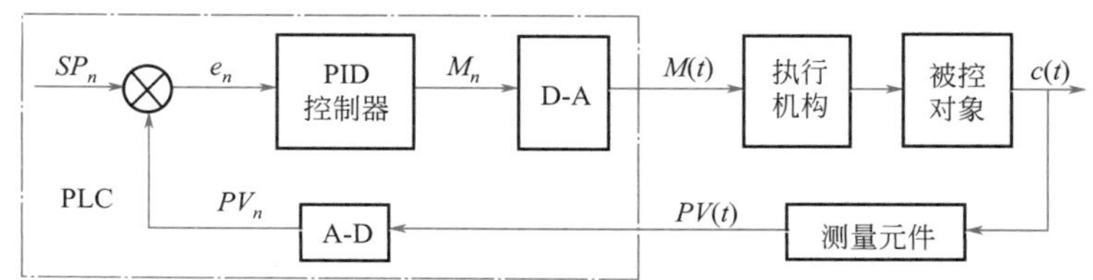

图 7-1 PLC 闭环控制系统方框图

被控量 $c(t)$ 被传感器和变送器转换为标准量程的直流电流、电压信号 $PV(t)$，AI 模块中的 A-D 转换器将它们转换为多位二进制数过程变量 PV_n。SP_n 为给定值，误差 e_n=SP_n−PV_n。AO 模块的 D-A 转换器将 PID 控制器的数字量输出值 M_n 转换为模拟量 $M(t)$，再去控制执行机构。PID 程序的执行是周期性的操作，其间隔时间称为采样周期 T_S。

（2）闭环控制的工作原理

闭环负反馈控制可以使过程变量 PV_n 等于或跟随给定值 SP_n。假设实际温度值 $c(t)$ 低于给定的温度值，误差 e_n 为正，$M(t)$ 将增大，使执行机构（电动调节阀）的开度增大，进入加热炉的天然气流量增加，加热炉的温度升高，最终使实际温度接近或等于给定值。

（3）变送器的选择

AI 模块电压输入端的输入阻抗很高，微小的干扰信号电流将在模块的输入阻抗上产生很高的干扰电压。远程传送的模拟量电压信号的抗干扰能力很差。

电流输出型变送器具有恒流源的性质，恒流源的内阻很大。AI 模块的输入为电流时，输入阻抗较低，例如 250Ω。干扰信号在模块的输入阻抗上产生的干扰电压很低，模拟量电流信号适用于远程传送。

四线制电流输出变送器有两根电源线和两根信号线。二线制变送器只有两根外部接线，它们既是电源线，也是信号线，输出 4 ～ 20mA 的信号电流。

（4）闭环控制反馈极性的确定

闭环控制必须保证系统是负反馈，如果系统接成了正反馈，将会失控。调试时断开 AO 模块与执行机构之间的连线，在开环状态下运行 PID 控制程序。如果控制器有积分环节，因为反馈被断开了，所以 AO 模块的输出就会向一个方向变化。这时假设接上执行机构，能减小误差，则为负反馈，反之为正反馈。

(5) 闭环控制系统主要性能指标

给定输入信号或扰动输入信号的变化，使系统的输出量发生变化，在系统输出量达到稳态值之前的过程称为过渡过程或动态过程。系统动态过程的性能指标用阶跃响应的参数来描述，如图 7-2 所示。阶跃响应是指系统的输入信号阶跃变化（从 0 突变为某一恒定值）时系统的输出。被控量 $c(t)$ 从 0 上升，第 1 次到达稳态值 $c(\infty)$ 的时间称为上升时间 t_r。

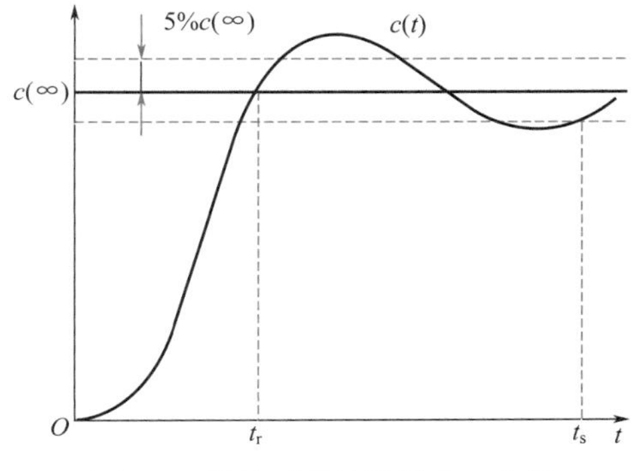

图 7-2　被控对象的阶跃响应曲线

系统要正常工作，阶跃响应曲线应该是收敛的，最终能趋近于某一个稳态值 $c(\infty)$。系统进入并停留在稳态值 $c(\infty)$ 上下 ±5%（或 2%）的误差带内所需的时间 t_S 称为调节时间，到达调节时间表示过渡过程基本结束。

系统用超调量表示相对稳定性。设动态过程中输出量的最大值为 $c_{max}(t)$，则超调量定义为：

$$\sigma = \frac{c_{max}(t) - c(\infty)}{c(\infty)} \times 100\% \qquad (7\text{-}1)$$

超调量越小，动态稳定性越好。一般超调量小于 10%。

稳态误差用来描述系统控制的准确性和精度。稳态误差是指响应进入稳态后，输出量的期望值与实际值之差。

(6) 闭环控制带来的问题

由于闭环中的滞后因素，PID 控制器的参数整定得不好时，阶跃响应曲线将会产生很大的超调量，甚至系统会不稳定。

7.1.2　PID 控制器的数字化

(1) 连续控制系统中的 PID 控制器

典型的 PID 模拟量控制系统如图 7-3 所示。图中的物理量均为模拟量，$SP(t)$ 是给定值，$PV(t)$ 为过程变量，$c(t)$ 为被控量，PID 控制器的输入、输出关系为：

$$M(t) = K_C\left[e(t) + \frac{1}{T_I}\int_0^t e(t)\mathrm{d}t + T_D\frac{\mathrm{d}e(t)}{\mathrm{d}t}\right] + M_{initial} \qquad (7\text{-}2)$$

式中，误差信号 $e(t)=SP(t)-PV(t)$；$M(t)$ 是 PID 控制器的输出值；K_C 是控制器的增益（比例系数）；T_I 和 T_D 分别是积分时间和微分时间；$M_{initial}$ 是 $M(t)$ 的初始值。PID 控制程序的主要作用是实现式（7-2）中的运算，因此 PID 控制器又称为 PID 控制算法。

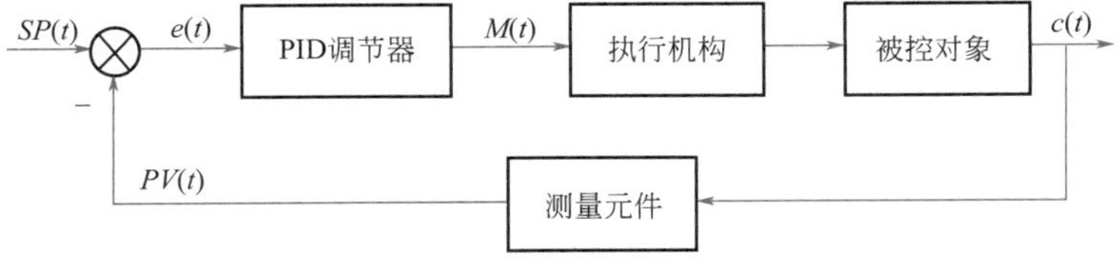

图 7-3　模拟量闭环控制系统框图

（2）PID 控制器的数字化概述

① 积分的几何意义与近似计算。式（7-2）中的积分$\int_0^t e(t)\mathrm{d}t$对应于图 7-4 中误差曲线 $e(t)$ 与坐标轴包围的面积（图中的灰色部分）。PID 程序是周期性执行的，执行 PID 程序的时间间隔为 T_S（即 PID 控制的采样周期）。用连续的误差曲线上间隔时间为 T_S 的离散点的值来对积分进行近似计算。

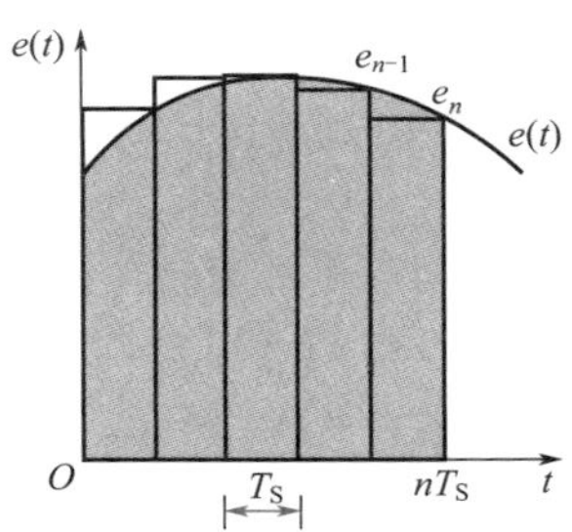

图 7-4　积分的近似计算

一般用图 7-4 中的矩形面积之和来近似精确积分，每块矩形的面积为 e_jT_S。各小块矩形面积累积后的总面积为$T_S\sum_{j=1}^{n}e_j$。当 T_S 较小时，积分的误差不大。

② 微分部分的几何意义与近似计算。在误差曲线 $e(t)$ 上作一条切线，如图 7-5 所示，该切线与 x 轴正方向的夹角 α 的正切值 $\tan\alpha$ 即为该点处误差的一阶导数 $\mathrm{d}e(t)/\mathrm{d}t$。PID 控制器输出表达式（7-2）中的导数用下式来近似：

$$\frac{\mathrm{d}e(t)}{\mathrm{d}t}\approx\frac{\Delta e(t)}{\Delta t}=\frac{e_n-e_{n-1}}{T_S} \tag{7-3}$$

式中，e_{n-1} 是第 n−1 次采样时的误差值，如图 7-5 所示。

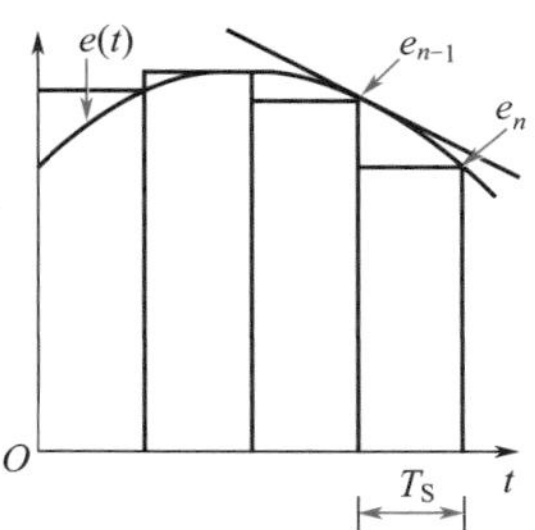

图 7-5　导数的近似计算

将积分和导数的近似表达式代入式（7-2），第 n 次采样时控制器的输出为：

$$M_n=K_C\left[e_n+\frac{T_S}{T_I}\sum_{j=1}^{n}e_j+\frac{T_D}{T_S}(e_n-e_{n-1})\right]+M_{\text{initial}} \tag{7-4}$$

将式（7-4）改写为式（7-5）：

$$M_n=K_Ce_n+K_I\sum_{j=1}^{n}e_j+M_{\text{initial}}+K_D(e_n-e_{n-1}) \tag{7-5}$$

式中，e_n 是第 n 次采样时的误差值；e_{n-1} 是第 $n-1$ 次采样时的误差值；积分项系数 $K_I = K_C \times \frac{T_S}{T_I}$；微分项系数 $K_D = K_C \times \frac{T_D}{T_S}$。

将式（7-5）改写为式（7-6）：

$$M_n=K_Ce_n+(K_Ie_n+MX)+K_D(e_n-e_{n-1}) \tag{7-6}$$

式中，MX 是第 $n-1$ 次计算时的积分项。

比例项：

$$K_Ce_n=K_C(SP_n-PV_n) \tag{7-7}$$

式中，SP_n 和 PV_n 分别是第 n 次采样时的给定值和过程变量值（即反馈值）。

积分项：

$$K_Ie_n + MX = K_C \times \frac{T_S}{T_I}\left(SP_n - PV_n\right) + MX \tag{7-8}$$

式中，T_S 是采样时间间隔；T_I 是积分时间；MX 是上一次计算的积分项。每一次计算结束后需要保存 e_n 和积分项，作为下一次计算的 e_{n-1} 和 MX。第 1 次计算时 MX 的初值为控制器输出的初值 $M_{initial}$。

微分项与误差的变化率成正比，其计算公式为：

$$K_D\left(e_n - e_{n-1}\right) = K_D\left[\left(SP_n - PV_n\right) - \left(SP_{n-1} - PV_{n-1}\right)\right] \tag{7-9}$$

为了避免给定值变化引起微分部分的突变对系统的干扰，令给定值不变（$SP_n=SP_{n-1}$），微分项的算式修改为：

$$K_D\left(e_n - e_{n-1}\right) = K_D\left(PV_{n-1} - PV_n\right) \tag{7-10}$$

这种微分算法称为反馈量微分算法。为了下一次的微分计算，必须保存本次的过程变量 PV_n，作为下一次的 PV_{n-1}。初始化时令 $PV_{n-1}=PV_n$。

（3）反作用调节

在开环状态下，PID 输出值控制的执行机构的输出增加使被控量增大的是正作用，使被控量减小的是反作用。把 PID 回路的增益 K_C 设为负数，就可以实现 PID 反作用调节。

7.1.3 PID 指令向导的应用

（1）用 PID 指令向导生成 PID 程序

通过项目树“向导”文件夹中的“PID”打开 PID 指令向导，完成每一步的操作后，单击 下一个 > 按钮完成 PID 程序。PID 向导程序包括以下内容。

① 设置 PID 回路的编号（0 ～ 7）。

② 设置回路给定值范围和回路参数。设置比例增益、积分时间、微分时间和采样时间。

③ 设置回路输入量（过程变量 PV）和回路输出量的极性，一般默认为单极性，范围为默认的 0 ～ 32000。

④ 启用过程变量 PV 的上限报警功能。

⑤ 设置用来保存组态数据的 120B 的 V 存储区的起始地址。

（2）回路表

S7-200 SMART PLC 的 PID 指令使用一个存储回路参数的回路表，该表的前 36B 是回路的基本参数，如表 7-1 所示，后 44B 用于 PID 参数自整定。在 PID 指令中用输入参数 TBL 指定回路表的起始地址。一般用 PID 向导来设置 PID 参数的初始值，用 PID 整定控制面板来修改 PID 参数。

表 7-1　PID 指令的回路表

偏移地址	变量名	数据格式	I/O 类型	描述
0	过程变量当前值 PV_n	双字，实数	I	应在 0.0 ～ 1.0
4	给定值 SP_n		I	应在 0.0 ～ 1.0
8	输出值 M_n		I/O	应在 0.0 ～ 1.0
12	回路增益 K_C		I	比例常数，可正可负
16	采样时间 T_S		I	单位为 s，必须为正数
20	积分时间常数 T_I		I	单位为 min，必须为正数
24	微分时间常数 T_D		I	单位为 min，必须为正数
28	上一次的积分项值 MX		I/O	应在 0.0 ～ 1.0
32	上一次过程变量 PV_{n-1}		I/O	最近一次 PID 运算的过程变量值

（3）PID 控制的模式

PID 回路没有内置的模式控制，只有在能流流到 PID 功能框时才会执行 PID 运算。不执行 PIDP 运算时为手动模式。

与计数器指令相似，PID 指令也能检测能流上升沿。为了实现无扰动切换到自动模式，在切换到自动控制之前，必须把手动控制设置的输出值写入回路表中的 M_n（PID 指令的输出）。

检测到能流上升沿时，PID 指令将对回路表中的值作以下操作，以确保无扰动地从手动控制切换到自动控制。

① 设置设定值（SP_n）= 过程变量（PV_n）。

② 设置上一次的过程变量（PV_{n-1}）= 过程变量（PV_n）。

③ 设置上一次的积分值（MX）= 输出值（M_n）。

7.2　PID 控制器的参数整定

S7-200 SMART 具有 PID 参数整定功能，编程软件有 PID 整定控制面板。这两项功能相结合，使用户能轻松地实现 PID 参数整定。

7.2.1　PID 参数的物理意义

（1）对比例控制作用的理解

PID 控制器输出中的比例部分与误差成正比。如果增益太小，调节的力度不够，调节时间会过长。如果增益过大，调节力度太强，造成调节过头，被控量会来回振荡，使超调量过大。如果闭环系统没有积分作用，单纯的比例控制的稳态误差与增益成反比，很难兼顾动态性能和静态性能。

（2）对积分控制作用的理解

积分控制根据当时的误差值，每个采样周期都要微调 PID 的输出。只要误差不为零，控制器的输出就会因为积分作用而不断变化。积分部分的作用是消除稳态误差，提高控制精度。积分有滞后特性，积分作用太强，会使系统的动态性能变差，超调量增大。积分作用太弱，消除稳态误差的速度会太慢。

（3）对微分控制作用的理解

微分项与误差的变化速率成正比，微分部分反映了被控量变化的趋势。微分具有超前和预测的作用，适当的微分控制作用可以减小超调量，缩短调节时间。微分作用太强（T_D 太大），将会使响应曲线变化迟缓。

（4）采样周期的确定

确定采样周期时，应保证在被控量迅速变化的区段有足够多的采样点，以保证不会因为采样点过稀而丢失被采集的模拟量中的重要信息。

7.2.2 PID 参数整定的规则

（1）PID 参数的整定方法

① 为了减少需要整定的参数，首先可以采用 PI 控制器。给系统输入一个阶跃给定信号，观察系统输出量的波形。由 *PV* 的波形可以获得系统性能的信息，例如超调量和调节时间。

② 如果阶跃响应的超调量太大，经过多次振荡才能进入稳态或根本不稳定，应减小控制器的增益 K_C 或增大积分时间 T_I。

如果阶跃响应没有超调量，但是被控量上升过于缓慢，过渡过程时间太长，应按相反的方向调整上述参数。

③ 如果消除误差的速度较慢，应适当减小积分时间，增强积分作用。

④ 反复调节增益和积分时间，如果超调量仍然较大，可以加入微分作用，即采用 PID 控制。微分时间 T_D 从 0 逐渐增大，反复调节 K_C、T_I 和 T_D，直到满足要求。需要注意的是在调节增益 K_C 时，会影响积分分量和微分分量的值，而不是仅仅影响比例分量。

⑤ 如果响应曲线第 1 次到达稳态值的上升时间较长（上升缓慢），可以适当增大增益 K_C。如果因此使超调量增大，可以通过增大积分时间和调节微分时间来补偿。

（2）确定 PID 控制器的初始参数值的方法

为了保证系统的安全，避免在首次投入运行时出现系统不稳定或超调量过大的异常情况，在第 1 次试运行时增益不能太大，积分时间不能太小，以保证不会出现较大的超调量。试运行后根据响应曲线的特征和调整 PID 控制器参数的规则，来修改控制器的参数。

（3）PID 整定控制面板

STEP 7-Micro/WIN SMART 的 PID 整定控制面板用图形方式监视 PID 回路的运行情况，如图 7-6 所示，利用该面板可以手动调节 PID 参数，或者自整定 PID 参数。

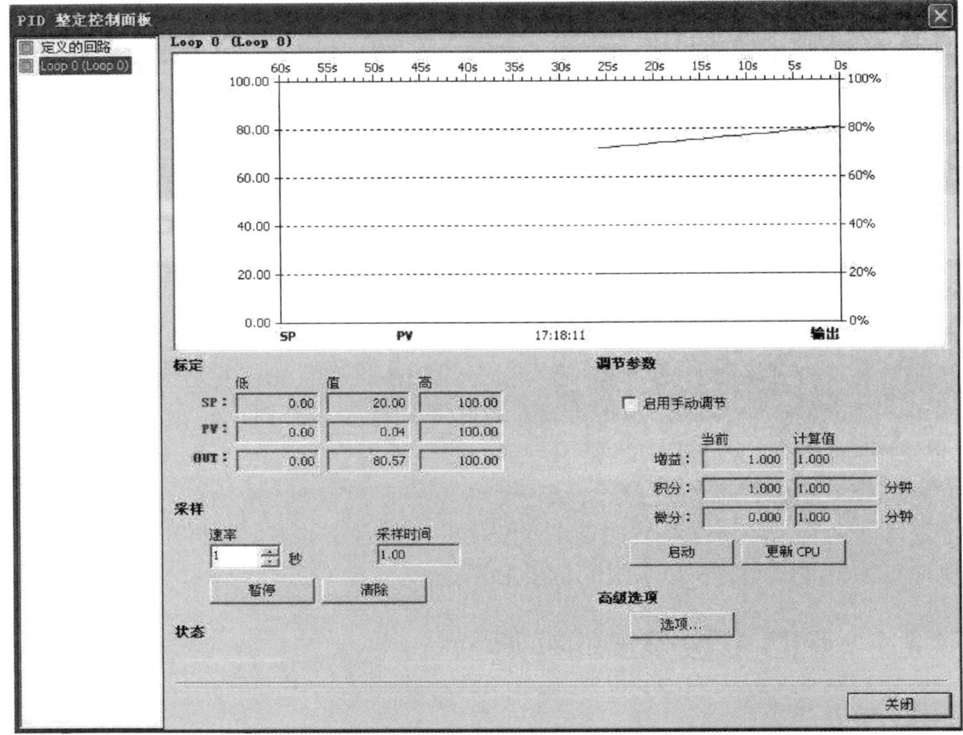

图 7-6　PID 整定控制面板

7.2.3　PID 参数自整定

PID 自整定算法向用户推荐接近最优的增益、积分时间和微分时间。用 PID 整定控制面板启动、中止自整定过程。控制面板用图形方式监视整定的结果，显示可能产生的错误或警告。

S7-200 SMART 的自整定算法可以用于正作用和反作用的 P、PI、PD 和 PID 回路。

（1）自整定的条件

要进行自整定的回路必须处于自动模式，回路的输出由 PID 指令来控制。启动自整定之前，控制过程应处于稳定状态，过程变量应接近给定值。开始自整定时，理想的情况是回路输出值在控制范围的中点附近。

（2）自动确定滞后和偏差

参数滞后指定过程变量相对于设定值的正负偏移量，过程变量在这个偏移范围内时，不会使继电控制器改变输出值。参数偏差指定希望的过程变量围绕设定值的峰 - 峰值波动量。自整定除了推荐整定值外，还可以自动确定滞后值和过程变量峰值偏差值。

（3）自整定过程

自整定时在回路输出中加入一些小的阶跃变化，使控制过程产生振荡。自动确定滞后值和偏差值之后，将初始阶跃施加到 PID 的输出量，开始执行自整定过程。PID 输出值的阶跃变化会使过程变量值产生相应的变化。当输出值的变化使过程变量超出滞后区范围时，检测到一个过零事件。在发生过零事件时，自整定将向相反方向改变输出值。

自整定继续对过程变量进行采样，并等待下一个过零事件，该过程总共需要 12 次过零才能完成。过程变量的峰 - 峰值（峰值偏差）和过零事件产生的速率都与控制过程的动态特性直接相关。在自整定过程初期，会适当调节输出阶跃值，从而使过程变量的峰 - 峰值更接近希望的偏差值。如果两次过零之间的时间超出过零看门狗间隔时间，自整定过程将以错误告终，过零看门狗间隔时间的默认值为 2h。

过程变量振荡的频率和幅度代表控制过程的增益和自然频率。根据在自整定过程中采集的控制过程的增益和自然频率的相关信息，计算出最终的增益和频率值，由此可以计算出 PID 控制器的增益、积分时间和微分时间的推荐值。

自整定过程完成后，回路的输出将恢复到初始值，在下一个扫描周期开始正常的 PID 计算。

7.3 PID 指令

(1) PID 指令的格式及功能

PID 指令的功能是进行 PID 计算，其指令格式见表 7-2。

表 7-2 PID 指令格式

指令名称	语句表	梯形图	功能
PID 指令	PID TBL，LOOP	PID EN ENO TBL LOOP	当 EN 有效时，根据 PID 参数表中的输入信息和组态信息进行 PID 运算

PID 指令的功能说明如下。

- TBL 是参数表的首地址，是由变量寄存器 VB 指定的字节型数据；LOOP 是回路号，是 0 ～ 7 的常数。
- 在 1 个应用程序中，最多可用 8 个 PID 控制回路，1 个 PID 控制回路只能使用 1 条 PID 指令，每个 PID 控制回路必须使用不同的回路号。
- 影响允许输出 ENO 正常工作的出错条件为 SM1.1（溢出）、SM4.3（运行时间）、0006（间接寻址）。

(2) PID 指令的参数表及初始化

以 TBL 为首地址的参数表中共包含 9 个参数，用于进行 PID 运行的监视和控制。在执行 PID 指令前，要建立一个 PID 基本参数表，PID 参数表的格式见表 7-1。

为执行 PID 指令，要对 PID 参数表进行初始化处理，即将 PID 参数表中有关的参数按照地址偏移量写入变量寄存器 V 中。一般是调用一个子程序，在子程序中对 PID 参数表进行初始化处理。

(3) PID 回路的组合选择

在许多控制场合，也许只需 PID 算法中的 P 项（比例项）或 I 项（积分项），或者 PI 项。对这种回路控制的功能组合的选择可通过对相关参数的给定来完成。

- 若不需要积分项（即 PD 算法），则应将积分时间常数设置为无穷大，由于积分项的初始值不一定为 0，故即使无积分作用，积分项也并不是一定为 0。

● 若不需要微分项（即 PI 算法），则应将微分时间常数设置为 0。

● 若不需要比例项（即为 ID 算法或 I 算法），则应将回路增益设置为 0，但由于回路增益同时影响到方程中的积分项、微分项，故需规定此时用于计算积分项、微分项的增益约定为 1。

(4) PID 回路的正作用与反作用

若回路增益取为正值，则称为正作用；否则称为反作用（对于 I 或 ID 算法的场合，回路增益已经为 0，则通过指定正的积分时间常数或微分时间常数来规定正作用；指定负的时间常数来固定反作用）。

(5) 输入模拟量的转换及归一化

一个回路具有两个输入量，即给定量和过程变量。给定量通常为一个固定值，如固定的转速。过程变量受回路输出的影响并反映控制的效果。在一个速度调节系统的例子中，过程变量为用来测量轮子转速的测速发电机的输出。

给定值和过程变量都是实际的工程量，其幅度、范围和测量单位都会不同。在实施 PID 算法之前，必须将这些值转换为无量纲的标准化纯量、浮点数的格式，步骤如下。

① 将工程实际值由 16 位整数转为浮点数，即实数格式，下面的程序段表明转换的方法。

```
XORD   AC0, AC0             // 清累加器 AC0
MOVW   AIW0, AC0            // 读模拟量 AIW 到 AC0
LDW>=  AC0, 0               // 若模拟量为正
JMP    0                    // 则转到标号为 0 的程序进行直接转换
NOT
ORD    16#FFFF0000, AC0     // 对 AC0 的符号进行处理
LBL    0
DTR    AC0, AC0             // 将 32 位整数格式转换为实数格式
```

② 将实数格式的工程实际值转换为 [0.0，1.0] 间的无量纲相对值，即标准化值，又称为归一化值，转化公式为：

$$R_{Norm}=R_{Raw}/S_{pan}+Offset \tag{7-11}$$

式中 R_{Norm}——工程实际值的标准化值；

R_{Raw}——工程实际值的实数形式值；

S_{pan}——最大允许值减去最小允许值，通常取 32000.0（单极性）或 64000.0（双极性）；

$Offset$——取 0（单极性）或 0.5（双极性）。

下面的程序段用于将 AC0 中的双极性模拟量进行归一化处理（可紧接上述转换为实数格式的程序段）。

```
/R     64000.0, AC0         // 将 AC0 中的值归一化
+R     0.5, AC0             // 将所得结果转移到 [0.0, 1.0] 范围内
MOVR   AC0, VD100           // 将归一化结果存入参数表 TBL 相应的位置
```

(6) 输出模拟量转换为工程实际值

在实际应用中，输出值均为实际数值，其大小、范围和工程单位可能不同，所以在 PID

指令操作之后，必须将 PID 计算结果转换成实际工程数值，步骤如下。

① 用下式将回路输出转换为按工程量标定的实数格式。

$$R_{scal}=(M_n-Offset)\times S_{pan} \tag{7-12}$$

式中 R_{scal}——已按工程量标定的实数格式的回路输出；

M_n——归一化实数格式的回路输出；

$Offset$——取 0（单极性）或 0.5（双极性）；

S_{pan}——最大允许值减去最小允许值，通常取 32000.0（单极性）或 64000.0（双极性）。

② 将已标定的工程实际值的实数格式转换为 16 位整数格式。

下面是实际标定回路输出的程序段。

```
MOVR  VD108, AC0              // 将回路输出结果放入 AC0
-R    0.5. AC0                // 适于双极性的场合
*R    64000.0, AC0            // 将 AC0 中的值按工程量标定
```

下面将已标定的实数格式的回路输出转化为 16 位整数格式，见下面的程序段。

```
TRUNC  AC0, AC0               // 将实数转换位 32 位整数
MOVW   AC0, AQW0              // 将 16 位整数值输出至模拟量输出模块
```

(7) PID 指令的控制方式

在 S7-200 SMART 中，PID 指令没有考虑手动 / 自动控制的切换。所谓自动方式是指只要 PID 功能框的允许输入 EN 有效时，将周期性地执行 PID 运算指令。而手动方式是指 PID 功能框的输入允许 EN 有效时，不执行 PID 运算指令。

在程序运行过程中，如果 PID 指令的 EN 输入有效，即进行手动 / 自动控制切换，为了保证在切换过程中无扰动、无冲击，在手动控制过程中就要将审定的输出值作为 PID 指令的一个输入（作为 M_n 参数写到 PID 参数表中），使 PID 指令根据参数表的值进行下列操作。

使 SP_n（给定值）$=PV_n$（过程变量）；

使 PV_{n-1}（前一次过程变量）$=PV_n$；

使 MX（积分和）$=M_n$（输出值）。

一旦 EN 输入有效（从 0 到 1 的跳变），就从手动方式无扰切换到自动方式。

PID 指令记录位的默认状态为 1，并且在 CPU 启动和每一次由 STOP 到 RUN 的工作模式切换时都置为这一默认值。如果在 RUN 模式时第 1 次执行 PID 指令，则这一记录位并无 0 到 1 的跳变，故此时不会自动地执行无扰动的自动切换功能。

(8) PID 指令出错情况

若回路控制参数表的起始地址或 PID 回路编号不符合要求，则在编译时 CPU 会产生一个编译错误（范围出错）信息并报告编译失败。

对于某些控制参数表格中的内容，PID 指令并不自动进行范围检测，用户必须确保过程变量和给定值（有时也包括积分和前一次过程变量）为 [0.0，1.0] 间的实数格式。若在执行 PID 计算过程中遇到任何错误，特殊标志位 SM1.1 置 1，且 PID 指令的执行被中断（控制参数表中的输出值的更新并不完整，故必须舍弃；再次启动 PID 指令之前，必须对这类错误进行修正）。

7.4 PID 指令应用实例

某水塔为居民区供水，为保证水压不变，需保持水位为满水量的 75%，为此需要用水泵供水，水泵电机由变频调速器驱动，水位通过漂浮在水面上的水位计检测。供水系统在刚开始工作时为手动控制，当水位达到满水位的 75% 时，无扰动地转换到 PID 控制。由 PID 控制变频调速器，从而控制水泵电机的转速。

该控制系统的控制要求如下所述。

① 因为需保持水位为满水量的 75%，所以可知调节量为水位，给定量为满水位的 75%。因为由水泵供水保持水位，所以控制量应为供水水泵的转速。

② 水位的变化范围是满水位的 0 ～ 100%，水泵电机的转速是额定转速的 0 ～ 100%，所以水位跟电机转速均为单极性信号。

③ 因为水塔里的水会随着居民的使用情况而减少，所以应选择 PI 控制。本例选择 K_C=0.25、T_S=0.1s、T_I=30s。PID 参数控制表存放在 VB100 开始的 36 个字节中。

本例程序由 3 部分组成，分别为水位控制主程序、PID 参数初始化子程序和 PID 控制定时中断程序，其中 PID 控制定时中断程序实现调节量采样和 PID 运算。3 部分程序分别见表 7-3 ～表 7-5。

表 7-3 水位控制主程序

STL	功能说明
网络 1 LD SM0.1 CALL SBR_0:SBR0	网络 1 PLC 开始工作的第 1 个扫描周期；调用 PID 参数初始化子程序 SBR—0（见表 7-4）

表 7-4 PID 参数初始化子程序

STL	功能说明

网络 1 将PID指令的初始参数填入控制表
LD SM0.0
MOVR 0.75, VD104
MOVR 0.28, VD112
MOVR 0.1, VD116
MOVR 30.0, VD120
MOVR 0.0, VD124
MOVB 100, SMB34
ATCH INT_0:INT0, 10
ENI
	网络 1
	PLC 处于 RUN 模式时，即 SM0.0=1；将给定值 0.75（满水位的 75%）送到 VD104；将增益 0.28 送到 VD112；将采样时间 0.1s 送到 VD116；将积分常数 30.0 送到 VD120；因不用微分作用，所以将 0.0 送到 VD124；将常数 100 送到 SMB34；给定定时中断的时间间隔为 100ms；每次定时时间到，则调用中断程序 0（见表 7-5）；开全局中断

表 7-5 PID 控制定时中断程序

STL	功能说明

网络 1
LD SM0.0
XORD AC0, AC0
MOVW AIW0, AC0
DTR AC0, AC0
/R 32000.0, AC0
MOVR AC0, VD1000
	网络 1
	PLC 处于 RUN 工作模式时，即 SM0.0=1；清累加器 AC0；读入连接在模拟量通道 0（AIW0）上的水位值；将水位值（AC0）由双整数转换为实数（即浮点数）；对单极性的水位值进行归一化；将水位值的归一化结果填入 PID 参数控制表

续表

STL	功能说明

网络 2
LD I0.0
PID VB100, 0
NOT
XORD AC0, AC0
MOVW AIW2, AC0
DTR AC0, AC0
/R 32000.0, AC0
MOVR AC0, VD108
MOVR AC0, VD128
MOVR VD100, AC0
MOVR AC0, VD132
	网络 2
	若为自动方式，即按下 I0.0，则调用 PID 功能，取环路编号 0，否则将手动的控制量进行归一化并填入参数控制表，以便实现无冲击手动 / 自动的切换；清累加器 AC0；读入连接在模拟量通道 2（AIW2）上的控制量（电机速度），送到 AC0；将控制量（AC0）由双整数转换为实数（即浮点数）；对单极性的速度给定值进行归一化；将控制量的归一化结果填入 PID 参数控制表中控制量的位置；将控制量的归一化结果填入 PID 参数控制表中累计偏移量的位置；从 VD100 中读取调节量送到 AC0；将调节量的归一化结果填入 PID 参数控制表

网络 3
LD I0.0
MOVR VD108, AC0
*R 32000.0, AC0
TRUNC AC0, AC0
MOVW AC0, AQW0
	网络 3
	若为自动方式（I0.0=1），从 VD108 中取 PID 运算结果的控制量送到 AC0；对 AC0 的值进行归一化（即转换为工程量）；对 AC0 进行取整操作；将 AC0 输出给模拟量输出通道 0

思考与练习

1. 如何实现 PID 回路的组合选择？
2. 使用 STEP 7-Micro/WIN SMART 的 PID 向导生成 PID 控制程序。

第 8 章

PLC 应用中的一些问题

PLC 是专门为工业环境设计的控制装置，一般不需要采取特殊措施，就可以直接在工业环境中使用。但是如果环境过于恶劣，电磁干扰特别强烈，或者安装使用不当，就不能保证系统的正常安全运行。

本章要点

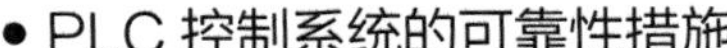

- PLC 控制系统的可靠性措施
- 故障的检测与诊断

8.1 PLC 控制系统的可靠性措施

在系统设计时，应采取相应的可靠性措施，以消除或减小干扰的影响，保证系统的正常运行。

 8.1.1 供电系统设计 

供电系统设计是指 PLC 的 CPU 电源、I/O 模板工作电源及控制系统完整的供电系统设计。

（1）系统供电电源设计

系统供电电源设计包括供电系统的一般性保护措施，PLC 电源模板的选择和典型供电电源系统的设计。在 PLC 供电系统中一般可采取使用隔离变压器和 UPS 电源、双路供电等措施。

① 使用隔离变压器的供电系统。如图 8-1 所示为使用隔离变压器的供电系统，PLC 和 I/O 系统分别由各自的隔离变压器供电，并与主电路电源分开。当某一部分电源出现故障时，不会影响其他部分，当输入、输出供电中断时，PLC 仍能继续供电，提高了供电的可靠性。

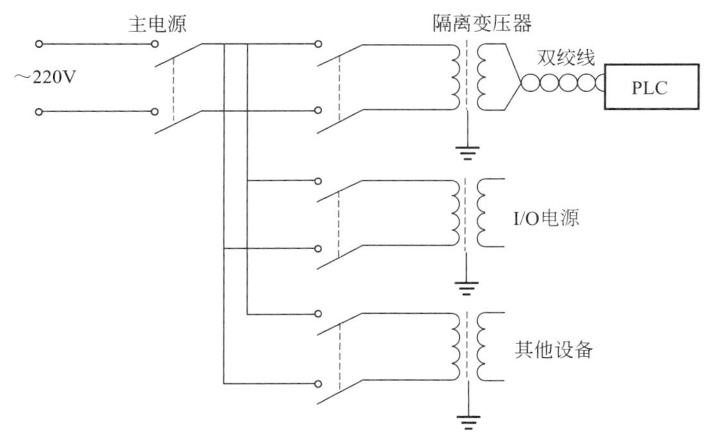

图 8-1　使用隔离变压器的供电系统

② UPS 供电系统。不间断电源 UPS 是电子计算机的有效保护配置，当输入交流电失电时，UPS 能自动切换到输出状态继续向控制器供电。如图 8-2 所示是 UPS 的供电系统，根据 UPS 的容量在交流电失电后可继续向 PLC 供电 10 ～ 30min，因此对于非长时间停电的系统，其效果更加显著。

③ 双路供电系统。为了提高供电系统的可靠性，交流供电最好采用双路，其电源应分别来自两个不同的变电站。当一路供电出现故障时，能自动切换到另一路供电。双路供电系统如图 8-3 所示。KV 为欠电压继电器，若先合上 A 开关，KV-A 线圈得电，铁芯吸合，其常闭触点 KV-A 断开 B 路，完成 A 路供电控制，然后合上 B 开关，而 B 路此时处于备用状态。当 A 路电压降低到整定值时，KV-A 欠电压继电器铁芯释放，KV-A 的常闭触点闭合，则 B

路开始供电，与此同时 KV-B 线圈得电，铁芯吸合，其常闭触点 KV-B 断开 A 路，完成 A 路到 B 路的切换。

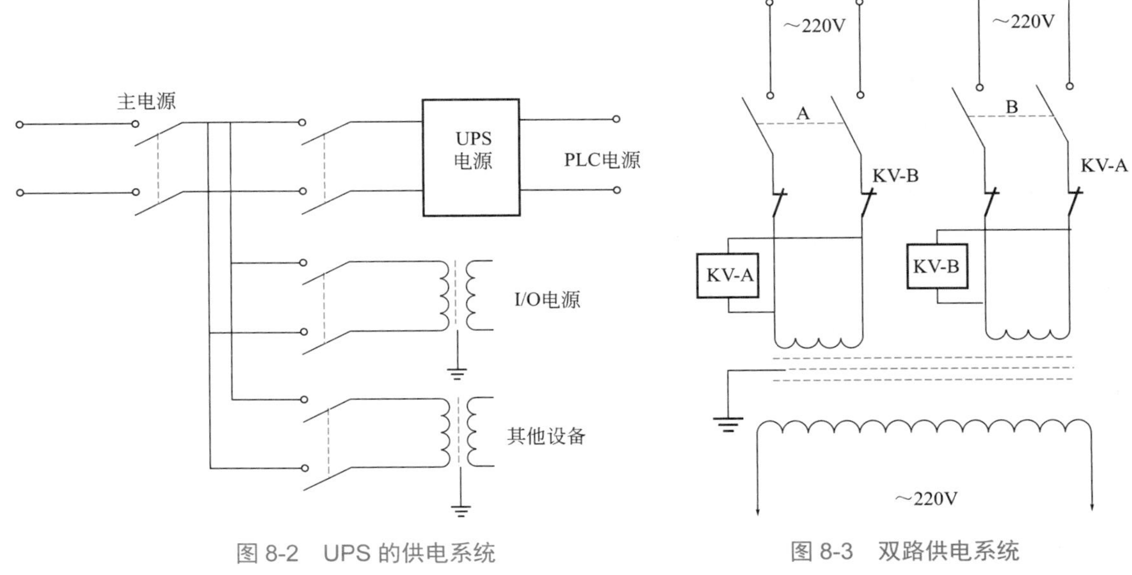

图 8-2　UPS 的供电系统　　　　图 8-3　双路供电系统

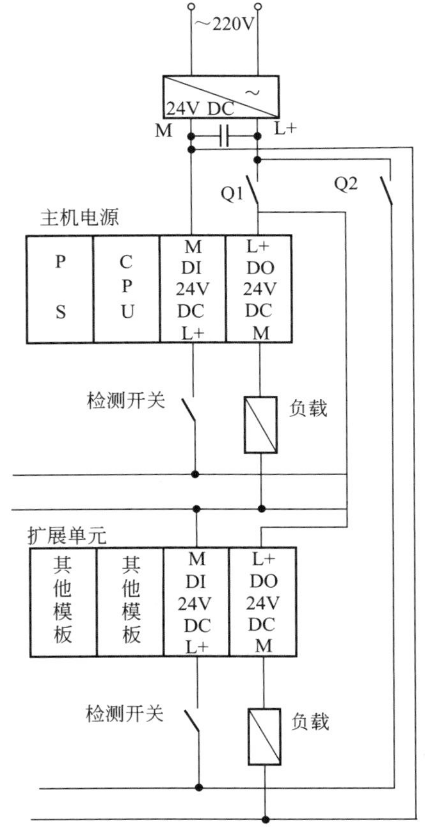

图 8-4　24V 直流 I/O 模板的一般供电设计

（2）I/O 模板供电电源设计

I/O 模板供电电源设计是指系统中传感器、执行机构、各种负载与 I/O 模板之间的供电电源设计。在实际应用中，普遍使用的 I/O 模板基本上是采用 24V 直流供电电源和 220V 交流供电电源。这里主要介绍这两种供电情况下数字量 I/O 模板的供电设计。

① 24V 直流 I/O 模板的供电设计。PLC 控制系统中广泛使用着 24V 直流 I/O 模板。对于工业过程来说，输入信号来自各种接近开关、按钮、拨码开关、接触器的辅助触点等；输出信号则控制继电器线圈、接触器线圈、电磁阀线圈、伺服阀线圈及显示灯等。要使系统可靠地工作，I/O 模板和现场传感器、负载之间的供电设计必须安全可靠，这是控制系统能够实现所要完成的控制任务的基础。

24V 直流 I/O 模板的一般供电设计如图 8-4 所示。图中给出了主机电源中输入 / 输出模板各一块，以及扩展单元中输入 / 输出模板各一块的情况。对于包括多个单元在内的多个输入 / 输出模板的情况也与此相同。图中的 220V 交流电源可来自交流稳压器输出，该电源经 24V 直流稳压电源后为 I/O 模板供电。为防止检测开关和负载的频繁动作影响稳压电源工作，在 24V 直流稳压电源输出端并联一个电解电容。开关 Q1 控制 DO 模板供电电源，开关 Q2 控制 DI 模板供电电源，I/O 模板供电电源设计比较简单，一般只需注意以下几点。

- I/O 模板供电电源是指与工业控制过程现场直接相连的 PLC 系统的 I/O 模板的工作电源，它主要是依据现场传感器和执行机构（负载）的实际情况而定，这部分工作情况并不影响 PLC 的 CPU 工作。
- 24V 直流稳压电源的容量选择，主要是根据输入模板的输入信号为 1 时的输入电流和输出模板的输出信号为 1 时负载的工作电流而定。在计算时应考虑所有输入 / 输出点同时为 1 的情况，并留有一定余量。
- 开关 Q1 和 Q2 分别控制输出模板和输入模板供电电源。在系统启动时，应首先启动 PLC 的 CPU，再合上输入开关 Q2 和输出开关 Q1。当现场输入设备或执行机构发生故障时，可立即关闭开关 Q1 和开关 Q2。

② 220V 交流 I/O 模板的供电设计。对于实际工业过程，除了使用 24V 直流模板外，还广泛地使用着 220V 交流 I/O 模板，所以有必要强调一下 220V 交流 I/O 模板的供电设计。

在前面 24V 直流 I/O 模板供电设计的基础上，只要去掉 24V 直流稳压电源，并将图 8-4 中的直流 24V 输入 / 输出模板换成交流 220V 输入 / 输出模板，就能实现 220V 交流 I/O 模板的供电设计，如图 8-5 所示。

图 8-5 中给出的是在一个主机单元中，输入 / 输出模板各一块的情况，交流 220V 电源可直接取自整个供电系统的交流稳压器的输出端，包括扩展单元的多块输入 / 输出模板与此完全相同。应注意的是，在交流稳压器的设计时要增加相应的容量。

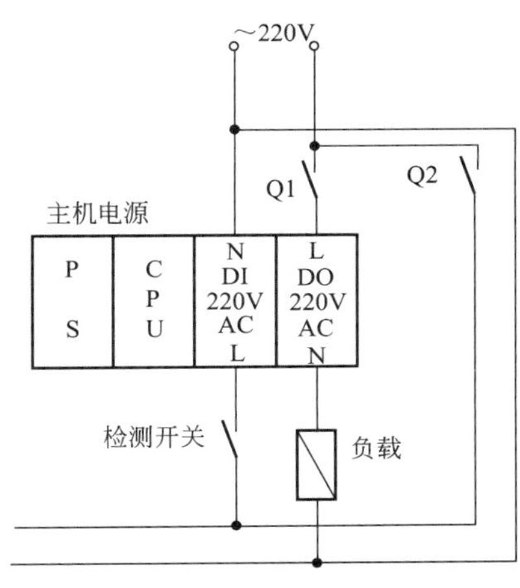

图 8-5　220V 交流 I/O 模板的供电设计

8.1.2　接地设计

接地是抑制干扰、使系统可靠工作的主要方法，它有两个基本目的，消除各电路电流经公共地线阻抗所产生的噪声电压和避免磁场与电位差的影响，使其不形成地环路，防止造成噪声耦合。PLC 一般应与其他设备分别采用各自独立的接地装置，如图 8-6（a）所示。若有其他因素影响而无法做到，也可以采用公共接地的方式，与其他设备共用一个接地装置，如图 8-6（b）所示。但是禁止使用串联接地的方式，如图 8-6（c）所示，或者把接地端子接到一个建筑物的大型金属框架上，此种接地方式会在各设备间产生电位差，会对 PLC 产生不利影响。PLC 接地导线的截面面积应大于 $2mm^2$，接地电阻应小于 100Ω。

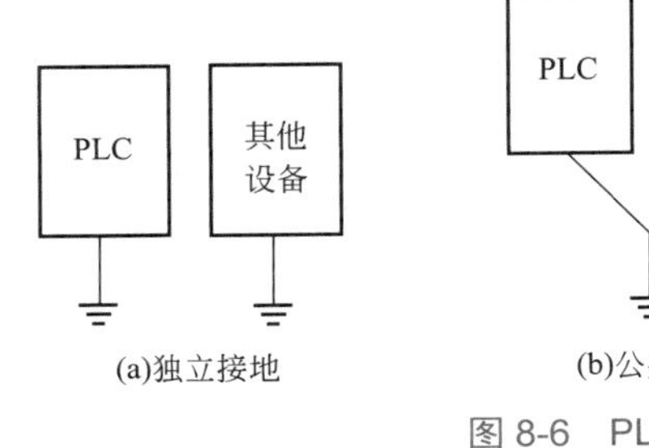

(a)独立接地

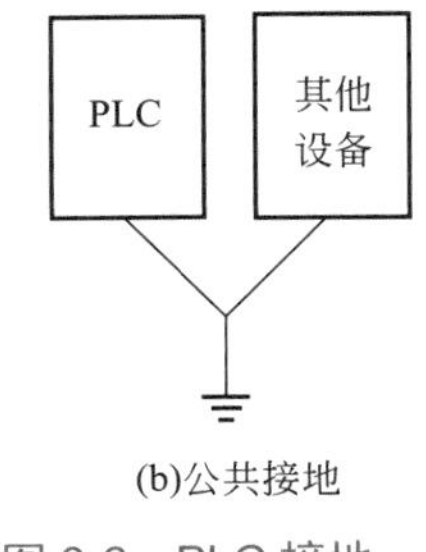

(b)公共接地

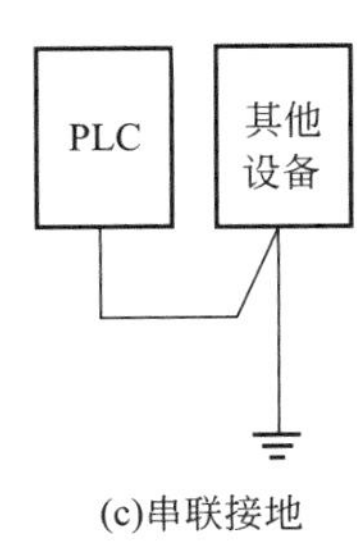

(c)串联接地

图 8-6　PLC 接地

8.1.3 PLC 输入 / 输出电路的设计

设计输入 / 输出电路通常要考虑以下内容。

① 一般情况下，输入 / 输出器件可以直接与 PLC 的输入 / 输出端子相连，但是当配线距离较长或接近强干扰源（或者大负荷频繁通断的外部信号）时，最好加中间继电器再次隔离。

② 输入电路一般由 PLC 内部提供电源，输出电路须根据负载额定电压和额定电流外接电源。输出电路须注意每个输出点可能输出的额定电流及公共端子的总电流的大小。

③ 对于双向晶闸管及晶体管输出型的 PLC，如输出点接感性负载，为保证输出点的安全和防止干扰，需并联过电压吸收回路。对交流负载应并联浪涌吸收回路，如阻容电路（电阻取 51 ～ 120Ω，电容取 0.1 ～ 0.47F，电容的额定电压应大于电源峰值电压）或压敏电阻，如图 8-7 所示。对直流负载需并联续流二极管，续流二极管可以选 1A 的管子，其额定电压应大于电源电压的 3 倍，如图 8-8 所示。

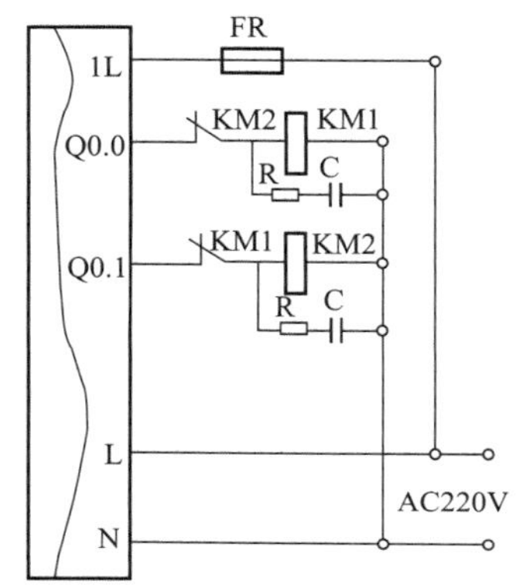

图 8-7 交流负载输出电路的设计

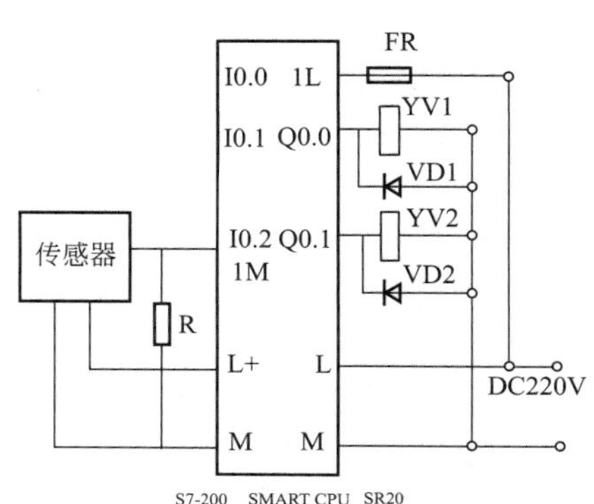

图 8-8 直流负载输出电路的设计

④ 当接近开关、光电开关这一类两线式传感器的漏电流较大时，可能出现故障的输入信号。通常在输入端并联旁路电阻，以减小输入电阻。旁路电阻的阻值 R 可由下式确定：

$$I \times \frac{RU_e / I_e}{R + U_e / I_e} \leqslant U_L$$

式中，I 为传感器漏电流；U_e、I_e 分别是 PLC 的额定输入电压和额定输入电流；U_L 是 PLC 输入电压低电平的上限值。

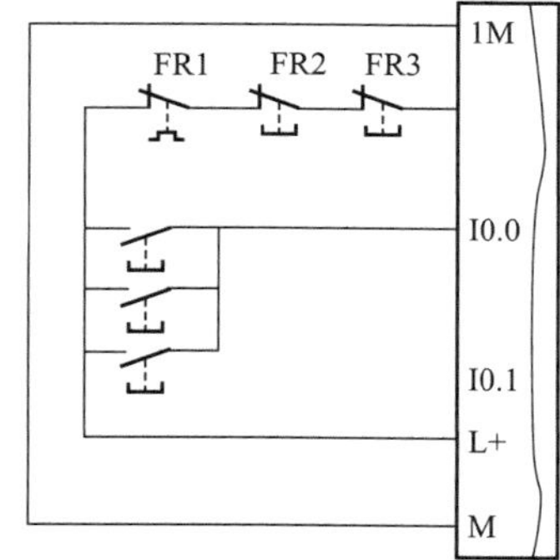

图 8-9 硬件逻辑组合输入法

⑤ 为防止负载短路损坏 PLC，输出公共端需加熔断器保护。

⑥ 对重要的互锁，如电动机正反转等，需在外电路中用硬件再互锁。

⑦ 当输入点不够时，可参考下列方法扩展。

- 硬件逻辑组合输入法。对两地操作按钮、安全保护开关等，可先进行串并联，再接入 PLC 输入端子，如图 8-9 所示。
- 译码输入法。对在工艺上绝对不可能同时出现的开关信号，用二极管译码的方法扩展输入点，如图 8-10 所示。
- 分组输入法。对在工艺中不同工作方式使用的输入点，可通过外电路分组的方法达到扩展输入点的目的，如图 8-11 所示。

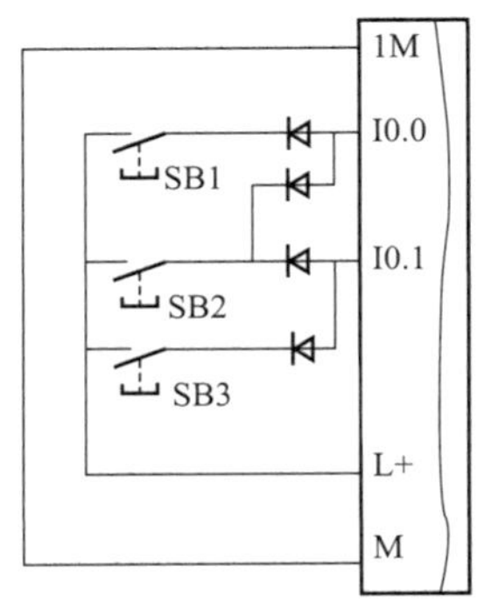

图 8-10　译码输入法

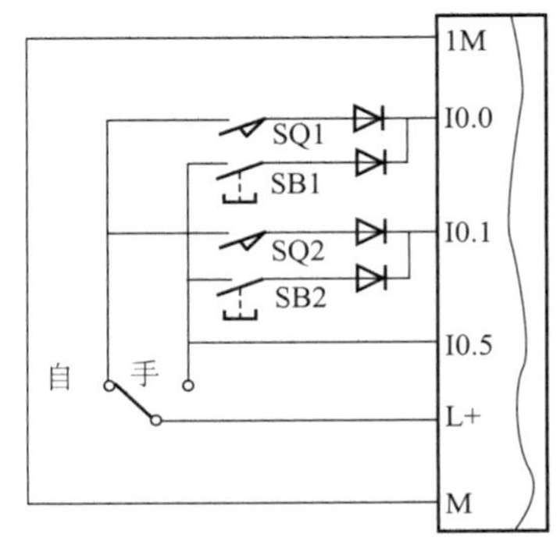

图 8-11　分组输入法

● 二极管矩阵输入法。当 PLC 的输出点富裕且输入点不够用时，可通过对输出点的扫描实现二极管矩阵输入，从而大大扩展输入点数，如图 8-12 所示。

● 输入按钮直接控制法。将输入按钮直接连接在需要控制的输出设备上，以减少对输入点数的使用，如图 8-13 所示。

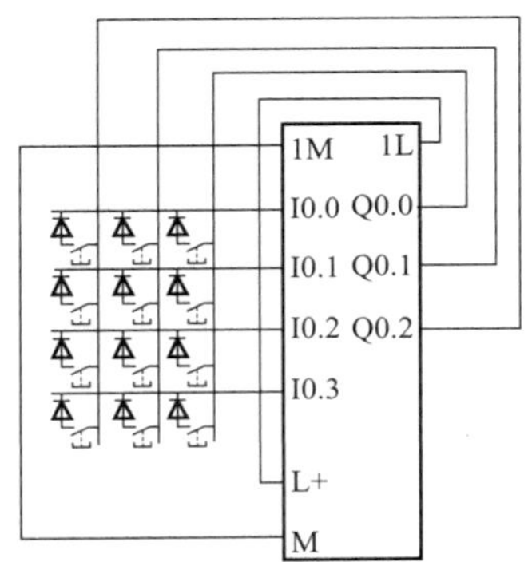

图 8-12　二极管矩阵输入法

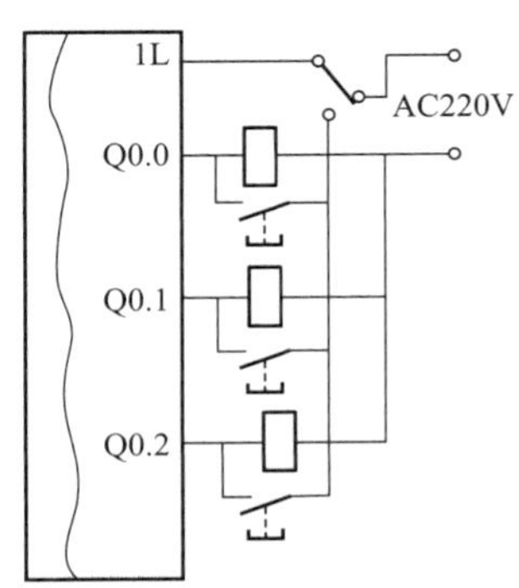

图 8-13　输入按钮直接控制法

⑧ 当输出点不够时，可参考下列方法扩展。

● 输出分组控制法。对不同时工作的负载，可通过分组控制的方法减少输出点的使用，如图 8-14 所示。

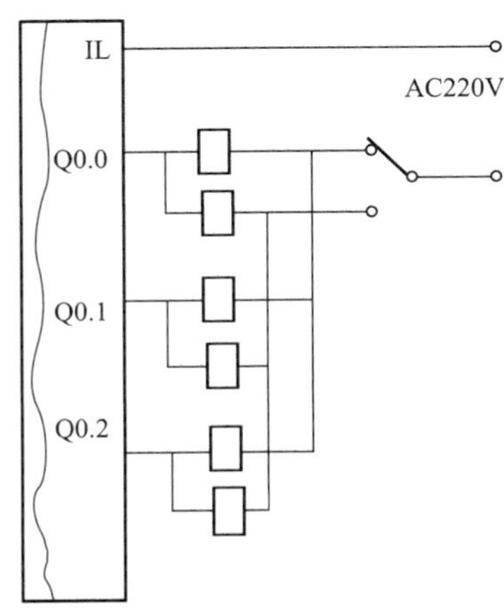

图 8-14　输出分组控制法

● 输出继电器接点译码法。通过输出继电器接点译码可扩展输出点，如图 8-15 所示。

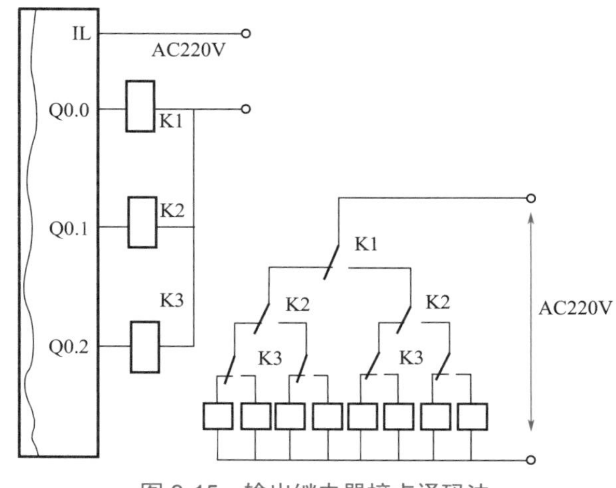

图 8-15　输出继电器接点译码法

 8.1.4　电气柜结构设计 

PLC 的主机和扩展单元可以和电源断路器、控制变压器、主控继电器及保护电器一起安装在控制柜内，既要防水、防粉尘、防腐蚀，又要注意散热。若 PLC 的环境温度大于 55℃时，要用风扇强制冷却。

与 PLC 装在同一个开关柜内，但不是由 PLC 控制的电感性元件，如接触器的线圈，应并联消弧电路，以保证 PLC 不受干扰。

PLC 在柜内应远离动力线，两者之间的距离应大于 200mm，PLC 与柜壁间的距离不得小于 100mm，与顶盖、底板间距离要在 150mm 以上。

 8.1.5　现场布线图设计 

PLC 系统应单独接地，其接地电阻应小于 100Ω，不可与动力电网共用接地线，也不可接在自来水管或房屋钢筋构件上，但允许多个 PLC 主机与弱电系统共用接地线，接地极应尽量靠近 PLC 主机。

敷设控制线时要注意与动力线分开敷设（最好保持 200mm 以上的距离），分不开时要加屏蔽措施，屏蔽要有良好接地。控制线要远离有较强的电气过渡现象发生的设备（如晶闸管整流装置、电焊机等）。交流线与直流线、输入线与输出线都最好分开走线。开关量、模拟量 I/O 线最好分开敷设，后者最好用屏蔽线。

 8.1.6　冗余设计 

冗余设计的目的是在 PLC 已可靠工作的基础上，再进一步提高其可靠性，以减小出故障的概率和减少故障后修复的时间。

（1）冷备份冗余设计

在冗余控制系统中，整个 PLC 控制系统（或系统中最重要的部分，如 CPU 模块）有一套或多套作为备份。

冷备份冗余系统是指备份的模板没有安装在设备上，只是放在备份库中待用，如图 8-16 所示。如何选择冷备份的数量，需要谨慎考虑。

（2）热备份冗余设计

热备份冗余系统是指冗余的模板在线工作，只是不参与控制，如图 8-17 所示。一旦参与控制的模板出现故障，它可自动接替工作，系统可不受停机损失。

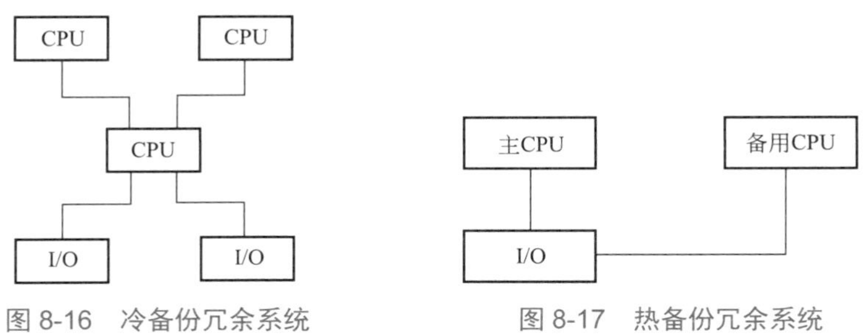

图 8-16 冷备份冗余系统　　图 8-17 热备份冗余系统

 8.1.7 软件抗干扰方法 

软件滤波也是现在经常采用的方法，该方法可以很好地抑制对模拟信号的瞬时干扰。在控制系统中，最常用的是均值滤波法：用 N 次采样值的平均值来代替当前值，每新采样一次就与最近的 N-1 次的历史采样值相加，除以 N，结果作为当前采样值。软件滤波的算法很多，根据控制要求来决定具体的算法。另外，在软件上还可以做其他处理，比如看门狗定时设置。

 8.1.8 工作环境处理 

环境条件对可编程控制器控制系统的可靠性影响很大，必须针对具体应用场合采取相应的改善环境措施。环境条件主要包括温度、湿度、振动和冲击及空气质量等。

（1）温度

高温容易使半导体器件性能恶化，使电容器件等漏电流增大，模拟回路的漂移较大、精度降低，造成 PLC 故障率增大、寿命降低。温度过低，模拟回路的精度也会降低，回路的安全系数变小，甚至引起控制系统的动作不正常。特别是温度急剧变化时，影响更大。

解决高温问题，一是在盘、柜内设置风扇或冷风机；二是把控制系统置于有空调的控制室内；三是安装控制器时上下要留有适当的通风距离，I/O 模块配线时要使用导线槽，以免妨碍通风。电阻器或电磁接触器等发热体应远离控制器，并把控制器安装在发热体的下面。解决低温问题则相反，一是在盘、柜内设置加热器，二是停运时不切断控制器和 I/O 模块的电源。

（2）湿度

在湿度大的环境中，水分容易通过金属表面的缺陷浸入内部，引起内部元件的恶化，印刷板可能由于高压或高浪涌电压而短路。在极干燥的环境下，绝缘物体上会产生静电，特别是集成电路，由于输入阻抗高，所以可能因静电感应而损坏。

控制器不运行时，温度、湿度的急骤变化可能引起结露，使绝缘电阻大大降低，特别是交流输入 / 输出模块绝缘的恶化可能产生预料不到的事故。对湿度过大的环境，要采取适当的措施降低环境湿度：一是把盘、柜设计成密封型，并加入吸湿剂；二是把外部干燥的空气引入盘、柜内；三是在印刷板上涂覆一层保护层，如松香水等。在湿度低、干燥的环境中，人体应尽量不接触模块，以防感应静电而损坏器件。

（3）振动和冲击

一般可编程控制器的振动和冲击频率超过极限时，会引起电磁阀或断路器误动作、机械结构松动、电气部件疲劳损坏，以及连接器的接触不良等后果。在有振动和冲击时，主要措施是查明振动源，采取相应的防振措施，如采用防振橡胶、对振动源隔离等。

（4）空气质量

PLC 系统周围空气中不能混有尘埃、导电性粉末、腐蚀性气体、油雾和盐分等。尘埃会引起接触部分的接触不良，或者堵住过滤器的网眼；导电性粉末可引起误动作，使绝缘性能变差和短路等；油雾可能会引起接触不良和腐蚀塑料；腐蚀性气体和盐分会腐蚀印刷电路板、接线头及开关触点，造成继电器或开关类的可动部件接触不良。

对不清洁环境中的空气可采取以下措施：一是盘、柜采用密封型结构；二是盘、柜内充入正压清洁空气，使外界不清洁空气不能进入盘、柜内部。

8.2 故障的检测与诊断

为了及时发现故障和保护系统，可以用梯形图程序实现故障的自诊断和自动处理。

（1）逻辑错误检测

某龙门刨床顺序功能图如图 8-18 所示。在前进运动时如果碰到前进减速行程开关 I0.4，将进入步 M0.2，工作台减速前进。碰到前进换向行程开关 I0.2，将进入下一步。

在前进步 M0.1，如果没有碰到前进减速行程开关，就碰到了前进换向行程开关，说明前进减速行程开关出现了故障。这时转换条件 $\overline{\text{I0.4}}\times$M0.2 满足，将从步 M0.1 转换到步 M0.6，工作台停止运行，并用触摸屏显示前进减速行程开关故障。操作人员按下故障复位按钮 I1.2 后，故障信息被清除，系统返回初始步。

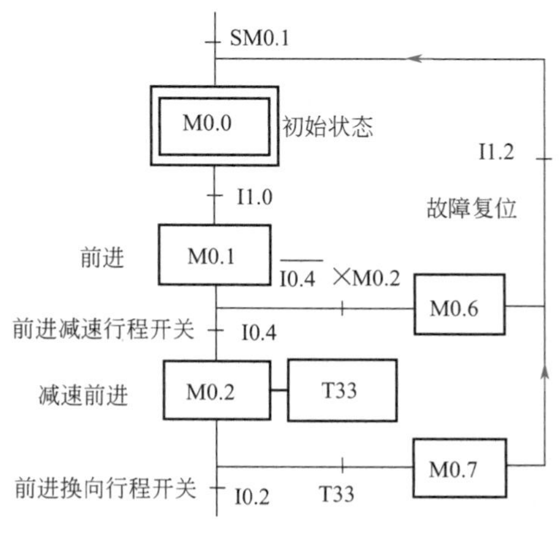

图 8-18　某龙门刨床顺序功能图

（2）超时检测

机械设备在各工步的动作所需的时间一般是固定的。图 8-18 中的减速前进步 M0.2，用定时器 T33 监视其运行情况，T33 的设定值比减速前进步正常运行的时间略长，正常运行时 T33 不会动作。如果前进换向行程开关 I0.2 出现故障，则在 T33 设置的时间到时，T33 的常开触点闭合，系统由步 M0.2 转换到步 M0.7，工作台停止运行，触摸屏显示前进换向行程开关故障。

思考与练习

1. 干扰较强时，电源如何实现抗干扰?
2. 布线的抗干扰措施有哪些?
3. 如何实现 PLC 的接地?
4. 如何防止变频器干扰?
5. 强烈干扰环境中的隔离措施有哪些?
6. PLC 感性负载如何处理?

第 9 章

综合实例

PLC 已广泛应用在工业控制的各个领域，由于 PLC 的应用场合多种多样，以 PLC 为主控制器的控制系统也越来越多。在介绍 PLC 的基本工作原理和指令系统之后，就可以结合实际进行 PLC 控制系统的应用设计，使 PLC 能够实现对生产机械或生产过程的控制。PLC 控制系统与继电器控制系统也有本质的区别，硬件和软件分开进行设计是 PLC 的一大特点。

本章要点

- PLC 控制系统的总体设计
- 恒温控制
- 自动售货机的设计
- 钻床精度控制系统
- 自动配料控制系统

9.1 PLC 控制系统的总体设计

PLC 控制系统的总体设计是进行 PLC 应用设计至关重要的第 1 步。首先应当根据被控对象的要求，确定 PLC 控制系统的类型与 PLC 机型，然后根据控制要求编写用户程序，最后进行联机调试。

 9.1.1 PLC 控制系统的类型 

PLC 控制系统有单机控制系统、集中控制系统、远程 I/O 控制系统和分布式控制系统 4 种类型。

(1) 单机控制系统

单机控制系统是由 1 台 PLC 控制 1 台设备或 1 条简易生产线，如图 9-1 所示。其构成简单，所需要的 I/O 点数较少，存储容量小，选择 PLC 的型号时，无论目前是否有通信联网的要求，都应当选择有通信功能的 PLC，以适应将来系统功能扩充的要求。

(2) 集中控制系统

集中控制系统是由 1 台 PLC 控制多台设备或几条简易生产线，如图 9-2 所示。该控制系统的特点是多个被控对象的位置比较接近，且相互之间的动作有一定的联系。由于多个被控对象通过同 1 台 PLC 控制，所以各个被控对象之间的数据、状态的变化不需要另设专门的通信线路。

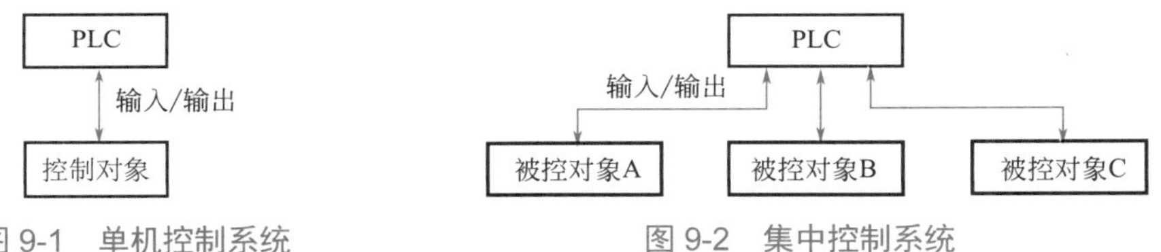

图 9-1 单机控制系统　　图 9-2 集中控制系统

该控制系统的最大缺点是如果某个被控对象的控制程序需要改变或 PLC 出现故障时，整个系统都要停止工作。对于大型的集中控制系统，可以采用冗余系统来克服这个缺点，此时要求 PLC 的 I/O 点数和存储器容量有较大的余量。

(3) 远程 I/O 控制系统

远程 I/O 控制系统的 I/O 模块不是与 PLC 放在一起，而是远距离地放在被控对象附近。远程 I/O 通道与 PLC 之间通过同轴电缆连接传递信息。同轴电缆长度的大小要根据系统的需要选用。远程 I/O 控制系统的构成如图 9-3 所示。其中使用 3 个远程 I/O 通道（A、B、D）和一个本地 I/O 通道（C）。

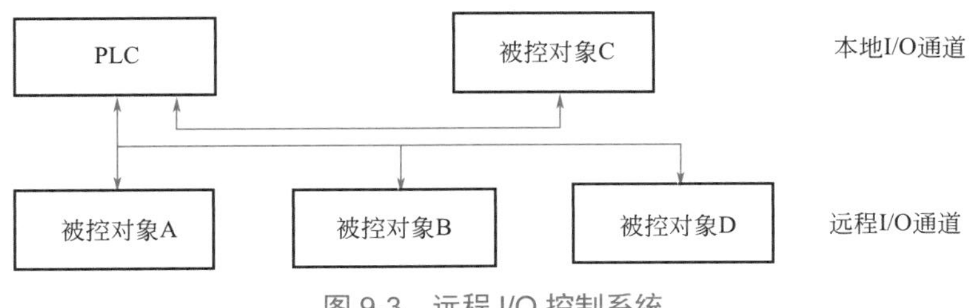

图 9-3 远程 I/O 控制系统

（4）分布式控制系统

分布式控制系统有多个被控对象，每个被控对象由 1 台具有通信功能的 PLC 控制，如图 9-4 所示。

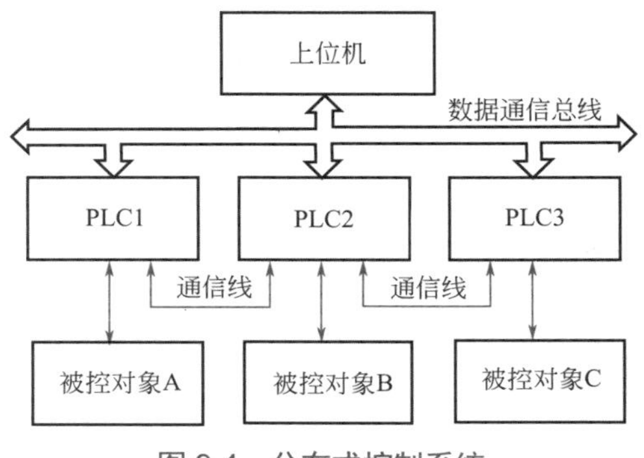

图 9-4　分布式控制系统

分布式控制系统的特点是多个被控对象分布的区域较大，相互之间的距离较远，每台 PLC 可以通过数据通信总线与上位机通信，也可以通过通信线与其他的 PLC 交换信息。该控制系统最大的好处是，某个被控对象或 PLC 出现故障时，不会影响其他的 PLC。

PLC 控制系统的发展非常快，在单机控制系统、集中控制系统、分布式控制系统之后又提出了 PLC 的 EIC 综合化控制系统，即将电气（Electric）控制、仪表（Instrumentation）控制和计算机（Computer）控制集成于一体，形成先进的 EIC 控制系统。基于这种控制思想，在进行 PLC 控制系统的总体设计时，要考虑到如何同这种先进性相适应，并有利于系统功能的进一步扩展。

9.1.2　PLC 控制系统设计的基本原则

PLC 控制系统设计的总体原则是：根据控制任务，在最大限度地满足生产机械或生产工艺对电气控制要求的前提下，运行稳定、安全可靠、经济实用、操作简单、维护方便。

任何一个电气控制系统所要完成的控制任务，都是为满足被控对象（生产控制设备、自动化生产线、生产工艺过程等）提出的各项性能指标，提高劳动生产率，保证产品质量，减轻劳动强度和危害程度，提升自动化水平，因此在设计 PLC 控制系统时，应遵循的基本原则如下。

① 最大限度地满足被控对象提出的各项性能指标。为明确控制任务和控制系统应有的功能，设计人员在进行设计前，就应深入现场进行调查研究，搜集资料，与机械部分的设计人员和实际操作人员密切配合，共同拟订电气方案，以便协同解决在设计过程中出现的各种问题。

② 确保控制系统的安全可靠。电气控制系统的可靠性就是生命线，不能安全可靠工作的电气控制系统是不能长期投入生产运行的。尤其是在以提高产品数量和质量，保证生产安全为目标的应用场合，必须将可靠性放在首位。

③ 力求控制系统简单。为在满足控制要求和保证可靠工作的前提下，不失先进性，应力求控制系统结构简单。只有结构简单的控制系统才具有经济性、实用性的特点，才能做到使用方便和容易维护。

④ 留有适当的裕量。考虑到生产规模的扩大、生产工艺的改进、控制任务的增加，以

及维护方便的需要，要充分利用 PLC 易于扩充的特点，在选择 PLC 的容量（包括存储器的容量、机架插槽数、I/O 点的数量等）时，应留有适当的裕量。

9.1.3 PLC 控制系统的设计步骤

PLC 控制系统设计步骤如图 9-5 所示，下面就 6 个主要步骤作进一步的说明。

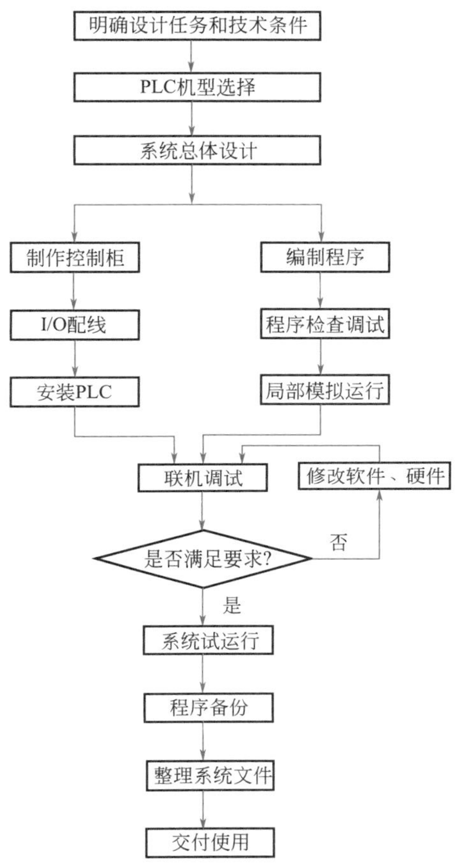

图 9-5 PLC 控制系统设计步骤

(1) 明确设计任务和技术条件

在进行系统设计之前，设计人员首先应该对被控对象进行深入的调查和分析，并熟悉工艺流程及设备性能。根据生产中提出来的问题，确定系统所要完成的任务，与此同时拟订出设计任务书，明确各项设计要求、约束条件及控制方式。设计任务书是整个系统设计的依据。

(2) 选择 PLC 机型

目前，国内外 PLC 生产厂家生产的 PLC 品种已达数百个，其性能各有优点，价格也不尽相同。在设计 PLC 控制系统时，要选择最适宜的 PLC 机型，一般应考虑下列因素。

① 系统的控制目标。设计 PLC 控制系统时，首要的控制目标是确保控制系统安全可靠地稳定运行，提高生产效率，保证产品质量等。如果要求以极高的可靠性为控制目标，则需要构成 PLC 冗余控制系统，这时要从能够完成冗余控制的 PLC 型号中进行选择。

② PLC 的硬件配置。根据系统的控制目标和控制类型，征求听取生产厂家的意见，再根据被控对象的工艺要求及 I/O 点数分配考虑具体配置问题。

(3) 系统硬件设计

PLC 控制系统的硬件设计是指对 PLC 外部设备的设计。在硬件设计中，要进行输入设备的选择（操作按钮、开关及保护装置的输入信号等），执行元件的选择（如接触器的线圈、电磁阀的线圈、指示灯等），以及控制台、柜的设计和选择，操作面板的设计。

通过用户输入 / 输出设备的分析、分类和整理，进行相应的 I/O 地址分配。在 I/O 设备表中，应包含 I/O 地址、设备代号、设备名称及控制功能，应尽量将相同类型的型号、相同电压等级的信号地址安排在一起，以便于施工和布线，并依次绘制出 I/O 接线图。对于较大的控制系统，为便于设计，可根据工艺流程，将所需要的定时器、计数器及内部辅助继电器、变量寄存器也进行相应的地址分配。

(4) 系统软件设计

对于电气设计人员来说，控制系统软件的设计就是用梯形图编写控制程序，可采用经验设计或逻辑设计。对于控制规模比较大的系统，可根据工艺流程图，将整个流程分解为若干步，确定每步的转换条件，配合分支、循环、跳转及某些特殊功能，以便很容易地转换为梯形图设计。对于传统的继电器控制线路的改造，可根据原系统的控制线路图将某些桥式电路按照梯形图的编程规则进行改造后，直接转换为梯形图。这种方法设计周期短，修改、调试程序简单方便。软件设计可以与现场施工同步进行，以缩短设计周期。

(5) 系统的局部模拟运行

上述步骤完成后，便有一个 PLC 控制系统的雏形，接着进行模拟调试。在确保硬件工作正常的条件下，再进行软件调试。在调试控制程序时，应本着从上到下、先内后外、先局部后整体的原则，逐句逐段地反复调试。

(6) 控制系统联机调试

控制系统联机调试，这是较为关键的一步。应对系统性能进行评价后再做出改进。反复修改、反复调试，直到满足要求为止。为了判断系统各部件工作的情况，可以编制一些短小而针对性强的临时调试程序（待调试结束后再删除）。在系统联机调试中，要注意使用灵活的技巧，以便加快系统调试过程。

9.1.4 减少 PLC 输入和输出点数的方法

为了提高 PLC 系统的可靠性，并减少 PLC 控制系统的造价，在设计 PLC 控制系统或对老设备进行改造时，往往会遇到输入点数不够或输出点数不够而需要扩展的问题，当然可以通过增加 I/O 扩展单元或 I/O 模板来解决，但会造成一定的经济负担，若不需要增加很多的点，可以对输入信号或输出信号进行一定的处理，节省一些 PLC 的 I/O 点数，使问题得到解决。下面介绍常用的减少 PLC 输入和输出点数的方法。

(1) 减少 PLC 输入点数的方法

① 分时分组输入。自动程序和手动程序不会同时执行，自动和手动两种工作方式的输入量可以分成两组输入，如图 9-6 所示。I1.0 用来输入自动 / 手动命令信号，供自动程序和手动程序切换使用。

图 9-6 中的二极管用来切断寄生电路。假设图中没有二极管，系统处于自动状态，S1、S2、S3 闭合，S4 断开，这时电流从 L+ 端子流出，经 S3、S1、S2 形成的寄生回路流入 I0.1 端子，使输入端 I0.1 错误地变为 ON。各开关串联二极管，切断了寄生回路，避免了错误输

入的产生。

② 合并输入触点。如果某些外部输入信号总是以某种与或非组合的整体形式出现在梯形图中，可以将它们对应的触点在 PLC 外部串联、并联后作为一个整体输入 PLC，这只占 PLC 的一个输入点。

例如，某负载可有多个启动和停止，可以将 3 个启动信号并联，将 3 个停止信号串联，分别送给 PLC 的两个输入点，如图 9-7 所示。它与每一个启动信号和停止信号占用一个输入点的方法相比，不仅能节约输入点，还能简化梯形图电路。

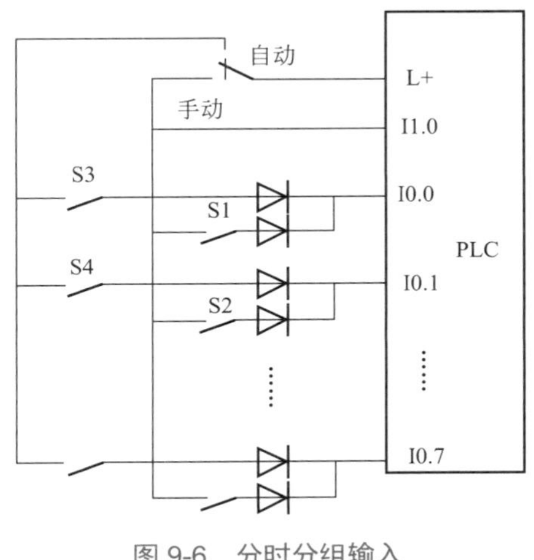

图 9-6　分时分组输入

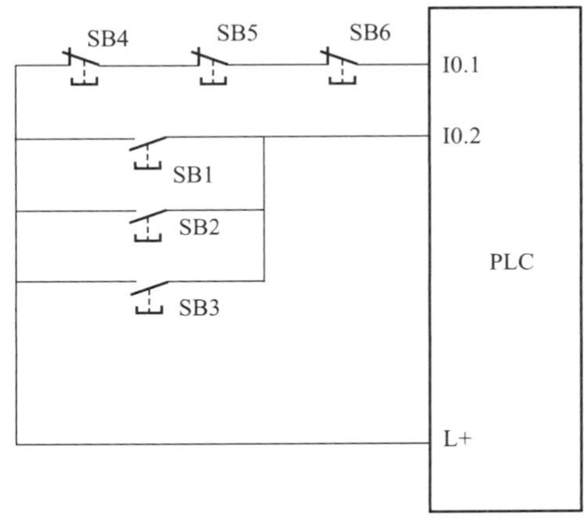

图 9-7　合并输入触点

③ 将信号设置在 PLC 之外。系统的某些输入信号，如通过手动操作按钮手动复位的电动机热继电器 FR 的常闭触点提供的信号，可以设置在 PLC 外部的硬件电路中，如图 9-8 所示。这里需要注意的是，某些手动按钮需要串联一些安全联锁触点，如外部硬件联锁电路过于复杂，则应考虑仍将有关信号送入 PLC，用梯形图实现过于复杂的联锁。

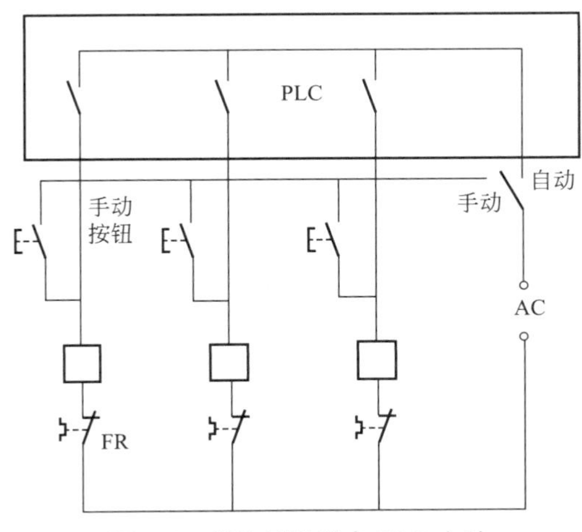

图 9-8　将信号设置在 PLC 之外

(2) 减少 PLC 输出点数的方法

在 PLC 输出功率允许的条件下，通 / 断状态完全相同的多个负载并联后，可以共用一个输出点，通过外部的或 PLC 控制的转换开关的切换，一个输出点可以控制两个或多个不同工作的负载。与外部元件的触点配合，可以用一个输出点控制两个或多个有不同要求的负载。用一个输出点控制指示灯常亮或闪烁，可以显示两种不同的信息。

在需要用指示灯显示 PLC 驱动的负载（如接触器线圈）状态时，可以将指示灯与负载并联，并联时指示灯与负载的额定电压应相同，总电流不应超过允许的值；可以选用电流小、工作可靠的 LED（发光二极管）指示灯；可以用接触器的辅助触点来实现 PLC 外部的硬件联锁。

系统中某些相对独立或比较简单的部分可以直接用继电器电路来控制，这样能同时减少所需的 PLC 输入点和输出点。

如果直接用数字量输出点来控制多位 LED 七段显示器，所需的输出点是很多的。在如图 9-9 所示的电路中，具有锁存、译码、驱动功能的芯片 CD4513 驱动共阴极 LED，两个 CD4513 的数据输入端 A ～ D 共用 PLC 的 4 个输出端，其中 A 为最低位，D 为最高位，LE 为高电平时，显示的数不受数据输入信号的影响。显然，N 个显示器占用的输出点数降到了 $4+N$。

如果使用继电器输出模块，应在与 CD4513 相连的 PLC 各输出端与“地”之间分别接一个几千欧的电阻，以避免在输出继电器输出触点断开时 CD4513 的输入端悬空。输出继电器的状态变化时，其触点可能抖动，因此应先送数据输出信号，待信号稳定后，再用 LE 信号的上升沿将数据锁存进 CD4513。

如果需要显示和输入的数据较多，可以使用 TD200 文本显示器或其他操作面板。

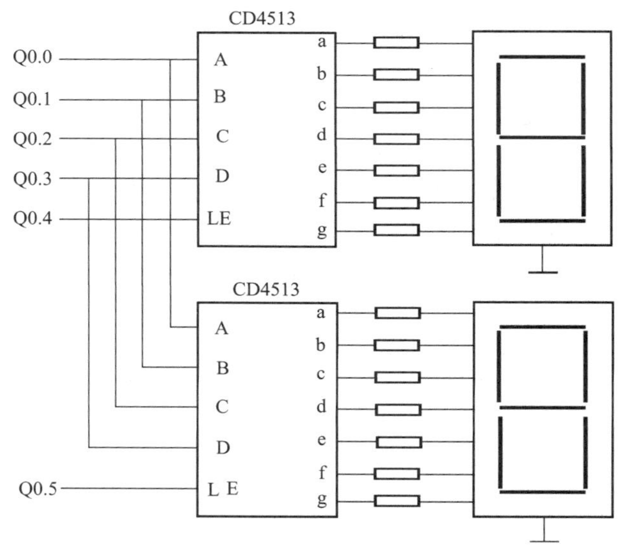

图 9-9　PLC 数字显示电路

9.2　综合实例 1——恒温控制

工业过程控制中往往会用到温度控制。恒温控制属于温度控制，也是一种典型的模拟量控制。本实例主要采用 PID 回路指令进行编程，重点介绍工程应用中信号的转换方法和设计思路。

9.2.1 恒温控制的系统组成

实现设计要求的恒温控制系统组成如图 9-10 所示，该控制系统由 PID 调节器、D/A 转换器、执行器、加热器、温度变送器与 A/D 转换器组成一个单闭环温度控制系统。考虑温度是大滞后系统，调节器采用 PI 调节。

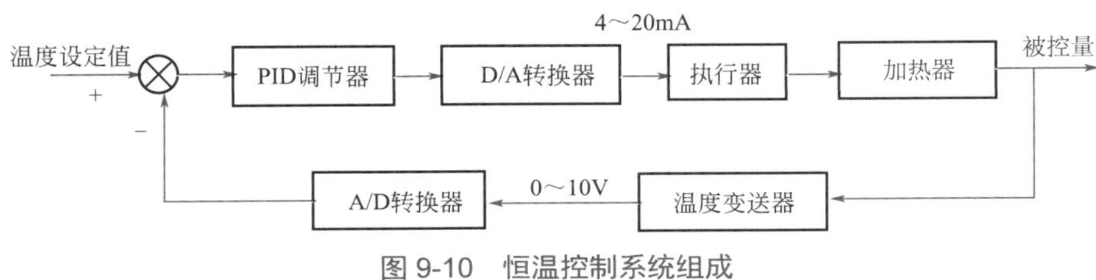

图 9-10 恒温控制系统组成

9.2.2 恒温控制的面板图

恒温控制面板中的 Pt100 为热电偶，用来监测受热体的温度，并将采集到的温度信号送入变送器，再由变送器输出单极性模拟电压信号到模拟量模块，经内部运算处理后，输出模拟量电流信号到调压模块输入端，调压模块根据输入电流的大小，改变输出电压的大小，并送到加热器。恒温控制面板如图 9-11 所示。

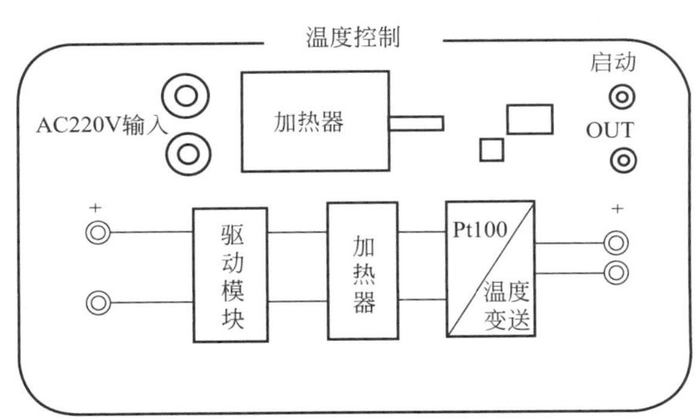

图 9-11 恒温控制面板

9.2.3 恒温控制的软件系统设计

将被控系统的温度控制在 50℃。当温度低于 50℃时，应能自动调节；当温度高于 35℃时，在监控画面中应有高温报警指示灯亮；设置 1 个加热指示灯，加热指示灯亮，表示系统正在加热。要把温度传感器 Pt100 随温度变化的电阻转换成相应的温度变化值，利用温度公式可求得：T(℃)=(温度数字量 −0℃偏置量）/1℃数字量。式中，温度数字量为存储在 AIWx（x=0，2，4）中的值；0℃偏置量为在 0℃测量出的数字量；1℃数字量为温度每升高 1℃的数字量。

采用西门子 CUPSR40 作控制器，并配置 EMAM06 模拟量输入输出单元，在被控系统中的温度测量点、温度信号经变送器变成 1 ～ 10V 的电压信号送入 EMAM06 的第 1 个模拟量输入通道 AIW0 中，PLC 读入温度值后，取其平均值作为被控系统的实际温度值。初始的温度低于设定值，则启动系统立即加热，直到达到设定温度。

9.2.4 恒温控制软件程序的设计

利用编程软件 STEP 7-Micro/WIN SMART V2.4 编写调试 PLC 程序，通过网口下载到 PLC。PLC 上电后，初始化操作将对控制参数初始化和当前模拟量采样值清零。软件系统主要控制思路是 PLC 通过 AIW0 采集当前温度，经过 PID 运算，再让 AQW0 控制加热器。程序流程图如图 9-12 所示。

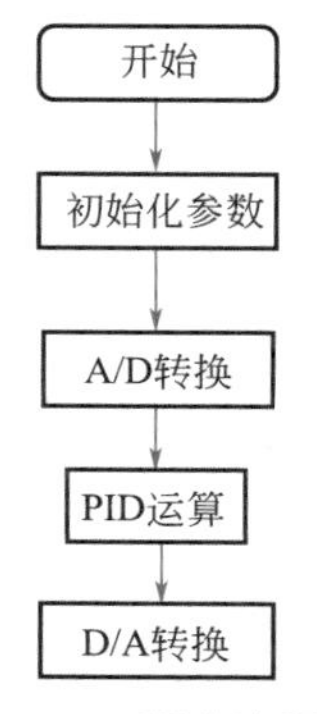

图 9-12 程序流程图

9.2.5 恒温控制程序组成

控制程序主要包括温度采集和 PID 运算两个主要部分。通过温度采集程序，获取温度信息并实现温度信号的转换。PID 控制程序的作用在于完成加热功率管的控制。PID 回路内存地址分配见表 9-1。

表 9-1 内存地址分配

地址	说明	
VD0	实际温度存放	
VD4	设定温度存放	
VD8	温度偏差存放	
VD100	过程变量（PV_n）	必须在 0.0 ～ 1.0
VD104	给定值（SP_n）	必须在 0.0 ～ 1.0
VD108	输出值（M_n）	必须在 0.0 ～ 1.0
VD112	增益（K_c）	比例常数，可正可负
VD116	采样时间（T_S）	单位为 s，为正数
VD120	积分时间（T_I）	单位 min，为正数
VD124	微分时间（T_D）	单位 min，为正数
VD128	积分项前值（MX）	必须在 0.0 ～ 1.0
VD132	过程变量前值（PV_{n-1}）	必须在 0.0 ～ 1.0

9.2.6 恒温控制程序梯形图

根据控制要求，设计的恒温控制梯形图程序共有主程序、子程序、中断程序三部分。

（1）主程序完成恒温系统的启动和停止

启动系统，手动按下 I0.0 对应的启动按钮，此时 M0.1 置位、M0.2 复位，这时 Q0.0 亮、Q0.1 熄灭，系统开始进行初始化操作。

关闭系统，按下 I0.1 对应的停止按钮，此时 M0.1 复位、M0.2 置位，这时 Q0.0 灭、Q0.1 亮，同时系统会清零输出模拟量 AQW0，系统停止加热，如图 9-13 所示。

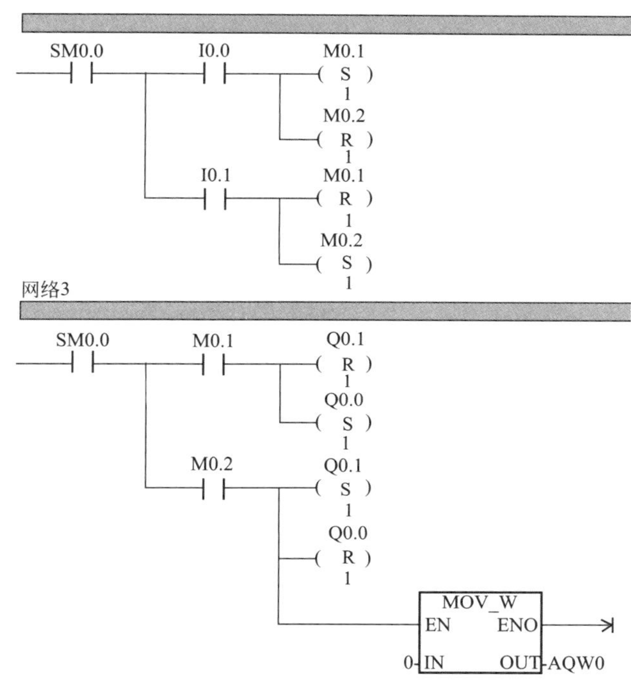

图 9-13 恒温系统的启动和停止

（2）子程序完成 PID 回路表参数设置

通过 I0.0 调用子程序，在程序中设定期望的控制温度、增益（P）、积分（I）时间、微分（D）时间和定时中断时间，此时期望的控制温度 50.0℃存放到 VD4，并将设定温度转换为 PID 标准数据存入 VD104，增益（P）参数存入 VD112，采样时间存入 VD116，积分（I）时间参数存入 VD120，微分（D）时间参数存入 VD124，如图 9-14 所示。

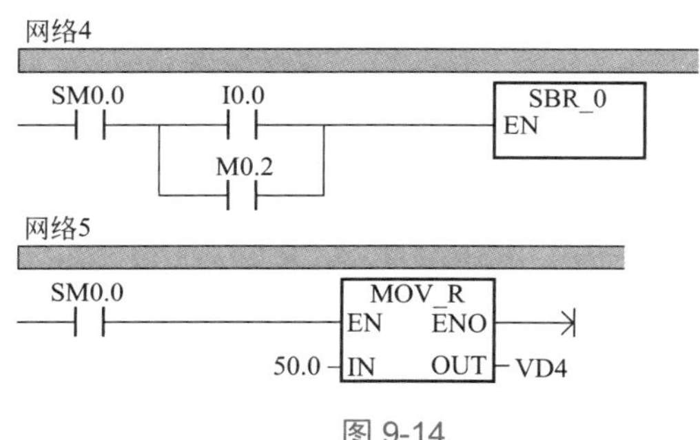

图 9-14

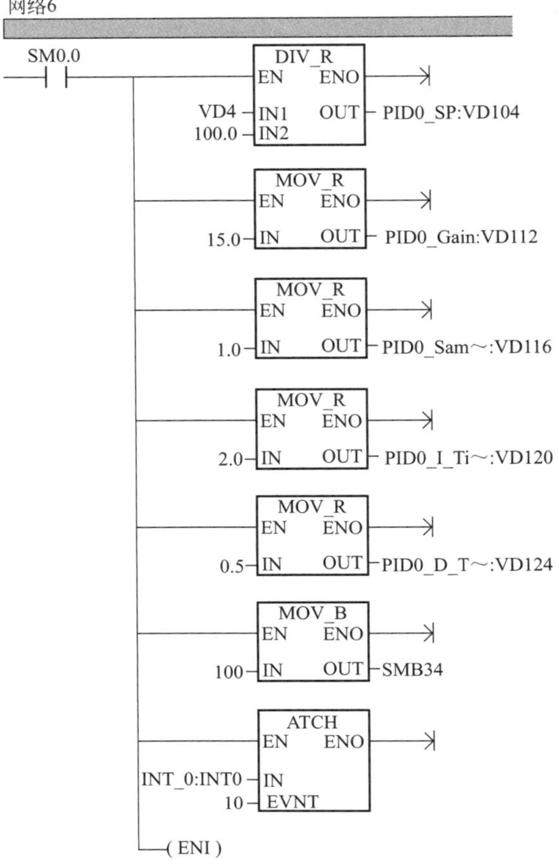

图 9-14　PID 回路表参数设置

(3) 中断程序完成 PID 计算

采集到的模拟信号进行处理后存放在 VD100 中，如图 9-15 所示。

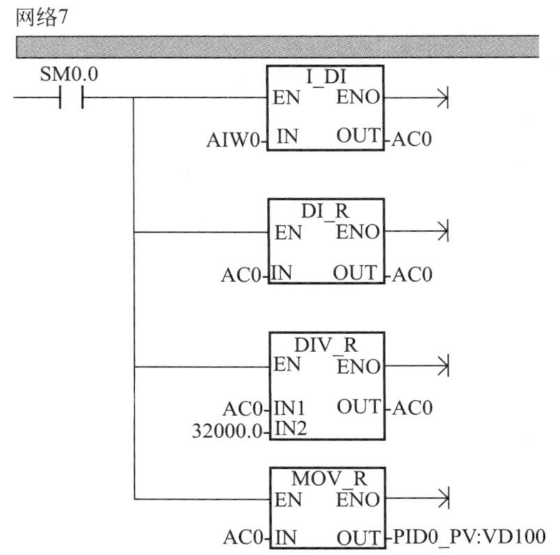

图 9-15　模拟信号处理

将采集的当前温度值同给定温度值进行比较，得到偏差并存放到VD8中，如图9-16所示。

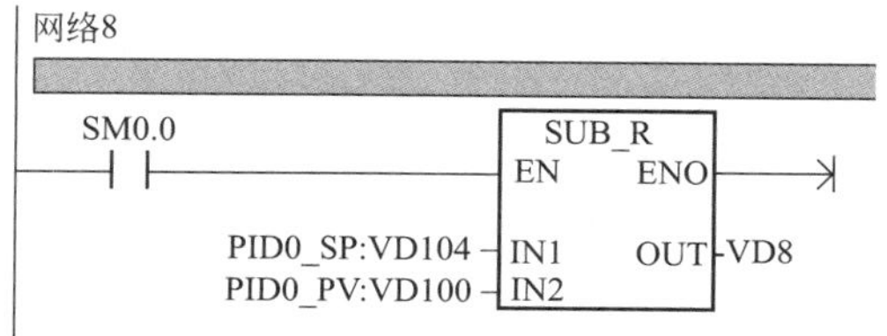

图9-16 当前温度值同给定温度值比较

根据偏差的具体情况选择合适的加热方式，差值过大时，选择大功率加热，使模拟量输出值最大；若实际温度与设定温度差值不大时，使用PID控制加热；若实际温度超过设定温度时就停止加热，使模拟量输出为0，如图9-17所示。

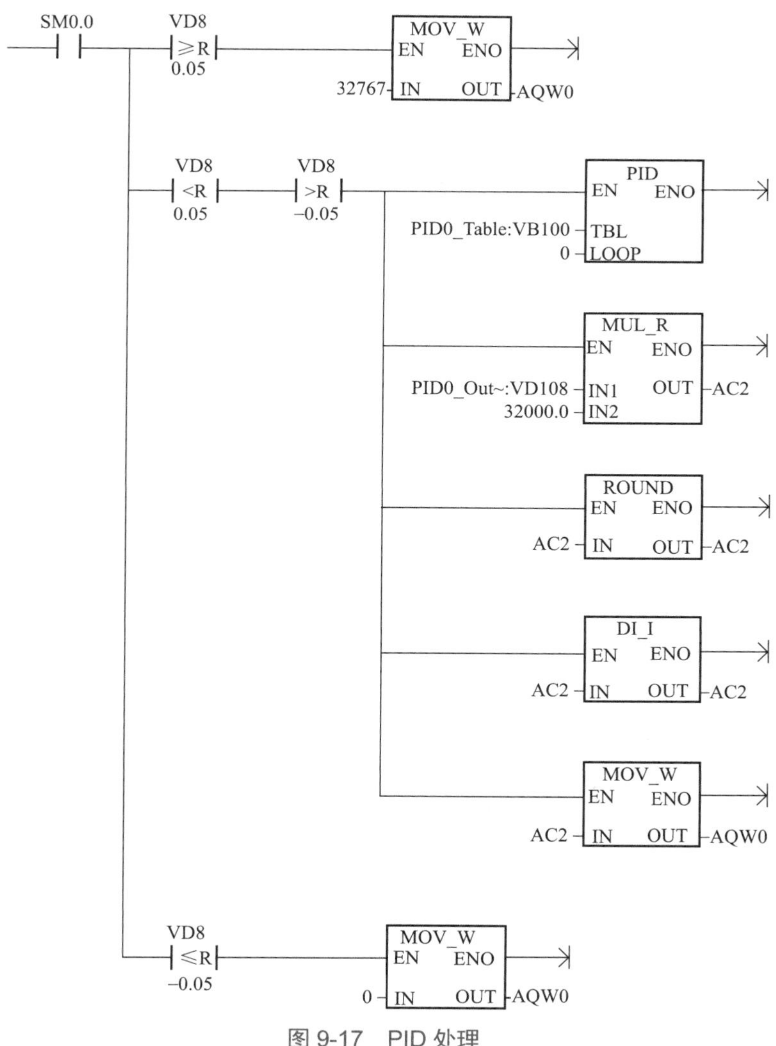

图9-17 PID处理

9.3 综合实例 2——自动售货机的设计

9.3.1 自动售货机的基本功能

自动售货机的各种动作功能和控制要求给出了完整的自动售货机工作流程（图 9-18），并介绍了运行系统中所包括的人工操作步骤。

实际生活中见到的售货机可以销售一些简单的日用品，如饮料、常用药品和生活用品等。售货机的基本功能就是对投入的货币进行运算，并根据货币数值判断是否能够购买某种商品，并做出相应的反应。例如，售货机中有两种商品，A 商品价格为 0.5 元，B 商品为 1 元。现投入 1 个 1 元硬币，当投入的货币数值超过 A 商品的价格时，A 商品的选择按钮处应有变化，提示可以购买，B 商品的选择按钮也提示。当按下选择 A 商品时，售货机进行减法运算，从投入的货币总值中减去 A 商品的价格，同时启动相应的电机，提取 A 商品到出货口。此时售货机继续等待外部命令，如继续交易，则同上，如果此时不再购买而按下退币按钮，售货机则要进行退币操作，退回相应的货币，并在程序中清零，完成此次交易。由此看来，售货机一次交易要涉及加法运算、减法运算，以及在退币时的除法运算，这是它的内部功能，还要有货币识别系统和货币的传动来实现完整的售货、退币功能。

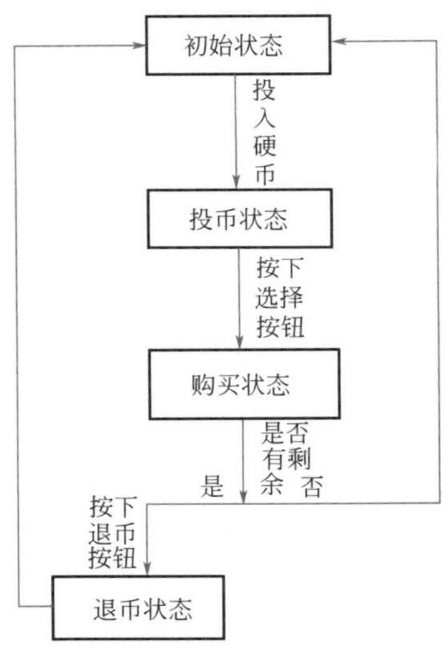

图 9-18　自动售货机工作流程图

9.3.2 自动售货机 I/O 点的分配

输入 / 输出单元通常也称 I/O 单元或 I/O 模块，是 PLC 与工业生产现场之间的连接部件。PLC 通过输入接口可以检测被控对象的各种数据，以这些数据作为 PLC 对被控对象进行控制的依据；同时 PLC 通过输出接口将处理结果送给被控对象，以实现控制目的。本例自动售货机 I/O 点的分配见表 9-2。

表 9-2　自动售货机 I/O 点的分配

序号	定义点	符号	功能
1	I0.0	SB1	找零按钮
2	I0.1	SB2	食品五角按钮
3	I0.2	SB3	食品一元按钮
4	I0.3	SB4	饮料一元按钮
5	I0.4	SB5	饮料二元按钮
6	I0.5	SB6	日用二元按钮
7	I0.6	SB7	日用三元按钮
8	I2.0	SB8	投五角硬币
9	I2.1	SB9	投一元硬币
10	I2.5	SB10	找零五角
11	I2.6	SB11	找零一元
12	I3.1	SB12	食品五角行程开关
13	I3.2	SB13	食品一元行程开关
14	I3.3	SB14	饮料一元行程开关
15	I3.4	SB15	饮料二元行程开关
16	I3.5	SB16	日用二元行程开关
17	I3.6	SB17	日用三元行程开关
18	Q3.1		食品五角红灯（物品售完）
19	Q3.2		食品一元红灯（物品售完）
20	Q3.3		饮料一元红灯（物品售完）
21	Q3.4		饮料二元红灯（物品售完）
22	Q3.5		日用二元红灯（物品售完）
23	Q3.6		日用三元红灯（物品售完）
24	Q0.0		找零
25	Q0.1		出食品五角
26	Q0.2		出食品一元
27	Q0.3		出饮料一元
28	Q0.4		出饮料二元
29	Q0.5		出日用二元
30	Q0.6		出日用三元

续表

序号	定义点	符号	功能
31	Q2.1		食品五角绿灯（可以购买）
32	Q2.2		食品一元绿灯（可以购买）
33	Q2.3		饮料一元绿灯（可以购买）
34	Q2.4		饮料二元绿灯（可以购买）
35	Q2.5		日用二元绿灯（可以购买）
36	Q2.6		日用三元绿灯（可以购买）

9.3.3 自动售货机的接线图

自动售货机的接线图如图 9-19 所示，SB2 ～ SB7 为物品选择按钮，当投入货币物品时，绿灯亮（Q2.1 ～ Q2.6），按下 SB2 ～ SB7 中的一个，对应的 KM 线圈得电，电机转动出相应的物品（Q0.1 ～ Q0.6）。当物品销售完时，其行程开关断开，物品红灯亮并同时向总部发送物品销售完的信息；当售卖物品总值低于投入总值时，可按找零按钮 SB1 选择找零五角还是一元（SB10、SB11）后，KM1 得电，电机转动找零（Q0.0）。

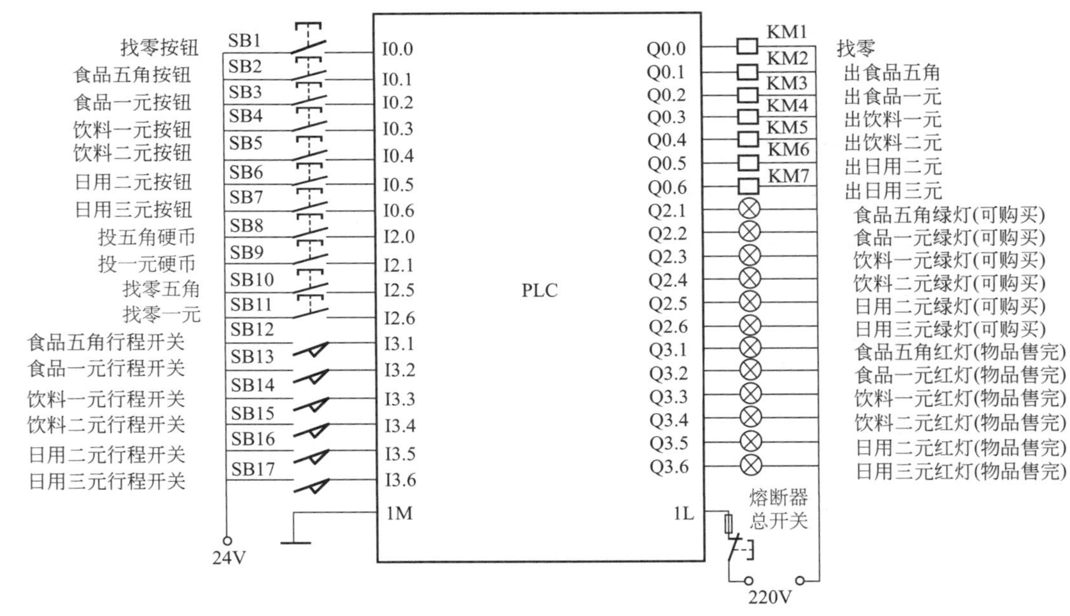

图 9-19　自动售货机的接线图

9.3.4 自动售货机的顺序功能图（SFC）

顺序功能图（SFC）有顺序结构、选择性分支结构、并发性分支结构、循环结构及复合结构 5 种基本结构。本例自动售货机的 SFC 图，根据控制要求选用选择性分支结构和并发性分支结构。选择性分支结构的一个控制流可以转入多个可能的控制流中的某一个，且不允许多路分支同时执行。具体进入哪个分支，取决于控制流前面的转移条件哪一个为真。并发性分支结构是一个工作步执行完后，需要同时开启若干条分支，并采用双水平线相连且要有一个公共转移条件。

本例自动售货机的顺序功能图如图 9-20 所示。

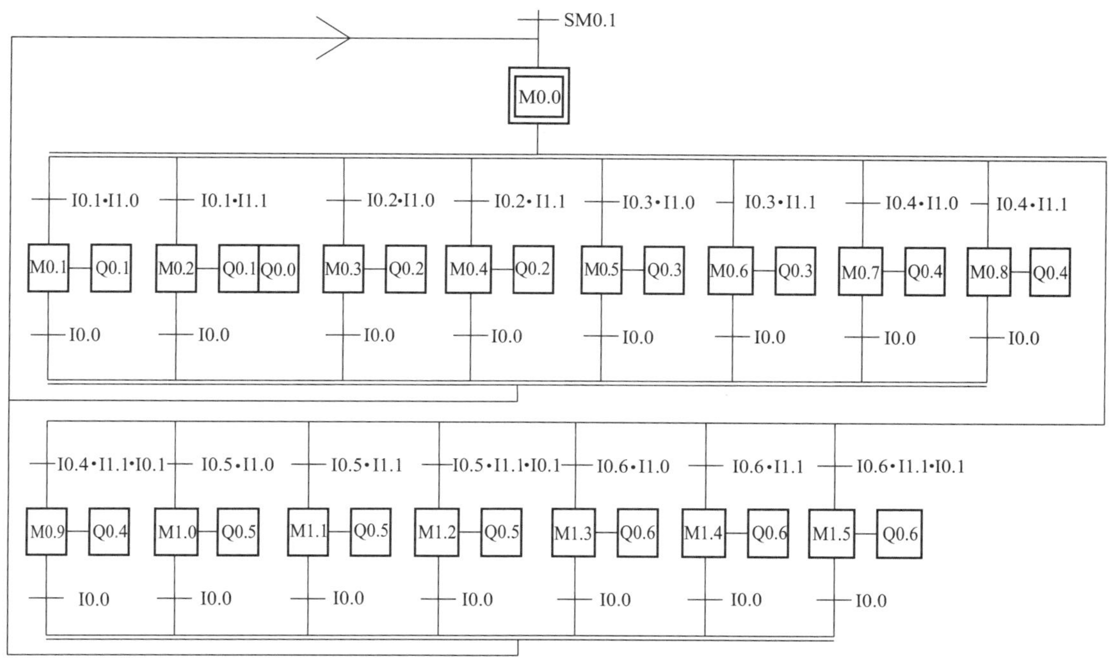

图 9-20　自动售货机顺序功能图

9.3.5　自动售货机的梯形图（LAD）

本实例自动售货机主要销售食品、饮料、日用品三大类，而食品有五角和一元，饮料有一元和二元，日用品有二元和三元。

自动售货机的梯形图如图 9-21 所示。

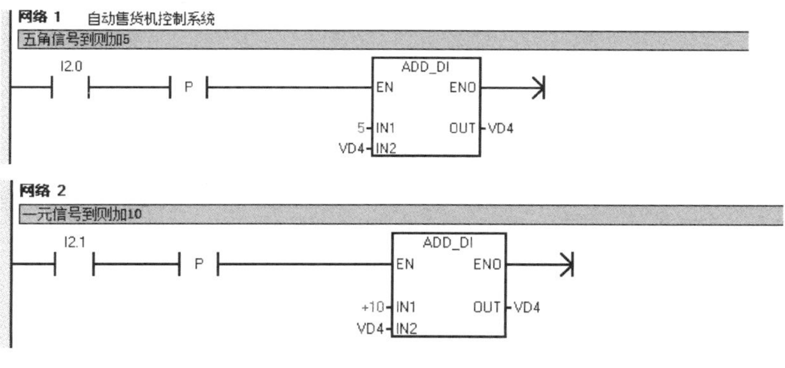

图 9-21

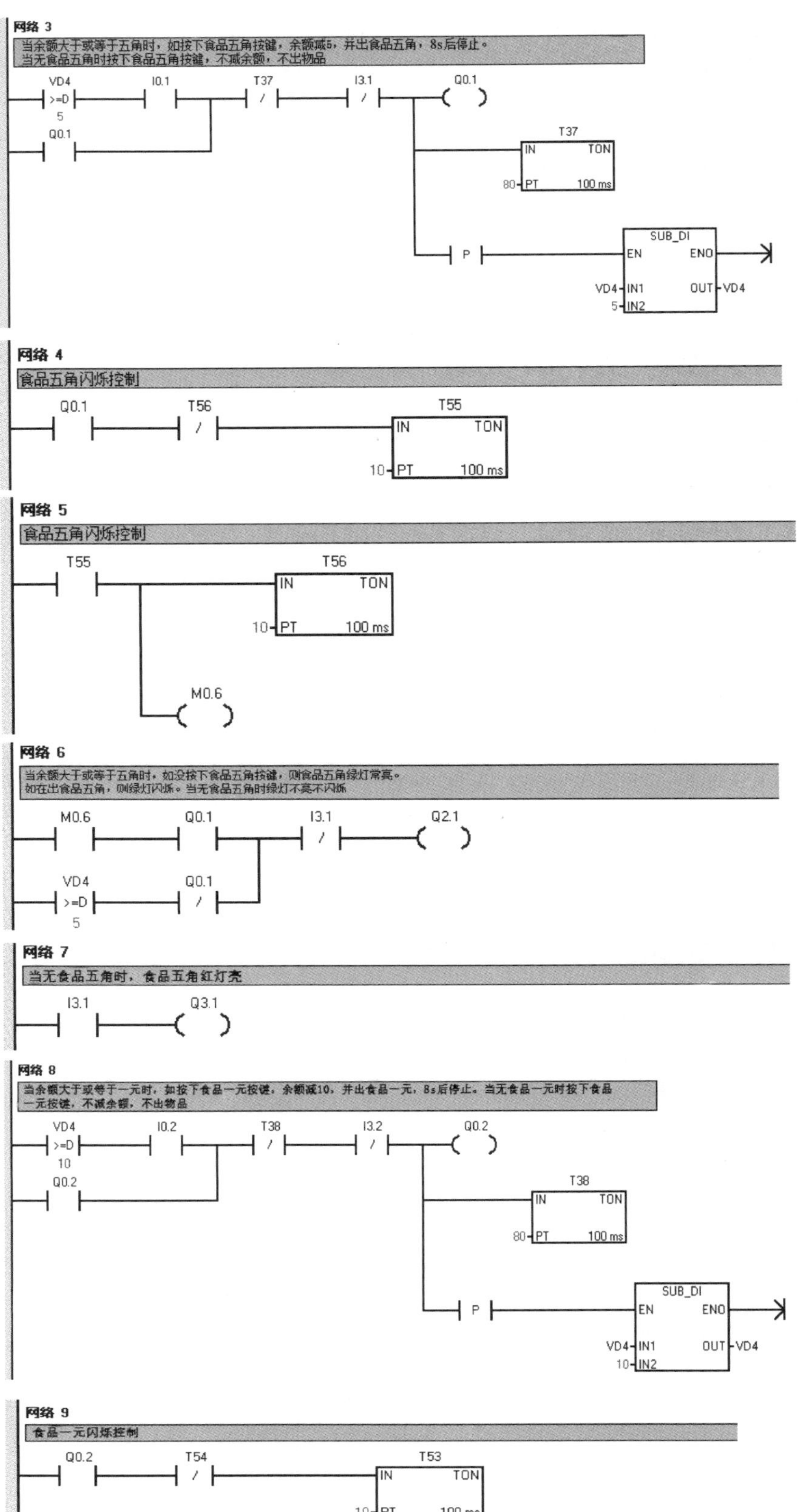
网络 3
当余额大于或等于五角时，如按下食品五角按键，余额减5，并出食品五角，8s后停止。
当无食品五角时按下食品五角按键，不减余额，不出物品
VD4
>=D
5
I0.1
T37
I3.1
Q0.1
Q0.1
T37
IN
TON
80
PT
100 ms
P
SUB_DI
EN
ENO
VD4
IN1
OUT
VD4
5
IN2
网络 4
食品五角闪烁控制
Q0.1
T56
T55
IN
TON
10
PT
100 ms
网络 5
食品五角闪烁控制
T55
T56
IN
TON
10
PT
100 ms
M0.6
网络 6
当余额大于或等于五角时，如没按下食品五角按键，则食品五角绿灯常亮。
如在出食品五角，则绿灯闪烁。当无食品五角时绿灯不亮不闪烁
M0.6
Q0.1
I3.1
Q2.1
VD4
>=D
5
Q0.1
网络 7
当无食品五角时，食品五角红灯亮
I3.1
Q3.1
网络 8
当余额大于或等于一元时，如按下食品一元按键，余额减10，并出食品一元，8s后停止。当无食品一元时按下食品一元按键，不减余额，不出物品
VD4
>=D
10
I0.2
T38
I3.2
Q0.2
Q0.2
T38
IN
TON
80
PT
100 ms
P
SUB_DI
EN
ENO
VD4
IN1
OUT
VD4
10
IN2
网络 9
食品一元闪烁控制
Q0.2
T54
T53
IN
TON
10
PT
100 ms

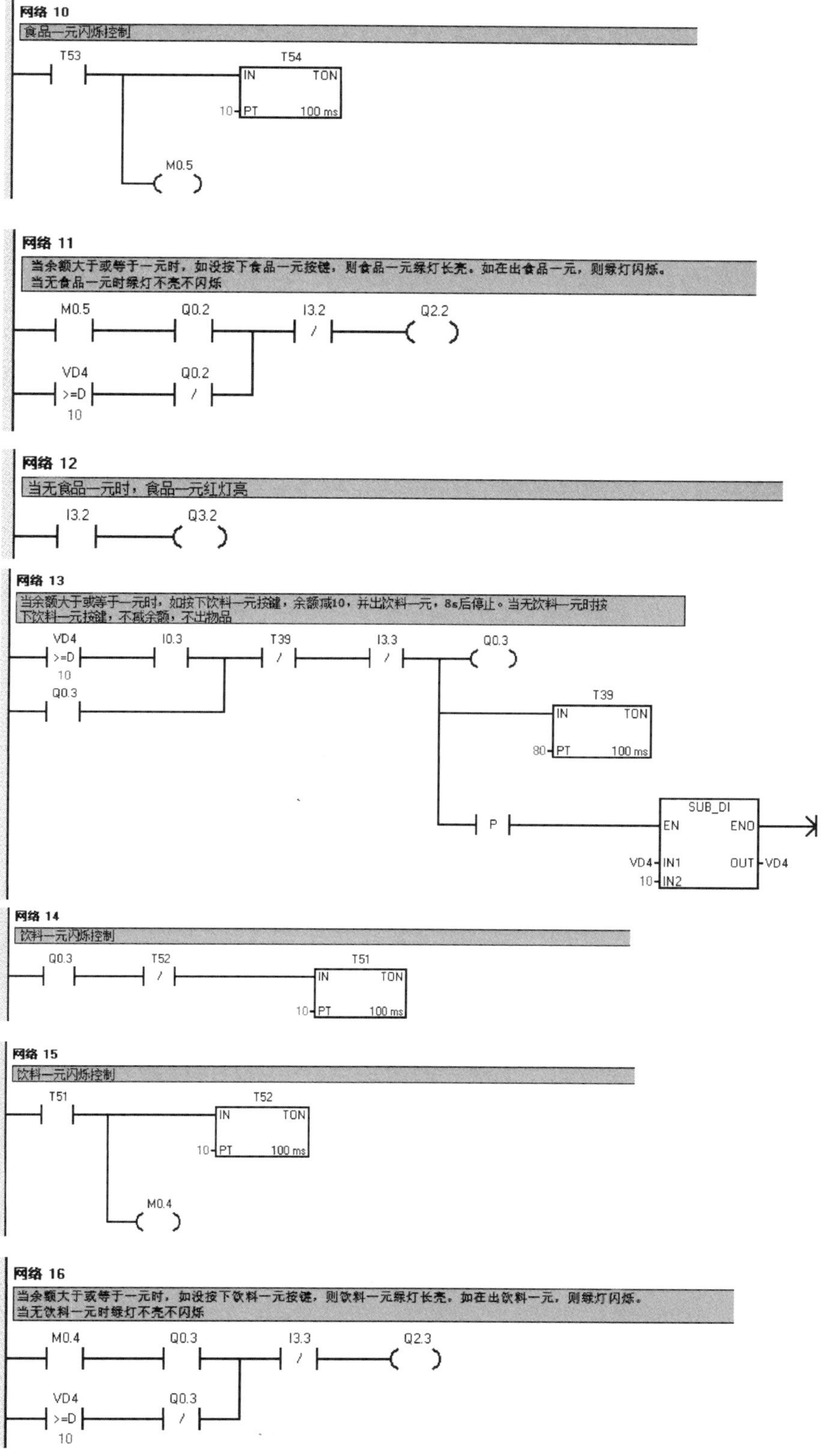
网络 10
食品一元闪烁控制
T53
T54
IN TON
10 PT 100 ms
M0.5
网络 11
当余额大于或等于一元时，如没按下食品一元按键，则食品一元绿灯长亮。如在出食品一元，则绿灯闪烁。
当无食品一元时绿灯不亮不闪烁
M0.5
Q0.2
I3.2
Q2.2
VD4
>=D
10
Q0.2
网络 12
当无食品一元时，食品一元红灯亮
I3.2
Q3.2
网络 13
当余额大于或等于一元时，如按下饮料一元按键，余额减10，并出饮料一元，8s后停止。当无饮料一元时按
下饮料一元按键，不减余额，不出物品
VD4
>=D
10
I0.3
T39
I3.3
Q0.3
Q0.3
T39
IN TON
80 PT 100 ms
P
SUB_DI
EN ENO
VD4 IN1 OUT VD4
10 IN2
网络 14
饮料一元闪烁控制
Q0.3
T52
T51
IN TON
10 PT 100 ms
网络 15
饮料一元闪烁控制
T51
T52
IN TON
10 PT 100 ms
M0.4
网络 16
当余额大于或等于一元时，如没按下饮料一元按键，则饮料一元绿灯长亮。如在出饮料一元，则绿灯闪烁。
当无饮料一元时绿灯不亮不闪烁
M0.4
Q0.3
I3.3
Q2.3
VD4
>=D
10
Q0.3

图 9-21

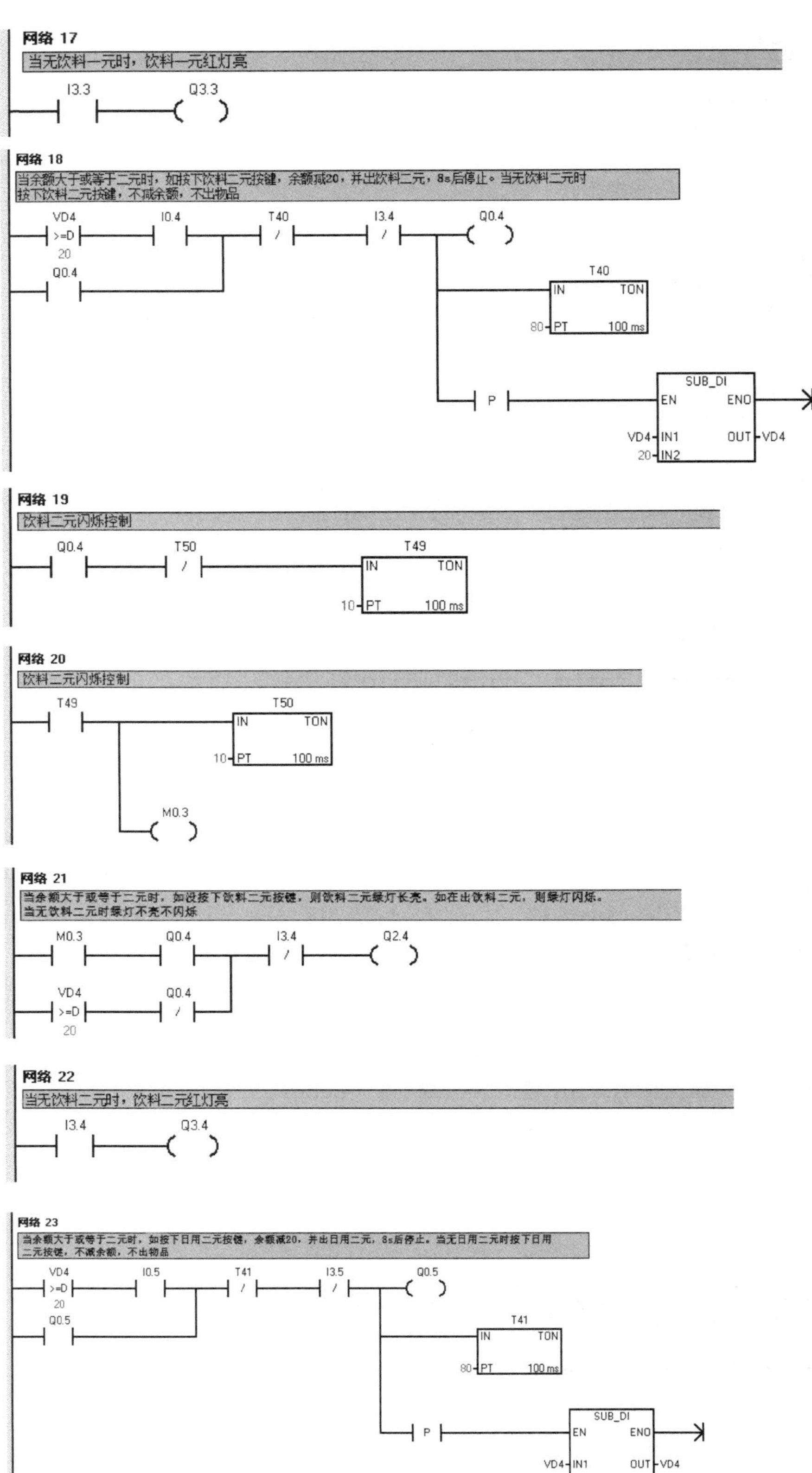

网络 17
当无饮料一元时，饮料一元红灯亮
I3.3
Q3.3
网络 18
当余额大于或等于二元时，如按下饮料二元按键，余额减20，并出饮料二元，8s后停止。当无饮料二元时按下饮料二元按键，不减余额，不出物品
VD4
>=D
20
I0.4
T40
I3.4
Q0.4
T40
IN TON
80 PT 100 ms
P
SUB_DI
EN ENO
VD4 IN1 OUT VD4
20 IN2
网络 19
饮料二元闪烁控制
Q0.4
T50
T49
IN TON
10 PT 100 ms
网络 20
饮料二元闪烁控制
T49
T50
IN TON
10 PT 100 ms
M0.3
网络 21
当余额大于或等于二元时，如没按下饮料二元按键，则饮料二元绿灯长亮。如在出饮料二元，则绿灯闪烁。当无饮料二元时绿灯不亮不闪烁
M0.3
Q0.4
I3.4
Q2.4
VD4
>=D
20
Q0.4
网络 22
当无饮料二元时，饮料二元红灯亮
I3.4
Q3.4
网络 23
当余额大于或等于二元时，如按下日用二元按键，余额减20，并出日用二元，8s后停止。当无日用二元时按下日用二元按键，不减余额，不出物品
VD4
>=D
20
I0.5
T41
I3.5
Q0.5
Q0.5
T41
IN TON
80 PT 100 ms
P
SUB_DI
EN ENO
VD4 IN1 OUT VD4
20 IN2

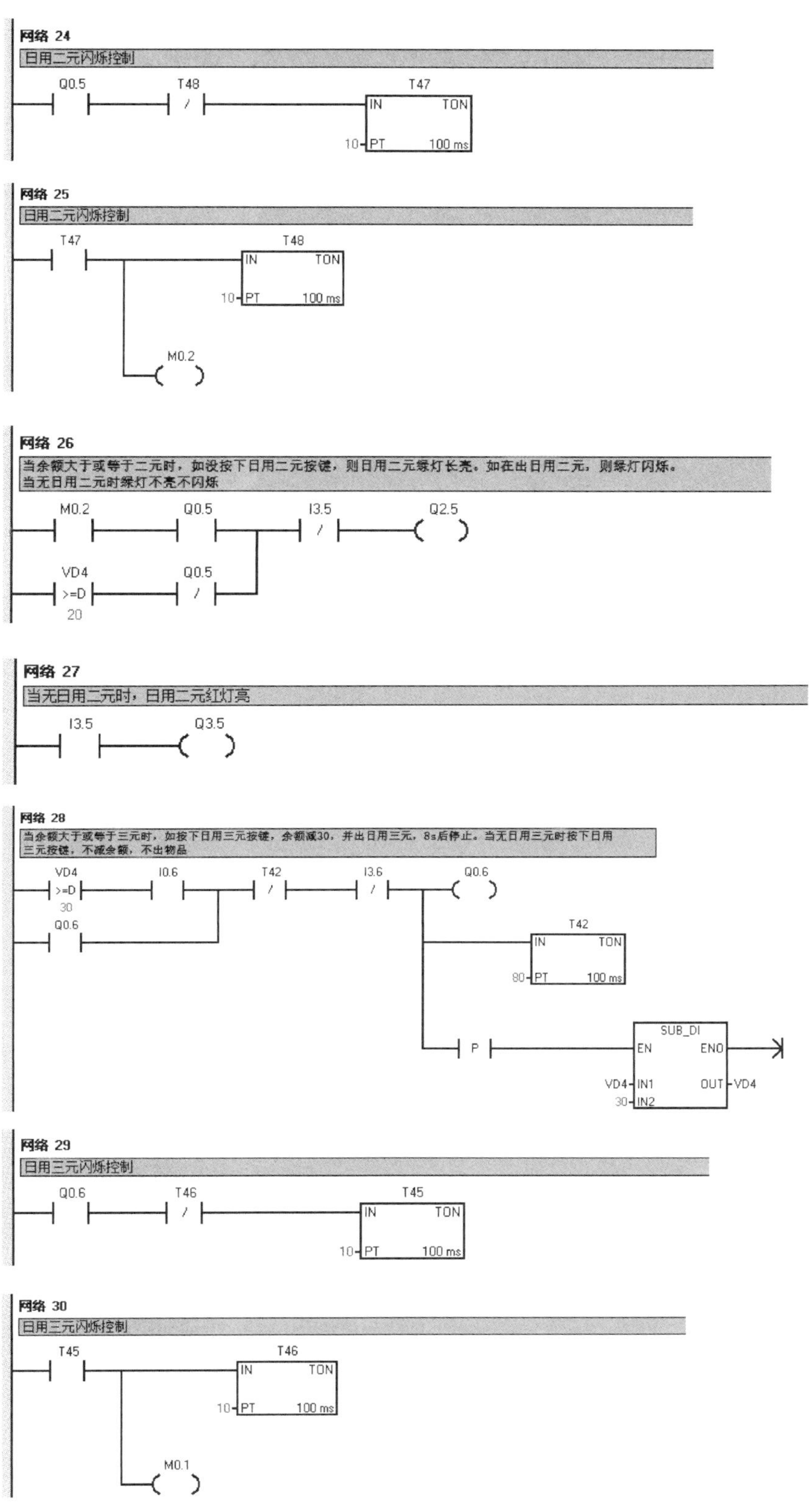
网络 24
日用二元闪烁控制
Q0.5
T48
T47
IN
TON
10
PT
100 ms
网络 25
日用二元闪烁控制
T47
T48
IN
TON
10
PT
100 ms
M0.2
网络 26
当余额大于或等于二元时，如没按下日用二元按键，则日用二元绿灯长亮。如在出日用二元，则绿灯闪烁。
当无日用二元时绿灯不亮不闪烁
M0.2
Q0.5
I3.5
Q2.5
VD4
>=D
20
Q0.5
网络 27
当无日用二元时，日用二元红灯亮
I3.5
Q3.5
网络 28
当余额大于或等于三元时，如按下日用三元按键，余额减30，并出日用三元，8s后停止。当无日用三元时按下日用
三元按键，不减余额，不出物品
VD4
>=D
30
I0.6
T42
I3.6
Q0.6
Q0.6
T42
IN
TON
80
PT
100 ms
P
SUB_DI
EN
ENO
VD4
IN1
OUT
VD4
30
IN2
网络 29
日用三元闪烁控制
Q0.6
T46
T45
IN
TON
10
PT
100 ms
网络 30
日用三元闪烁控制
T45
T46
IN
TON
10
PT
100 ms
M0.1

图 9-21

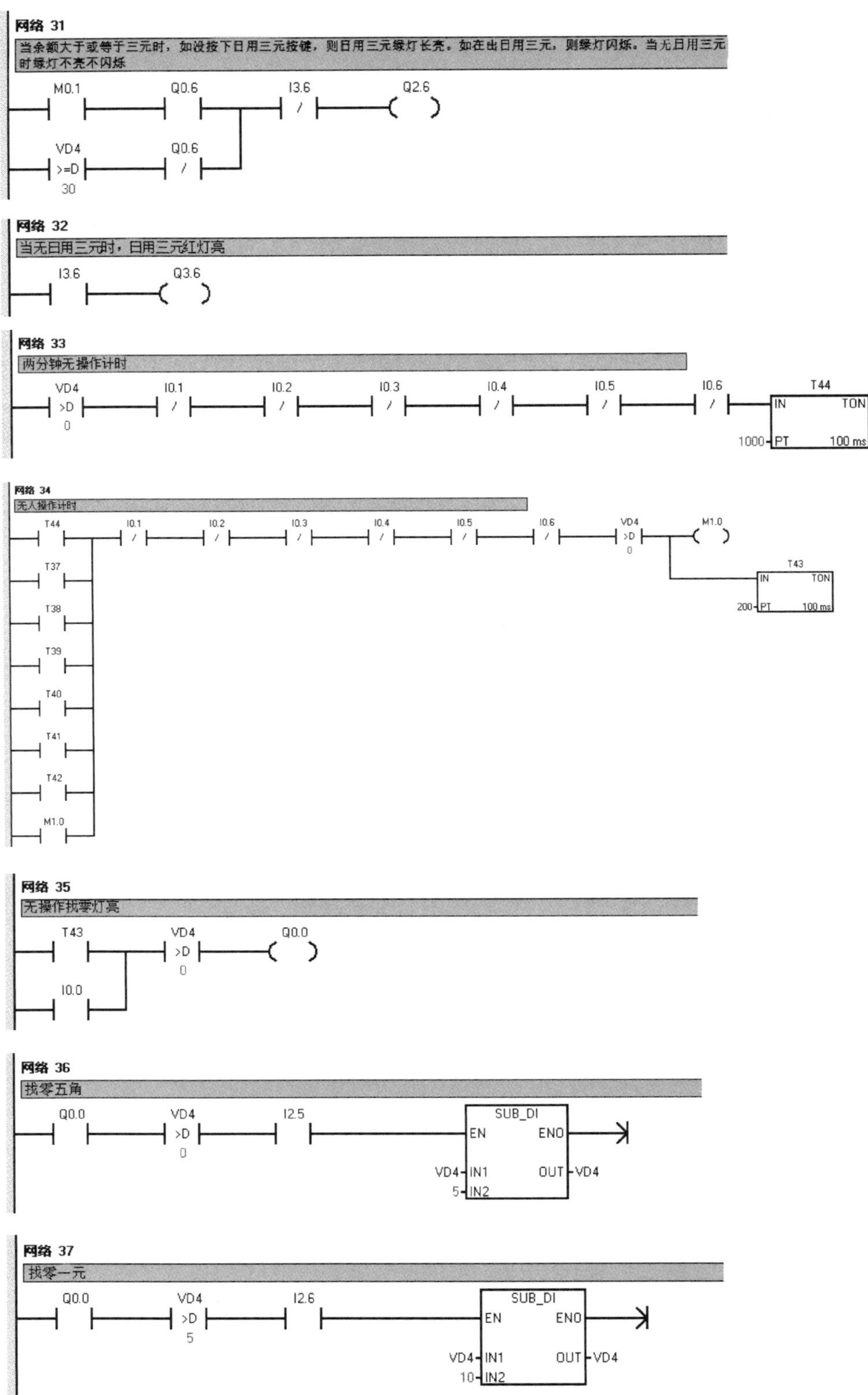

图 9-21 自动售货机梯形图

梯形图中 ADD_DI 是双整数加法，当投入五角时加 5，投入 1 元时加 10；SUB_DI 是双整数减法，当成功购买物品时，就减去物品对应的数。T37 ～ T56 表示通电延时定时器，按下物品按钮时 T37 ～ T42 延时 8s，无操作时 T43 启动计时 20s，T44 与 T43 配合组成投币后两分钟无操作找零，T46 ～ T56 两两配合形成闪烁电路。

9.4 综合实例 3 ——钻床精度控制系统

PLC 的应用在机械数控行业中十分重要，它是实现机电一体化的重要工具，也是机械工业技术进步的强大支柱。这里以钻床精度控制为例来介绍 PLC 在机械数控行业中的应用。

钻床主要由进给电机 M1、切削电机 M2、进给丝杠、上限位行程开关 SQ1、下限位行程开关 SQ2、旋转编码器 MD 和光电开关 SPH 组成。钻床的结构示意如图 9-22 所示。

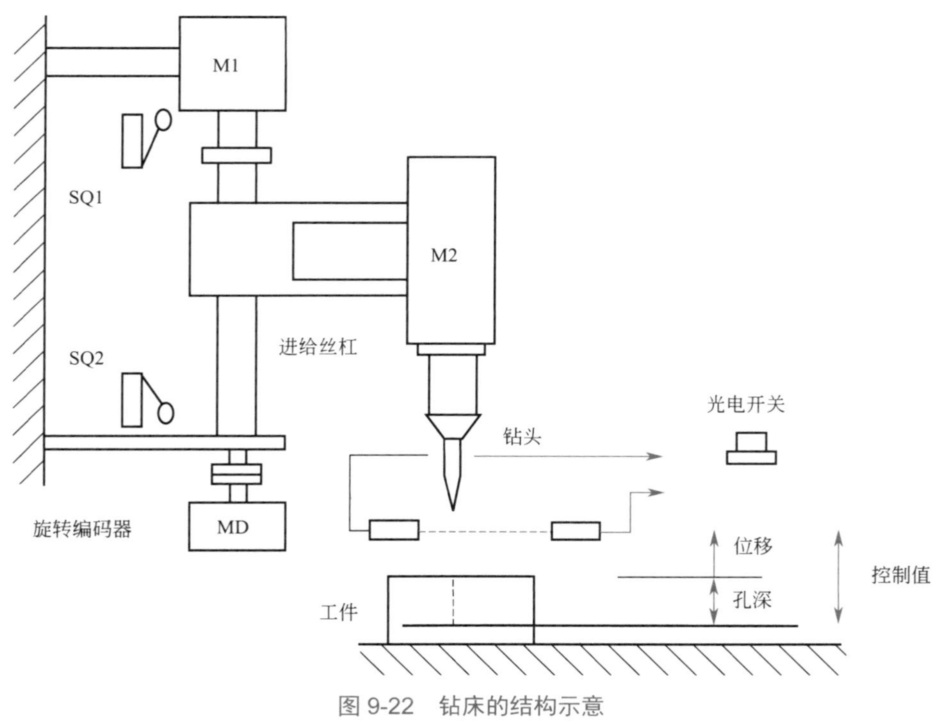

图 9-22 钻床的结构示意

9.4.1 确定设计任务书

该钻床控制系统的控制要求如下。M1 转动，通过进给丝杠传动，使 M2 和钻头产生位移，M1 正转为进刀，反转为退刀。SQ1、SQ2 之间的距离即为钻头的移动范围，并且 SQ2 提供下限位的超行程安全保护。安装于进给丝杠末端的旋转编码器 MD 是将进给丝杠的进给转数转换成电脉冲数的元件，可对进给量即钻头移动距离进行精确控制。光电开关 SPH 是钻头的检测元件，从 SPH 光轴线至工件表面的距离称为位移值，工件上的钻孔深度称为孔深值，位移值和孔深值之和与一个脉冲进给量的比值就是脉冲数的控制值。如进给丝杠的螺距为10mm，MD的转盘每转一周产生1000个脉冲，可知对应于一个脉冲的进给量就是10mm/1000=0.01mm。如果要求孔深为15.75mm，又已知工件表面至SPH光轴线的距离为10mm，那么将控制值设为（15.75+10)/0.01=2575个脉冲数就可以，可见钻孔的深度可控制在0.01mm的精度内。该钻床的工作方式除了自动控制功能外，还要求设置手动控制环节，以便进行调整，或者在PLC故障时改用手动操作。其控制时序图如图9-23所示。

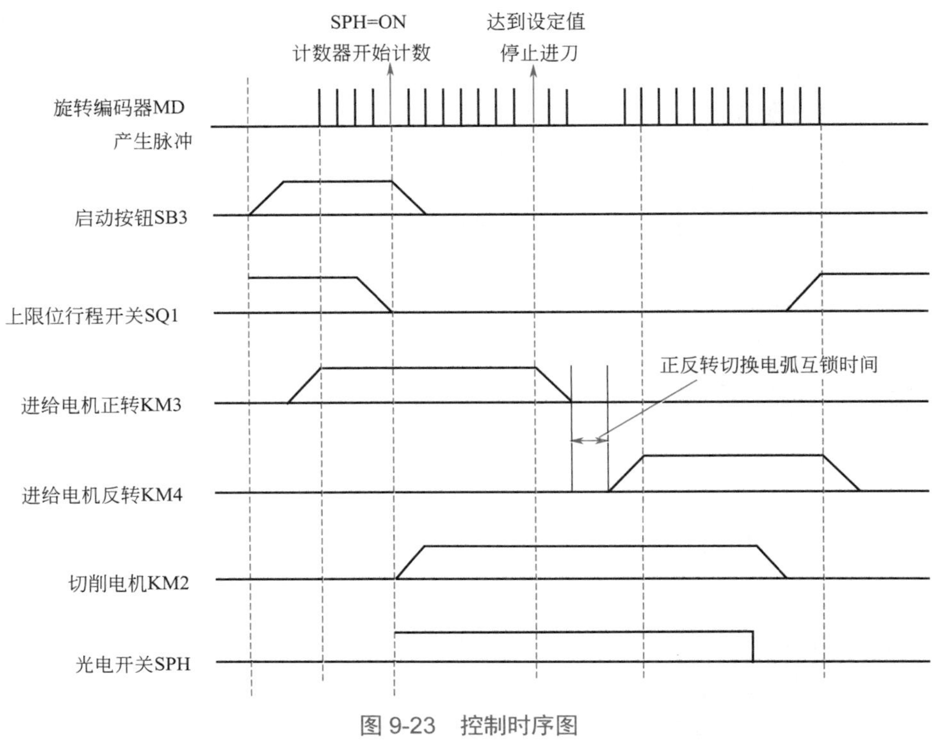

图9-23　控制时序图

结合时序图分析其控制系统的具体操作步骤。

① 按下启动按钮，正转接触器KM3接通，进给电机M1正向启动，钻头下降，进刀，MD开始产生脉冲。

② 在SPH检测到钻头尖的瞬间，便有导通信号输出，使切削电机M2启动，同时PLC内部计数器开始计数。

③ 当统计出的脉冲数达到所需要的控制值对应的设定值时，KM3断电，M1停转，进刀结束。

④ 正反转用的KM3和KM4经过延时电弧互锁切换后，KM4接通，M1反向启动后退，钻头上升退刀。

⑤ 上升至钻头尖离SPH光轴线的瞬间，SPH的输出截止，KM2断电，M2停转。

⑥ 上升过程中碰到上限位行程开关SQ1时，SQ1动作，KM4断电，M1停转，自动钻削过程结束。

手动时由相应的手动按钮对KM2、KM3、KM4进行点动控制，同时为了便于运行准备的操作，设置了运行准备指示灯，电源的引入使用电源接触器KM1。在紧急情况下，只需操作紧急停止按钮就可以使 PLC 控制系统切除电源。

 9.4.2 确定外围 I/O 设备 

在此系统中，因手动控制只是要求点动控制，且只在 PLC 故障时使用，这里将手动控制按钮直接与负载相连，不再经过 PLC，所以需接入 PLC 的输入设备和输出设备。

● 输入设备：旋转编码器 MD，启动按钮 SB3，上限位行程开关 SQ1，光电开关 SPH，电机继电器 KM2、KM3、KM4 反馈信号开关。

● 输出设备：电机 M2、M1 的继电器线圈 KM2，KM3、KM4，启动异常信号灯 HL。

由此可以看出，接入 PLC 的输入信号有 7 个，输出信号有 4 个。

 9.4.3 选定 PLC 的型号 

选用的 PLC 是西门子公司 S7-200 SMART 系列的 CPU SR20。

 9.4.4 编制输入 / 输出分配表 

输入 / 输出分配见表 9-3。输入 / 输出分配中有切削电机 KM2 反馈信号开关、进给电机正转 KM3 反馈信号开关、进给电机反转 KM4 反馈信号开关，设置这三者主要是利用接触器常开辅助触点作为反馈信号，接入 PLC 的输入端，一旦电机过载，热继电器动作而使其复位时，PLC 及时停止输出。

表 9-3 输入 / 输出分配

编程元件	编程地址	说明
输入元件	I0.0	旋转编码器 MD
	I0.1	启动按钮 SB3
	I0.2	上限位行程开关 SQ1
	I0.3	光电开关 SPH
	I0.4	切削电机 KM2 反馈信号开关
	I0.5	进给电机正转 KM3 反馈信号开关
	I0.6	进给电机反转 KM4 反馈信号开关
输出元件	Q0.0	切削电机线圈 KM2
	Q0.1	进给电机正转线圈 KM3
	Q0.2	进给电机反转线圈 KM4
	Q0.3	启动异常信号灯 HL

9.4.5 PLC 外部接线图

PLC 的外部接线如图 9-24 所示。图中画出了手动控制环节，手动控制直接接到负载侧，与 PLC 不相连。隔离变压器用来消除电噪声的侵入，提高系统的可靠性。输出回路中将接触器线圈并联 RC 回路，是为了防止感性负载对 PLC 输出元件的不良影响而设置的。KM3 的输出回路中串接 SQ2 的目的是在出现超行程进给时，由 SQ2 直接切断 KM3，强制电机 M1 停转。电机正反转（KM3 和 KM4）之间设置了硬互锁环节。

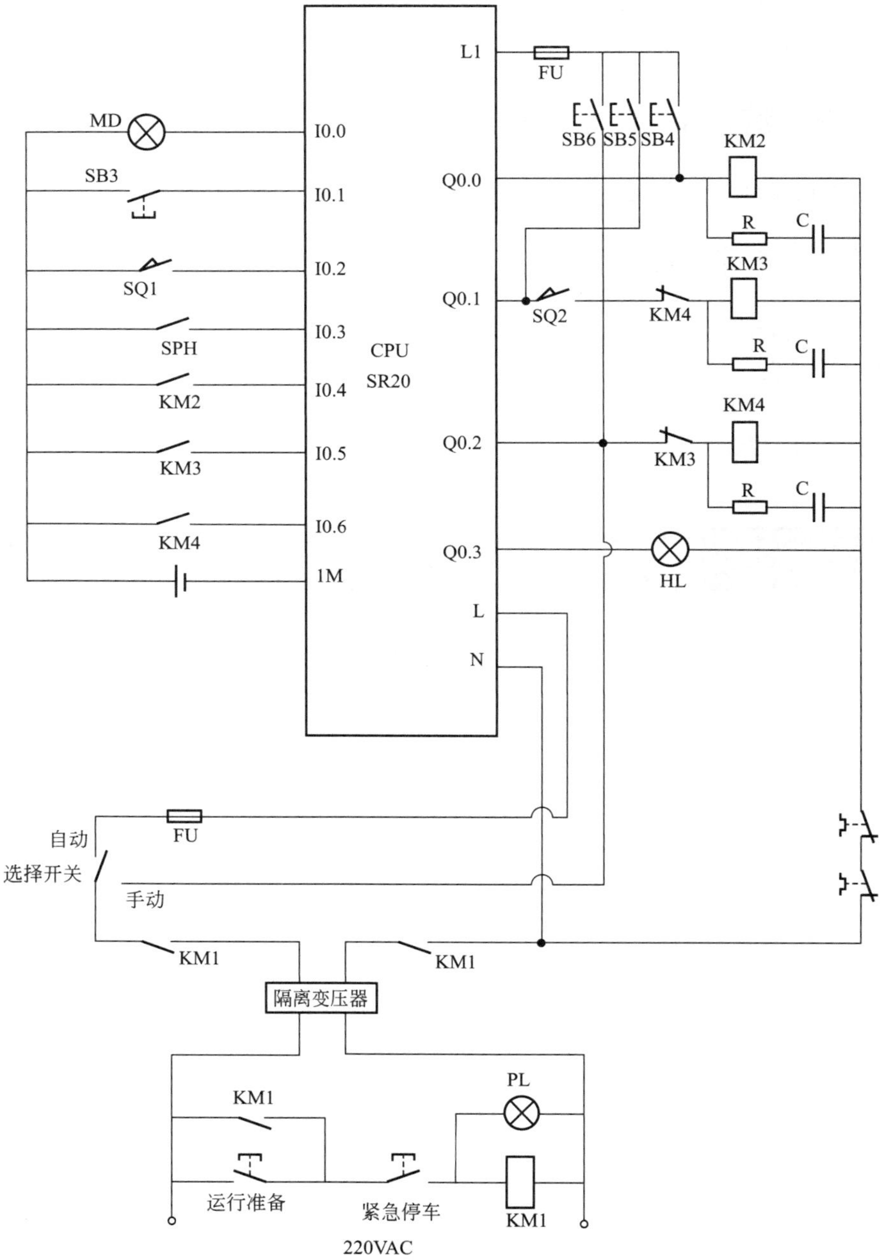

图 9-24　PLC 的外部接线

9.4.6 程序设计

这里以切削电机 M2 的控制为例来介绍程序设计。首先考虑的是切削电机 M2 的启动条件，当上限位行程开关 SQ1 动作，光电开关检测到钻头时，切削电机 M2 才能启动，否则不能启动。这段程序还进行了钻头检测标志 M0 的设定和切削电机 M2 的自锁设置。其次需要考虑的是进刀过程动作和退刀过程动作。进刀过程中，在光电开关检测到钻头尖的瞬间，就会通过 I0.3 向切削电机 M2 发出启动命令；还设定了反馈信号 I0.4 的固有动作滞后时间、输入信号的响应滞后时间；为了保证 Q0.0 自锁前提条件下的 I0.4 接点可靠闭合，设置定时器 T33，强制延长切削电机 M2 启动信号的闭合时间。退刀时，钻头尖离开光电开关的光轴线，I0.3 复位，Q0.0 停止输出，切削电机 M2 停转。程序如图 9-25 所示。

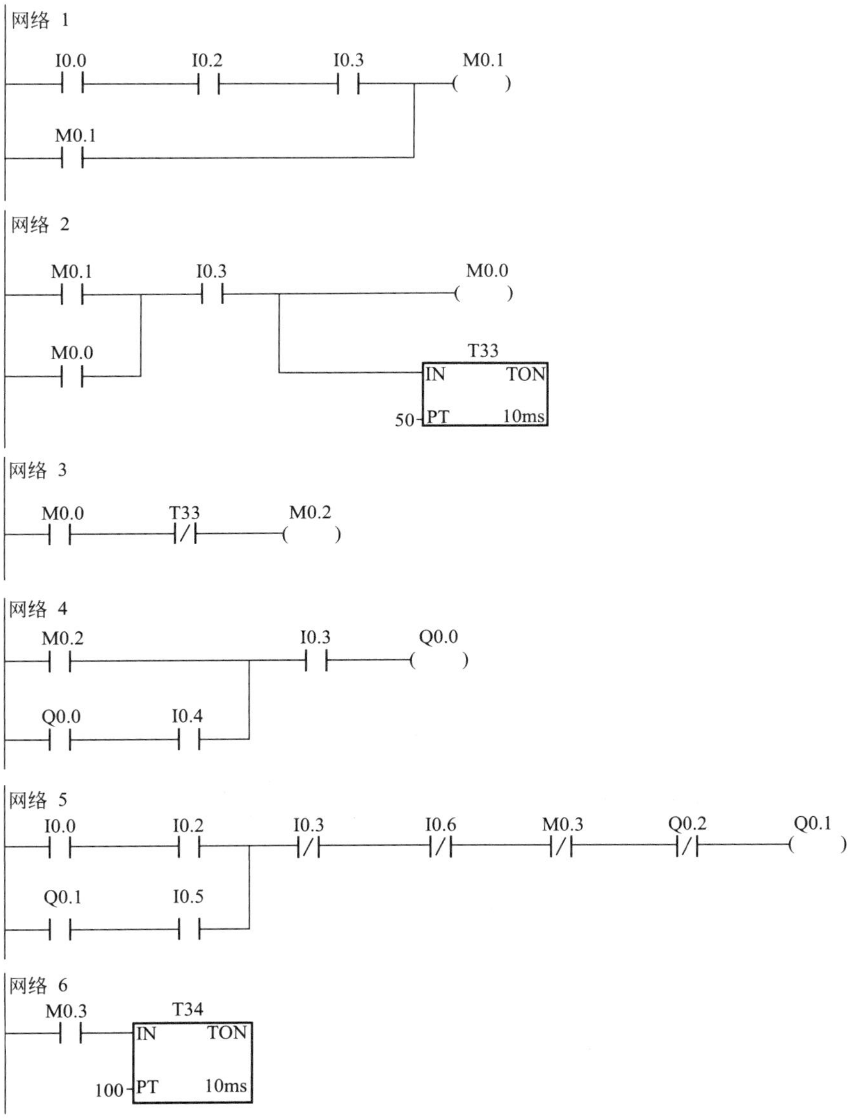

图 9-25

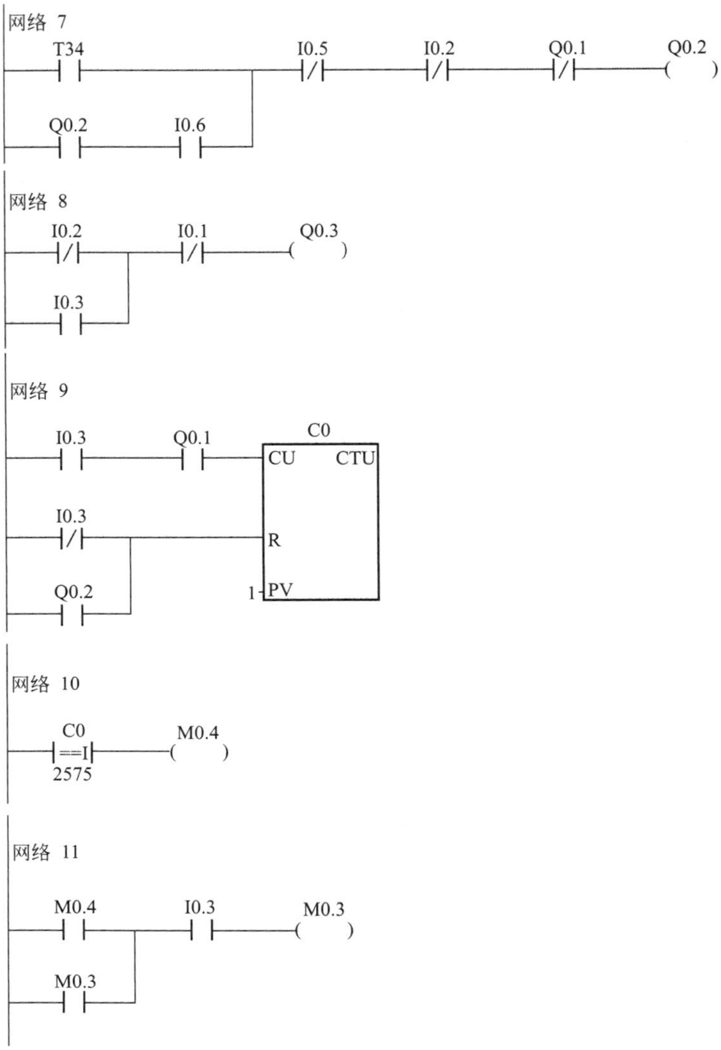

网络 7

T34 I0.5 I0.2 Q0.1 Q0.2

Q0.2 I0.6

网络 8

I0.2 I0.1 Q0.3

I0.3

网络 9

I0.3 Q0.1 C0 CU CTU

I0.3 R

Q0.2 1 PV

网络 10

C0 ==I 2575 M0.4

网络 11

M0.4 I0.3 M0.3

M0.3

图 9-25　钻床精度控制程序

9.5　综合实例 4——自动配料控制系统

基于 PLC 控制的饲料自动配料系统的主要功能是可根据主料的下料量，以设定的主辅料的配比自动调整辅料下料量，达到在无人操作的状态下保持主辅料比例基本恒定的目的。

9.5.1　确定设计任务书

自动配料系统的示意如图 9-26 所示。系统启动后，配料装置能自动识别货车到位情况和自动对货车进行配料，当车装满时，配料系统自动关闭。

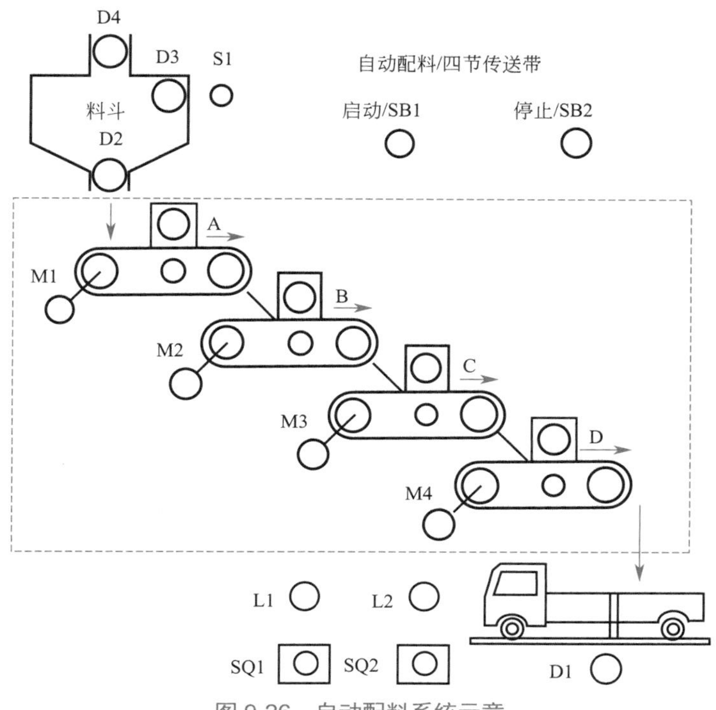

图 9-26　自动配料系统示意

9.5.2　确定外围 I/O 设备

- 输入设备：两个按钮（控制系统的启动 / 停止）、一个料位传感器及两个限位开关。
- 输出设备：4 个电机、进料阀、出料阀、两个指示灯及两个开关指示。

9.5.3　选定 PLC 的型号

选用的 PLC 是西门子公司 S7-200 SMART 系列的 CPU SR20。

9.5.4　编制编程元件地址分配表

输入 / 输出分配见表 9-4。

表 9-4　输入 / 输出分配

编程元件	编程地址	说明
输入元件	I0.0	启动按钮 SB1
	I0.1	停止按钮 SB2
	I0.2	料位传感器 S1
	I0.3	限位开关 SQ1
	I0.4	限位开关 SQ2

续表

编程元件	编程地址	说明
输出元件	Q0.0	汽车开关指示 D1
	Q0.1	出料阀门 D2
	Q0.2	料斗开关指示 D3
	Q0.3	进料阀门 D4
	Q0.4	红灯 L2
	Q0.5	绿灯 L1
	Q0.6	电动机 M1
	Q0.7	电动机 M2
	Q1.0	电动机 M3
	Q1.1	电动机 M4

 9.5.5 程序设计 

```
TITLE= 程序注释
Network 1                // 网络标题
// 网络注释
LD     I0.0
O      M0.0
AN     I0.1
=      M0.0
Network 2
LD     M0.0
LPS
AN     I0.2
=      Q0.3
LRD
A      I0.2
=      Q0.2
LRD
AN     I0.3
=      Q0.4
LRD
AN     Q0.4
=      Q0.5
LRD
A      I0.3
```

```
=    Q0.5
LRD
A    I0.3
S    Q1.1, 1
TON  T37, +20
LRD
A    T37
S    Q1.0, 1
TON  T38, +20
LRD
A    T38
S    Q0.7, 1
TON  T39, +20
LRD
A    T39
S    Q0.6, 1
TON  T40, +20
LRD
A    T40
=    Q0.1
LPP
A    I0.4
R    Q0.1, 1
=    Q0.0
=    M0.1
Network 3
LD    I0.1
O    M0.2
AN   I0.0
=    M0.2
Network 4
LD   M0.1
O    M0.2
TON  T41, +20
Network 5
LD   T41
R    Q0.6, 1
TON  T42, +20
Network 6
LD   T42
R    Q0.7, 1
TON  T43, +20
```

```
Network 7
LD    T43
R     Q1.0, 1
TON   T44, +20
Network 8
LD    T44
R     Q1.1, 1
R     Q0.5, 1
=     M0.3
Network 9
LD    M0.3
A     M0.0
S     Q0.4, 1
```

① 初始状态。红灯 L2 灭，绿灯 L1 亮，表明允许汽车开进装料。料斗出料口 D2 关闭，若料位传感器 S1 置为 OFF（料斗中的物料不满），进料阀开启进料（D4 亮）。当 S1 置为 ON（料斗中的物料已满），则停止进料（D4 灭）。电动机 M1、M2、M3 和 M4 均为 OFF。

② 装车控制。装车过程中，当汽车开进装车位置时，限位开关 SQ1 置为 ON，红灯 L2 亮，绿灯 L1 灭，同时启动电机 M4，经过 2s 后，再启动 M3，再经 2s 后启动 M2，再经过 2s 后启动 M1，再经过 2s 后才打开出料阀（D2 亮），最后物料经料斗出料。

当车装满时，限位开关SQ2为ON，料斗关闭，2s后M1停止，M2在M1停止2s后停止，M3 在 M2 停止 2s 后停止，M4 在 M3 停止 2s 后最后停止。同时红灯 L2 灭，绿灯 L1 亮，表明汽车可以开走。

③ 停机控制。按下停止按钮 SB2，自动配料装车的整个系统终止运行。

1. 设计 1 个三工位旋转工作台，其工作示意如图 9-27 所示。3 个工位分别完成装工件、钻孔和卸工件。

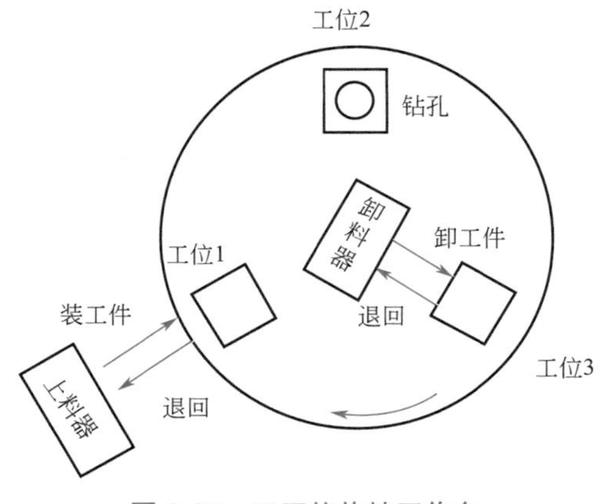

图 9-27 三工位旋转工作台

① 动作特性。

工位 1：上料器推进，料到位后退回等待。

工位 2：将料夹紧后，钻头向下进给钻孔，下钻到位后退回，退回到位后，工件松开，放松完成后等待。

工位 3：卸料器向前将加工完成的工件推出，推出到位后退回，退回到位后等待。

② 控制要求。

通过选择开关可实现自动运行、半自动运行和手动操作。

2. 完成轧钢机控制系统的程序设计。

轧钢机控制系统的示意如图 9-28 所示，控制要求如下。

启动按钮 SD 按下，电机 M1、M2 运行，传送钢板，检测传送带上有无钢板的传感器 S1 有信号（即开关为 ON），表示有钢板，电机 M3 正转（MZ 灯亮）；S1 的信号消失（为 OFF），检测传送带上钢板到位后的传感器 S2 有信号（为 ON），表示钢板到位，电磁阀动作（YU1 灯亮），电机 M3 反转（MF 灯亮）。Y1 给一个向下压下量，S2 信号消失，S1 有信号，电机 M3 正转……重复上述过程。

Y1 第 1 次接通，发光管 A 亮，表示有一个向下压下量；第 2 次接通时，A、B 亮，表示有两个向下压下量；第 3 次接通时，A、B、C 亮，表示有三个向下压下量，若此时 S2 有信号，则停机，须重新启动。

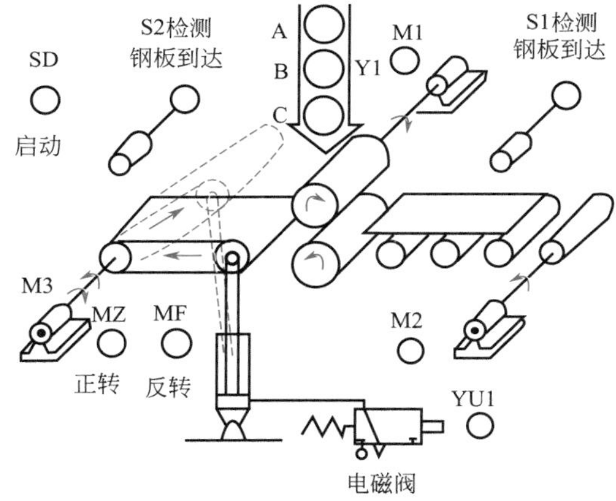

图 9-28　轧钢机控制系统

参考文献

［1］ 廖常初 . S7-200 SMART PLC 编程及应用［M］. 3 版 . 北京：机械工业出版社，2020.

［2］ 向晓汉 . S7-200 SMART PLC 完全精通教程［M］. 北京：机械工业出版社，2013.

［3］ 郭艳萍 . S7-200 SMART PLC 应用技术［M］. 北京：人民邮电出版社，2019.

［4］ 陈忠平 . 西门子 S7-200 SMART PLC 完全自学手册［M］. 北京：化学工业出版社，2020.

［5］ 西门子（中国）有限公司 . 深入浅出西门子 S7-200 SMART PLC［M］. 2 版 . 北京：北京航空航天大学出版社，2018.

［6］ 黄永红 . 电气控制与 PLC 应用技术：西门子 S7-200 SMART PLC［M］. 3 版 . 北京：机械工业出版社，2019.